U0154481

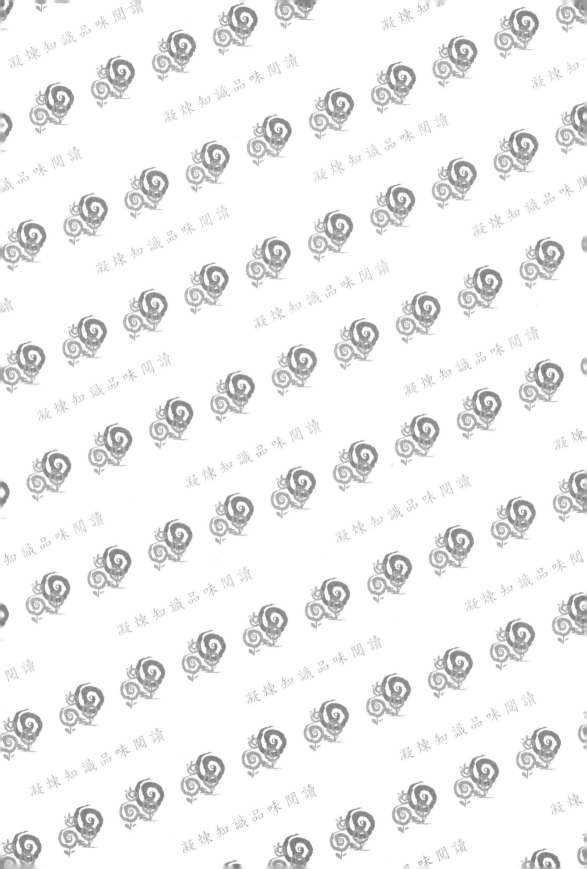

中國海權崛起與美中印太爭霸

五南圖書出版公司 印行

林文程 ——— 著

自序

　　海洋占地球表面的百分之七十，我個人對海洋充滿敬畏，一方面我是個旱鴨子，另一方面縱然以今日先進科技對海洋已經進行許多深入研究，海洋仍然充滿神祕，仍然有許多不為人所知的地方，因此國家地理頻道介紹海洋影片是我最喜歡的節目，研究各國的海權發展成為個人研究興趣之一。

　　海洋曾經是阻隔人類交往的障礙，也是保障國家安全的天險。前進海洋是一種冒險，必須具有冒險犯難的精神。人類因為各種不同動機飄洋過海，不少人因此葬身海底，所以走向海洋被認為是一種冒險，但也因為這是一種冒險，需要大無畏精神才敢去挑戰海洋，敢「征服」海洋的國家均能在人類歷史上留下光榮一頁。

　　自從十五世紀開始大航海時代以來，海權國家主導國際關係的發展。英國在1588年擊敗西班牙無敵艦隊之後，崛起成為海上強權，海權國家成為世界霸主持續超過五百年，先是荷蘭和英國引領風騷，美國在二十世紀取代英國海權霸主地位，也成為世界上最強大國家。在這時期，陸權挑戰海權國家結局均是陸權國家落敗，例如拿破崙的法國、兩次世界大戰的德國，以及冷戰時期的蘇聯均敗在英美手中。

　　在當今世界，不發展海權無法成為一流強權，因為國際貿易高達百分之九十仰賴海上運輸，而且1982年聯合國海洋法公約建立專屬經濟區機制，賦予沿海國在其專屬經濟區發展海洋資源的專屬權利，更何況還有廣大的公海可供各國探勘和利用，沒有強大海權就無法維護海洋權益，更談不上競逐公海。

　　中國是傳統陸權國家，雖然中國在歷史上曾經是世界上最強大海權國家，但中國發展海權只是曇花一現，因為中國發展海權的條件只是一般。然而，中共在2012年召開十八大時，提出的政治報告宣示要發展中國成為海洋強國之目標和決心。如果中國能夠實現目標，不僅會影響國際體系的權力結構，也會深深衝擊台灣的國家安全，因此對中國能否克服困難達成目標是需要密切關注及深入研究的議題。中國要發展海權，除了要克服科技、地理上不利條件、官僚體系各自為政，以及政治經濟和社會多如牛毛問題等內部因素之外，還要化解來自美國、日本、印度等國的外在挑戰，其中美國乃是中國在發展海權路上的最大阻力。

美國自1776年獨立建國以來就是一個重視海洋的國家，自十九世紀末開始積極發展海權，尤其是老羅斯福總統服膺馬漢的海權論，大規模建造軍艦迅速提升美國的海權地位，迄今已經有一百多年歷史。美國的海權霸主地位自第二次世界大戰以來一直屹立不搖，因此美國對中國崛起，尤其是大張旗鼓追求發展海洋強國目標充滿戒心。

當前國際體系已經成為美中爭霸的格局，沒有一個國家可以逃脫美中競爭的影響，印太國家尤其首當其衝，台灣更是處於最前線，台灣不僅身歷其中，而且必然會被捲入美國和中國的賽局，所以台灣必須掌握美中爭霸的動態發展，以智慧來處理美中爭霸所造成變局及帶給台灣的挑戰。

興起寫一本中國海權發展學術專書的念頭已經有幾年，但是真正開始動筆是在2018年年中，因為美國政府將大國競爭當成國家安全戰略中最關鍵的一部分，因此決定將中國發展海權與美中在印太地區的爭霸連結在一起。

這不是個人的第一本學術書籍，也不是為了升等或申請研究經費而撰寫，完全出諸於研究興趣。縱然是以相對輕鬆的心情來撰寫這本書，也並非毫無壓力，因為這本書雖然對海權作廣義的解釋，但所探討相當關鍵一部分是中國的海軍發展，而中共威權體制事事機密，所以雖然盡最大努力從公開文件蒐集資料，必然有遺漏之處，因此希望學術界同仁不吝指正。

我一向對一生缺乏前瞻規劃，當年大專聯考考上政大外交系，對讀外交系出來要幹什麼一無所知。大學畢業服完預官，外交部電視上廣告招考外交領事人員，在鄰居提醒下報考錄取後，在外交部工作兩年期間，考取教育部公費留考赴美取得博士學位，因離台多年再回外交部已非理想選擇，乃轉往學術界發展，感謝中山大學提供我教職。雖然我在年輕時從未有過擔任教師的夢想，但我現在真的喜歡教書。

我要特別感謝兩位學術界前輩的啟迪和協助，台大政治系蔡政文教授那種愛護學生、提攜後進的胸襟及執著學術的態度，美國布朗大學高英茂教授是我在美國博士論文的口試委員之一，待人和氣誠懇，事事樂觀、認真的精神，他們正直、樂於幫助學生、認真的典範，是我學術生涯永遠的導師。

我也要感謝中山大學中國與亞太區域研究所吳千宜小姐幫我畫統計圖及校對、博士班鄭中堂同學整理參考書目及校對，以及碩士班經貿組王禮軒同學幫忙處理地圖。對五南圖書出版股份有限公司以專業團隊來編排和出版本書，同樣心存感激。

最後，我要感謝我的家人，兒子劭軒、女兒劭安踏入社會工作，均非常努力、上進，沒有給我帶來困擾，我內人蔡桂菁女士，除了照顧我生活起居，讓我沒後顧之憂外，還要感謝她容忍我把書房弄得雜亂不堪，書桌和地板上都堆積許多書本和資料，以她幾近潔癖的個性，要睜一眼、閉一眼，也實在難為她了。

林文程 謹識

目　錄

表目錄

圖目錄

第一章　緒　論

第一節　研究動機與目的

壹、研究動機

　　胡錦濤於2012年11月8日在中共十八大所提出的政治報告中，強調要「提高海洋資源開發能力，保護海洋生態環境，堅決維護國家海洋權益，建設海洋強國」。[1] 比起1997年中共十五大報告中之「海洋資源管理」、2002年中共十六大報告之「實施海洋開發」和2007年中共十七大報告之「發展……海洋等產業」寥寥幾個字相比較，十八大的報告是中共歷次重大文件中，對中國維護海洋權益和發展海洋意圖用最多文字來說明的一次，而且明確提出建立中國海洋強國的目標。

　　中華人民共和國（以下簡稱中國）想成為海洋強國的想法，並非從中共十八大才開始，從中國學者專家過去的著作中，經常可以看到要建立中國海洋強國夢想的文字，[2] 尤其在進入二十一世紀之後，類似的著作更多，因此中共在十八大的報告中正式揭示此一目標、習近平在不同場合重申此一決心，以及更多中國學者提出類似的主張，除了反映中國菁英具有更強的企圖心之外，應該是他們對實現此一目標比起往昔具有更大的信心。

　　然而，訂立目標容易，能否落實才是更加值得關切的議題。發展海權無法一蹴可及，西班牙從十四世紀到十六世紀成為海上霸主，英國在1588年擊敗

1　胡錦濤於2012年11月8日在中共十八大上所作「堅定不移沿著中國特色社會主義道路前進為全面建成小康社會而奮鬥」的報告，http://china.caixin.com/2012-11-08/100458021_all.html。

2　例如張世平，《中國海權》（北京：人民日報出版社，2009年），頁199-217；劉中民，《世界海洋政治與中國海洋發展戰略》（北京：時事出版社，2009年），頁176-188；秦天、霍小勇，《悠悠深藍中華海權史》（北京：新華出版社，2013年），頁235-248；石家鑄，《海權與中國》（上海：上海三聯書店，2008年）。

西班牙之無敵艦隊（Spanish Armada）後，取代西班牙海上霸主地位多達三個多世紀才由美國所取代，而美國的海權發展自十九世紀開始，長達一百多年時間。[3]在這一段時間內，也有其他國家想發展成為海洋強權結果失敗的例子，法國、德國，以及在1894年甲午戰爭中被日本擊敗的中國均是例子。因此不是想要發展成為海洋強權，就可以順利成為海洋強權。

究竟中國發展海權能否成功，除了關係到國際體系權力結構是否會調整的問題，尤其是對東亞區域體系的衝擊外，也對台灣的安全及兩岸關係有很大的影響，因此是一個值得台灣關注的議題。

貳、研究目的

國內、外學者對中國海權的研究日增，中國學者專家也有不少著作，但是中國學者著作常含有濃厚之主觀價值判斷，而國內、外學者分析中國海權的論著又常偏重於中國人民解放軍海軍或海軍個別兵種之探討，[4]較缺乏對中國海權發展作全面性探討的著作，因此本書想要填補這方面的空白，對中國發展海洋強國所涉及的相關問題，作較全面的分析，並探討美、中兩國在印太地區海洋爭霸的現況與前景。

美國學者魯瓦克（Edward Luttwak）曾說過，海軍是軍隊中在和平時期外交政策最合適的工具，[5]而且光是從一個國家所建造軍艦的大小和類型就可判斷該國的國際目標，[6]本書想要從中國發展海權的概念、政策、進展來了解中國海權發展與外交關係的連動情形。由於美國目前是主宰海洋的海上霸主，如果中國積極發展海權，勢必與美國形成競爭關係，因此本書想進一步探討美國與中國的海洋競爭，尤其是在印度洋和太平洋的爭霸情形。

[3] George W. Baer, *One Hundred Years of Sea Power: The U.S. Navy, 1890-1990* (Stanford, California: Stanford University Press, 1994); Edward L. Beach, The United States Navy: A 200-Year History (Boston: Houghton Mifflin Company, 1986).

[4] 例如曹雄源，《戰略視角：透析中共海權戰略與現代化發展》（台北：五南出版社，2014年）；Peter Howwarth, *China's Rising Sea Power: The PLA Navy's Submarine Challenge* (London: Routledge, 2006); Bernard D. Cole, *The Great Wall at Sea: China's Navy Enters the Twenty-First Century* (Annapolis, Maryland: Naval Institute Press, 2001).

[5] Edward Luttwak, *The Political Uses of Sea Power* (Baltimore, Maryland: The Johns Hopkins Press, 1974), p. vi.

[6] George V. Galdorisi, "China's PLAN," *Proceedings*, March 1989, p. 97.

參、海權的定義與內涵

要想研究中國的海權發展，就必須先對海權的定義與範圍做精確定義。海權英文是sea power或seapower，也有學者用maritime power。[7]海權並不是西方專有的概念，也不是馬漢（Alfred T. Mahan）提倡才有的想法，早在十七世紀，中國就已經有人提出要掌控海洋的主張，[8]然而馬漢在1890年出版《1660-1783年海權對歷史之影響》（*The Influence of Sea Power upon History, 1660-1783*）一書，是對海權首次作有系統詮釋的經典著作。[9]馬漢的海權學說不僅促使美國老羅斯福總統（Theodore Roosevelt）建立龐大艦隊，為美國日後成為世界上最強大海權國家奠基，而且也影響許多國家對發展海權的重視。雖然時隔一百多年，今日學者專家在探討海權問題時，仍然相當程度以馬漢學說作為論述的基礎。然而，海權的內容是什麼？海權如何評估？馬漢的著作並沒有更進一步的說明。

一、狹義的海權定義

狹義地界定海權，就是海軍力量，海權戰略就是海軍戰略。不少學者專家探討海權的著作，內容卻是侷限於探討海軍戰略和軍力發展，[10]就是很好的例子。這些學者專家對海權採取狹義的定義，例如英國歷史學家羅斯基爾（Stephen Wentworth Roskill）對海權定義如下：「海權之目的是在戰時確保於和平時期所自動掌控之權利，特別是對抗攻擊和入侵以確保本土和海外屬

7　例如 T. M. Kane, *Chinese Grand Strategy and Maritime* (London: Frank Cass, 2002); D. G. Muller, *China as a Maritime Power* (Boulder, Colorado: Westview Press, 1983)。

8　Howarth, *China's Rising Seapower*, p. 7.

9　A. T. Mahan, *The Influence of Sea Power upon History, 1660-1783* (New York: Dover Publications, Inc., 1987).

10　例如 Naoko Sajima and Kyochi Tachikawa, *Japanese Sea Power: A Maritime Nation's Struggle for Identity* (Canberra: Sea Power center, Department of Defence, 2009); H. P. Willmott, *The Last Century of Sea Power*, vol. 1, *From Port Arthur to Chanak, 1894-1922* (Bloomington, Indiana: Indiana University Press, 2009); and Colin S. Gray, *The Navy in the Post-Cold War World: The Uses and Value of Strategic Sea Power* (University Park, Pennsylvania: The Pennsylvania State University Press, 1994), pp. 3-25. 這三本英文著作的書名均有海權（sea power）字眼，但對海權的探討均聚焦於海軍的功能或是海軍力量之發展。

地的安全以及海上貿易,同時以兩棲作戰和攻擊航運以阻絕敵人享有這些權利」。[11]根據此一定義,海權就是海軍從事防衛與作戰任務。

二、廣義的海權定義

　　越來越多學者專家對海權採取廣義的定義。雖然馬漢在讓他成名於世的經典著作中,絕大部分的篇幅在介紹海軍活動及海戰歷史,但是他對海權採取的是廣義解釋,他指出海權包括主宰海洋的海軍力量,以及和平時期的商業和海洋運輸,[12]而且是以海軍力量來確保和平時期的商業和海洋運輸。[13]由散見於他整本書的觀點,馬漢提出構成海權的五項要素是海軍力量、對外貿易能力、控制海上交通要道、擁有相當數目的商船隊伍,以及海外殖民地,因此海軍只是海權的一部分,並不等於海權的全部。

　　現今學者也多同意海權內涵遠大於海軍的觀點,例如蘇聯之海軍上將高希可夫(Sergey Georigiyevich Gorshkov)就強調一個國家海權的決定因素並不僅僅是海軍力量,還包括海洋商業、漁業、海洋船隊,以及這個國家的海洋觀和傳統。[14]唐格瑞狄(Sam J. Tangredi)指出海權至少包含以下四要素:1.對國際貿易和商業的控制;2.海洋資源的使用和掌控;3.海軍作戰;4.在和平時期使用海軍和海洋經濟力量作為外交、嚇阻和政治影響力的工具。[15]國家對海洋的使用和活動能力,例如海洋漁業、水下資源的開採、海上交通和運輸及貿易、港口的營運等,均是構成海權力量的要素。美國海軍戰爭學院(Naval War College)哈田竇夫(John B. Hattendorf)也表示當前的海洋戰略(maritime strategy)並不光是海軍,還包括外交、海上貿易安全、對專屬經濟區(Exclusive Economic Zone, EEZ)的利用和防衛、對離島的防衛,以及

---

[11]　轉引自 Willmott, The Last Century of Sea Power, p. 3。

[12]　Ibid., p. 28.

[13]　Khoo Kok Giok, "Sea Power as a Strategic Domain," *POINTER* (*Journal of the Singapore Armed Forces*), Vol. 41, No. 3, 2015, p. 1.

[14]　轉引自 Hedley Bull, "Sea Power and Political Influence," in Johnathan Alford (ed.), *Sea Power and Influence: Old Issues and New Challenges* (Montclair, New Jersey: Gower, 1980), p. 3。

[15]　Sam J. Tangredi, "Globalization and Sea Power: Overview and Context," in Sam J. Tangredi (ed.), *Globalization and Maritime Power* (Washington, D.C.: National Defense University Press, 2002), p. 3.

參與區域和全球有關利用海洋的事務。[16]

　　緹爾（Geoffrey Till）指出「海權包括非軍事面向的海洋使用（商船運輸、捕魚、海事保險、造船和修理等）」，[17]他強調海洋商業活動和造船能力是海權的關鍵部分，[18]美國海軍聯合會（The Navy League of the United States）曾提出一份報告，標題是「美國的海洋產業：美國海權的基礎」（America's Maritime Industry: The Foundation of American Seapower），[19]就是將海洋產業當成海權非常關鍵的一部分，因此唐格瑞狄賦予海權相當寬鬆的定義：「海權是一個民族國家為了控制海洋和區域商業和衝突之目的，以投射軍力到海洋的能力，來追求國際海洋商業和利用海洋資源的能量，以及從海上以海軍力量為手段來影響陸上事件能力的結合體。」[20]換言之，一個海權國家不僅要有能力將軍力投射到海洋，而且要有能力以海軍力量來影響陸上所發生的事件，還要有能力來追求掌控國際海洋商業及利用海洋資源。葛雷（Colin Gray）的定義就相對比較簡易，他認為海權就是「使用海洋來追求軍事或商業目的和防止敵人作同樣事的能力」。[21]這些定義均超越海軍，涵蓋相當多非軍事要素。

三、本書對海權的定義

　　從上述這些學者專家的論點和定義可知，對海權作廣義解釋已經是一種趨勢。歸納國內、外學者專家的理論，本文採用廣義的定義，將海權界定為「一個國家發展和應用海洋資源以及維護海洋權益的能力」，英文上則是採用maritime power字眼，因為美國海軍少將麥德偉（Michael McDevitt）指出，英文sea power偏重於海軍面向的研究，而maritime power則兼重海軍面向與一

---

[16] John B. Hattendorf, "What is a Maritime Strategy?" *Soundings* (Sea Power Centre, the Royal Australian Navy), No. 1, October 2013, p. 7.

[17] Geoffrey Till, *Seapower: A Guide for the Twenty-first Century* (London: Routledge, 2013), p. 25.

[18] Geoffrey Till, *Seapower: A Guide for the Twenty-first Century* (New York: Routledge, 2009), pp. 24-25.

[19] The Navy League of the United States, "America's Maritime Industry: The Foundation of American Seapower," <http://navyleague.org/files/americas-maritime-industry.pdf>.

[20] Tangredi, "Globalization and Sea Power: Overview and Context," pp. 3-4.

[21] Colin C. Gray, *The Navy in the Post-Cold War World: The Uses and Value of Strategic Sea Power* (Pennsylvania State University press, 1994).

個國家海洋能力的非海軍要素，[22]寇北特（Julian Corbett）也是持類似看法，因為他將海洋戰略（maritime strategy）定位為「指導戰爭的原則，海洋是其中的一項重要因素，而海軍戰略（naval strategy）只是海洋戰略的一部分，來決定艦隊的行動」，[23]因此本書將中國不同時期的海權發展分成海軍和非海軍兩個面向來探討。

第二節　研究理論

　　本書採取地緣戰略中的海權論（seapower doctrine），來分析中國發展海權的條件與挑戰；運用現實主義（realism）中的權力轉移理論（power transition theory）以及芝加哥大學（University of Chicago）米爾塞默（John Mearsheimer）教授的攻勢現實主義（offensive realism），來分析美國與中國在印太地區的海洋爭霸；在分析的層次（level of analysis）上，本書較偏重於決策者層次，也就是著重分析中共歷任領導人對權力及對發展海權的理念與戰略。

壹、海權理論

　　海洋歷史內容包括造船、貿易、海洋探險、遷徙和海軍發展史等等，乃是人類歷史的一部分。在這長達數千年的歷史中，有些國家崛起為海洋強權，英國和美國甚至主宰全世界。為何有些國家能夠發展海權？為何有些國家的海權發展曇花一現？哪些因素或原因導致海權國家的沒落？難道真如一些歷史學家所言，種族是關鍵因素，因為他們將希臘人和英國人視為海洋民族，而羅馬人和中國人則非海洋民族，他們也假設歐洲人和北美洲人對海洋具有優勢。[24]本節的目的在於探討發展海權的因素及構成海權的要素。

---

[22] Michael McDevitt, *Becoming a Great "Maritime Power": A Chinese Dream* (Arlington, Virginia: CAN Analysis Solutions, 2016), p. 3.

[23] Julian S. Corbett, "Some Principles in Maritime Strategy," in Eric J. Groves (ed.), *Classics of Sea Power* (Annapolis, Maryland: The United States Naval Institute Press, 1988), p. 15.

[24] Lincoln Paine, *The Sea Civilization: A Maritime History of the World* (New York: Alfred A. Knopf, 2013), pp. 3-10.

一、發展海權的因素

根據馬漢所提出的海權論，影響一個國家發展海權的因素包括地理位置（geographical position）、自然結構（physical conformation）、領土大小（extent of territory）、人口數目（number of population）、民族特性（national character）及政府的性質與制度。他將這些因素進一步分成自然和非自然兩大類要素，其中地理位置、地形結構和領土大小屬於自然要素。非自然要素則包含人口數目、民族特性和政府特質。[25]然而，從馬漢提出他的海權理論至今已有一百多年，國家力量、軍事科技、國際政治等均已出現巨大變化，例如美國萊特兄弟（Wright brothers）到1903年才發明飛機，潛艇也還在研發階段，尚未能發揮軍事作戰功用，航空母艦和艦載飛機的出現時間更是還要晚好幾年，而且當時對海洋的經濟效用著重於漁業和海上運輸及貿易，海洋礦物資源的開採並不是重點，況且當前國際社會也不再允許建立殖民地，因此有一些學者認爲馬漢部分觀點在今天已經不適用，[26]所以對馬漢的海權理論無可避免要作適度調整。

龔培德（David C. Gompert）指出，海權是經濟、政治、科技和地理等因素的產品，而政治還分成國際政治和國內政治，因爲國際政治中的對抗和敵對，鼓勵國家去干擾其他國家的海洋貿易，促成對海軍的需要，而國內政治讓海軍官員、商人和政客可以鼓吹海權，而且一個國家投注在發展海軍力量的資源數量，對這個國家的海權也是一決定性因素。[27]

綜合馬漢的海權學說和國內、外學者專家對海權的論述，本書提出影響海權發展的七項因素以及構成海權的五項要素如下：

[25] A. T. Mahan, *The Influence of Sea Power upon History, 1660-1783* (New York: Dover Publications, Inc., 1987), pp. 25-89.

[26] 請參閱 Michael Pugh, "Is Mahan Still Alive? State Naval Power in the International System," *The Journal of Conflict Studies*, Vol. 16, No. 2, 1996, <http://journals.hil.unb.ca/index.php/jcs/article/view/11817/12640>; and James R. Holmes, "A 'Fortress Fleet' for China," *The Whitehead Journal of Diplomacy and International Relations*, Vol. 11, No. 2, October 2013, pp. 115-128.

[27] David C. Gompert, *Sea Power and American Interests in the Western Pacific* (Santa Monica, California: RAND Corporation, 2013), p. 21.

（一）地理位置

如果一個國家有強大的陸上鄰國，或是陸地上仍然有擴展空間，會分散國家資源用於對抗來自陸上威脅，或用於陸上發展，則不利於海權的發展，例如十九世紀的美國雖受到「明示命運」（manifest destiny）思想的趨使，[28] 有領土擴張的動能，但是因為美洲還有非常大片土地供拓展，西部開拓還沒到達海洋的自然邊界，所以美國尚未積極向海洋發展。

如果一個國家的海軍因為地理因素阻隔，在相互支援上有困難，對發展海權也會構成障礙，例如1904年的日俄戰爭，俄羅斯的歐洲艦隊必須航行萬里才能夠到達日本，到達時已經精疲力竭，被殲滅乃是必然結局。再以美國為例，美國在發展海權上可說是得天獨厚。首先，美國濱臨世界兩大洋（太平洋和大西洋）。其次，美國取得建造和控制巴拿馬運河的權利，而且巴拿馬運河於1914年8月15日建造完成開始營運，連接兩大洋，使美國艦隊在兩大洋可以大為節省相互支援的時間。第三，美國只有兩個陸地鄰邦，加拿大與美國相當友好，墨西哥不是強國，而且其他鄰邦包括加勒比海地區及中南美洲國家均非強權，對美國不會構成威脅，因此美國來自陸地上的威脅相當小。英國和日本因為是四面環海的島嶼國家，如果僅是基於防衛考量，並不需要具有強大的陸軍常備武力，只需要有強大海軍即可確保國家安全，因此鼓勵這兩國國家發展海權。法國無法凌駕英國的海權，使拿破崙（Napoleon）在法英爭霸時代曾感嘆地表示：「讓我們成為海峽的主人六個小時，我們必然成為世界霸主。」（Let us be masters of the Straits for six hours, and we shall be masters of the

---

[28] 「明示命運」理論是由歐蘇利文（John L. O'Sullivan）所提出，最先是批評外國反對美國兼併德州，乃是阻止美國在整個美洲發展上帝所賦予的明示命運，但是後來演變成這樣的思維，即美國擁有整個北美洲是上帝的旨意，因為美國基於共和主義（republicanism）之政治體制是最優越的制度，而美國將在北美洲實踐來展視此一優秀制度。此一理論具有白人負擔（white man's burden）的優越感，認為占領和統治像印地安人和後來的菲律賓等「落後民族」，是美國的使命，來幫助這些民族，因為他們缺乏治理自己能力。所以此一理論鼓勵美國對西部擴張以及1898年決定殖民統治菲律賓。請參閱 Frederick Merk, *The Monroe Doctrine and American Expansionism, 1843-1849* (New York: Alfred A. Knopf, 1966), pp. 74-79; Richard B. Morris, *Encyclopedia of American History* (New York: Harper & Brothers Publishers, 1953), p. 193。

world.）[29]

（二）自然結構

自然結構指的是一個國家是否擁有海岸線、眾多天然良港、海灣、出海口，能否輕易進入海洋，如果港口有河川與內陸連接更好。[30]當然如果一個靠海國家，其陸地上資源有限，就會鼓勵這個國家往海洋發展，例如荷蘭在十七世紀曾發展成爲海洋強權，後來發展成海上強權的英國和日本，也都是陸地資源較爲貧乏國家，這三個國家均擁有很長的海岸線及良港，進入海洋沒有障礙。美國的自然結構更加卓越，不僅擁有像舊金山（San Francisco）、紐約（New York）、聖地牙哥（San Diego）、南路易斯安納港（Port of South Louisiana）、新奧爾良港（Port of New Orleans）、波士頓港（Boston）等優越港口，進入海洋沒有任何障礙，而且陸地上資源非常豐富。

然而，具有良好自然結構條件，卻沒有足夠防衛能力，則這些條件反而會成爲外來強權從海上入侵的誘因和助力。

（三）領土大小

領土當然是越大越好、海岸線越長越好。但是根據馬漢的看法，一個國家領土與海權的關聯性，不在於其土地面積的大小，而在於是否有足夠長的海岸線。有足夠長的海岸線和良好港口，還取決於是否有足夠人力來防衛，否則長的海岸線反而成爲弱點。[31]例如日本土地面積不到38萬平方公里、英國土地面積甚至不到25萬平方公里，卻可以發展成爲強大海權國家，俄羅斯和加拿大是世界上土地面積第一和第二大國家、澳洲土地面積是世界第七大，但均無法發展成爲海洋強權，俄羅斯是因爲缺乏良好不凍港，而加拿大和澳洲人口太少則是重要的因素之一。

（四）人口數目

人口因素所關切不只是人口總數，更關切的是與海洋有關的人口，例如海

---

[29] 轉引自 Albert Sidney Britt III, *The Wars of Napoleon* (Garden City Park, New York: Square One Publishers, 2003), p. 27。

[30] Mahan, *The Influence of Sea Power upon History*, pp. 35-42.

[31] Ibid., pp. 42-44.

員、造船人才、造軍艦及海軍相關用品的人力。[32] 以今日海權而言，從事海洋科學研究、海洋產業的人口也相當重要。

（五）民族性格

海洋占地球表面的70%，對許多人而言，海洋充滿危險和不可預測性，尤其是在科學不發達、無法準確預測氣候的古代，海洋更是危險，因爲許多人葬身海底，因此一個國家要發展海權，需要其民族具有親海的性格，而且還須要具有冒險犯難的精神。馬漢強調重視商業、貿易是發展海權之民族性格中最重要的一項，[33] 因爲想經由經商累積財富，鼓勵人民勇敢地走向海洋，一方面建立殖民地、利用殖民地資源，另一方面鼓勵本國工業發展以生產貿易所需物品。

十五世紀至十八世紀的地理「大發現時代」（Age of Discovery），又被稱爲航海時代或是海權時代，因爲葡萄牙、西班牙、荷蘭、英國和法國等歐洲國家先後走向海洋，發現許多前所未知的土地（包括整個美洲）並發展海權、建立殖民地及累積財富。促成這些國家走向海洋、發展海權最重要之動機和目的，乃是尋求到西非，尤其是東亞貿易的替代航線，這應該是馬漢特別強調貿易習性對一個國家發展海權重要性的原因。

（六）政府特質

馬漢強調政府形式以及因之而來的制度和統治者的特質，對一個國家發展海權會有顯著的影響，如果一個政府能夠睿智的引導方向來發展海權，當然該國就有較大的可能性成爲海權國家。馬漢並沒說專制政權就不可能成就海權，專制政權如具有判斷力和持續力，有時可創造巨大海上貿易和優秀海軍，他甚至指出自由民主國家會有過程緩慢的缺點，但是他指出人民精神與政府相契合的問題，[34] 而自由民主國家在這方面顯然勝過專制獨裁的國家。

32　Ibid., p. 45.

33　Ibid., p. 53.

34　Ibid., p. 58.

（七）國力與科技

1. 國力與海權發展

　　中國過去有海權與陸權之爭，事實上中、外軍事家也有陸戰與海戰孰重孰輕的爭辯，而且大多認為陸戰比海戰重要，[35] 例如海軍中將羅吉斯（William Ledyard Rodgers）表示：「海戰次於陸戰」。[36] 這種現象並不難理解，因為人類的主要棲息地是陸地，如果陸戰失敗，國家可能會被征服、消滅，因此打贏陸戰是國家得以繼續生存的最後屏障，所以可以獲致一個結論，亦即只有強大的濱海國家才會想發展海權，而海權的發展會帶給該國更大的財富和國力。沒有強大國力的國家無法成為強大海權國家，這是歐洲過去五百年所形成所謂海軍—商業複合體（naval-commercial complex）的現象，[37] 亦即為了海洋貿易而發展海軍，有了強大海軍之後，可以保護海洋貿易、擴大海外市場及獲得海外資源，鼓勵歐洲國家的海洋擴張。

2. 科技與海權發展

　　在一個高科技的時代，科技已經是決定國力的最重要因素之一，因此發展海權當然要有先進的科技，因為海軍本來就是科技含量相當高的軍種，而且發展海洋也必須有先進的科技，例如海洋資源探勘及開採、海洋生態環境維護、各種海洋產業發展，均需有先進科技才能進行並與他國一爭長短。鄧小平已經體認到科技的重要性，所以他說「科學技術是第一生產力」；[38] 江澤民也強調：「海軍是一個技術密集、知識密集的軍種，構成複雜，隨著裝備的發展，對科技和人才的要求越來越高。」[39]

二、構成海權的要素

　　除了探討影響海權發展的因素外，馬漢也提出構成海權的五項要素：海軍力量、對外貿易能力、控制海上交通要道、擁有相當數目的商船隊伍及海外殖

---

[35] Gray, *The Navy in the Post-Cold War World*, p. 4.

[36] 轉引自 Gray, *The Navy in the Post-Cold War World*, p. 4。

[37] Paine, *The Sea Civilization*, p. 5.

[38] 鄧小平，《鄧小平文選》，第三卷（北京：人民出版社，1993年），頁274-276。

[39] 轉引自房功利、楊學軍、相偉，《中國人民解放軍海軍60年（1949-2009）》（青島：青島出版社，2009年），頁268。

民地與海外基地。[40]如上所述,雖然馬漢所提出的海權論,在一百年後的今天不見得完全適用,有一些觀點也不再行得通,例如建立海外殖民地已經缺乏可行性,但是馬漢的不少觀點迄今仍是眞知灼見,因此本文仍然依據馬漢的理論來檢驗中國現有條件對發展海權之優、劣勢。

(一)海軍力量

如上所述,馬漢賦予海權廣義的定義,海軍力量也只是海權的要素之一,但是海軍力量顯然是馬漢海權論的核心環節。馬漢的成名作《1660-1783年海權對歷史之影響》,除了緒論和第一章對海權要素之討論外,其他十三章都是在談歷史上的海戰。此種以海軍爲中心的海權論相當容易理解,因爲沒有強大的海軍力量,就無法維護海洋權益,而且海軍是唯一能夠將國力投射到遙遠地方的軍種,沒有強大海軍的國家很難跨出國門走向海洋。

(二)對外貿易能力

緹爾所提出之海軍與國家經濟繁榮的循環論,即海軍力量導致海洋優勢,進而保障海洋貿易,促成經濟繁榮,創造更多海洋資源,來增強海軍力量(海軍力量→海洋優勢→海洋貿易→經濟繁榮→創造海洋資源→海軍力量),[41]固然海軍力量也是此一循環的關鍵環節,但是對外貿易也是相當重要的一環,因爲對外貿易促進經濟繁榮,增進國力以投注更多的資源來發展海軍。

(三)控制海上交通要道

世界貿易運輸90%是經由海運,對許多國家,尤其世界貿易大國而言,海上運輸線也就等於海上生命線,而這些海洋航線又絕大部分會穿越一些連結大洋、海洋的狹窄水道(海峽、運河),如果這些戰略水道由不友好國家所掌控,在戰時可能造成重大的傷害,例如在1904年日俄戰爭中,英國以1902年與日本簽訂同盟條約爲由,拒絕俄羅斯之波羅的海艦隊穿越蘇伊士運河(Suez Canal)馳援其太平洋艦隊,導致俄羅斯軍艦必須長途跋涉1萬8,000公里進入印度洋,繞道非洲好望角,費時七個月才到東亞,如上所述,這是俄羅斯海戰失利導致戰敗的重要因素之一,因此美國強調包括麻六甲海峽(Strait of Malacca)、霍姆茲海峽(Strait of Hormuz)、蘇伊士運河、巴拿

---

[40] Mahan, *The Influence of Sea Power upon History*, pp. 25-89.

[41] Till, *Seapower*, p. 17.

馬運河（Panama Canal）、直布羅陀海峽（Strait of Gibraltar）等十多條戰略水道，[42]絕不能落入潛在敵對國家手中。

（四）擁有相當數目的商船隊伍

歷史上所有海權國家均擁有相當大數目的商船，例如英國主宰海洋時代，其商船噸位總數占世界超過一半或接近一半。[43]商船噸位一方面反映國力及對外貿易的實力，另一方面在戰爭時期面臨敵對國家封鎖，無法依賴外國商船時，本國船隻才可能發揮作用。

（五）海外殖民地／海外基地

海外殖民地一方面是資源的來源，另一方面也是海權國家在母國以外之軍事基地所在，可提供海軍海外補給、維修及官兵休憩的需要。然而，以現今的國際情勢而言，要取得殖民地已經不可能，因此海外殖民地作為發展海權的因素之一，或許可以轉換成海外可運用的海軍基地，例如美國的海軍基地幾乎遍布全球，包括印度洋的狄亞哥加西亞（Diego Garcia）、日本的琉球和橫須賀、古巴的關達那摩（Guantanamo）、義大利的羅塔（Rota），以及在西班牙、南韓、科威特、埃及、沙烏地阿拉伯、阿曼（Oman）、關島、巴林（Bahrain）等均有美國的海軍基地。

貳、權力轉移理論與攻勢現實主義

一、權力轉移理論

「權力轉移理論」是由歐甘斯基教授（Kenneth Organski）在1950年代首先提出，他指出當一個土地面積和人口相當大的國家，因為快速經濟發展，會

---

[42] 以石油海洋運輸為例，根據美國能源資訊署（U.S. Energy Information Administration, EIA）資料，石油運送的世界海洋關口（world chokepoints for oil movements）共有7條，即麻六甲海峽、巴拿馬運河、蘇伊士運河、丹麥海峽（Danish Straits）、曼德海峽（Bab el-Mandad）和霍姆茲海峽。其中運經伊朗和阿曼間的霍姆茲海峽之石油，占全球海洋石油運輸大約35%，也是將近全世界石油貿易總運輸量的20%。請參閱 U.S. Energy Information Administration, "Today in Energy," September 5, 2012, <file:///C:/Users/Owner/AppData/Local/Temp/Low/11IUIIYQ.htm>。

[43] 英國1870年總商船噸位占世界44.07%、1880年占46.51%、1890年占50%、1900年占47.59%、1910年占45.19%。Willmott, The Last Century of Sea Power, p. 10.

衝擊國際體系，尤其是對該體系中居主宰地位的霸權國家形成挑戰。既有霸權國家為了保持地位及國際秩序，會與崛起中的強權競爭、敵對，走向強權間的戰爭，對抗結果通常導致國際領導地位改變及國際體系的重新安排，[44]這也是一般所稱的「修昔底德陷阱」（Thucydides's Trap）。

譚勉（Ronald L. Tammen）等人指出，權力轉移理論的三要素是層級化（hierarchy）、權力和滿足（satisfaction），他們將全球層級體系的國家分為四類，第一類是高高在上的主宰性國家（dominant）、其次是強權國家（great powers）、第三類是中等國家（middle powers）、最下層是小國。[45]國家的權力是變動的，有些國家權力增加、有些減少，當主宰國家與一個挑戰國家相互權力出現相當平等時，如果此一挑戰者對現狀不滿，則衝突就可能發生。他們認為最穩定的權力分配狀況，乃是一個主宰強權獲得滿足現狀的重要盟邦組成贏的聯盟之支持，他們制定有利於他們的國際規則來規範國際安全和經濟活動。[46]

出現權力轉移現象並不必然導致戰爭，歷史經驗顯示，權力轉移大致可分成以下三種結果：

（一）戰爭

歷史經驗顯示，戰爭是權力轉移過程的常態。根據「哈佛大學貝爾福科學和國際事務研究中心」（Harvard Belfer Center for Science and International Affairs）針對過去五百年16個權力轉移個案的研究，發現其中12件的結果是戰爭（請參閱表1-1），通常是主宰性霸權拒絕與挑戰強權分享權力，而發動「制先攻擊」（preemptive strike）或「預防性戰爭」（preventive war），以徹底解決來自挑戰強權的威脅，以維持自身霸權地位。

---

[44] A.F.K. Organski, *World Politics* (New York: Alfred A. Knopf, 1958); David Lai, *The United States and China in Power Transition* (Carlisle Barracks, PA: Strategic Studies Institute, U.S. Army War College, 2011), p. 5.

[45] Ronald L. Tammen, Jacek Kugler, and Douglas Lemke, "Power Transition Theory," *TransResearch Consortium Work Paper*, No. 1 (December 2011), pp. 2-8.

[46] Ibid., pp. 7-10.

■ 表1-1

近500年來修昔底德陷阱案例及結果

時間	統治強權	崛起強權	結果
16世紀上半期	法國	哈布斯堡（Hapsburgs）	戰爭
16-17世紀	哈布斯堡	歐圖曼帝國（Ottoman Empire）	戰爭
17世紀	哈布斯堡	瑞典	戰爭
17世紀	荷蘭共和國	英格蘭	戰爭
17世紀末18世紀初	法國	大不列顛（Great Britain）	戰爭
18世紀末19世紀初	英國	法國	戰爭
19世紀中期	英國、法國	俄羅斯	戰爭
19世紀	法國	德國	戰爭
19世紀末20世紀初	俄羅斯、中國	日本	戰爭
20世紀初	英國	美國	沒戰爭
20世紀初	俄、英、法	德國	戰爭
20世紀中期	蘇聯、英、法	德國	戰爭
20世紀中期	美國	日本	戰爭
1970年代至1980年代	蘇聯	日本	沒戰爭
1940年代至1980年代	美國	蘇聯	沒戰爭
1990年代迄今	英國、法國	德國	沒戰爭

資料來源：Graham Allison, "The Thucydides Trap: Are the U.S. and China Headed for War?" The Atlantic, September 24, 2015, <https://www.theatlantic.com/international/archive/2015/09/united-states-china-war-thucydides-trap/406756>.

（二）和平權力轉移

　　如果衰落中的霸權體認時不我與，甘願讓出霸權地位，權力轉移將是和平結局。兩次世界大戰之間，英國讓出霸主地位由美國取代，就是和平權力轉移的案例。美國與英國之間能夠出現和平權力轉移是基於以下幾項因素：其一，美國與英國同文，某種程度上同種，而且雙方同樣是民主政治國家，所以價值觀較為接近；其二，不管是第一次世界大戰或第二次世界大戰，美國對英國在經濟和軍事上均提供非常大的協助，尤其後來是美國直接參戰才能夠扭轉英國戰敗的噩運。第三，大英帝國沒落已是事實，英國自知無力再承擔維持世界和平和秩序的重責大任，由美國接替此一重擔乃是最好的結果。事實上，在1940年代後半期，當希臘面臨共黨叛亂威脅、土耳其面臨來自蘇聯威脅，英國已經通知美國，表示英國無力介入，請美國接手。

（三）出現兩極體系

當發號司令、制定體系運作規則的霸權國家與挑戰強權之權力差距縮小，如果該霸權國家願意承認挑戰強權的地位，願意與該崛起的強權平起平坐、共治國際秩序，而崛起的強權也滿足此一新地位，則「兩極體系」（bi-polar system）會取代「單極體系」（uni-polar system）。雖然兩超強之矛盾無法完全根除，但是他們會試著和平共處，只是這一關係會相當脆弱。美國在1960年代因陷入越戰泥淖，導致國力衰退，而蘇聯則趁機拉近與美國的核武力量差距。美國尼克森總統（Richard Nixon）於1969年上台後，體認到蘇聯崛起，願意承認蘇聯與美國平起平坐的超強地位，對蘇聯採取「和解」（detente）政策，兩國因此展開「戰略武器限武談判」（Strategic Arms Limitation Talks, SALT）。然而，美蘇兩國缺乏互信，使兩國關係相當脆弱，在蘇聯於1979年入侵阿富汗之後，美蘇重新走回衝突、對抗的老路。

二、攻勢現實主義

米爾塞默提出「攻勢現實主義」，強調除了主宰「霸權」（hegemon）之外，所有位居霸權之下的強權均可能不會滿足於既有權力分配，這些強權均有改變權力分配的意圖，而且如果代價不大，他們會使用武力來改變「權力平衡」（balance of power）。如果改變權力平衡的代價昂貴，會促使這些強權不敢輕舉妄動，但是想改變權力分配的誘惑會長存這些強權心中，直至他們取得霸權地位方休。這種想改變世界權力分配使之有利自身的思維，促使強權尋求機會增加自我權力而犧牲其他強權。[47]

---

[47] John J. Mearsheimer, *The Tragedy of Great Power Politics*, updated edition (New York: W.W. Norton & Company, 2014), pp. 1-6.

參、分析層次理論

國際關係理論結構現實主義（structural realism）學派創始人華爾滋（Kenneth N. Waltz）在1959年出版《人、國家和戰爭：一個理論分析》（*Man, the State and War: A Theoretical Analysis*）一書，從人、國家和國際體系三個層次（他書中稱為三個images）來分析發生戰爭的原因。[48]第一個層次從人的本質（human nature）和行為來探討發生戰爭的原因；第二個層次分析國家內部結構（包括國家內部缺陷、所採取的政治和經濟制度與戰爭發生的關係；第三個層次強調國際體系無政府狀態（international anarchy）特質導致國家間的戰爭。[49]本書在分析中國海權發展時較偏重於決策者的個人層次，著重於探討毛澤東、鄧小平、江澤民、胡錦濤和習近平等中國領導人的權力地位、決策風格、海權思想及海權戰略對中國發展海權的影響，但是在探討美中印太爭霸則偏重於由國際體系層次來分析兩國的競爭。然而，誠如辛格（J. David Singer）教授指出，分析國際關係的層次，不管是國家或國際體系層次，均非完美無缺。[50]不管從哪一個層次來分析國家的行為，均無法排除其他兩個層次的影響，因此本書雖然著重決策者對發展海權的關鍵影響，但是並未排除中國的政經社會情況及國際體系對中國發展海權的影響或限制。

第三節　文獻回顧與評述

國內、外研究中國海權的學術文章和書籍逐漸增多，如果將中國之南海政策、珍珠鍊策略視為是中國海權戰略之一部分，那麼中外文獻更加豐富。此外，探討中美競爭的中外文獻也非常豐富。歐巴馬（Barack Obama）政府於2009年1月20日上台後，提出「重返亞洲」（back to Asia）或是「再平衡」

---

48 這一本書是華爾滋在哥倫比亞大學（Columbia University）的博士論文改寫而成，請參閱 Kenneth N. Waltz, *Man, the State and War: A Theoretical Analysis* (New York: Columbia University Press, 1959)。

49 Ibid., Chapters II, IV, & VI.

50 J. David Singer, "The Level-of-Analysis Problem in International Relations," in Klaus Knorr and Sidney Verba (eds.), *The International System; Theoretical Essays* (Princeton, New Jersey: Princeton University Press, 1961), pp. 77-92.

（rebalancing）政策，雖然美國一再強調此一策略並非針對中國，但是北京確實認知此一政策是針對中國而來，因此探討美國「再平衡政策」（rebalancing policy）與中美關係的中外文獻亦相當多。

壹、探討中國海權發展的文獻

　　早期探討中國海權發展的國內、外著作並不多，全面性探討中國海權的著作更少，但是隨著中國海權實力上升，分析中國海權的著作大為增加。

一、狹義定義中國海權的著作

（一）將中國海軍等同海權的著作

　　研究中國海權的國內、外學者大致可分成兩大類，有一些學者像成斌（Dean Cheng）、[51]洪列斯（James R. Homles）、[52]陸易斯（John Wilson Lewis）和薛理泰（Xue Li-tai）、[53]穆勒（David G. Muller, Jr.）等，[54]將海權（sea power或maritime power）等同於海軍。這些著作雖有助於本書了解過去中國的海軍發展，但是這些著作出版已有一段時間，對了解中國當前海軍沒有幫助，而且它們未觸及非海軍面向的海權，與本書對海權採廣義定義大為不同。

（二）著重中國海軍研究的著作

　　柯爾（Bernard D. Cole）的《海上長城》（*The Great Wall at Sea*）、[55]郝瓦斯（Peter Howarth）所著《中國崛起中的海權：解放軍海軍之潛艦的挑

[51] Dean Cheng, "Sea Power and the Chinese State: China's Maritime Ambitions," *Backgrounder*, No. 2576, July 11, 2011, pp. 1-12.

[52] James R. Homles, "Sea Power with Asian Characteristics: China, India, and the Proliferation Security Initiative," *Southeast Review of Asian Studies*, Vol. 27 (2007), pp. 104-118.

[53] Lewis, John Wilson, and Xue-Litai, *China's Strategic Seapower: The Politics of Force Modernization in the Nuclear Age* (Stanford, California: Stanford University Press, 1994).

[54] David G. Muller, Jr., *China as a Maritime Power* (Boulder, Colorado: Westview Press, 1983).

[55] Bernard D. Cole, *The Great Wall at Sea: China's Navy Enters the Twenty-First Century* (Annapolis, Maryland: Naval Institute Press, 2001).

戰》（*China's Rising Sea Power: The PLA Navy's Submarine Challenge*）、[56]
印度學者謝鋼（Srikanth Kondapalli）的《中國海軍力量》（*China's Naval Power*）、[57]歐魯克（Ronald O'Rourke）所著《中國海軍現代化》（*China Naval Modernization*），[58]以及德國學者季珊（Sara Kirchberger），[59]則純粹研究中國海軍，或是海軍的兵種。這些著作雖有助於本書了解中國海軍個別兵種或海軍發展情形，但除了資料相當陳舊之外，亦不探討中國海權的非海軍力量，對本書而言不夠全面。

二、從廣義角度探討中國海權的著作

從廣義角度分析中國海權發展的外國著作，對中國海權的探討較接近本書者，有何瑞爾（Steven L. Horrell）的《中國的海洋戰略：和平崛起？》（*China's Maritime Strategy: Peaceful Rise?*）、[60]及艾瑞克斯（Andrew S. Erickson）、高德斯坦（Lyle J. Goldstein）和黎楠（Nan Li）合編之《中國、美國和21世紀的海權：界定一個海洋安全夥伴關係》（*China, the United States and 21st Century Sea Power: Defining a Maritime Security Partnership*）。[61]雖然這些著作對本書相當有參考價值，但是已經陳舊，例如何瑞爾的書出版於2008年、艾瑞克斯等人合編的書出版於2010年，迄今已經有十年，而中國過去十年的海權發展突飛猛進，因此需要新的著作加以更新。

[56] Peter Howarth, *China's Rising Sea Power: The PLA Navy's Submarine Challenge* (New York: Routledge, 2006).

[57] Srikanth Kondapalli, *China's Naval Power* (New Delhi: The Institute for Defence Studies and Analysis, 2001).

[58] Ronald O'Rourke, "China Naval Modernization: Implications for U.S. Navy Capabilities—Background and Issues for Congress," *CRS Report for Congress*, May 21, 2018, pp. 1-111.

[59] Sarah Kirchberger, *Assessing China's Naval Power: Technological Innovation, Economic Constraints, and Strategic Implications* (Heibelberg, Germany: Springer, 2015).

[60] Steven L. Horrell, *China's Maritime Strategy: Peaceful Rise?* (Carlisle Barracks, Pennsylvania: U.S. Army War College, 2008).

[61] Andrew S. Erickson, Lyle J. Goldstein, and Nan Li, *China, the United States and 21st Century Sea Power: Defining a Maritime Security Partnership* (Annapolis, Maryland: Naval Institute Press, 2010).

三、中國學者的著作

中國學者張文木、[62] 邵永靈之著作，[63] 將海權等同於海軍；石家鑄所著《海權與中國》、[64] 張世平所著《中國海權》，[65] 則是從廣義的角度來界定海權。然而，中國學者的著作普遍存在一個問題，亦即他們均站在中國官方的立場來撰寫文章或書籍，導致他們的著作缺乏嚴謹學術著作所應有的價值中立立場，絕大多數著作淪爲對中國政府歌功頌德的宣傳品，或是作者主觀意識強，未能客觀地深入分析問題。大部分著作雖然可以提供一些事件、資料，但是學術價值普遍不高。

貳、探討美中印太爭霸的文獻

由於中國快速崛起，不管是經濟力量或是國防預算，均已排名世界第二，因此探討美中競爭的學術著作越來越多，其中納其德（Michael Nacht）等人所著「中美關係中的戰略競爭」（Strategic Competition in China-US Relations）一文，分析中國的大戰略、中國軍事現代化、美中潛在軍事衝突引爆點、美國戰略政策的中國因素，及美國對中國的競爭策略，相當具參考價值。[66] 李明江和肯布黎所編《美中關係中的新動力：亞太地區的競爭》（*New Dynamics in US-China Relations: Contending for the Asia-Pacific*），邀請19位學者專家，來分析中美在亞太地區漸增的戰略敵對關係、中美互動中合作與衝突的根源，及區域國家在美中關係中的角色。[67] 該論文集對美中競爭根源的分析值得參考，對其他區域中國家包括印度、日本、南韓及部分東南亞國家的立場和衝擊的分析，也相當重要，然而論文集再努力整合，還是有疏漏之處，整

62　張文木，〈論中國海權〉，《世界經濟與政治》，第10期，2003年，頁8-14；張文木，〈經濟全球化與中國海權〉，《戰略與管理》，第1期，2003年，頁86-91。

63　邵永靈，《海洋戰國策》（北京：石油工業出版社，2010年）。

64　石家鑄，《海權與中國》（上海：上海三聯書局，2008年）。

65　張世平，《中國海權》（北京：人民日報出版社，2009年）。

66　Michael Nacht, Sarah Laderman, and Julie Beeston, "Strategic Competition in China-US Relations," Livermore Papers on Global Security, No. 5 (Center for Global Security Research, Lawrence Livermore National Laboratory), October 2018, pp. 1-118.

67　Li Mingjiong and Kalyon M. Kemburi (eds.), *New Dynamics in US-China Relations: Contending for the Asia-Pacific* (London: Routledge, 2015).

個南亞地區僅觸及印度，不夠完整，而且該論文集出版於2015年，對於高度動態發展的美中關係而言，許多資料已經相對陳舊。

不少著作分析美中在印太地區部分區域的敵對關係，例如沈大衛（David Shambaugh）所著《美中在東南亞的對抗：權力轉移或競爭的共存》（*U.S.-China Rivalry in Southeast Asia: Power Shift or Competitive Coexistence*）、[68] 房輝雲（Huiyun Feng）和何凱（Kai He）所合編《美中競爭和南海爭端》（*US-China Competition and the South China Sea Disputes*），[69] 或是從單一面向、議題來分析美中競爭，例如分析美中在人工智慧之科技競爭，[70] 或是探討美中貿易戰。[71] 這些著作探討的是印太地區次區域，或是探討單一問題，雖然有助於了解美中在這些次級區域和議題的競爭關係，但是無助於了解兩國在印太地區全面競爭的情形。

中國對美中競爭關係當然高度關注，中國智庫的內部分析報告必然不少觸及此一議題，因為這些報告屬於內參資料，外界很難取得，但是中國學者專家公開出版的著作也不少，較具代表性的是李巍所著《制度之戰：戰略競爭時代的中美關係》[72] 及姜志達所著《中美規範競合與國際秩序演變》。[73] 這兩本著作均是從宏觀的角度，分析美中兩國對國際秩序的立場，有助於了解北京對國際秩序的看法，但是與本書著重於探討美中在印太地區的海洋爭霸，重點大為不同。

---

[68] David Shambaugh, "U.S.-China Rivalry in Southeast Asia: Power Shift or Competitive Coexistence," Vol. 42, No. 4, Spring 2018, pp. 85-127.

[69] Huiyun Feng and Kai He, *US-China Competition and the South China Sea Disputes* (New York: Routledge, 2018).

[70] 請參閱 Wang You and Cheng Dingding, "Rising Sino-U.S. Competition in Artificial Intelligence," *China Quarterly of International Strategic Studies*, Vol. 4, No. 2 (2018), pp. 241-258。

[71] 請參閱 Lawrence J. Lau, "The China-US Trade War and Future Economic Relations," *Working Paper* Lau Chor Tak Institute of Global Economics and Finance, the Chinese University of Hong Kong), No. 2 (May 2019), pp. 1-34。

[72] 李巍，《制度之戰：戰略競爭時代的中美關係》（北京：社會科學文獻出版社，2017年）。

[73] 姜志達，《中美規範競合與國際秩序演變》（北京：世界知識出版社，2019年）。

第二章　中國發展海權的條件與原因

第一節　中國發展海權的條件

中國在歷史上曾經是世界最強大的海權國家，明朝初期（西元1405-1433年）鄭和曾率艦隊七次「下西洋」，最遠到達非洲東部。巨大戰艦及龐大艦隊之規模，至今還讓人津津樂道，中國毫無爭議是當時世界上最強大的海權國家，[1] 然而中國的海權盛況卻曇花一現，甚至在1894年的甲午戰爭敗於日本手中，其癥結何在？本節將以上述所陳述之影響海權發展的因素，來檢驗中國發展海權的優劣勢。

壹、自然條件

一、地理位置

地理位置並非鼓勵中國發展海權的正面因素，因為如上所述，對中國歷代政權的威脅主要均是來自陸上，不管是漢朝時期的匈奴和姜族、隋朝和唐朝時期的突厥、吐蕃和回紇、宋朝時期的契丹、女真和蒙古人、明朝時期之韃靼、瓦枓和滿族，以及清朝時期的俄國，這些外族會掠奪中國土地和資源，甚至會推翻中國的政權，例如宋朝亡於蒙古人、明朝亡於滿族。中國在歷史上並非沒有來自海上的威脅，其中以明朝時期的倭寇最為有名，但是倭寇是以騷擾中國東南沿海、掠奪資源為目的，而不是想要推翻明朝政權，因此一直到1839年鴉片戰爭之後，英國、法國、德國等歐洲國家從海上以武力迫使中國開放門戶及通商，尤其是在十九世紀末期日本崛起，從海上侵略中國、占領中國土地及資源，中國才真正感受到來自海上的嚴重威脅，在此之前中國一向是重陸防甚於海防。

當代中國可以說是世界上最沒有安全感的國家，因為中國的陸地邊界長達

1　Louise Levathes, *When China Ruled the Seas: The Treasure Fleet of the Dragon Throne, 1405-1433* (Oxford: Oxford University Press, 1994).

2.28萬公里，共有15個陸上鄰國，[2] 而且俄羅斯和印度都是強國。當中國積弱不振時，就會成為鄰邦侵略的對象。因為面臨來自陸地上的嚴重潛在威脅，中國必須維持相當強大的陸上國防武力，以維護國家安全，例如中、蘇共於1960年公開決裂，尤其是在1969年3月兩國發生珍寶島武力衝突之後，蘇聯沿中、蘇邊界（包括外蒙古）部署百萬重兵，嚴重威脅中國安全，中國當然無法全力發展海權。

　　目前中國業已崛起，但是中國仍然面臨新疆維吾爾族、藏族分離運動的威脅，與印度的邊界衝突仍尚未解決，而且中國的55個少數民族大多居住在西部地區，不少還是跨邊境的民族，迫使中國仍然要重視陸防，並投注相當大比例的資源於陸軍。

二、自然結構

　　就自然結構而言，中國發展海權可說是利弊參半。首先，中國的海岸線並沒有像美國被切割，而是連接成一條線，這對中國有利，因為中國海軍可以集中防衛中國的海岸線。其次，根據中國官方資料，中國面積在500平方公尺以上的島嶼多達6,961個，海洋領土（包括領海、毗鄰區、專屬經濟區、大陸礁層）300多萬平方公里、海岸線長達1萬8,000多公里，[3] 而且中國擁有香港、青島、大連、廣州、寧波、天津、上海、秦皇島、福州等大商港，以及湛江、威海衛、葫蘆島、旅順、煙台、營口、榆林港、汕頭等海軍港口，其中香港還與美國的舊金山灣（San Francisco Bay）和巴西的里約熱內盧港（Rio de Janeiro）並列為世界上三大良港。然而，中國的海域被第一島鏈所包圍，南部更是受困於所謂的「麻六甲困境」（Malacca Dilemma），難以輕易進入公海，或是易於被攔截，這可說是中國發展海權相當負面的因素。

2　這15個陸上鄰邦是北韓、俄羅斯、蒙古、哈薩克、吉爾吉斯、塔吉克、阿富汗、巴基斯坦、印度、尼泊爾、錫金、不丹、緬甸、寮國、越南。中國還有7個海上鄰邦，分別為韓國、日本、菲律賓、馬來西亞、汶萊、印度和新加坡。請參閱遲浩田主編，《當代世界軍事與中國國防》（北京：軍事科學出版社，1999年），頁127。

3　中華人民共和國國務院新聞辦公室，〈中國海洋事業的發展白皮書〉，〈http://www.china.com.cn/ch-book/haiyang/haiyang1.htm〉。

三、領土大小

中國擁有超過960萬平方公里的土地面積，在世界上排第三位，僅次於俄羅斯和加拿大，而且他有足夠長的海岸線，也有足夠的人口來防衛海岸線，因此領土不應該是中國發展海權的負面因素。

貳、非自然因素

一、人口

根據中國官方資料，中國人口約13億6,000多萬，目前仍然是世界第一。然而，根據一份報告顯示，中國1997年全國海洋發展領域勞動力（含漁業、海洋石油和天然氣開發、造船、海洋礦產開採、海洋交通運輸、曬鹽、海洋科學研究、海洋環保、旅遊）總數為392.7萬人，占中國當時總人口之約3‰，比率並不高，而且其中高達71%是從事漁業工作。[4]

二、民族性格

中國人的民族性格並不鼓勵發展海權。首先，中國傳統悠久的士大夫觀念輕視商人，在士、農、工、商四大行業或族群中，商人敬陪末座。其次，中國人強調安土重遷、落葉歸根的觀念，缺乏遠渡重洋、擴展海外領土的旺盛冒險精神，鄭和七次下西洋（南洋）卻沒有為中國增加任何領土，就是相當明顯的例子。中國共產黨強調無產階級專政，不僅整肅知識分子，還視商人和企業主為剝削階級，建國之後的三十年間經濟強調自己自足，不重視對外貿易。

三、政府特質

在孫中山先生辛亥革命推翻滿清政府之前，中國是帝王制度的專制、封建社會，雖然有時會出現漢武帝、唐太宗等雄才大略的英明君王，歷代也有一些重視海洋發展的皇帝，推動建立水師、推展海洋事業、促進沿海及對外貿易。[5]然而，更多的是一些不重視海洋發展的帝王，例如明宣宗頒布禁海令，斬斷鄭和下西洋所浮現之發展海權生機及基礎，清朝初期同樣不重視海權發

4　中國網，〈藍色經濟帶—2020年中國海洋開發〉，2009年8月17日，〈file:///C:/Users/Owner/AppData/Local/Temp/Low/L25KUVSL.htm〉。

5　秦天、霍小勇，《悠悠深藍中華海權史》（北京：新華出版社，2013年）。

展，順治12年（1655年）厲行海禁，規定片木不得浮於海，順治18年甚至將沿海居民內遷三十里，以對付鄭成功家族反清復明的威脅。

　　中國共產黨靠農民支持得以壯大，打敗國民黨、贏得國共內戰，於1949年10月1日建立中華人民共和國時，甚至還沒有成立真正的海軍，因此建政初期並不重視海權發展，事實上也沒有能力向海洋發展，因為發展海洋和建設海軍需要雄厚資金、優秀人才和先進科技，這對建政初期體質薄弱的中華人民共和國是難以達成之目標，加上退守台灣的蔣介石委員長，於1950年代從台灣對中國沿海進行封鎖和不時轟炸中國大陸的造船設施，以及毛澤東人民戰爭的游擊戰思維，提倡誘敵深入、陸上決勝負的軍事戰略，而且發展海軍也難以與海上強權的美國相抗衡，因此不重視海軍建設。

　　中國政府在毛澤東的領導下（1949-1976年）乃是極權政府，在由鄧小平掌權時期（1978-1993年）轉變成「諮商式威權主義」（consultative authoritarianism），江澤民時期（1993-2004年）和胡錦濤時期（2004-2012年）延續這種威權主義特質，[6]但是這兩個時期的中共政權更傾向於集體決策。習近平於2012年11月接班後，積極鞏固、增大權力，而且積極強化國家對社會的控制，包括加強對媒體和網路的掌控、限制言論自由、打壓自由派學者和異議分子，因此習近平絕對不是一位想推動民主改革的領導人。極權或威權體制政策，雖然在決策和落實政策上可以很有效率，但是決策錯誤時，也很難回頭。

四、科技能力

　　鄧小平曾在1977年10月23日的一項談話中指出：「我們必須承認在科技方面，中國遠遠不及世界其他國家」，[7]事實情況也是如此。中國在1950年代

6　江澤民是在1989年「六四天安門事件」發生後，因趙紫陽被整肅，而由上海拔擢到中央取代趙紫陽。鄧小平並且在該年10月將中央軍事委員會主席位子讓給江澤民，但是鄧小平在這之後雖然沒有任何黨政軍職位或頭銜，仍然是重大政策的最後、最高決策者。例如鄧小平利用1992年「南巡」，提出加大改革步伐主張，警告誰不支持改革誰就下台，迫使江澤民等人紛紛表態支持改革政策。因此江澤民時代不應該由1989年算起，從1993年（鄧小平最後一次公開露面）算起似乎較為適合。

7　轉引自 David M. Lampton, *Following the Leader: Ruling China, from Deng Xiaoping to Xi Jinping* (Berkeley, California: University of California Press, 2014), p. 13。

得利於蘇聯的科技轉移，因此國防工業有長足進步，尤其在建造潛艇方面得以快速成長，但是中、蘇共於1960年正式決裂，蘇聯切斷對中國的科技轉移，導致中國必須自力更生，在自我摸索中緩步前進。因為缺乏人才和資金，加上受到左傾思想及文化大革命的嚴重影響（文革期間可說是中國科技發展的失落十年），[8]國防工業非常落後。縱然鄧小平上台後推動改革開放，但是直至鄧小平時代於1990年中期正式結束時，中國的國防科技仍然不夠先進，因此中國仰賴自俄羅斯和以色列取得新進的武器裝備。[9]

　　然而，中國於1990年代後半期針對國防工業體系進行改革，顯示中國已經了解國防工業所存在的問題，[10]而且中國已經有更多元的管道取得先進的科技。首先，在蘇聯瓦解之後，中國可以從俄羅斯或烏克蘭等國購買較為先進的武器裝備。

　　其次，中國於2011年12月加入世界貿易組織（World Trade Organization, WTO）之後，已經成為世界工廠，吸引跨國企業到中國大陸投資，而中國通常要求這些跨國企業進行科技轉移。那時西方國家對中國科技發展沒有戒心，對科技轉移中國的管制較寬鬆。

　　第三，在多邊出口管制協調委員會（Coordinating Committee for Multilateral Export Controls, CoCom）於1994年3月31日停止運作之後，[11]西方國家對待銷售中國高科技產品的政策不一致，有些西方先進國家對中國取消不少軍民兩用科技的出口限制。[12]事實上，美國本身對中國科技轉移和銷售軍民兩用科技管制，也是時鬆時緊、寬嚴不一。

[8]　JS Bajwa, *Modernization of the PLA: Gauging Its Latent Future Potential* (New Delhi: Lancer Publishers & Distributors, 2002), p. 160.

[9]　Keith Crane, Roger Cliff, Evan Medeiros, James Mulvernon, and William Overholt, *Modernizing China's Military: Opportunities and Constrains* (Santa Monica, California: RAND Corporation, 2005), pp. 135-160.

[10]　Ibid., pp.155-173.

[11]　CoCom於1950年1月1日開始運作，是西方國家針對蘇聯集團禁運所成立的協調機制，加入的國家是澳洲、西德、荷蘭、英國、美國、比利時、希臘、挪威、加拿大、義大利、葡萄牙、丹麥、日本、西班牙、法國、盧森堡和土耳其等17國。

[12]　"Testimony of Honorable William A. Reinsch, Under Secretary for Export Administration, U.S. Department of Commerce, Before the Joint Economic Committee, On April 28, 2998 on U.S./China Technology Transfer, <http://www.bis.doc.gov/News/Archive98/PRCtech.html>.

　　第四，中國留學生充斥西方一流理工大學，研習先進科技，這些學生畢業後進入先進國家的實驗室，進一步研習先進科技。他們不管是回中國大陸創業、任教，或是與中國的學術機構交流合作，均可將科技帶回給中國。

　　第五，中國在1990年代強調科技興國，投入相當的經費發展科技。習近平於2016年12月7日在「全國高校思想政治工作會議」上講話指出：「我們……對科學知識和卓越人才的渴求比以往任何時候都更加迫切」，[13]中國國務院於2015年提出「中國製造2025」，要由政府推動優先發展十大重點領域，包括新一代信息技術產業、高檔數控機床和機器人、航空航天裝備、海洋工程裝備及高技術船舶、先進軌道交通裝備、節能與新能源汽車、電力裝備、農業裝備、新材料、生物醫藥及高性能醫療器械。[14]如果此目標能夠達成，中國在科技上將成為世界領先強權。根據美國波士頓諮詢集團（Boston Consulting Group, BCG）的研究指出，中國在1995年用於發展研究（development research）的經費是123億美元，美國是1,287億美元，是中國的十倍，到2013年兩國的支出不相上下，但是該集團預測中國在2018年投入研究發展的經費將高達6,580億美元，美國只有3,128億美元，不到中國的一半。[15]世界智慧產權組織（World Intellectual Property Organization, WIPO）所公布的「2018年世界智慧產權指標」（World Intellectual Property Indicators 2018）指出，中國2017年所提出專利申請的件數居世界第一（請參閱表2-1）。

　　第六，也就是西方國家所詬病的，中國經由各種途徑竊取西方的先進科技，這也是美國川普（Donald Trump）總統上台之後，對中國發動貿易戰的原因之一。

---

[13] 習近平，《習近平談治國理政》，第二卷，（北京：外文出版社，2017年），頁376。

[14] 斯洋，「中國製造2025其實會引發很多麻煩」，《美國之音》，2018年11月26日，〈https://www.voacantonese.com/a/4673845.html〉。

[15] 轉引自 Paul Davidson, "Why China Is Beating the U.S. at Innovation," *USA Today*, April 17, 2017, <https://www.usatoday.com/story/money/2017/04/17/why-china-beating-us-innovation/100016138>。

■ 表2-1

中國、美國、日本2016-2017年申請專利件數

	2016年	2017年	2017年占世界總數	2017年世界排名
世界總數	3,125,100	3,168,900	100%	
中國	1,388,503	1,381,594	43.6%	1
美國	605,571	606,956	19.2%	2
日本	318,381	318,479	10.1%	3

資料來源：World Intellectual Property Organization, *World Intellectual Property Indicators 2018* (Geneva: World Intellectual Property Organization, 2018), p. 7.

第二節　中國追求成為海洋強國的原因

　　如前所述，中國一向被視為是一個陸權國家，雖然中國在歷史上曾經是世界最強大的海權國家，但此一榮景並不長。過去中國有關陸防或海防孰重的辯論，大多時候是由陸防論獲勝，因為中國歷史上的威脅主要是來自陸上，一直到清朝中葉（1839年對英國鴉片戰爭）以後，歐洲列強與日本從海上威脅、侵略中國，海防才成為重大挑戰和長期隱憂。縱然如此，因為發展海洋和建設海軍需要雄厚資金、優秀人才和先進科技，這對體質薄弱的中華人民共和國是難以達成目標，加上毛澤東人民戰爭的游擊戰思維，主張誘敵深入、陸上決勝負的軍事戰略，不重視海軍，而且海軍發展難以與海上強權的美國相抗衡，1966-1976年間又受到文化大革命的摧殘，導致海軍發展停滯不前。

　　促使中國重視發展海權的因素不少，大致可分成內在因素和外在因素兩大類來加以說明。

壹、內在因素

一、沿海地區已成為中國經濟重心

　　鄧小平於1978年掌權之後，開始推動改革、開放的新建國方針，經濟發展的重心逐漸向沿海地區傾斜，中國的海洋觀念必須隨著改變。目前中國沿海地區經濟力量占中國國內生產毛額將近六成，可說已成為中國經濟命脈所在。為了確保沿海地區安全，中國至少必須要能夠主宰第一島鏈以內水域。

二、發展海洋產業的重要性

中國陸地面積超過960萬平方公里雖然不小，但是中國人口將近14億，享有人均土地面積不到0.008平方公里，加上沙漠、高山和高原無法耕種，以及因各種建設導致可耕地不斷減少，而中國人口在短、中期內還會不斷增加，尤其是中國政府在2015年廢除一胎化政策之後，人口增加速度加快，糧食生產更加無法自給。中國目前是糧食進口大國，從海洋取得糧食是解決糧食不足的重要途徑之一，而且海洋石油、天然氣和其他礦物資源都是中國持續發展經濟所迫切需要。在1982年聯合國海洋法公約（the United Nations Convention on the Law of the Sea）被訂定，增加領海的寬度，建立毗連區（contiguous zone）、200海浬「專屬經濟區」（executive economic zone, EEZ）以及「大陸礁層」（continental shelf）制度之後，中國作為一個沿海國家必須要有能力保護其在專屬經濟區的權益。除了領海、毗連區、專屬經濟區和大陸礁層的權益保留給沿海國之外，公海成為世界各國競逐的場域，對這片廣大海域的競爭取決於資金、人才和科技，中國必須成為真正的海洋國家才有資格加入角逐行列，否則只能眼睜睜地看先進的國家不斷取用公海資源。

三、發展海權才能成為真正世界強權

純粹陸權可成為真正強權的時代已經過去，現在的地緣戰略學者已經很少提麥金德（Halford John McKinder）的「心臟地帶」（heartland）學說。馬漢主張：「經由海上商業和海軍的優勢來控制海洋，代表在世界的卓越影響力，這是國家力量和繁榮的首要要素」。自從他發表「海權論」以來，海權的重要性已經深入每一個國家決策者的心中。除非是陸鎖國，每一個海洋國家均重視發展和經略海洋。誠如葛雷（Colin S. Gray）所指出，號令海洋或「主宰海洋（command at sea）對陸上之影響所產生的可能性，超過主宰陸地對海洋所產生的影響力」。[16]寇北特（Julian Corbett）也強調，海權的真義不在於海上發生什麼事情，而在於海上所發生的事情如何影響陸上事件的結果。[17]

過去的歷史也證明陸權與海權的競爭，最後均以陸權落敗告終，例如英國與法國在十八世紀至十九世紀的交鋒、英國與德國在二十世紀上半期的競爭、

---

[16] Colin S. Gray, *The Navy in the Post-Cold War World: The Uses and Value of Strategic Sea Power* (University Park, Pennsylvania: The Pennsylvania State University Press, 1994), p. 14.

[17] Quoted in Ilias Iliopoulos, "Strategy and Geopolitics of Sea Power throughout History," *Baltic Security & Defence Review*," Vol. 11, No. 2 (2009), p. 5.

美國與蘇聯在冷戰時期之競逐，陸權國家均敗下陣來，因此如果中國純粹是一個陸權國家，絕對沒有資格挑戰美國的霸權地位，所以習近平喊出中國既是陸權也是海權國家的口號。他在2012年11月29日帶領其他六位中共政治局常委參觀中國國家博物館「復興之路」的展覽活動時，提出「中國夢」的構思，要「實現中華民族之偉大復興」，要「實現國家富強、民族振興、人民幸福」，[18]具體目標就是要在2021年中國共產黨建黨百年時，實現全面建設中國成為一個小康社會，以及在2049年中華人民共和國建國百年時建成「富強民主文明和諧的社會主義現代化國家，實現中華民族偉大復興」，[19]習近平的「中國夢」包含建立海洋強權之目標。

貳、外在因素

一、來自陸上威脅已經降低

　　如上所述，中國傳統上是一個陸權國家，因為中國歷朝歷代的主要威脅是來自陸上，直至1839年鴉片戰爭之後，中國成為西方帝國主義國家侵略對象，來自海上威脅大增，中國才真正出現陸防或海防孰重的爭辯。在中國與俄羅斯談判達成協議劃分邊界之後，除了與印度的邊界存在領土糾紛之外，中國與其他國家的陸上邊界均已經確定下來，目前看來也沒有陸上鄰國會對中國進行軍事攻擊。雖然新疆維吾爾族和西藏的分離運動均或多或少有國際因素，但這兩個民族自治區如果發生暴動，較多的還是中國內部穩定問題，應該不會因此而使中國捲入對外戰爭。然而，中國海洋領土主權糾紛卻有越演越烈的趨勢。包括中國在內之6個國家對南海主權存在爭端，因為美國對南海問題採取更積極政策，導致情勢比以前更加複雜，而中國與日本有關釣魚台主權及東海油氣田糾紛更是鬧得不可開交。加上所謂的「台灣問題」，雖然北京一再強調兩岸統一的潮流與必然趨勢，但是最終能否和平統一仍在未定之天。此外，中國與南韓經濟海域劃界及蘇岩礁（Socotra Rock，韓國稱為離於島）主權存在糾紛。換言之，未來中國所面對的主權挑戰主要均是來自海上（請參見表2-2），重視海權是必要的戰略選擇。

18　人民網，「習近平在全國人大閉幕會上講話談中國夢」，〈http://bj.people.com.cn/n/2013/0317/c349760-18308059.html〉。

19　人民網，「習近平在同全國勞動模範代表座談時的講話」，〈http://bj.people.com.cn/n/2013/0429/c64094-21323712.html〉。

■ 表2-2

中國尚未解決之領土主權爭端

爭端對象	爭端所在及內容	說明
印度	中國與印度約2,000公里邊界劃界問題	1. 東段麥克馬洪線（McMahon Line）的合法性問題，爭議領土9萬平方公里 2. 中段爭議領土2,100平方公里 3. 西段阿克賽欽（Aksai Chin）地區，爭議領土3.3萬平方公里
日本	釣魚台列嶼主權爭端及經濟海域劃界問題	1. 中國稱爲釣魚島、台灣稱爲釣魚台、日本稱爲尖閣群島 2. 北京主張釣魚台主權屬台灣，中國對台擁有主權，因此對釣魚台擁有主權
越南、台灣	西沙群島	1974年之後，西沙群島控制在中國手中
越南、台灣、馬來西亞、菲律賓、汶萊	南沙群島及經濟海域劃界問題	1. 中國、台灣、越南均主張擁有整個南沙群島的主權 2. 馬來西亞對位於其專屬經濟區的南沙島礁主張主權 3. 菲律賓對卡拉延群島（Kalayaan Islands）的島礁主張主權 4. 汶萊對位於其專屬經濟區的島礁主張主權
台灣、菲律賓	中沙群島之黃岩島	該島目前控制在中國手中
南韓	經濟海域劃界問題及蘇岩礁主權爭端	
北韓	經濟海域劃界問題	
印尼	經濟海域劃界問題	
台灣	台海兩岸統獨爭端	

註：除中印邊界爭端屬陸上領土主權糾紛之外，其他全部屬於海洋領土主權爭端。

資料來源：國家海洋發展戰略研究所課題組，《中國海洋發展報告》（北京：海洋出版社，2007年），頁16。轉引自胡波，《2049年的中國海上權力：海洋強國崛起之路》（台北：凱信企業管理顧問有限公司，2015年），頁76。

二、中國需維護海上生命線的安全

　　中國2012年對外貿易總額高達3.86兆美元，超過美國的3.822兆美元，業已成為世界上最大貿易國，[20] 2014年中國輸出2.342兆美元、進口1.959兆美元，雙邊貿易總金額4.301兆美元，超過美國的4.034兆美元（輸出1.621兆美元、輸入2.413兆美元），蟬聯世界第一。[21] 依據美國中央情報局（Central Intelligence Agency, CIA）世界事實資料簿（World Factbook）的資料，美國2017年雙邊貿易額是3.928兆美元（其中出口1.576兆美元、進口2.352兆美元），中國2017年雙邊貿易額是3.888兆美元（其中出口2.157兆美元、進口1.731兆美元），美國拿回世界第一的寶座，[22] 如果將服務業納入計算，則美國領先幅度更大，但是如果將1997年已經回歸中國的香港算成中國的一部分，則縱然將服務業納入計算，中國加香港仍然超越美國。[23]

　　不管中國的貿易額排世界第一或第二，中國均須重視「海上生命線」（Sea Lines of Communications, SLOCs）的安全，因為世界上90%以上的貿易仍然依賴海上運輸。此外，中國是世界上最大的能源消費國和生產國（包括煤

---

[20] 星島日報，「中國成為全球最大貿易國」，2013年2月12日，〈http://www.sintao.com/yesterday/loc/0212ao05.html〉。

[21] World Trade Organization, *International Trade Statistics 2015*, p. 44, <www.wto.org/statistics>.

[22] Central Intelligence Agency, "The World Factbook: China," <https://www.cia.gov/library/publications/resources/the-world-factbook/goes/ch.html>; and Central Intelligence Agency, "The World Factbook: United States," <https://www.cia.gov/library/publications/resources/the-world-factbook/goes/us.html>.

[23] 以2016年為例，中國的貨品雙邊貿易額是3.685兆美元（其中出口2.098兆美元、進口1.587兆美元）。中國的服務業貿易總額是0.657兆美元（其中出口0.207兆美元、進口0.45兆美元）。兩者加總是4.342兆美元。美國貨品雙邊貿易額是3.706兆美元（其中出口1.455兆美元、進口2.251兆美元）。美國的服務業貿易總額是1.215兆美元（其中出口0.733兆美元、進口0.482兆美元）。兩者加總是4.921兆美元，大為領先中國。香港貨品雙邊貿易額是1.064兆美元（其中出口0.517兆美元、進口0.547兆美元），香港服務業雙邊貿易總額是0.172兆美元（其中出口0.098兆美元、進口0.074兆美元），中國加香港不管是只算製造業產品或加上服務業（雖然香港一半貿易是與中國進行），均超過美國。請參閱 Central Intelligence Agency, "The World Factbook: Hong Kong," <https://www.cia.gov/library/publications/resources/the-world-factbook/goes/hk.html>; and World Trade Organization, *World Trade Statistical Review 2017* (Geneva: World Trade Organization, 2017), pp. 103-104。

在內），[24] 也是世界上第二大（僅次於美國）石油消費國。[25] 隨著美國石油生產大為增加（因為開採油頁岩），中國已於2017年取代美國成為世界上最大石油進口國，也是世界上僅次於日本的第二大液態天然氣輸入國，[26] 而且未來進口的數量還會逐年增加，將近八成之中國進口石油來自中東和非洲。[27] 而且中國產品外銷主要還是依賴海運，因此中國必須確保「海上生命線」的安全，才能維持經濟不斷成長與發展。過去中國海軍實力不足，依賴美國來維護海洋運輸線的安全，但是中國不能長期作為一個搭便車者（a free rider），因為一旦美中站在對立面，美國將扼殺中國的海上生命線。

三、保護海外中國人民及利益

　　中國政府於1999年開始推動海外投資的「走出去」政策，投資主要目標包括取得天然資源及先進科技，所以中國也積極併購先進國家的科技公司。截至2017年底，中國對外投資累積金額高達1.8兆美元，排名世界第二。[28] 中

---

[24] 中國是世界上第五大原油生產國（次於美國、沙烏地阿拉伯、俄羅斯和加拿大）、第六大天然氣生產國（次於美國、俄羅斯、伊朗、卡達和加拿大）、最大煤生產國（占2014年世界煤總產量的46.1%）、第五大核能發電國（次於美國、法國、俄羅斯和南韓）、最大水力發電國（占世界23.8%）。International Energy Agency, *2015 Key World Energy Statistics* (Paris: International Energy Agency, 2015), ps. 11, 13, 15, 17 & 19.

[25] U.S. Energy Information Administration (EIA), "China," May 14, 2015, <file:///C:/Users/Owner/AppData/Local/Temp/Low/FJCFGG7D.htm>.

[26] U.S. Energy Information Administration, "China Becomes World's Second Largest LNG Importer Behind Japan," February 23, 2018, <https://www.eia.gov/todayinenergy/detail.php?id=35072>; and "China Surpassed the United States as the World's Largest Crude Oil Importer in 2017," December 31, 2018, <http://www.eia.gov/todayinenergy/detail.php?id=37821>.

[27] 以2014年為例，中國石油進口主要來源國依序為沙烏地阿拉伯（16%）、安哥拉（13%）、俄羅斯（11%）、阿曼（10%）、伊朗（9%）、伊拉克（9%）、委內瑞拉（4%）、阿拉伯聯合大公國（4%）、科威特（3%）、哥倫比亞（3%）、蘇丹（2%）、哈薩克（2%）、巴西（2%）和剛果（2%）。其中中東國家占51%、非洲國家占17%、拉丁美洲國家加起來占9%。換言之，中國高達77%的進口原油要靠海上運輸。請參閱U.S. Energy Information Administration, "China," May 22, 2015, <http://www.eia.gov/beta/international/analysis.php?iso=CH>。

[28] 新華網，「我國對外投資存量規模升至全球第二」，2018年9月29日，〈http://www.xinhuanet.com/fortune/2018-09/29/c_1123500377.htm〉。

國併購國外公司遍布世界各地，以2018年為例，中國在歐洲併購226件、總金額659.4億美元；在北美洲166件、總金額156.5億美元；在亞洲233件、總金額151.7億美元；在南美洲15件、總金額57.7億美元；在大洋洲74件、總金額52.6億美元；在非洲8件、總金額2.1億美元。[29] 表2-3為中國2014-2018年對外投資和併購金額。

■ 表2-3

中國2014-2018年對外投資和併購金額

單位：億美元

年份	2014	2015	2016	2017	2018
投資金額	1,231	1,457	1,962	1,583	1,298
併購金額	630	805	2,188	1,112	1,080

資料來源：「2018年中國海外投資概覽」，2019年1月24日，〈http://www.sohu.com/a/291259018_825950〉。

　　再者，習近平於2013年推出「一帶一路」策略，要幫助及參與沿線國家基礎設施建設。中國公司取得發展中國家基礎設施建設工程，絕大部分是從中國帶來工人進行建設，很容易引起當地人民的不滿，而且不少國家內部政治情勢不穩定，一旦爆發突發變故，中國人民的生命和財產會受到威脅，海軍在撤僑和維護中國海外利益，可發揮重要功能。

---

29 「2018年中國海外投資概覽」，2019年1月24日，〈http://www.sohu.com/a/291259018_825950〉。

第三章　毛澤東時期的中國海洋戰略和海權發展

中華人民共和國建立於1949年10月1日，迄今已經歷經毛澤東（華國鋒）、鄧小平、江澤民和胡錦濤四代領導班子，於2012年11月由以習近平為核心的第五代領導班子接班。本章重點在於分析毛澤東時期中國的海洋戰略和海權發展情形。

第一節　毛澤東的權力、決策風格與海權理念

壹、毛澤東的特質與權力

一、毛澤東的背景與特質

毛澤東於1893年12月26日生於湖南省長沙府湘潭縣韶山村，父親毛貽昌是一名富農，原籍江西吉水，毛澤東是長子。中國共產黨於1921年7月23日在上海召開第一次黨代表大會，毛澤東和何叔衡作為長沙代表參加會議。毛澤東倡導農村革命路線，與馬克思、列寧主義的工人革命路線不同，因此一直遭到打壓，一直到1935年中共紅軍「長征」逃竄途中，中共中央政治局擴大會議於該年1月15-17日在貴州遵義召開，採取毛澤東的革命路線，毛澤東逐漸浮現成為中共的最高領導人，帶領中共及紅軍擊敗蔣介石的國民黨政府。

（一）叛逆個性、心胸狹小

毛澤東是個具有反叛心理的人，例如毛澤東拒絕接受他父親安排的第一任妻子羅一秀，從未與她同居，違反「父母之命」必須遵從的中國傳統。又毛澤東是一個固執己見、懷疑心重、心胸狹窄、有仇必報之強烈個性的人。他對冒犯他的人，尤其是政敵對他不敬的言辭或行為牢記在心，伺機反擊，這是他所說的「人不犯我，我不犯人，人若犯我，我必犯人」，而且下手狠毒，彭德懷、劉少奇等人被整慘死的例子就是證明。毛澤東喜歡看古典小說、寫詩詞，

但是卻反中國傳統，推動「破四舊運動」和「批孔運動」，造成中國文物的空前災難。

　　毛澤東於1918年6月從湖南省立第一師範學校畢業，在那一個文盲眾多的時代，以毛澤東的高學歷而言，他算是一位知識分子，但是他卻極為反知識分子，將知識分子列為「臭老九」，他所發動的政治運動，例如1957年的「反右運動」及1966-1976年的文化大革命，知識分子都是被惡整的對象，有時毛澤東會因政治鬥爭需要，興起文字獄，以莫須有罪名整肅文人，北京副市長吳晗是明史專家，響應毛澤東號召撰寫「海瑞罷官」劇本，毛澤東為了發動文化大革命，打擊劉少奇、鄧小平及吳晗上司北京市長彭真，以吳晗寫的「海瑞罷官」為突破口，誣指這個劇本影射毛澤東於1959年罷彭德懷的官，是反毛澤東的著作。不僅吳晗被關慘死獄中，他的妻子袁震也被收押慘死，兩人骨灰均下落不明，他們的養女吳小彥被逼瘋、服毒自殺。

（二）缺乏真正國際觀

　　毛澤東缺乏真正的國際觀，他一生只出國兩次，均是去蘇聯，第一次以祝賀史達林70歲生日為名，實則想推動簽訂「中蘇友好同盟互助條約」，率團於1949年12月6日從北京搭火車前往莫斯科，1950年2月17日離開莫斯科回中國；第二次是率團於1957年11月2日到莫斯科參加世界共產黨和工人黨會議。雖然他的助手包括周恩來在內會向他匯報國際情勢，但是他們不敢向他描述西方國家社會繁榮、人民生活富裕的一面，否則毛澤東在1950年代末推動「超英趕美」，也不會只以鋼的產量作為衡量的指標。整體上，毛澤東對西方世界，尤其是人民生活、文化的理解應該是有限的，他純粹從馬克思主義、列寧主義的意識形態角度來看待西方。

二、毛澤東的權力

　　在中共建立中華人民共和國之後，毛澤東擔任中共中央委員會主席（黨主席）、中華人民共和國主席（建國初始稱為中華人民共和國中央人民政府主席，「五四憲法」後改稱中華人民共和國主席，又稱國家主席）、中央軍事委員會主席，及中國人民政治協商會議全國委員會主席，其中國家主席於1959年4月27日由劉少奇繼任、政協主席於1954年12月25日由周恩來繼任。

　　毛澤東領導中國長達二十七年（從1949年10月1日至1976年9月9日去世），他是具有領袖魅力的領導人，他的魅力來自於建立政權之前能夠採取正確的革命路線，帶領中共在蔣介石的圍剿下生存下來，最後贏得國共內戰、建立中華人民共和國，這使他贏得同世代其他菁英的信服，相信他的決策一定是正確的。縱然有時懷疑他政策的正確性，也不敢挑戰他，例如1959年毛澤東與彭德懷衝突的廬山會議，不少中共菁英認為彭德懷是對的，但是因為毛澤東威脅離開黨，黨內菁英最後選擇犧牲彭德懷。

（一）帝王型領導人

毛澤東的世代被稱為革命世代，這是馬上打天下的世代，這個世代全部是軍人，毛澤東長期領導解放軍，因此他在軍隊中有很高的威望。此外，毛澤東在建立政權之後，國家處境是百廢待興，需要一個強而有力的領導人。韋伯（Max Weber）根據行使權威和掌握權力正當性（legitimacy）兩個指標，將領袖分成三類：1.傳統性權威（traditional authority）：領導人統治權力來自慣例（custom）；2.魅力性權威（charismatic authority）：領導人權力來自他的個性和特質；3.法律的／合理的權威（legal/rational authority）：領導人統治正當性來自憲法和法律規範。[1]藍普頓（David M. Lampton）認為毛澤東是結合傳統性權威和魅力性權威的帝王（emperor）型領導人。[2]事實上，毛澤東所享有權力之高，恐怕中國歷代帝王均瞠乎其後。

（二）轉型式領袖

伯恩斯（James MacGregor Burns）根據領導人所追求的目標，將中國領導人分成三大類：1.轉型式領袖（transformational leader）：他們的目標在於追求巨大變革；2.交易式領袖（transactional leader）：他們所扮演的是系統維持者的角色；3.追求權力的領袖（power wielder）：他們以尋求權力為目標。[3]藍普頓認為毛澤東屬於第一類型的領袖，毛澤東不僅要改造中國社會，還要改造人民、人性。[4]

---

[1] 轉引自 David M. Lampton, *Following the Leader: Ruling China, from Deng Xiaoping to Xi Jinping* (Berkeley, California: University of California Press, 2014), p. 62。

[2] Ibid.

[3] James MacGregor Burns, *Leadership* (New York: Harper and Row, 1978).

[4] Lampton, *Following the Leader,* p. 65.

（三）權力之大空前絕後

　　毛澤東的經歷、成就、所處環境及個性，造就他是一個強有力的領導人，他不僅是中共迄今五個世代領導班子核心中權力最大者，甚至中國五千年歷史中的歷代帝王也沒有人權力比他大。毛澤東於1950年代推動土地改革、集體化政策，使中國人民喪失土地所有權，尤其在1958年建立人民公社之後，將中國農民鎖進人民公社，對城鎮居民的「非農業戶口」，以戶為單位，發行糧票、油票、肉票、蛋票、魚票、布票、鞋票等，規範每一個人的食、衣、住、行，包括每一個人每年能夠穿多少衣服（通常一年一套）、吃多少肉和多少飯，這種權力相信連秦始皇、隋煬帝等暴君均望塵莫及，難怪毛澤東意氣風發地寫下「沁園春・雪」這首詩：「江山如此多嬌，引無數英雄競折腰。惜秦皇漢武，略輸文采；唐宗宋祖，稍遜風騷。一代天驕，成吉思汗，只識彎弓射大鵰，數風流人物，還看今朝。」[5]換言之，毛澤東自許是中國古今第一人。

貳、毛澤東的決策風格

一、黨內民主決策時期

　　在1950年代的上半期，毛澤東的決策上符合中共所謂黨內民主的原則，亦即決策過程中允許不同的意見暢所欲言，但是一經決策後則少數服從多數，例如1950年10月對是否介入韓戰抗美援朝之決策，中國黨政軍菁英支持與反對兩派辯論激烈，反對介入的聲音相當大，雖然毛澤東力排眾議，爭取彭德懷等人之支持，最後決定參戰，但是毛澤東相當尊重不同意見，讓他們暢所欲言。這時期毛澤東遵循民主集中制決策原則，因此中共黨內相當和諧，然而此一時期相當短暫。

二、一人決策時期

　　在1956年2月蘇聯共產黨召開二十大之後，毛澤東的意識形態逐漸向左傾斜，而且在中共體制吹捧及造神運動之下，毛澤東越來越無法容忍異己，作風越來越傾向極權領導，他可以推翻政治局常委會已作成的決策，尤其在1966

5　有關毛澤東這首詩全文及寫這首詩的心境，請參閱汪建新，「驚濤拍岸千堆雪《沁園春・雪》發表的前前後後」，《學習時報》，2017年2月24日，〈http://dangshi.people.com.cn/n1/2017/0224/c85037-29105510.html〉。

年5月展開文化大革命之後沒多久，毛澤東的權力達到頂峰，這時候是毛澤東一人決策，其他菁英包括周恩來在內變成負責執行毛澤東政策的助手，政治局開會不會有眞正的討論，因爲其他常委都在揣摩毛澤東的意思、附和毛澤東的決策。這種一人決策的情形一直沿續到毛澤東去世。

參、毛澤東的海權理念

中國在毛澤東時期絕對稱不上是一個海權國家，中國也沒有具體的海洋發展策略。一方面這是主客觀條件對中國發展海權之制約，另一方面毛澤東治國理念深深影響中國的海權發展。

一、海權發展不是國家建設重點

毛澤東的著作、談話涉及海權的論述非常少，而且這些極少數的主張偏重於海軍建設。在毛澤東主政的二十七年期間，不僅中共所召開的三次黨代表大會（1956年9月召開的八大、1969年4月召開的九大，和1973年9月召開的十大）及華國鋒掌政下於1977年8月所召開的十一大，政治報告均沒有提到海權發展議題，甚至連海洋兩個字都看不到。中國幾個五年計畫（1953-1957年的一五計畫、1958-1962年的二五計畫、1966-1970年的三五計畫、1971-1975年的四五計畫）也沒有將發展海洋產業當成國家經濟建設的重點。因此毛澤東缺乏有系統的海權理念，也沒有將海權發展當成國家建設的重點。

二、對海權持廣義解釋

毛澤東無疑是一位民族主義者，這是他對蘇聯領導人赫魯雪夫（Nikita Khrushchev）於1958年提出要在中國大陸沿海地區建立長波電台和遠程接收中心的要求，以及要建立聯合艦隊的提議大發雷霆之原因，[6]因此如果條件許可，他應該會想將中國建設成強大的海權國家，而且他對海權應該會採取廣義解釋，因爲他在1958年5月27日至7月22日舉行的中央軍委擴大會議上講話，主張「建立一支強大海軍……必須大搞造船工業，大量造船，建立海上鐵

6　蘇聯於1958年4月提議，希望在中國大陸沿海地區建立長波電台以與蘇聯潛艇聯繫；1958年7月赫魯雪夫提議中蘇合組聯合潛艇艦隊。Nikita S. Khrushchev, *Khrushchev Remembers: The Last Testament*, translated and edited by Strobe Talbott (Boston: Little, Brown and Company, 1974), pp. 258-261.

路」。[7]

三、採陸權優先策略

　　在條件不足、資源有限的困境下，發展海權不是優先目標，毛澤東基本上仍然採取陸權優先的觀念。首先，在沒有海軍和空軍的情況下，中共在國共內戰中就已經取得勝利，突顯陸軍的重要性。其次，中國於1950-1953年介入韓戰，主要進行的是陸戰和一小部分的空戰，海軍幾乎沒有扮演任何角色，原本要撥給海軍購買軍艦的經費甚至因此而挪給空軍使用，所以從建軍角度而言，海軍的重要性在三個軍種中敬陪末座。第三，毛澤東堅信第三次世界大戰即將到來，他的軍事戰略著重誘敵深入，決戰於內陸，因此他在1960年代中期甚至推動「三線建設」，[8]將重要工廠由沿海和邊境地區遷往內陸，沒有在海洋決戰或是走向海洋的企圖心。

第二節　毛澤東時期中國發展海權的內外條件

　　除了地理位置、自然結構、領土大小等不變因素之外，毛澤東時期中國發展海權的主客觀條件均相當不利。主觀條件是指中國所具備的條件，亦即中國的國內條件，而客觀條件是指外在條件，亦即中國所面臨的外來威脅，或是所處的國際環境。

7　轉引自吳殿卿、袁永安、趙小平，《毛澤東與海軍將領》（北京：解放軍文藝出版社，1999年），頁72。

8　在1960年代初期，中國在四條陣線上受到挑戰：1.來自東方之美國與台灣的挑戰；2.來自北方之蘇聯的威脅；3.來自喜馬拉雅山南麓之印度的挑戰；4.來自美國在中南半島的威脅。為了因應隨時可能發生的戰爭，毛澤東提出搞三線工業基地建設的構想。所謂第一線是指沿海地區、第二線是中國大陸的中部地區、第三線是後方地區。第三線分兩大片，一片是包括雲、貴、川三省的全部和大部分及湘西、鄂西地區的西南三線，另一片包括陝、甘、寧、清四省區的全部或大部分及豫西、晉西地區的西北三線。各省都要有軍事工業。請參閱薄一波，《若干重大決策與事件的回顧》下卷（北京：中共中央黨校出版社，1991年），頁1200。

壹、內在條件

一、中國歷經戰亂而貧困落後

　　中共建立政權時的中國，乃是世界上最貧窮落後的國家。從十九世紀中葉清朝逐漸沒落開始，中國歷經歐洲列強的侵略、孫中山先生革命、軍閥割據、日本侵略引發八年對日抗戰，以及國共內戰，整國國家可說是千瘡百孔。中國1949年重工業較過去最好時期下降70%、輕工業下降30%、農業下降25%。[9] 中國那時的平均國民所得不到40美元，到了1978年時中國的平均國民所得也才只有227美元，所以中國根本沒有財力來發展海權，而且中國缺乏現代化工業，在1949年「中國稱得上現代化的兵工廠，絕無僅有。」[10]

二、毛澤東發動政治運動耗損國力

　　毛澤東認為中國深受帝國主義、封建主義和官僚資本主義等三座大山之害，因此他建立政權之後，首要的工作是剷除階級、改造中國社會。在他的領導下，中共在建政初期發動數次運動，剷除社會階級。首先，中共於1951-1952年間發動「三反五反」運動，[11] 整肅貪汙、無能官員，尤其是國民政府殘留的人員，和肅清工商階級；其次，中共在1950年開始積極推動土地改革，經歷互助組、初級社、高級社階段，土地屬於國有或集體所有，尤其在1958年全國農村人民公社化之後，地主和富農階級完全消失；第三，中共於1957年發動「雙百運動」轉為「反右運動」，整肅知識分子和右派。

　　毛澤東治國相當無知、無能，他認為只要能夠鼓動人民的熱忱和幹勁，國

9　例如1949年的糧食產量是11,318萬噸，僅及1936年之15,000萬噸的75.5%；1949年的棉花產量是44.4萬噸，是1936年產量的52.4%；1949花生產量是126.8萬噸，是1933年產量的40%。請參閱孫健，《中華人民共和國經濟史》（北京：中國人民大學出版社，1992年），頁19-20；周鴻，〈論新中國建立初期的基本國情〉，收於張啟華主編，《輝煌的四十五年：中華人民共和國國史研究論文集》（北京：當代中國出版社，1995年），頁66。

10　日本《世界周報》，〈中國國防工業概況〉，收於黃達之編，《中共軍事戰略文獻彙編》（香港：波文書局），頁523。

11　「三反」指反貪污、反對浪費及反官僚主義，對象是中國政府官員；「五反」是反行賄、反偷稅漏稅、反倒賣國家資產、反偷工減料及反盜竊國家經濟情報，對象是工商界。

家就能夠快速發展，因此他推動三面紅旗總路線、發動大躍進運動，要「鼓足幹勁、力爭上游、多快好省地建設社會主義」，[12]在農村實行「深耕密植」，工業則發起全民大煉鋼運動，要超英趕美，更糟的是他爲了整肅異己、打壓可能出現回朝的修正主義或資本主義路線，在1966年發動文化大革命，將中國帶進十年災難。這些運動每一次均造成數百萬人死亡，尤其是大躍進運動導致人類歷史上最大的飢荒，據學者專家的研究，該運動至少造成4,000萬人餓死。而文化大革命，根據中共十大元帥之一的葉劍英於1978年12月13日在中共中央工作會議閉幕式講話：「死了二千萬人，整了一億人……，浪費了八千億人民幣」，中共黨國元老之一的李先念在1977年12月20日的全國計畫會議上也表示，文化大革命導致國民收入損失5,000億、浪費和減收1兆3,000億人民幣。[13]

三、重視紅不重視專

　　中國除了貧窮落後之外，科技水準相當低。毛澤東所發動一系列的政治運動導致中國重視「紅」（政治正確或是意識形態的純正），不重視「專」（專業技術），而且在這些政治運動中，受迫害最慘的是知識分子，而知識分子卻是推動創新和科技發展的關鍵階級。如上所述，發展海權的關鍵因素之一是科技，毛澤東一再發動政治運動，殘害知識分子，阻礙科技發展，也直接和間接地打擊中國對海權的發展。

　　中國在1950年代與蘇聯關係密切，尤其在抗美援朝之後取得史達林（Joseph Stalin）的信任，在史達林於1953年3月5日去世之後，利用蘇聯領導階層的權力鬥爭，赫魯雪夫（Nikitta Khrushchev）有求於中共而增加對中國的援助，能夠自蘇聯爭取更多的經濟援助及科技轉移。整個1950年代，蘇聯和東歐共黨國家派遣到中國工作的技術專家高達8,000多人，爲中國培養7,000多名技術人員和管理幹部，中國自蘇聯和東歐各國取得4,000多項技術資料，而且提供中國許多成套設備、轉移科技和樣本，幫助中國發展經濟和國防工

---

12 「鼓足幹勁，力爭上游，多快好省地建設設會主義」，《中國共產黨新聞》，〈http://cpc.people.com.cn/BIG5/64162/64170/4467346.html〉。

13 引自金鐘，「金鐘：最新版文革死亡人數」，《大紀元》，2012年10月7日，〈http://www.epochtimes.com/b5/12/10/7/n3700500.htm〉。

業。[14]然而，在中蘇共於1960年公開決裂之後，蘇聯停止對中國的經濟援助和科技轉移，中國在科技發展，尤其國防武器發展上受到很大的打擊，而且毛澤東時期強調「紅」及對西方科技的不信任，導致中國科技水準提升有限，還嚴重影響解放軍海軍的發展。

貳、外在條件

中國在毛澤東時期所處國際環境不佳，尤其在1960年代同時與美蘇兩超強交惡，所面對的外來威脅更大。

一、來自東邊的威脅

（一）來自美國的威脅

美國在第二次世界大戰中崛起爲世界超強，是最有能力提供中國經濟援助的國家，但毛澤東因爲不滿美國在國共內戰期間偏向國民黨，以及對西方資本主義國家的不信任，在1949年6月30日發表「論人民民主專政」一文，選擇一邊倒向蘇聯的社會主義陣營，尤其是在1950年6月25日韓戰爆發之後，決定抗美援朝，於該年的10月18日派遣「志願軍」跨過鴨綠江介入韓戰，與以美國爲首的聯合國部隊交鋒。美國杜魯門（Harry Truman）總統除了於1950年6月27日下令美國第七艦隊巡弋台灣海峽，並於1950年12月14日正式宣布對中國實施禁運，而且凍結中國在美國的資產。聯合國第五屆大會也於1951年5月18日通過決議案，譴責中國爲侵略者，對中國實施經濟制裁。美國還於1951年與日本簽署「美日安全保障條約」，結束對日本的占領，1960年1月19日修改爲「美日互相合作與安全保障條約」，鼓勵日本重整軍備；1953年10月與南韓簽署「美韓共同防禦條約」、1954年12月2日與台灣簽訂「美台共同防禦條約」，美國在這三國均駐紮軍隊，從中國東部威脅中國的安全。

（二）來自台灣的威脅

中國決定介入韓戰還導致美國改變對華政策，放棄對中共政權外交承認的選項，從放棄台灣轉變爲支持在台灣的國民黨政府。美國在艾森豪（Dwight

---

14 許毅、隆武華，〈論中國共產黨「一邊倒」的外交政策〉，收於張啓華主編，《輝煌的四十五年》，頁160-161。

D. Eisenhower）政府時期，如上所述，與台灣簽訂台美共同防禦條約，增加對台灣的軍事援助，而在台灣的國民黨政府則全面封鎖中國大陸海岸線。美國與台灣的圍堵阻礙中國走向海洋之路。

二、來自南邊的威脅

（一）美國在中南半島對中國的威脅

第二次世界大戰於1945年結束之後，法國想再度殖民統治越南，與胡志明領導的越南共產黨進行長達九年的戰爭，越共在1954年3月的奠邊府戰役取得決定性勝利，法國決定從中南半島撤退。美國、蘇聯、法國、英國、中國、北越、南越、高棉、寮國9國外長於1954年7月21日在日內瓦簽署協議（日內瓦協議），決定南、北越依北緯17度線分治，並決議南、北越在兩年內經由選舉完成統一。美國和南越不支持舉行選舉，美國從法國接手越戰爛攤子，派遣大量美軍顧問協助南越對抗北越。詹森（Lyndon B. Johnson）總統更在1965年2月下令美國地面部隊進入越戰，在越南美軍最多時超過58萬人。

為了防止中共和越共勢力向南擴張，美國於1954年9月8日簽訂馬尼拉條約，1955年2月19日建立「東南亞公約組織」（Southeast Asia Treaty Organization, SEATO），會員國除美國之外，還有英國、法國、澳洲、紐西蘭、泰國、菲律賓和巴基斯坦。雖然SEATO是一個失敗的集體防衛組織，在成立之後就沒有真正有效運作過，於1977年6月30日正式解散，但是基於此一條約，美國與泰國成為同盟國，在越戰期間美國和澳洲均駐軍泰國來支援越戰。

（二）來自印度的挑戰

印度於1947年獨立，於1950年4月1日與中華人民共和國建交，是非共產政權首先承認中共政權的國家之一，因為兩國遭受帝國主義禍害的共同背景，使兩個國家在1950年代關係相當密切，印度甚至在1954年4月29日與中國簽署「中印關於中國西藏地方和印度之間的通商和交通協定」，除了將周恩來所主張的「和平共處五原則」寫入協定的序言中，[15]印度還放棄在西藏享有的特

15　這和平共處五原則是互相尊重主權和領土完整、互不侵犯、互不干涉內政、平等互利、和平共處。

權，承認西藏主權屬於中國。然而，中印兩國邊界一直未明確劃分，西藏地方政府於1914年7月3日與英屬印度政府簽訂西姆拉條約（Simla Accord），將麥克馬洪線以南約9萬平方公里土地劃歸英屬印度，換取英國支持西藏獨立，但是因為中國未參與簽署此一條約，所以中國政府拒絕接受此一條約。

　　邊界爭議一直是中印衝突的種子，印度尼赫魯（Jawaharlal Nehru）總理在1950年代末期採取積極政策，派兵進入有爭議領土地區，中印兩國在邊界地區爆發零星衝突。1959年3月西藏發生反對中國統治暴動，十四世達賴喇嘛流亡印度，在印度北部達蘭薩拉（Dharamsāla）地區成立西藏流亡政府，引起北京不滿。尼赫魯在1962年6月派兵越過麥克馬洪線，引發兩國從1962年10月20日至11月21日的中印戰爭，中方獲得壓倒性勝利。雖然印度不會對中國安全構成真正威脅，但是中國仍須駐軍以保護中印邊境地區安全。

三、來自蘇聯的威脅

　　中蘇共原本就缺乏互信，沙皇時代以不平等條約自中國掠奪超過150萬平方公里土地，成為中蘇兩國關係的歷史情結。在史達林去世之前，史達林的威望壓制毛澤東，但毛澤東對繼承史達林的赫魯雪夫已缺乏敬意。赫魯雪夫於1956年2月在蘇共二十大提出「三和路線」以及批判史達林和個人崇拜，[16]毛澤東相當不以為然，他決定走自己的路，揚棄蘇聯經濟發展模式，推動建立人民公社和大躍進，兩國已經漸行漸遠，中蘇共於1960年夏公開決裂。兩國在公開決裂之後，邊界紛爭不斷，[17]這些邊境摩擦於1969年3月釀成珍寶島流血衝突事件（珍寶島是烏蘇里江中河水沖積而成的小島，面積0.74平方公里）。蘇聯在1960年代中期開始對中國採取包圍策略，珍寶島事件之後，蘇聯升高對中國的軍事威脅。[18]

---

[16] 三和路線是指和平過渡、和平競賽、和平共處。

[17] 根據中國的說法，自1966年12月起，蘇聯不斷在東北邊境地區入侵中國領土、追趕、打傷、綁架，甚至打死中國的漁民、居民及巡邏的戰士。吳冷西，《十年論戰—1956-1966中蘇關係回憶錄》（北京：中央文獻出版社，1999年），頁346-360。

[18] 蘇聯的機械化部隊於1966年3月進駐蒙古，進一步於1967年與蒙古人民共和國簽訂共同防禦條約，並於1968年夏天在蒙古舉行第一次大規模演習。1969年底，蘇聯駐紮中蘇邊界的兵力由13師增至21師，1970年增至30師，1971年增至44師。

四、美國威脅於1970年代降低

自東邊和南邊的威脅，因為美國在尼克森（Richard Nixon）於1969年1月20日就任總統之後，積極尋求改善與中國關係以自越戰光榮撤退，而美國也於1973年1月27日在巴黎與南北越簽訂「關於在越南結束戰爭、恢復和平的協定」，亦即「巴黎和平條約」，撤出越戰，解除美國從中南半島和台海地區對中國的威脅，但是來自北方蘇聯的威脅，卻有增無減。來自陸地上的軍事威脅，使中國無法全力發展海軍。

第三節　毛澤東時期的中國海權發展

壹、海軍面向的海權發展

在毛澤東領導下，中國於1949年從無到有逐漸建立海軍，包括擬訂海軍戰略和建軍目標，以及建立海軍的兵種。

一、海軍戰略和建軍目標

（一）毛澤東時期的海軍戰略

中國海軍戰略深深受到毛澤東整體軍事戰略的影響。首先，在毛澤東「人民戰爭」軍事思想指導下，中國強調的是「誘敵深入」，陸軍才是決戰關鍵，海軍只是陸軍的配套，它的主要任務只是要保護海岸線安全，而非從海上抵禦大規模入侵，相反地，它要避免與敵人在公海較量。其次，中國的海軍初期深受到蘇聯海軍戰略思想影響，而這時期蘇聯是「把海軍當作岸防部隊來建設的」，這也就是一般所稱的近岸防禦之海軍戰略。

（二）毛澤東時期的海軍建軍目標

中共中央政治局於1949年1月8日，作出「目前形勢和黨在一九四九年的任務」之決議，要求「爭取組成一支能夠使用的空軍，及一支保衛沿海沿江的海軍」。[19] 毛澤東於1950年1月12日簽發命令，任命蕭勁光為首任海軍司令

---

[19] 轉引自當代中國海軍編輯委員會，《當代中國海軍》（北京：當代中國海軍編輯委員會，1986年），頁10。

員。1953年12月，毛澤東向中共政治局擴大會議講話時，為海軍所定下三項任務是：1.肅清海匪的騷擾（指的是國民黨殘留兵力），保障海道運輸安全；2.準備力量於適當時機收復台灣；3.反對帝國主義從海上來的侵略。[20] 由此可見，中共建政之初，並沒有要海軍向海洋進軍的雄心，這或許與毛澤東對海軍不感興趣有關，但是最主要原因乃在於中國海軍仍在草創階段，尚非台灣對手，台灣在1949年6月已宣布封鎖大陸海區，南至閩江口、北至遼河口，禁止一切外籍船舶駛入中國大陸，停止中國一切海外商運，且還不定期轟炸中國的造船廠（尤其是在上海的江南造船廠）。[21] 雖然蔣介石對中國沿海封鎖成效不大，但還是干擾中國沿海漁業發展、增加國際航運到中國的保險金額、破壞中國造船事業，以及影響中國海軍發展。

（三）海軍兵種的建立

雖然蘇聯曾於1945年將30艘停在松花江的日本砲艇移交給中共，[22] 但是中共中央政治局遲至1949年4月8日才通過決議，於1949年4月23日中共軍隊渡過長江的同一天，在江蘇省泰州市白馬廟鄉成立華東軍區海軍，後來中共中央軍事委員會於1989年2月17日確認該日成為中國海軍成立的日期，但是至1950年4月14日海軍領導機關才在北京成立，由蕭勁光出任第一任海軍司令員，[23] 海軍才正式成為解放軍的一個軍種。在建軍初期，兵力與人員主要是由陸軍抽調而來，小部分則是國民黨的叛軍降將，武器裝備主要是接收國民黨海軍投誠或被俘獲的艦艇183艘共43,268噸，加上徵收和改造商船、漁船169艘共計64,865噸，打撈沉船6艘共1,715噸，及從香港購買48艘舊船總計25,470噸。[24] 然而，在以美國為首的西方國家開始對中國進行經濟制裁之後，中國不僅無法經由香

---

20 同上註，頁40。

21 海軍史編輯委員會，《海軍史》（北京：解放軍出版社，1989年），頁17。

22 David G. Muller, Jr., *China as a Maritime Power* (Boulder, Colorado: Westview Press, 1983), p. 12.

23 蕭勁光是湖南長沙人，生於1903年1月4日，於1989年3月29日去世。他曾於1921年4月到蘇聯學習，1924年4月回到中國，1955年被封為大將，擔任海軍司令員長達三十年（1950-1980年）。在文化大革命期間，林彪、江青等人要求罷蕭勁光的官，毛澤東不同意，並表示：「海軍司令還是要蕭勁光來當，蕭勁光是終身海軍司令。」轉引自胡學慶、孫國，《大將蕭勁光》（北京：解放軍文藝出版社，1998年），頁376。

24 同上註，頁25。

港購得西方船艦，連原來獲自國民黨的艦艇也因爲缺乏維修所需零件，導致不少艦艇無法繼續運作，因此在整個1950年代最可靠之艦艇是來自蘇聯援助或從蘇聯購買。

1. 海軍五個兵種

人民解放軍海軍於1950年代陸續成立五個兵種，亦即(1)水面艦艇部隊：包括驅逐艦、護衛艦、導彈艇、魚雷艇、獵潛艦、布雷艦、掃雷艇和其他各種水面艦艇；(2)潛艇部隊：於1954年6月19日由中央軍委正式核准成立；(3)海軍航空兵部隊：由中央軍委於1952年4月批准正式成立；(4)岸防兵部隊：在1950年10月成立第一個海岸砲兵營之後逐漸擴充；(5)海軍陸戰隊：經中央軍委於1953年4月20日批准，成立第一支海軍陸戰隊，但是1957年決定撤銷海軍陸戰隊，直至1979年才又重新恢復海軍陸戰隊。[25]

2. 三大艦隊之成立

解放軍海軍建軍後，陸續成立東海艦隊、北海艦隊和南海艦隊。在三個艦隊中，東海艦隊前身爲華東軍區海軍，於1949年4月成立，1955年10月1日正式改名爲「中國人民解放軍東海艦隊」，是三大艦隊中最早成立的一支，它的防務範圍北至連雲港、南至東山島，以東海、台灣海峽爲責任區，主要基地有寧波（總部所在地）、吳淞、定海、福州。

北海艦隊負責江蘇連雲港以北的防務，以黃海及渤海爲防區，主要基地有青島（總部所在地）、旅順、大連、葫蘆島、威海衛、長山島、煙台。因爲中共建立政權初期，根據1950年2月14日與蘇聯所簽訂「中蘇友好同盟互助條約」的規定，允許蘇聯在旅順繼續駐紮軍隊，以及韓戰因素的干擾，北海艦隊一直延至1960年8月1日才正式成立。

南海艦隊的前身是中南軍區海軍，成立於1950年12月3日，經中共中央軍委批准，於1955年10月改名爲「中國人民解放軍東海艦隊」，負責東山以南至中越邊境，進一步延伸至西沙、南沙的海洋防務，主要基地有湛江（總部所在地）、汕頭、廣州、榆林、海口、黃埔等，1997年7月1日之後加入回歸的香港。

---

[25] 房功利、楊學軍、相偉，《中國人民解放軍60年（1949-2009）》（青島：青島出版社，2009年），頁59-64。

（四）對此一時期中國海軍發展的評估

　　毛澤東時期中國海軍經歷從無到有的草創階段、自我摸索時期，以及文革的停滯甚至倒退時期。雖然海軍在毛澤東的軍事戰略思考中重要性不高，但是中國海軍在1950年代的發展卻取得相當豐碩的成果。到1955年底，中國的海軍已經擁有860艘戰鬥艦艇和輔助船隻。[26]美國海軍情報局（Office of Naval Intelligence, ONI）1956年的評估，認為中國海軍已經優於台灣海軍。[27]這時期中國海軍的發展方向相當正確，雖然仍然把政治建軍放在首位，但是也強調技術的重要和知識分子的作用，[28]因為彭德懷率領軍隊到朝鮮半島抗美援朝，在美軍先進武器裝備的打擊下，吃盡苦頭，深深體會到「落後就要挨打」的困境，因此他在韓戰結束回到中國主持中央軍事委員會後，非常重視軍事現代化工作。在1953年12月7日開始舉行的第一次全國軍事系統高幹會議上，彭德懷作會議總結時，指出要建設現代化軍隊的工作重點和方向，包括必須有現代化的裝備。[29]中國海軍在1950年代已經完成組織的建構、成立五個兵種、建立三大艦隊，還成立各種海軍相關學校來培養人才。[30]

1. 草創時期

　　中國海軍在1950年代的草創時期能夠突飛猛進，主因在於來自蘇聯的大力協助，而且中共領導階層在此一時期相對團結、第一個五年經濟建設計畫（1953-1957年）取得很大成果、社會穩定，尤其是毛澤東尚未嚴重左傾。中

---

[26] 海軍史編輯委員會，《海軍史》，頁38。

[27] Muller, *China as a Maritime Power*, p. 32.

[28] 海軍史編輯委員會，《海軍史》，頁33。

[29] 楊貴華、陳傳剛，《共和國軍隊回眸—重大事件決策和經過寫實》（北京：軍事科學出版社，1999年），頁98-99。

[30] 至1957年8月止，中國海軍已經有指揮學校、機械學校、潛艇學校、炮兵學校、第一航空學校、第二航空學校、聯合學校、政治幹部學校和後勤學校等十所學校、六所預備學校，以及軍事學院之海軍系和軍事工程學院的海軍工程系。此外，海軍軍事學院於1957年10月8日在南京正式成立；海軍共乘學院以海軍機械學校及陸軍第198師為基礎，於1961年10月5日成立。請參閱海軍史編輯委員會，《海軍史》，頁41；當代中國海軍編輯委員會，《當代中國海軍》，頁108；張馭濤主編，《新中國軍事大事記要（1949.10-1996.12）》（北京：軍事科學出版社，1998年），頁130、157。

國在1950年8月的海軍建軍會議作出「向蘇聯海軍學習」的決策，[31] 蘇聯於
1950年初成立蘇聯海軍顧問團（The Soviet Advisory Mission）來幫助中國建
立海軍，最初派到中國的顧問大約500名，但是到了1953年蘇聯顧問的數目增
至1,500至2,000名之間，[32] 蕭勁光指出，至1960年累計來幫助中國海軍發展的
蘇聯顧問和專家高達近3,400人，[33] 中國從1949年起也開始派遣相當數目的海
軍人員到蘇聯學習。中蘇兩國於1953年6月4日簽署「六四協定」，蘇聯同意
銷售相當先進的海軍裝備和轉移製造權給中國，包括4艘「自豪級」（Gordy
class）驅逐艦，[34] 甚至在1950年代之下半期派遣專家協助中國自造軍艦。[35]

　　更重要的是，兩國於1957年10月簽署「關於生產新式武器和軍事技術裝
備以及在中國建立綜合性原子能工業的協定」（簡稱國防新科技協定），雖然
此一協議的重點在於蘇聯要提供原子彈樣本及轉移技術來協助中國發展核武
器，但是也可能涉及對中國海軍更先進武器和技術的提供，包括協助中國發展
核動力攻擊潛艦及更先進驅逐艦。[36] 有關蘇聯對中國提供海軍先進裝備和科技
轉移事宜，落實在兩國於1959年2月4日簽訂「關於在中國海軍製造艦艇方面

---

[31] 房功利、楊學軍、相偉，《中國人民解放軍60年（1949-2009）》，頁51。

[32] Muller, *China as a Maritime Power*, pp. 18-19.

[33] 蕭勁光，《蕭勁光回憶錄（續集）》（北京：解放軍出版社，1988年），頁45。

[34] 蘇聯出售給中國的這4艘自豪級驅逐艦在中國改稱鞍山級驅逐艦，命名為鞍山、長春、吉
林和撫順。當時被稱為中國海軍的「四大金剛」，在1950年代中期移交中國，一直服役
到1980年代末和1990年初才陸續退役。請參閱中華網軍事，「中國海軍成立67年：曾經
服役到現役的驅逐艦共有41艘」，2016年4月23日，〈http://wap.eastday.com/node2/node3/
n403/ulai596116_t71.html〉。

[35] 1950年至1955年間，蘇聯轉移給中國的艦艇包括50艘二戰時期的魚雷艇、於1930年代末
所建造的M型潛艦、4艘S-1級潛艦、4艘M-V級潛艦、2艘新建造的掃雷艇、4艘自豪級驅
逐艦。從1956年起，蘇聯開始幫助中國建造里加級（Riga class）護衛艦及W級潛艦。這
4艘里加級護衛艦被命名為成都、桂林、貴陽和昆明，因為首艘以成都命名，因此這一批
被稱為成都級護衛艦。中國於1956年在江南造船廠開始建造W級潛艦，至1964年約建造
22艘；後來建造性能較好的R級潛艦，至1974年Y級潛艦約有20艘下水，在1967年中國有
一艘G級攜有射程1,000公里導彈的潛艦下水。Muller, *China as a Maritime Power*, pp. 29-
30；上官戟編，《中共武器剖析》，（台北：洞察出版社，1987年），頁141-142。日
本《世界周報》，〈中國國防工業概況〉，收於黃達之編，《中共軍事戰略文獻彙編》
（香港：波文書局，1980年），頁529。

[36] Muller, *China as a Maritime Power*, p. 36.

給予中華人民共和國技術協助的協定」（簡稱二四協定），根據此一協定，蘇聯同意提供中國傳統動力導彈潛艦、中型魚雷潛艦、大型和小型導彈艦艇，以及水翼魚雷艇等五種艦艇，潛對地飛彈和艦對艦兩種飛彈，以及這些艦艇的動力裝置、雷達、聲納、無線電、導航器材之設計圖紙資料。[37]

雖然蘇聯之協助是中國海軍在1950年代快速發展的重要原因，但是兩國於1950年代末期開始交惡，導致蘇聯於1959年6月20日片面撕毀「國防新科技協定」，進而於1960年7月16日照會中國，並在一個月內將在中國的蘇聯顧問全部召回，還帶走技術轉移的藍圖，中國的海軍發展因此受到嚴重打擊，因為蘇聯協助中國自造軍艦，大多只是將零組件在中國造船廠組裝，或是未將核心技術轉移給中國，雖然中國藉由組裝這些軍艦也逐漸培養一些造艦人才，但是中國的海軍仍然無法真正獨立自主造艦。[38]

蘇共於1956年2月舉行二十大，導致中蘇共在意識形態上出現嫌隙，這是兩國決裂的重要因素之一，同時促使中國政治走向左傾。毛澤東的思維和治國理念左傾，不僅導致中蘇共關係加速惡化，也影響到中國的海軍發展，因為在中蘇共公開決裂前，中共中央軍委會於1958年5月已經決定在軍隊推動「反教條主義」運動，批判過去學習蘇聯的做法。[39]尤其是1959年廬山會議整肅彭德懷，開展「反右傾運動」和批判「資產階級軍事路線」，以林彪代替彭德懷出任國防部長之後，中國軍隊政治掛帥，嚴重打擊需要高度重視技術和專業的海軍之發展，不僅弱化專業訓練，還嚴重影響武器裝備維修，甚至導致意外事件頻頻發生。[40]

2. 自力更生時期

在蘇聯於1960年夏季召回所有專家和顧問之後，中國的海軍進入自力更生時期，此一時期相當長，因為無法獲得來自蘇聯的技術協助，只能在過去蘇聯轉移的裝備和技術基礎上仿製、摸索前進，進展相當緩慢，例如1959年毛澤東決定「一萬年也要搞出來」的核潛艇，[41]中國從1958年6月已經開始討論

---

[37] 房功利、楊學軍、相偉，《中國人民解放軍60年（1949-2009）》，頁113。

[38] Muller, *China as a Maritime Power*, pp. 30-31.

[39] 海軍史編輯委員會，《海軍史》，頁63-64。

[40] 蕭勁光，《蕭勁光回憶錄（續集）》，頁204-227。

[41] 轉引自房功利、楊學軍、相偉，《中國人民解放軍60年（1949-2009）》，頁183。

研制問題，十年後的1968年11月第一艘核動力潛艇才開工建造，一直到1974年8月1日命名為「長征一號」第一艘核動力潛艦才加入中國海軍。

蘇聯斷絕技術援助和停止提供零件，讓中國在自我摸索時期發展海軍武器和裝備上吃足苦頭，例如許多潛艦、驅逐艦和巡洋艦因為缺乏零件而無法運作，[42]但此一挫折也讓中國在摸索中試圖走向國防自足。在自我摸索的1960年代，中國除了將原本已在裝配中的W級潛艦繼續完成、利用蘇聯留下的設計圖和技術建造R級潛艦、利用蘇聯藍圖和可能來自蘇聯的零件建造唯一一艘G級潛艦，以及模仿蘇聯柯馬級（Komar class）飛彈攻擊艇來建造河谷級飛彈快艇，尤其是模仿蘇聯奧沙級（Osa class）飛彈快艇所建造的黃峰級飛彈快艇，取得一些成果。[43]在此一時期，中國也建造完成上海級巡邏艇、海南級驅潛艦、湖川級魚雷艇[44]及江南級護衛艦。[45]

3. 文革重災時期

毛澤東於1966年5月16日發動的文化大革命（以下簡稱文革），將中國帶進所謂「十年浩劫」，對中國政治、經濟和社會的打擊既深且廣，軍隊訓練和建設均受到非常嚴重的衝擊，鄧小平曾用「腫、散、嬌、奢、惰」五個字來形容文革後期的解放軍，[46]中國海軍發展受到文革衝擊當然難以倖免。首先，海軍捲入權力鬥爭的風暴之中，根據當時中國海軍司令員蕭勁光的說法，海軍是

---

[42] Muller, *China as a Maritime Power*, pp. 92-93.

[43] 中國在1965年開始製造奧沙型飛彈快艇（配有4枚飛彈）和哥瑪爾型飛彈快艇（配有2枚飛彈），至1970年代末，擁有140艘以上飛彈快艇。日本《世界周報》，〈中國國防工業概況〉，頁530。

[44] Ibid., pp. 94-95.

[45] 中國在1965年之後，開始設計建造完成5艘（排水量1,350噸）江南級護衛艦，1970年代著手建造完成5艘旅大級（排水量3,500噸）導彈驅逐艦。日本《世界周報》，〈中國國防工業概況〉，頁529。

[46] 「腫」是指解放軍員額不斷增加，導致軍隊龐大臃腫；「散」指紀律差、爭權奪利、不團結；「嬌」指有嬌氣；「奢」指追求享受、追求資產階級生活方式；「惰」指思想懶惰，怕負責任。鄧小平1975年7月14日在中共中央軍委擴大會議，以「軍隊整頓的任務」為題的講話，收於鄧小平，《鄧小平文選》，第二卷，（北京：人民出版社，1994年），頁15-24；高連升、郭竟炎主編，《鄧小平新時期軍隊建設思想發展史》，（北京：解放軍出版社，1997年），頁56-57。

林彪和李作鵬在左的思想下，[47]在軍隊推動「兩條路線鬥爭」的最早受害單位之一，也是文革的「重災區」。[48]其次，武器裝備的研發工作因爲不少科技人才受迫害而受到很大影響。[49]第三，因爲強調「突出政治」，所以海軍的專業訓練時數大爲縮減、海軍院校學生素質下降、海軍院校教學質量大爲降低。[50]

　　因爲受到文革干擾，除了上述核動力潛艇的研發、製造受到延宕外，其他海軍武器裝備製造也深受影響，僅是將購自蘇聯的4艘驅逐艦加以改裝，加裝飛彈，較明顯的成果只有自行設計、建造旅大級（代號051型）飛彈驅逐艦（1968年開始建造，1971年12月加入海軍服務）。

4. 毛澤東海軍建設總結

　　因爲受到毛澤東「人民戰爭」戰略思想的指導，中國對海軍建設及武器取得並不重視，何況縱然有心亦無力實現，而且受到蘇聯舊式海軍「小艦隊、小戰爭」理論之影響，自行建造的武器裝備，乃是以技術層次低、花費小、噸位小的砲艇、魚雷艇爲主，大型的水面戰艦並非重點。其間又受到十年文革的影響，使強調軍備現代化的主張，在政治掛帥的氣氛中無法抬頭。雖然中國已逐漸將造艦重心，由潛艇及飛彈快艇轉向驅逐艦及巡洋艦等中型水面戰艦的發展，但是中國仍無法克服技術落後、資金短缺、外國先進武器與技術不易取得的障礙，海軍力量仍是破舊落伍。快艇的飛彈易受電子干擾而失效，而且作戰範圍小，天候不良時無法發揮作戰功能，也沒有對抗空中攻擊的能力，再加上登陸艦既少且舊。

　　基本上，中國海軍在1970年代可說完全沒有投射力量至海外之能力。在毛澤東主政時期，中國海軍艦艇從未跨過第一島鏈，更從未訪問過其他國家，一直到毛澤東去世的隔年（1977年1月），中國的潛艇才跨出第一島鏈到西太平洋訓練。所以毛澤東在1975年5月3日才伸出小指頭感嘆地說：「我們的海

---

[47] 李作鵬生於1914年，1955年被授予中將軍階，因林彪的支持，於1963年出任海軍副政委兼海軍黨委副書記，1968年升任解放軍副總參謀長兼海軍第一政委，1969年升任海軍黨委第一書記。林彪於1971年9月13日失事之後，李作鵬被監禁，1973年被開除黨內外一切職務，1980年被判處17年徒刑，於2009年1月3日去世。

[48] 蕭勁光，《蕭勁光回憶錄（續集）》，頁261、277；劉華清，《劉華清回憶錄》（北京：解放軍出版社，2004年），頁414。

[49] 同上註，頁316-317。

[50] 房功利、楊學軍、相偉，《中國人民解放軍60年（1949-2009）》，頁171-174。

軍只有這樣大（小指頭大）！」[51]日本外務省的評估，也認為中國在短期內「要把艦隊發展成純粹遠洋型，是困難的。」[52]

貳、非海軍面向的海權發展

一、對外貿易

　　中共政權強調無產階級專政，視資本家為剝削階級，資本家、地主和知識分子成為被整肅對象。經濟政策強調自助（autarky）及計畫經濟，加上1951年聯合國通過決議案，譴責中國為侵略者，以及美國推動對中國的經濟制裁，因此中國相當程度受到西方國家抵制，與西方國家的貿易相當有限。中國在這時期僅與蘇聯和一些共產國家或友好發展中國家進行相當有限的經濟互動關係，主要的貿易對象是社會主義陣營的國家，然而在1960年中蘇共公開決裂，蘇聯斷絕對中國的經濟援助，中國與社會主義國家的經貿關係也因此受到影響，中國更加強調要依靠自己力量從事經濟發展和建設，尤其是文化大革命期間左的思想非常濃厚，對外貿易被視為是「賣國主義」、學習外國先進技術被批評是「洋奴哲學」，[53]因此中國對外貿易額微不足道，1950年的雙邊貿易總額只有11.35億美元，[54]1977年對外貿易總額也只是148億美元，占世界貿易總額比例相當小，而且中國的出口以農產品和礦產為主。[55]

二、其他的成果和發展

　　受到主、客觀條件限制，加上毛澤東的嚴重人為錯誤，除了海軍的建立和發展取得一些成果之外，中國海權發展的非海軍面向在毛澤東時期雖然可說是乏善可陳，但是勉強可歸納出以下成果：

---

[51] 轉引自房功利、楊學軍、相偉，《中國人民解放軍60年（1949-2009）》，頁179。

[52] 日本外務省調查步分析課報告，〈中蘇邊境的軍事形勢〉，收於黃達之編，《中共軍事戰略文獻彙編》，頁514。

[53] 劉賽力、周林，《中國對外經濟關係》，修訂版（北京：中國人民大學出版社，2009年），頁2-3。

[54] Consulate-General of the People's Republic of China in Chicago, "Summary on China's Foreign Trade," <http://www.chinaconsulatechicago.org/eng/jm/t31991.htm>.

[55] 劉賽力、周林，《中國對外經濟關係》，頁46-47。

（一）收回領土、宣示主權

1. 拿下沿海島嶼

中共在1950年5月1日拿下海南島；在1954-1955年第一次台海危機期間拿下大陳、一江山等浙江省沿海島嶼。

2. 占領西沙群島

中國在毛澤東時期最重要的海權發展成就，應該是其海軍在1974年1月19日擊敗南越海軍，占領整個西沙群島。雖然中華人民共和國自1949年10月建立以來，一直宣稱擁有南海主權，但是中國在南海地區一直沒有任何據點，拿下西沙群島是中國海權向南海擴張所邁出非常關鍵的一步。然而，此一戰役充分暴露出中國海軍力量的弱小，[56]根本無法遠赴南沙維護主權。

3. 建立12海浬領海

中華人民共和國政府於1958年9月4日發布聲明，宣布中國領海寬度為12海浬，而中國的領土包括西沙、中沙和南沙群島。

（二）建立海洋相關政府機制

1. 設立政府相關單位

首先，中國恢復對海關和港口的控制，以及擁有內河航行權。其次。中國於1963年設立第六機械工業部，負責全國船舶工業的發展和管理。第三，中國於1964年7月22日批准成立國家海洋局，這是中華人民共和國成立的第一個行政單位，負責管理海洋事務，包括海洋科學調查和研究、規範中國沿海地區和海洋環境保護。

2. 成立海洋相關事業單位

首先，中國於1951年4月27日成立中國遠洋運輸公司，但是該公司能量非常小，因為只有4艘船。第二，蘇聯於1950年代援助中國的經濟項目包括大連造船廠改建擴建、渤海造船廠的新建和擴建改建工程、武昌造船廠。

---

[56] 1974年1月，中國為了擊退入侵西沙群島之永樂群島海域的南越海軍，派遣2艘獵潛艦及2艘掃雷艇前往衝突水域，這次海戰充分暴露出中國海軍裝備之落伍，中國4艘艦艇的總噸位尚不及越南一艘驅逐艦之噸位。海戰過程中，中國海軍甚至還須以手榴彈及衝鋒槍充當武器。

（三）進行海洋科學研究

　　中國的海洋科學調查船向陽紅五號和十一號於1976年3月27日自廣州起航，經巴士海峽，首次跨過第一島鏈，前往南太平洋進行考察。[57]

---

[57] 周鴻主編，《中華人民共和國國史通鑑》，第一卷（1949-1956）（北京：紅旗出版社，1993年）；樊天順、李永豐、祁建民主編，《中華人民共和國國史通鑑》，第二卷（1956-1966）（北京：紅旗出版社，1993年）；王瑞璞、孫啟泰主編，《中華人民共和國國史通鑑》，第三卷（1966-1976）（北京：紅旗出版社，1993年）。

第四章　鄧小平時期的中國海權發展

　　鄧小平在1978年底取得對華國鋒權力鬥爭的關鍵勝利，開啟中國的鄧小平時代，他於1990年3月將國家的中央軍事委員會主席職位交給江澤民之後，在黨政軍中已經不再有任何職位，但是他於1992年1月「南巡」的講話，警告江澤民等人「誰不改革誰下台」，[1]迫使江澤民等人紛紛表態支持改革，為中國的改革開放再度注入動能。1992年中共召開十四大，胡錦濤以中央委員的身分能夠破格進入政治局常委會擔任常委，也是鄧小平的決定，作跨代指定接班人，因此本節所界定的鄧小平時代是從1978年到1992年。

第一節　鄧小平的權力、決策風格與海權理念

壹、鄧小平的特質與權力

一、鄧小平的背景與特質

　　鄧小平祖籍江西吉水，於1904年8月22日生於四川省廣安州協興鄉牌坊村，原名鄧先聖，因私塾老師認為此名對孔子不敬，而改名為鄧希賢，1927年因為祕密工作所需再度改名為鄧小平。鄧小平卒於1997年2月19日，他的政治生涯曾三次被整肅，其中有兩次是毛澤東的決定，但是他卻能夠三次政治上復活，深具政治求生能力，[2]尤其是第三次在1977年復出後，能夠在1978年12

1　轉引自「誰不改革誰下台 鄧南巡講話25年突遇冷」，《多維新聞》，2017年1月19日，〈http://news.dwnews.com/china/big5/news/2017-01-19/59795204.html〉。

2　鄧小平因為支持毛澤東農村革命路線，於1933年被整肅。在毛澤東於1935年遵義會議贏得權力，成為中共最有權力領導人，鄧小平也因此復出；1966年5月毛澤東發動文化大革命，鄧小平被指為「中國第二號赫魯雪夫」而被整肅，被送到江西的「五七幹校」勞動，向農民學習，在林彪事件之後。鄧小平寫信給毛澤東自我檢討及輸誠，經毛澤東同意他於1973年恢復所有原有職位。1976年清明節發生第一次天安門事件。毛澤東懷疑鄧小平幕後支持，以及可能在未來對文革翻案，因此再次整肅鄧小平。一直到毛澤東死

月取代華國鋒成為中國最有權勢的決策者，作為第二代領導班子的核心，推動改革開放，帶領走向富強之路，使他成為中國歷史上的傳奇人物。[3]

（一）務實但不平易近人

鄧小平具有務實的個性（他的「不管黑貓白貓，能捉到老鼠就是好貓」名言，一再被引述），意志堅強，但能屈能伸。鄧小平不像周恩來平易近人，他與下屬保持距離，沒有多少私人情誼，純粹是工作關係，一旦不符合他的期望，或是妨礙他所追求的目標，他隨時可以要他們下台，例如他整肅胡耀邦、趙紫陽，以及要求楊尚昆、楊白冰兄弟退休，但是鄧小平不像毛澤東趕盡殺絕的凶狠做法，例如他要胡耀邦從黨的總書記下台，但是仍然讓胡留在政治局常委會，他在1989年6月解除趙紫陽所有職務，但只是軟禁趙紫陽到他2005年去世。

（二）不具民主思維

鄧小平並不具有民主思維，他在1979年3月提出「堅持四項基本原則」（堅持社會主義道路、堅持無產階級專政、堅持共產黨的領導、堅持馬列主義、毛澤東思想），雖然是在毛派或保守派壓力下的表態，但是這些原則本就是鄧小平的理念，因此他會下令逮捕魏京生及以軍隊血腥鎮壓天安門廣場的青年學生。鄧小平既要實現現代化以建立富強中國，也要確保中國共產黨繼續執政。他的治國理念、決策風格與毛澤東大不相同，當然他的權力也遠不及毛澤東。

（三）具國際觀

鄧小平對國際社會，尤其是西方國家的了解要遠比毛澤東深入，更具國際觀，因為他在17歲就已經到法國學習、打工，後來又到蘇聯學習。在中共建立政權之後，他多次訪問東歐共產國家、緬甸、尼泊爾、北韓，1974年他還到紐約聯合國總部發表演說，回國途中經過法國，他還率團於1975年5月到法

後，華國鋒抵擋不住中共許多元老要求恢復鄧小平權位的聲音，才於1977年7月中共十屆三中全會恢復鄧小平的權位。

3　鄧小平於1921年10月19日抵達法國，開始勤工儉學生活，隔年在法國加入中國少年共產黨，1926年1月7日離開法國前往蘇聯，1926年從蘇聯回中國參加革命。鄧小平（政委）與劉伯承（司令員）的第二野戰軍（又稱為劉鄧大軍），在國共內戰期間建功卓著。

國訪問。此外，他於1978年10月訪問日本、1978年11月訪問泰國、馬來西亞和新加坡、1979年1月訪問美國。對先進國家實地考察，讓他深深體會到中國的落後，因此他不像毛澤東坐井觀天、閉門造車，他願意向先進國家學習。

二、鄧小平的權力

鄧小平認為毛澤東執政之所以會犯下那麼多重大錯誤，就是因為權力太大，因此他決定中共十二大不再設黨主席，改設總書記，而且將黨政軍的四個最重要職務（國務院總理、中央軍委主席、黨的總書記、國家主席），分別由四個人擔任（但是鄧小平去世之前，中央軍委主席、黨的總書記和國家主席又集中在江澤民一個人身上）。

（一）鄧小平掌權後的重要職位

鄧小平第三次復出初始，所擔任的職務是中共政治局常委、中共副主席、中央軍委會副主席、國務院副總理、解放軍總參謀長。雖然他在中共十一屆三中全會之後，成為中共實質上的最高領導人，但是他從未擔任過黨主席或總書記（1982年之後），也沒有擔任過國家主席和總理。鄧小平所擔任的職位包括中共中央軍事委員會主席（1981年6月-1989年11月）、國家中央軍委主席（1983年6月-1990年3月）、[4]中國人民政治協商會議全國委員會主席（1978-1983年）、中共中央顧問委員會主任（1982-1987年），他甚至在中共於1987年11月召開十三大之後，不再擔任中共政治局常委，但是他採取幕後下指導棋的做法，中共中央所作的任何重大決定，均需要向他報告，取得他的同意之後才能執行。

（二）鄧小平的權力來源

藍普頓認為鄧小平如同毛澤東，乃是結合傳統型權威和魅力型的領導人，[5]但他所享有的權力遠不及毛澤東。鄧小平的權力，如同第一代領導班子核心的毛澤東，來自他的豐富經歷、事功、豐沛的黨政軍人脈關係，以及連

4　中華人民共和國於1982年憲法新設立國家中央軍事委員會，除了中央軍委會換屆的過渡時期，因為黨的中央軍委會先產生，而國家中央軍委會形式上要由全國人大選舉而後產生，會出現短期兩個機構人事不同現象，否則黨與國家的中央軍事委員會是兩塊招牌一套人馬。

5　Lampton, *Following the Leader*, p. 62.

毛澤東都高度肯定的能力。他於1923年6月在法國加入旅歐中國共產主義青年團，於1926年底從蘇聯回中國，在中國革命過程中擔任不少重要黨、軍職位，包括曾經擔任中共第二野戰軍政委職務，指揮過淮海戰役，以他的戰功而言，他是夠資格封元帥的人，因此鄧小平在解放軍中享有很高的威望。他在中共建立政權之後，被任命為西南局的黨委第一書記，可說是當時六個地方諸侯之一。在毛澤東決定取消六大區後，鄧小平於1952年8月被調回中央擔任政務院（後來的國務院）副總理、兼財政經濟委員會副主任，後來又兼任財政部長，而且在中共1954年2月的七屆四中全會被任命為黨的秘書長，同年7月擔任中共中央組織部部長，1955年4月被增選為中共政治局委員，在1956年9月中共八屆一中全會當選中央書記處書記和中央委員會總書記，及排名第六的政治局常委（其他五個常委是毛澤東、劉少奇、周恩來、朱德、陳雲）。

　　鄧小平於1973年3月再度復出之後，被任命為負責外交的副總哩，該年12月晉升為政治局委員及中央軍委委員，1975年1月被任命為中央軍委副主席兼解放軍總參謀長，以及中共副主席，可見鄧小平在黨政軍均有深厚的人脈關係。鄧小平雖然兩次擔任中共副主席，多次擔任副總理，可是如前所述，他從未擔任過總理、國家主席、黨主席或總書記，因此從中共體制而言，他不是名義上的中國或中共最高領導人，但是從權力和決策上，他是實質上的最高領導人。

三、鄧小平權力受到制約

（一）其他中共元老的制約

　　如上所述，鄧小平的權力地位比不上毛澤東，他必須與陳雲等大老分享政治權力。中國社會在1980年代流傳所謂「八老治國」，中外學者對誰是八老並沒共識，較常被提到是鄧小平、陳雲（1905-1995）、李先念（1909-1992）、楊尚昆（1907-1998）、鄧穎超（1904-1992）、彭眞（1902-1997）、薄一波（1908-2007）和王震（1908-1993）。這些人年紀相去不多，在中共黨政軍均經歷豐富，其中陳雲在中共的黨政經歷並不亞於鄧小平，根據陳雲警衛員趙天元的觀察，鄧小平和陳雲是八老中的實際當家人，「鄧小平具有決定權，陳雲具有否決權。」[6]

---

[6]　引自方曉，「陳雲長女支持習近平反腐 分析：江遭重創」，《大紀元時報》，2015年6月

（二）反改革勢力的制約

　　鄧小平在1980年1月指出：「四人幫組織上和思想上的殘餘還存在。我們不能低估這些殘餘的能量，否則就要犯錯誤。派性分子還存在。新生的打砸搶分子也有的是。」[7]雖然鄧小平贏得對華國鋒的權力鬥爭，但是「凡是派」或是「毛派」的勢力仍然不容小覷。鄧小平與華國鋒權力鬥爭過程，從某個角度看來是逐漸否定文革的過程，但是在平反「冤假錯案」同時，面臨如何處理毛澤東歷史功過的問題。[8]因十年文革而獲利的幹部仍充斥中共的黨政軍體系，而且原先與鄧小平合作鬥垮四人幫及毛派的政治夥伴，對鄧小平所推動的經濟改革並不全然同意。

貳、鄧小平的決策風格

一、轉型式領袖

　　鄧小平是追求變革的轉型式領袖，與毛澤東不同的是，他沒有想要改變人性。相反地，他的改革順應人性―想要發財的人性，因此他的改革是基於提供物質上誘因。[9]鄧小平取得最高權力的時候，中國大陸剛經歷文化大革命摧殘，在華國鋒短暫時期的領導下，雖然想要在經濟上有所作為，但是因為無法擺脫毛澤東極左意識形態的影響，加上威望和能力均不足，因此華國鋒的成就有限，中國大陸經濟蕭條、國家殘破不堪，是全世界最貧窮落後的國家之一，許多被毛澤東在文革期間整肅的老幹部要求平反，一般老百姓對未來相當悲觀，他們期待鄧小平的強力領導以撥亂反正。

　　鄧小平和毛澤東是截然不同的政治人物。毛是屬於革命世代的領袖，具有理想主義的浪漫革命情懷，不管是要改造中國社會的傳統封建體制、發動文革

　　9日，〈http://www.epochtimes.com/b5/15/6/9/n4453582.htm〉。

7　鄧小平，《鄧小平文選》，第二卷，頁252。

8　至1982年底，共平反約300萬名幹部的冤假錯案，並對林彪及以江清為首的「四人幫」和他們的支持者進行公審、判刑，在1981年6月27日中共十一屆六中全會上通過「建國以來黨的若干歷史問題的決議」，對毛澤東的功過加以七三開。有關「關於建國以來黨的若干歷史問題的決議」全文，請參閱中共中央文獻研究室，《關於建國以來黨的若干歷史問題的決議註釋本》，（北京：人民出版社，1983年）。

9　Lampton, *Following the Leader*, pp. 63-64.

以延續革命精神，或要塑造一個中國所理想的世界，均帶有某種程度不切實際的浪漫思維。鄧小平自居為第二代領導班子的核心，遵循的是實用主義哲學，因此經濟、政治、外交政策走向務實，意識形態的重要性繼續下降。

二、水平式威權主義決策模式

鄧小平的權力地位比不上毛澤東，他必須與陳雲等大老分享政治權力，陳雲在中共的黨政經歷並不亞於鄧，而且隨著改革開放的開展，中共已不再是一極權主義政權，決策模式也從「垂直式威權主義」（vertical authoritarianism）轉為「水平式威權主義」（horizontal authoritarianism）型態，雖然仍是威權主義和高度集中化的決策過程，但是大致是集體決策模式。[10]

藍普頓認為中國自鄧小平推動改革之後，所行使的是「回應式威權主義」（responsive authoritarianism）。[11]何漢理（Harry Harding）稱鄧小平時期的中國是「諮商式威權主義」（consultative authoritarianism），[12]因為他一方面要了解民意所需，另一方面他還須尊重同世代的一些老人（例如陳雲、鄧穎超、李先念、彭眞、薄一波等人）的意見，他需要向他們（尤其是陳雲）諮商，形成所謂「八老治國」局面，然而鄧小平有最後拍板定案的權力，而且鄧小平相當有魄力，必要時敢於獨斷獨行。

三、願意徵詢他人意見

鄧小平並不是一位平易近人的領袖，他與部屬保持距離，但是願意聽取專家的意見，只是他個性急、講求效率。對於重大問題的決策，鄧小平會成立一個小班子，對此班子作提綱挈領的提示，再由此一班子作出政策建議，如果他對建議方案不滿意，他會召見此一班子的負責人及重要成員進行討論，如果有必要時他會將決策草案送到中央和地方重要幹部，要求他們提供意見，以便形

---

[10] 趙全勝，《解讀中國外交政策》，頁135-136。

[11] Lampton, *Following the Leader*, p. 70.

[12] Harry Harding, "Political Development in Post-Mao China," in A. Doak Barnett and Ralph N. Clough (eds.), *Modernizing China: Post-Mao Reform and Development* (Boulder, Colorado: Westview Press, 1986), p. 33; and Harry Harding, *China's Second Revolution: Reform After Mao* (Washington, D.C.: Brookings Institution Press, 1987).

成共識。鄧小平並不常參加政治局和常委會的會議，他甚至在1987年11月中共十三屆一中全會後退出政治局（那時的政治局五位常委是趙紫陽、李鵬、喬石、胡啓立和姚依林），但是他以代理人來傳達他的旨意（主要的代理人是他的秘書王瑞林），而且重要的問題仍需要他掌舵，政治局的所有重大決策仍須向他報告，以取得他的認可，[13] 例如1989年天安門事件，是否軍隊鎮壓，需要鄧小平最後決定，這是中共總書記趙紫陽於1989年5月16日會見蘇共總書記戈巴契夫時，所揭露眾所皆知的中國「國家機密」。

參、鄧小平的海權觀念

　　鄧小平對中國海權發展所作的論述並不多，這可能與鄧小平的務實個性有關，因爲中國在此時期縱然有心也沒有力量走向海洋。然而，中國在鄧小平掌政之下作了不少與發展海權相關的措施與改革。首先，他在劉華清的協助下，將中國的海軍戰略由近岸防衛改爲近海防衛。其次，鄧小平相當重視海洋開發，他指出要「開放沿海地區，開發近海資源，開拓遠海公土」，要「進軍海洋，造福人民」，要「發展海洋事業，振興國家經濟」。[14] 換言之，鄧小平對海洋的看法，是要取得海洋資源來幫助中國發展經濟。第三、中國軍艦在鄧小平時期才開始跨出國門進行遠洋訓練及訪問其他國家。第四、中國對海洋研究也在此時期積極開展，而一些重要海洋產業諸如海洋石油探勘和生產、造船業、海洋運輸業開始受到重視。

　　整體上，鄧小平並沒有完整、有系統的海洋戰略，更談不上要發展海權。就海軍建設而言，雖然鄧小平表示一定要「建立一支強大的具有現代戰鬥能力的海軍」，但是他強調中國的海軍戰略是著眼於「近海作戰……建設海軍基本上是防禦」。[15] 從鄧小平的講話可知，鄧小平所要的海軍是防衛國土，他沒有發展遠洋海軍的企圖，因爲當時中國國力無法支持這種海權發展。

13　迄今對鄧小平研究最好的一本書應該是傅高義（Ezra F. Vogel）所著《鄧小平與中國的轉型》（*Deng Xiaoping and the Transformation of China*），該書第十三章介紹鄧小平的治理藝術（Deng's Art of Governing），對鄧小平的決策風格有所探討。請參閱 Ezra F. Vogel, *Deng Xiaoping and the Transformation of China* (Cambridge, Massachusetts: Belknap Press, 2013), chapter 13.

14　轉引自王歷榮，〈論鄧小平的海權思想及其實踐〉，《中共浙江省委黨校學報》，第1期，2012年，頁44。

15　同上註。

第二節　鄧小平時期中國發展海權的內外條件

壹、內在條件

　　就內在的政治情勢而言，中國在1976年是激烈變動的一年。首先，中共面臨權力繼承的問題。中共的重要領導人相繼於1976年去世，周恩來去世於該年的1月8日，中共紅軍總司令朱德於該年7月6日去世，最重要的是毛澤東於該年的9月9日去世。而且該年7月28日河北省唐山發生7.8級強烈地震，導致至少24萬人死亡、超過16萬人重傷。[16]其次，毛澤東在去世之前因擔心鄧小平可能為文化大革命翻案，而於1976年4月再度整肅鄧小平，撤銷鄧小平一切職務，提升華國鋒擔任中共中央第一副主席及國務院總理，成為毛的新接班人。第三，華國鋒在葉劍英等人之支持下，於該年10月6日下令逮捕「四人幫」及他們的黨羽，結束十年文革浩劫。文革使大陸人民產生深沉的失落感、造成信心危機。雖然中共對文革進行所謂撥亂反正工作、平反冤假錯案、逮捕及重判文革派人士，但整個事件對中國人民的感覺是昨是今非、今是昨非、是非顛倒、黑白不分，中共政權的形象嚴重受損，中國人民對中共政權的信任感大為降低，中共政權統治正當性已然下降，因此中共亟需振衰起敝以重建國家經濟及人民對黨的信心。

　　然而，華國鋒的事功及經驗均不足以服眾，[17]才能也不足以治亂世，本身又屬於文革受益派，統治的正當性不高，只能高舉毛澤東的旗幟及指示來增加自身繼承的正當性，因此華國鋒在1977年2月7日通過兩報（人民日報及解放軍報）一刊（紅旗雜誌）的社論「學好文件抓好綱」，提出「凡是毛主席做出的決定，我們都要堅持擁護，凡是毛主席的指示，我們都始終不渝地遵循」，[18]以「兩個凡是」來阻止鄧小平復出。圍繞華國鋒因文革而崛起的這些

---

[16] 張馭濤編，《新中國軍事大事紀要》（北京：軍事科學出版社，1998年），頁297。

[17] 華國鋒原名蘇鑄，山西省交城縣人，生於1921年2月16日，2008年8月20日去世。他於1938年參加交城縣抗日游擊隊，取意「中華抗日救國先鋒隊」而改名華國鋒。在被毛澤東拔擢為中共最高領導人之前，他曾擔任國務院副總理、公安部長、湖南省委書記等職位。他是中共迄今唯一同時擔任中共中央委員會主席（黨主席）、中央軍委主席和國務院總理三個重要職位的領導人。

[18] 轉引自王丹，《中華人民共和國史十五講》（台北：聯經出版事業股份有限公司，2012年），頁208。

人，因此得到「凡是派」的稱號。但是鄧小平的威望、事功畢竟不是華國鋒所能望其項背，加上華國鋒堅持文革路線並不得人心，因此華國鋒對鄧小平的權力鬥爭是一個接一個戰役的潰敗。

在老幹部的要求下，華國鋒被迫於1977年7月召開的中共十屆三中全會上，恢復鄧小平中共中央副主席、中共中央軍委副主席、國務院副總理、解放軍總參謀長職務。鄧小平在胡耀邦的支持下，以「實踐是檢驗真理唯一標準」的論述，挑戰華國鋒的「凡是派」，「凡是派」節節敗退。1978年12月13日，華國鋒在中共中央工作閉幕會上為提出「兩個凡是」作了檢討；1980年9月，華國鋒辭去國務院總理職務，由趙紫陽接任；1980年11月10日至12月5日，中共中央政治局共召開九次會議，決定「同意」華國鋒辭去中央委員會主席及中央軍委主席職務，分別由胡耀邦及鄧小平接任（華仍擔任中央政治局常委及中央副主席），此一決定經1981年6月召開的十一屆六中全會追認；1982年9月12-13日，中共召開十二屆一中全會，華國鋒已從政治局除名，「實踐派」大獲全勝。事實上，中共於1978年12月18-22日召開十一屆三中全會時，已經是鄧小平時代的開始。

一、鄧小平所面臨的內部挑戰

（一）中國經濟情況惡劣

文革把中國社會、經濟帶到崩潰邊緣，死了2,000萬人、整了1億人、耗掉8,000億人民幣。[19] 文革期間以政治掛帥的經濟政策，也造成農業、輕工業、重工業比例嚴重失調，交通運輸等基礎建設嚴重不足，經濟效益全面下降，國民經濟管理體制混亂，人民生活水平下降，[20] 例如1978年的農業產能只有1952年的77.6%，[21] 平均國民所得只有200多美元，[22] 仍是世界上最窮國家之一。

---

19 馬立誠、凌志軍，《交鋒：當代中國三次思想解放實錄》（北京：今日中國出版社，1998年），頁9。

20 孫健，《中華人民共和國經濟史》，頁382-388。

21 馬立誠、凌志軍，《交鋒》，頁43。

22 鄧小平於1982年5月6日接見利比亞訪賓時表示，中國的平均國民所得只有250到260美元。請參閱鄧小平，《鄧小平文選》，第二卷，頁405。

　　1980年1月16日，鄧小平在中共中央召集的幹部會議上，作了「目前的形勢與任務」之講話，提出反霸、統一、現代化建設為中國1980年代三大任務，並提到中國對外政策是要尋求一個和平環境來實現四個現代化（即工業現代化、農業現代化、國防現代化、科學技術現代化，中國將其簡稱為「四化」）。[23] 然而，鄧小平指出：「我們窮，底子薄，教育、科學、文化都落後，這就決定了我們還要有一個艱苦奮鬥的過程」，[24] 因此他要求軍隊「不能妨礙這個大局，要緊密的配合這個大局，而且要在這個大局下行動」，而這個大局就是國家建設，軍隊要忍耐。[25] 他指出：「我們國家現在支付的軍費相當大，這不利於國家建設。……在這段時間裡，我們應盡可能地減少軍費開支來加強國家建設」，[26] 所以中國1980年代的實質國防預算，不僅沒有增加，反而減少。國家財政匱乏、國防預算減少的困境，制約中國發展海權。

（二）科技水準落後

　　雖然鄧小平於1957年執行反右運動時，曾經擴大化惡整知識分子，但是他在1970年代復出之後，尤其是掌握政權之後，非常重視科學和教育，連帶重視知識分子在實現四個現代化工程上的重要角色，因此他急著推動恢復大學（高校）入學考試，以及派遣留學生出國留學。然而，中國的科技水準非常落後，對高科技軍種之一的海軍戰力提升形成障礙。

（三）軍隊弊病叢生需要整頓

　　鄧小平早在1975年就已經指出解放軍「問題成堆」，他以腫（編制過大、機構龐大重疊、人員臃腫，導致各級指揮不良）、散（紀律差和派性）、驕（有驕氣）、奢（鬧享受、鬧待遇）、惰（思想懶惰，怕負責任）五個字來概括，其他問題包括軍隊知識水平不高、缺乏實戰經驗、武器裝備落後、軍隊幹部使用現代化武器和指揮現代化戰爭能力有問題等，[27] 因此鄧小平對軍隊建

23　同上註，頁239-273。

24　同上註，頁57。

25　許志龍主編，《鄧小平軍隊質量建設思想研究》（北京：解放軍出版社，1994年），頁78。

26　鄧小平，《鄧小平文選》，第二卷，頁285。

27　鄧小平，《鄧小平文選》，第二卷，頁1-3、15-24、284-290；高連升、郭競炎主編，《鄧小平新時期軍隊建設思想發展史》（北京：解放軍出版社，1998年），頁56-57。

設的重點在於整頓和改革，而不在於將軍力投射到海外。

二、改革開放面臨的困難

　　鄧小平能夠在1978年12月舉行的十一屆三中全會贏得權力鬥爭勝利，重要因素之一是中國人民和不少中共菁英希望在鄧小平領導下，進行必要的變革。鄧小平也確實扮演此一角色，中共在這次全會通過公報，決定全黨拋棄「以階級鬥爭為綱」的方針，否定無產階級專政下繼續革命的理論，將工作重點轉移到社會主義現代化建設上，提出「堅持一個中心，兩個基本點」的路線，即以集中力量，進行現代化經濟建設以發展生產力為中心，開啓中國對內改革、對外開放的時代。然而，這種改革和轉型並無前例可循，因此只能採「摸著石頭過河」的心理，摸索前進。

（一）意識形態的矛盾

　　由於經濟改革措施包括引進外資、開放特區、允許私有制、以物質條件鼓勵生產等，衝擊共產主義意識形態與精神，且造成犯罪、貪污腐化、拉大貧富差距、促成色情行業氾濫、人民不依賴黨生活而黨對人民與社會控制力下降，這種現象引發中共黨內對改革的許多措施是姓「社」或姓「資」持續不斷的爭辯。鄧小平早在1979年就提出四個堅持，[28]以緩和來自保守派的批評。

（二）改革開放導致貪腐

　　鄧小平在1982年4月承認自推動改革開放以來，「不過一兩年時間，就有相當多的幹部被腐蝕了，捲進經濟犯罪活動的人不是小量的，而是大量的。」[29]1986年至1987年，中國大陸因經濟過熱，引發通貨膨脹，而且價格雙軌制導致官倒橫行，貪污腐敗弊端嚴重，在新毛派及保守改革派聯手挑戰下，趙紫陽於1986年初暫停改革政策，採取緊縮政策，結果導致經濟成長率大幅下跌，民眾經濟情況困窘，引發1986年至1987年冬季各大城市的學運，成長改革派大將胡耀邦因此下台，由趙紫陽接任總書記職務，而趙紫陽的總理

---

[28] 鄧小平在中共於1979年3月30日召開的理論工作務虛會上發表談話，提出「堅持四項基本原則」的主張，這四項基本原則是：必須堅持社會主義道路；必須堅持無產階級專政；必須堅持共產黨領導；必須堅持馬列主義、毛澤東思想。鄧小平，《鄧小平文選》，第二卷，頁158-184。

[29] 同上註，頁402。

位子則由保守官僚派之李鵬接手。1988年上半年中共展開「反階級自由化」運動，經濟改革的動力受挫。

（三）天安門事件衝擊軍隊專業化改革

整個中國社會隨著改革開放的結果，中產階級逐漸萌芽，知識分子、青年學生與工人對中共政權貪污腐化的不滿，形成一股激進改革力量，某種程度上是站在國家（state）的對立面。由於毛派或是保守派的反撲力量依舊存在，李洪林指出，中國在1981年至1989年間共出現四次反「自由化」運動，分別是1981年至1982年對文化界一些要求實行多黨制及將人道主義寫進黨章主張的批判、1982年至1984年的反精神污染運動、1985年至1987年的反對資產階級自由化，及1987年至1989年的鎮壓民主運動。[30] 這些運動引起中國人民及外資對中國是否繼續改革開放政策的疑慮。

更嚴重的是，1988年年中第二度闖價格關，開放城市農產品價格，結果還是導致經濟過熱引發通貨膨脹的弊病，在官僚保守派的壓力下被迫又採取緊縮政策，1988年9月的十三屆三中全會上，保守官僚派的「治理、整頓、調整、改革」方針，成為中共黨的新經濟政策，結果又將經濟帶向緊縮停滯的困境，不滿之青年學生及工人以哀悼剛過世的胡耀邦為藉口，於1989年5月發動要求政治改革的示威運動，導致政治情勢不穩定，鄧小平下令武力鎮壓，造成「六四天安門」流血慘案。1989年6月23-24日，中共召開十三屆四中全會，趙紫陽因「犯了支持動亂和分裂黨的錯誤」，[31] 被撤銷總書記、政治局委員和常委，以及中共中央軍委第一副主席的職務，由江澤民繼任總書記職位。中國的國際形象因天安門事件而大損，鄧小平的權威受挫，保守官僚派權力上漲，從1989年到1991年間，中國的經濟改革停頓下來，一直到1992年1-2月鄧小平「南巡」，批判左傾思想，警告誰不改革誰下台，再度為改革開放注入動能。[32]

在天安門事件之前，鄧小平體認中國「軍隊的人數雖然多，但是素質比較

---

30 李洪林，《中國思想運動史》，頁292-412；宋曉明，《中共黨建史（1976-1994）》，頁178-187。

31 李洪林，《中國思想運動史》，頁256。

32 陳雪薇主編，《十一屆三中全會以來重大事件和決策調查》（北京：中共中央黨校出版社，1998年），頁465-478。

差」，[33]因此積極推動軍隊的「三化」（革命化、現代化、正規化）建設，而軍隊現代化要體現武器裝備現代化、人員素質現代化、編制體制現代化，及軍事理論現代化，[34]而幹部隊伍則追求革命化、年輕化、知識化及專業化，[35]雖然依舊強調政治合格與正確性，以確保黨指揮槍、軍隊服從黨的領導，但是軍事學校「教學時間的比例可以三七開，軍七政三」。[36]換言之，政治教育時間要縮小，軍事專業訓練時間增加。如果繼續朝此一方向發展，解放軍的專業化必然大爲提升。然而，鄧小平下令軍隊不惜一切代價奪回天安門廣場，卻發生部分軍人，包括38軍軍長拒絕執行命令及28軍「消極抗命」，[37]加上葉飛、張愛萍、蕭克、楊得志、陳再道、李聚奎、宋時輪七位上將於5月21日聯名上書中央軍委會，呼籲不要用軍隊鎮壓、軍隊不要進城，[38]提醒鄧小平重新重視軍隊忠誠問題，再度增強對軍隊的政治教育。

貳、外在條件

鄧小平掌權時期，中國所處國際環境整體上相當有利，國家安全所面臨的外來威脅已大爲緩和，尤其是在鄧小平1992年初「南巡」之前，蘇聯已經瓦解，俄羅斯從整體國力而言已經淪爲二流強權，中國來自北方的威脅大爲減弱。

33　鄧小平，《鄧小平文選》，第二卷，頁67。

34　許志龍主編，《鄧小平軍隊質量建設思想研究》（北京：解放軍出版社，1994年），頁47-67。

35　高連升、郭競炎主編，《鄧小平新時期軍隊建設思想發展史》，頁135-148。

36　鄧小平，《鄧小平文選》，第二卷，頁64。

37　傑安迪、儲百亮，「六四前夕38軍軍長徐勤先抗命内情」，《紐約時報中文網》，2014年6月3日，〈https://cn.nytimes.com/china/20140603/c03tiananmen/dual/〉；「拒絕帶軍入城屠殺學生，徐勤先將軍22年後首次公開露面」，《蘋果日報》，2011年2月15日，〈http://www.tiananmenmother.org/forum/forum110219001.htm〉。

38　「六四回眸：七上降反隊鎮壓兩元帥力挺戒嚴」，《多維新聞》，2018年5月25日，〈http://culture.dwnews/history/big5/news/2018-05-25/60060412.html〉。

一、外在軍事威脅降低

（一）美國採取防守性戰略

　　美國於1973年自越南撤軍，越戰的經驗教訓促使華府採取防守性戰略，而且美國已經於1979年1月1日與中國建交，因此美國在短期內不僅不會對中國構成威脅，而且華府在1970年代已經允許銷售軍民兩用（dual use）設備或轉移軍民兩用科技給中國，雷根（Ronald Reagan）甚至准許銷售武器給中國。

（二）蘇聯的威脅大為降低

　　在鄧小平掌權初期，蘇聯對中國的威脅增加而不是減少。首先，蘇聯在中蘇邊境（包括外蒙古）依舊駐紮重兵，而且蘇聯在遠東地區部署SS-20飛彈，從北方威脅中國。其次，蘇聯與越南於1978年11月3日簽訂「蘇越友好合作條約」，自該條約於同年12月13日生效起，兩國成為軍事同盟國，蘇聯取得越南金蘭灣和峴港海空軍基地使用權，在金蘭灣進駐TM-16轟炸機。[39]第三，蘇聯不僅在1971年8月9日與印度簽訂「和平友好合作條約」，形成實質的軍事同盟關係，而且在1979年12月入侵阿富汗，從南亞威脅中國。蘇聯在1970年代的戰略上呈現擴張態勢，讓鄧小平認為蘇聯加強其太平洋艦隊（The Pacific Fleet）是想控制麻六甲海峽（the Straits of Malacca），而且可能從海上威脅中國。

　　然而，蘇聯在1980年代上半期陷入繼承危機，布里茲涅夫（Leonid Brezhnev）於1982年11月10日去世，體弱多病的安德洛波夫（Yuri Andropov）繼任僅十三個月就病逝，由老邁的契爾年科（Konstantin Chernenko）繼任，但是契爾年科也於1985年3月10日病逝，之後才由正值壯年的戈巴契夫（Mikhail S. Gorbachev）接掌大權。由此可知，蘇聯在1980年代上半期因領導者年老力衰，政治情勢一直處於急遽變化狀態，不太可能對中國發動軍事攻擊。

　　再者，蘇聯對阿富汗戰爭進行並不順利，鉅額的戰爭費用對蘇聯在1970年代末期原本已情況惡劣的經濟造成雪上加霜困境，同時還要與美國進行軍備競賽，情況更加不堪，因此布里茲涅夫在過世之前就已經積極表達改善對中國

---

[39] Harding, *A Fragile Relationship*, p. 164.

關係的希望，戈巴契夫上台之後也採取同樣的立場。中國對內推動經濟改革，對外實施開放政策，需要一個和平的國際環境來全力發展經濟，中、蘇共意識形態上的分歧已經不存在，雙方均務實地由國家利益角度來考量雙邊關係。

中國提出改善中蘇關係的三項條件：1.蘇聯要從中蘇、中蒙邊界撤軍；2.蘇聯要從阿富汗撤軍；3.蘇聯要停止支持越南入侵柬埔寨及促使越南自柬埔寨撤軍。戈巴契夫於1986年7月28日在海參崴發表演說，表示蘇聯願意在任何時間、任何層次上與中國討論睦鄰友好關係，願意依主航道原則劃分中蘇邊界界河，並表示蘇聯願意分階段自阿富汗撤軍，並已經與蒙古討論自蒙古撤軍事宜。這項談話雖然沒有完全滿足中國的要求，但對解除中國所設定改善關係的「三大障礙」已邁出很大的一步。1988年5月15日，戈巴契夫在解決阿富汗問題的日內瓦協議（Geneva Accords）上簽字，承諾在九個月內自阿富汗撤軍完畢。1988年12月17日，戈巴契夫在聯合國第43屆大會上宣布單方面裁軍50萬，並在兩年內撤回駐紮在蒙古的大部分軍隊。1989年1月6日，越南外交部宣布在該年9月從柬埔寨撤出全部軍隊。改善中蘇關係的三大障礙已經全部消失。

戈巴契夫於1989年5月15-18日訪問中國，與中國達成「採取措施將中蘇兩國邊境地區的軍事力量裁減到與兩國正常睦鄰關係相適應的最低水平」協議。同年中國與蘇聯舉行多次邊界談判，兩國的外交和軍事專家小組於同年11月13-27日在莫斯科舉行第一次談判。[40] 1990年4月22-23日，中國總理李鵬訪問莫斯科，並與蘇聯簽訂「關於在中蘇邊境地區相互裁減軍事力量和加強軍事領域信任的指導原則協定」[41] 1991年5月16日，中國與蘇聯簽署「中蘇國界東段協定」。1991年12月蘇聯瓦解，俄羅斯繼承蘇聯。1991年12月27日，中國與俄羅斯在莫斯科簽訂「中俄會談紀要」正式建交。隨著雙方關係的改善，對中國來自北方的威脅已經大為降低，中國在1980年末期至1990年代初期，自中蘇邊境撤軍10萬。

來自蘇聯威脅降低，加上與美國的關係轉趨平淡，鼓勵中國調整外交戰略，改採「獨立自主的對外政策」，強調「中國決不依附於任何大國或國家集

---

40 中華人民共和國外交史編輯室主編，《中國外交概覽1990》（北京：世界知識出版社，1990年），頁223。

41 中華人民共和國外交史編輯室主編，《中國外交概覽1991》（北京：世界知識出版社，1991年），頁235。

團，決不屈服於大國的壓力，不與大國結盟，獨立自主地決定中國的政策，與尊重別國的獨立與主權，反對大國沙文主義，配合實行對外開放政策。」[42]

（三）周邊中小國家對中國不構成威脅

南北越已經在1975年經由武力統一，雖然統一後的越南倒向蘇聯，並於1978年12月入侵高棉推翻親中國政權，扶植親越南的傀儡政權，導致中國於1979年2月發動懲越戰爭，但是越南對中國不至於構成嚴重威脅。此外，聯合國大會早在1971年10月24日通過2758號決議案，決定由中華人民共和國取代中華民國在聯合國的中國席次，而蔣介石在1975年4月5日去世之後，台灣也放棄武力反攻中國大陸的軍事目標。

二、與西方國家的另類戰爭

（一）西方國家想和平演變中國

從1989年至1991年間，蘇聯與東歐政局發生巨變，共產政權紛紛潰敗下台，蘇聯甚至因此而瓦解，加盟的共和國紛紛獨立。雖然如上所述，中國來自北方的威脅大為降低，但是此一情勢變化對同樣是共產政權的中國形成很大壓力，因為在美國單極獨霸的國際體系中，中國過去在美中蘇三角關係中所享有的戰略價值也大為降低。東歐國家共產政權的垮台是民主改革力量的勝利，[43]中國成為碩果僅存的共產政權中目標最顯著的一個，北京認為西方一些政治勢力對包括中國在內的社會主義國家，正在進行無硝煙的戰爭，要利用政治、經濟、文化、外交等手段，達到「不戰而勝」之目的。[44]因此鄧小平認為天安門事件是國際大氣候及中國自己小氣候所決定的，這場風波遲早要來。[45]而這

---

[42] 關於胡耀邦於1982年9月1日在中共十二大所作「全面開創社會主義現代化建設的新局面」報告全文，請參閱中共中央黨校中共黨史教研部編，《中共黨史文獻選編：社會主義革命和建設時期》（北京：中共中央黨校出版社，1992年），頁587-644。

[43] 有關蘇聯東歐政局變化對中共衝擊的分析，請參閱 James Miles, *The Legacy of Tiananmen: China in Disarray* (Ann Arbor, Michigan: The University of Michigan University Press, 1997), pp. 41-74.

[44] 韓秦華，《中國共產黨—從一大到十五大》，下冊（北京：北京出版社，1998年），頁658。

[45] 引自宋曉明，《中共黨建史（1976-1994）》，頁230。

時期民主力量在蘇聯及東歐勝利可能進一步鼓舞中國的民主力量，而威脅到中共政權的生存。蘇聯與東歐共產政權瓦解之後，共產主義的訴求與吸引力已大為褪色，而且中國將成為以美國為首之西方國家和平演變或強力打擊的主要對象，中共政權生存將面臨嚴苛的挑戰。

（二）天安門事件讓中國陷入國際孤立

1989年發生中共政權血腥鎮壓民主運動的「六四天安門事件」，重挫中國與美國等西方民主國家之關係，布希政府在輿論壓力下被迫採取制裁措施，於1989年6月5日宣布：1.暫停對中國進行政府對政府的一切武器銷售和商業性出口；2.暫停美國和中國的軍事互訪；3.對中國留美學生延長停留時間的要求給予同情的考慮。[46]同年6月20日，布希總統又宣布暫停與中國間的一切高層官員互訪，同時要促使國際金融機構推遲對中國提供新的貸款，美國國會也通過多項對中共的制裁措施。[47]在這種情況下，中國與美國的交流包括軍事合作交流計畫中斷，例如美國提前結束與中國進行中的「殲八」戰機改造計畫。鄧小平提出「冷靜觀察、穩住陣腳、沉著應付、韜光養晦、善於藏拙、絕不當頭、有所作為」的28字方針，[48]以採取低姿態來等待美國改善對中國關係。雖然以美國為首包括日本在內的西方國家，在1990年代初期已經陸續取消對中國的經濟制裁，也恢復對中國的政治交往，但是美國和歐盟對中國的武器禁運卻一直沒有取消。

46　解力夫，《國門紅地毯》，下卷，頁1007。

47　這些制裁措施包括：1.繼續終止對中共的核能合作；2.繼續終止中國火箭發射美製衛星；3.終止對中共輸出警察裝備；4.繼續終止對中國輸出軍火包括直升機及其零件；5.「海外私人投資公司」需繼續終止向對中國投資提供保險或其他資助；6.總統需終止對外援助法案提供的資金，用於「貿易發展辦公室」與中共有關的活動等。同上註，頁1007-1008。

48　陳雪薇，《十一屆三中全會以來重大事件和決策調查》（北京：中共中央黨校出版社），頁468。

第三節 鄧小平時期中國的海權建設

壹、海軍面向

一、軍事戰略的調整

在鄧小平時期，解放軍的軍事戰略由人民戰爭戰略調整爲「現代條件下人民戰爭」戰略，原因主要有以下幾點：

（一）中國國家安全環境大爲好轉

蘇聯的布里茲涅夫於1982年3月14日在塔什干（Tashkent）發表演說，對中國釋放要改善兩國關係的強烈訊息，而美國從南方威脅中國的危險，隨著美國於1973年自越戰撤退，及美中於1979年1月1日建交，也已經解除。在外在威脅降低的情況下，鄧小平對國家安全的軍事層面考量也大爲降低。鄧小平認爲國際社會在1980年代出現一個相對穩定的和平時期，他認爲當今世界的主流是和平與發展，世界大戰的可能性減少了，[49]因爲只有兩個超級大國才有資格發動第三次世界大戰，但是核武器的極大毀滅性，又制約兩個超級大國不敢先下手，因此原先認爲可能早打、大打世界大戰的觀點需要修正，然而戰爭的威脅依舊存在，尤其是區域性的衝突仍將繼續發生，只是鄧小平認爲「戰爭是可以避免的，和平是可以贏取的」。[50]中國軍事戰略最重要的改變，來自1985年6月中共中央軍委擴大會議的決議。鄧小平在會議上否定以往毛澤東要準備「大打、早打、打核武戰爭」的主張，認爲世界戰爭並不是迫切的，[51]但是他指出一些偶然、局部性戰爭是難以預料的。[52]中國軍事專家此一時期所積極討論的局部性戰爭，主要有以下五種：1.涉及邊界地區領土主權糾紛的小規模戰爭；2.領海和島嶼的衝突；3.針對中國戰略目標的空中突擊；4.對抗對中國領土的蓄意有限攻擊；5.中國發動進入敵人領土的「懲罰性反擊」（punitive

---

[49] 王成斌主編，《鄧小平現代軍事理論與實踐》（南昌：江西人民出版社，1993年），頁68-73。

[50] 引自《人民日報》，1985年10月10日。

[51] 鄧小平，《鄧小平文選》，第三卷，頁126-129。

[52] 金羽主編，《鄧小平國際戰略思想研究》（瀋陽：遼寧人民出版社，1992年），頁256。

counter-attacks）。[53]

（二）鄧小平相對務實的價值觀

鄧小平對軍隊建設的看法，與毛澤東也有相當程度的差別。如前所述，毛澤東採取人民戰爭戰略，強調人而非武器裝備是戰爭勝敗的關鍵。雖然鄧小平堅持「黨指揮槍」原則，他非常重視軍隊的專業訓練和武器裝備的重要性。早在他於1975年1月出任中共中央軍委副主席兼解放軍總參謀長後，鄧小平就積極提出一系列軍隊改革措施，包括要將軍隊總人數精簡26.2%（海軍精簡17%）、抓裝備（強調要實現武器裝備現代化）、增強軍事專業訓練，[54]以及整頓組織編制。[55]雖然鄧小平整頓軍隊的工作因為1976年4月再度被毛澤東整肅而中斷，但是他於1977年7月復出，尤其是在1980年接替華國鋒出任中央軍委主席之後，再度推動軍隊的整頓與改革，其中的工作重點包括在1985年宣布裁軍百萬。

（三）懲越戰爭失利的教訓

鄧小平於1979年2月發動懲越戰爭，解放軍死傷慘重，突顯中國軍隊存在的許多弱點，[56]對鄧小平的建軍思想必然有所影響，加上毛澤東業已去世，調整毛澤東軍事戰略的顧忌減少。軍隊建設開始強調質量並重，將國防現代化列入四個現代化之一，並且提倡軍隊幹部的四化─革命化、年輕化、知識化、專業化。[57]雖然仍重視人民戰爭的重要性，要走群眾路線，但是也重視專業化及武器裝備的重要性，包括加強科學研究、要引進國外新技術、改善武器裝備、強調質量第一等重點。[58]因為中國在1980年代並沒有足夠的國防經費追求國防

---

[53] 引自 Paul H. B. Godwin, "From Continent to Periphery: PLA Doctrine, Strategy and Capabilities Towards 2000," *The China Quarterly*, No, 146, 1996, p. 467.

[54] 例如規定「艦艇部隊和航空兵部隊都要全訓，水面艦艇部隊軍事訓練120天，潛艇部隊100天，其中海上訓練時間不少於50天」，請參閱高連升、郭竟炎，《鄧小平新時期軍隊建設思想發展史》（北京：解放軍出版社，1997年），頁85。

[55] 高連升、郭竟炎，《鄧小平新時期軍隊建設思想發展史》，頁59-94。

[56] Joseph P. Gallagher, "China's Military Industrial Complex: Its Approach to the Acquisition of Modern Military Technology," *Asian Survey*, Vol. 27, No. 9, September 1987, p. 991.

[57] 高連升、郭竟炎，《鄧小平新時期軍隊建設思想發展史》，頁135。

[58] 同上註，頁191-199。

現代化，事實上國防現代化在四個現代化中敬陪末座，因爲鄧小平指出，國防現代化必須建立在經濟現代化之上，沒有經濟現代化就沒有國防現代化，因此中國國防預算在1980年代不增反減。既然中國的武器裝備仍然居於劣勢，中國就不能完全放棄人民戰爭的思維。

（四）中國的經濟重心轉到沿海地區

如上所述，在鄧小平的領導之下，中國在1978年12月決定開始新的建設方向－對內改革和對外開放，與毛澤東在1960年代推動「三線建設」，將沿海和邊境地區之工業遷移到內陸地區不同，決定讓沿海地區先富有起來，1979年開始在深圳、珠海、廈門、汕頭設立經濟特區，中國的經濟重心已經轉移到沿海地區。中國的沿海經濟帶包括12個省和直轄市，由海岸線向陸地延伸200公里，已成爲中國經濟最發達、人口密度最高的地區，它的GDP占中國全國之六成，[59]因此中國不能再延續毛澤東時期的「誘敵深入」那一套軍事戰略，而必須轉而禦敵於國門之外，以保衛沿海的經濟重鎭。

（五）中國仍不足以打現代化戰爭

雖然鄧小平及中國的一些軍頭，諸如國防部長徐向前、粟裕大將、總政治部主任余秋里及先後擔任軍科院院長的蕭克、宋時輪等，在1970年代末和1980年初均有調整毛澤東人民戰爭戰略的想法，但是他們無法完全揚棄毛澤東的軍事戰略，因爲他們也還沒有足夠信心完全拋棄毛澤東的軍事思維，而且中國的軍隊科技和裝備仍非常落後，仍遠不足以對抗科技優越的敵軍，[60]尤其是像蘇聯這種武器裝備和科技均遠勝於中國的軍事大國，[61]因此所提出的新的軍事戰略仍然有「人民戰爭」的字眼。

二、提出新的海軍戰略

中國採取「近岸防衛」海軍戰略長達三十年之久，直至1979年6月鄧小平

---

[59] 張煒、馮梁，《國家海上安全》（北京：海潮出版社，2008年），頁386。

[60] Ellis Joffe, "People's War under Modern Conditions: A Doctrine for Modern War," *The China Quarterly*, No. 112, 1987, pp. 555-562.

[61] Paul H. B. Godwin, "Changing Concepts of Doctrine, Strategy and Operations in the Chinese People's Liberation Army 1978-87," *The China Quarterly*, No. 112, December 1987, pp. 578-581.

才提出「近海作戰」概念，[62]劉華清於1982年接替葉飛成爲第三任海軍司令員之後，根據鄧小平的理念，將中國的海軍戰略由「近岸防禦」改變爲「近海防禦」。[63]劉華清深受前蘇聯海軍司令高希科夫的影響，認爲一個國家沒有海權就不能成爲眞正的強權，他強調中國海軍必須快速成長成爲太平洋地區的主要力量，以擔負起保障中國經濟現代化的歷史責任。在這種認知下，劉華清於1985年底首次正式提出「近海防禦」的新海軍戰略。[64]

　　所謂「近海防禦」是指將從海上進犯的敵人在中國沿海海域加以擊潰，使其不能登陸，有別於毛澤東「誘敵深入」之戰略思想。依據劉華清的看法，所謂「近海」是指「黃海、東海、南海、南沙群島及台灣、沖繩島鏈內外海域，以及太平洋北部的海域」，「近海防禦屬於區域防禦型戰略」，而作戰海區是「第一島鏈和沿該島鏈的外沿海區，以及島鏈以內的黃海、東海、南海海區」。[65]中國海軍必須有效地控制第一島鏈以內水域，而且劉華清還表示，未來隨著中國經濟力量和科學技術水準的不斷增強，海軍力量進一步壯大，中國的作戰海區，將逐步擴大到太平洋北部至第二島鏈。[66]

　　在這種戰略下，中國海軍已不再是陸軍附屬品，而必須有能力獨立作戰。中國取消1984年代號「804」的陸海空軍聯合演習，就被一些觀察家認爲是海軍脫離陸軍配角角色之重要象徵，那一次演習是以蘇聯海軍從海上進攻中國爲背景，海軍參加演習的部隊受濟南軍區、瀋陽軍區的領導，任務是配合陸上部隊消滅入侵的敵人。劉華清進一步闡述近海防禦所包含的兩個不同概念：1.中國海軍可在能力所及之任何地方作戰；2.海洋利益將是未來海軍戰鬥之主要原因。中國海軍的三大任務也被劉華清調整爲：1.防禦中國對抗外來侵略；2.保護中國之海上主權；3.保護中國的海洋權利與利益。劉華清所鼓吹的這種戰略思想，在中共於1992年召開十四大時獲得支持，江澤民在他的報告中，特別強調軍隊要全面增強戰鬥力，「更好地擔負起保衛國家領土、領空、領海主權和海洋權益，維護祖國統一和安全的神聖使命」。

---

[62] 石家鑄，《海權與中國》（上海：上海三聯書店，2008年），頁216。

[63] Jun Zhan, "China Goes to the Blue Waters: The Navy, Seapower Mentality and the South China Sea," *The Journal of Strategic Studies*, Vol. 17, No. 3, September 1994, pp. 180-208.

[64] 劉華清，《劉華清回憶錄》，頁435。

[65] 同上註，頁434-437。

[66] 同上註，頁437。

貳、海權建設

一、軍事面向

（一）武器裝備的發展

　　在中共意識形態日漸左傾的1960年代，尤其是文革十年，海軍是重災區，專業化和現代化的建設遭到打壓，在文化大革命結束，鄧小平於1978年底掌握大權之後，海軍現代化建設再度成為重點。中國人民解放軍海軍黨委於1979年1月7-23日召開五屆二次會議，決定將海軍工作轉移到現代化建設，重點在於取得現代化的武器裝備，以及訓練和培養能夠熟練現代化武器裝備和現代化戰爭知識的人才。[67]

　　海軍戰略思想在1980年代之轉變，扭轉了中國海軍發展方向，1982年劉華清接掌海軍司令員職位後，大力提倡海軍朝「電子化、自動化、導彈化、核子化」目標發展。中國的海軍武器裝備已進入第四個發展階段。1950年代是第一個階段，在這一時期中蘇還在蜜月期，雙方簽訂有關海軍的國防技術協定，除了蘇聯提供材料零件及造艦藍圖外，尚有數千名蘇聯海軍顧問在中國作技術指導，這時中國從事的是裝配工作；1960年代中國之海軍發展進入第二階段，蘇聯技術專家已於1960年完全撤退，在這一時期中國只能靠模仿前一時期自蘇聯取得的技術製造武器；1970年代至1980年代初，中國海軍發展進入第三階段，從模仿中得到的心得，讓中國可逐漸改善其裝備且進一步設計出新艦艇。首艘自行研製的明級常規動力潛艇於1971年下水，首艘漢級攻擊核潛艇也於1974年交海軍使用。第一艘戰略核潛艦也在1981年4月下水，1983年8月正式加入海軍服役，並於1988年成功發射巨浪一型潛射飛彈，而且中共中央軍委也在1979年核准於1980年重新恢復建立海軍陸戰隊。第一代旅大級導彈驅逐艦、江東級防空護衛艦、江湖級導彈護衛艦等較先進裝備，均在此一時期陸續服役。第四個階段則是隨著中國第七個五年計畫於1985年開始開展，這一個階段發展的重點在於武器技術之提升。第二代水面艦被列入中國國家「七五」及「八五」計畫全軍武器裝備研製的重點工程，其中包括旅滬級驅逐艦的研發建造。

　　在鄧小平時期，中國海軍值得一提的發展，還包括1982年10月12日潛艇

---

[67] 房功利、楊學軍、相偉，《中國人民解放軍60年》，頁210。

首次成功發射飛彈（潛射飛彈），以及於1988年7月由夏級核潛艦成功發射巨浪一型導彈；海軍司令員劉華清升任中央軍委副秘書長，遺缺由張連忠於1988年1月29日接任。

（二）軍艦跨出國門

在「近海防禦」新海軍戰略指導下，中國海軍逐漸發展遠洋作戰能力。1980年，由銀川艦（編號107）等6艘驅逐艦爲主力，所組成總數18艘船艦隊伍，首航南太平洋參加遠程運載火箭飛行試驗，這是中國海軍軍艦首次跨出第一島鏈的遠程航行；中國海軍軍艦於1983年由副總參謀長張序三率領，經西沙、南沙穿過巴士海峽進入西太平洋進行遠航訓練，航行近7,000海浬；1984年11月20日至1985年4月10日，中國海軍與有關單位首次組織船隊到南極洲進行科學考察，順道訪問阿根廷和智利，總共航行將近23,000公里；東海艦隊司令員聶奎聚率合肥號驅逐艦（編號132）及補給艦1艘於1985年11月16日由上海啓航，首次穿過麻六甲海峽，出訪巴基斯坦、斯里蘭卡及孟加拉等三國，於1986年1月19日回到上海，這是中國海軍艦隻首次出國訪問。1989年4月11-18日，中國海軍訓練艦「鄭和號」訪問美國夏威夷。1990年3月5日，海軍副總參謀長張予三少將、大連艦艇學院院長張可續少將率鄭和號訓練艦，前往泰國訪問。這些活動證明中國海軍已開始跨出國門。

（三）南沙海戰

1988年3月14日與越南海軍在赤瓜礁發生小規模海戰，擊敗對手，這是中國向南沙擴展非常關鍵的一步，在此一海戰之後，中國派軍艦進占南海群島之永暑礁、華陽礁、南薰礁、赤瓜礁、東門礁、渚碧礁。[68]這是繼1974年占領西沙群島之後，中國海權勢力向南海擴張的關鍵一步。

（四）漢級核動力潛艦意外事件

中國一艘漢級核動力潛艦於1983年6月在距海參崴100公里海域活動時，與一艘蘇聯潛艦相撞沉沒到800-1,000公尺深的海底，艦上70名官兵全部喪生。[69]

---

68 劉華清，《劉華清回憶錄》，頁539-541。

69 〈解放軍海軍北海艦隊361潛艇海難事故真相〉，《亞洲週刊》，2009年12月14日，引自 http://blog.ifeng.com/article/3743447.html。

二、非海軍面向

（一）對外貿易

　　鄧小平務實地採取改革開放政策，從1980年起先是在深圳、珠海、汕頭和廈門建立經濟特區，接著於1984年進一步在大連、秦皇島、煙台、天津、青島、連雲港、南通、上海、寧波、溫州、廣州、福州、湛江、北海等十四個沿海城市，積極招商引資，1988年決定把海南島建設成最大之經濟特區，而且自1986年起中國積極爭取參加關貿總協定，中國對外貿易額因此有大幅成長。在鄧小平開始掌控權力的1978年，中國的對外貿易額只有206.38億美元，居世界第三十二位，中國1980年對外貿易額占世界貿易總額只有0.86%，到1990年中國對外貿易額已經達1,154億美元，[70]1992年增至1,655.3億美元，居世界第十六位。在貿易總額和名次上大幅躍升，但是中國仍然稱不上真正的貿易大國。

（二）海洋產業

　　中國在鄧小平領導下，已開始重視海洋產業的發展，尤其是在他南巡之前，中國開始強調海洋經濟。事實上，中國也已經意識到維護海洋環境的重要性，因此全國人大常委會於1982年通過「中華人民共和國海洋環境保護法」。然而，因為中國在此一時期既沒有足夠資金，也沒有先進科技，因此雖然開始重視海洋經濟發展，也獲得相當程度進展，但海洋經濟產業整體上仍然落後，茲敘述如下：

1. 造船工業

　　如上所述，在鄧小平掌權時期，因為中國國力弱、經費不足，無法增加國防預算，因此鼓勵「軍轉民」，亦即允許國防工業生產非軍品銷售以彌補軍費不足，以及銷售武器給第三世界國家，使中國從1983年至1990年的武器輸出契約高達150億美元，中國也晉升為世界第五大軍火出口國，[71]但是因為沒有外來資金挹注、科技水準不高、管理不佳及人力素質低，不少軍轉民案例並不

---

[70] 中華人民共和國國務院新聞辦公室，〈中國的對外貿易〉，2011年12月7日，〈http://big5.gov.cn/gate/big5/www.gov.cn/zhengce/2011-12/07/content_2615786.htm〉。

[71] Roxane D. V. Sismanidis, "China and the Post-Soviet Security Structure," *Asian Affairs: An American Review*, Vol. 21, No. 1, Spring 1994, p. 41.

成功。造船公司是中國軍轉民相當成功的案例，不僅造船噸位大增、獲利豐，而且能夠藉此引進外國資金和技術。[72]

中國於1982年5月將第六機械工業部135個企事業單位和交通部15個企事業單位合組，成立中國船舶工業總公司。中國的商船隊伍在1977年排名世界第十四，但是在鄧小平掌權期間平均每年以25%高速度成長，到1989年商船的數目已經高居世界第四。[73]

2. 海洋石油探勘和開採

在毛澤東時代，中國於1966年在渤海灣開鑿第一口海洋油井，這是中國向海洋生產石油的開始。鄧小平上台之後，中國相當積極推動海洋石油探勘與開採，中國國務院於1982年1月30日通過「中華人民共和國對外合作開採海洋石油資源條例」，並於同年2月15日成立中國海洋石油總公司，推動探勘海洋石油事業。中國的海洋石油生產取得有相當大進展，1980年的海洋石油生產量只有16.6萬噸，到1990年已增至143.24萬噸。[74]然而，中國在1979年11月25日發生渤海灣石油鑽探船失事事件，渤海二號鑽井船在海上遭遇暴風沉沒，72位工人遇難，導致石油部海洋石油勘探局長馬驥翔被判刑、石油部長宋振銘下台、副總理康世恩被記大過，這是中國海洋石油發展史上迄今最大悲劇。

3. 海洋科學研究

在此一時期，中國的海洋研究船出動更多次的海洋科學研究任務，包括向陽紅十號海洋研究船與海軍J-121艦，於1984年底至1985年上半年遠航至南極洲，首次從事南極洲科學研究。

4. 海洋運輸

1983年11月，由交通部中國遠洋運輸公司和經貿部中國對外貿易運輸總公司合併組成的中國國際運輸總公司，負責組織中國對外經濟貿易運輸、領導

---

[72] Evans S. Medeiros and Wayne R. Hugar, "Linking Defense Conversion and Military Modernization in China: A Case Study of China's Shipbuilding Industry," paper prepared for the Conference on the PLA Navy: Past, Present and Future Prospects," sponsored by the CAN Corporation and the Chinese Council of Advanced Policy Studies, in Washington, D.C., on April 6-7, 2000, pp. 1-17.

[73] Galdorisi, "China's PLAN," p. 101.

[74] 石家鑄，《海權與中國》，頁205。

和管理直屬船舶。

5. 成立中國海監總隊

　　中國海監總隊成立於1982年8月23日，隸屬於國家海洋局，負責海洋執法工作，查處侵犯中國海洋權益、違法使用海域、破壞海洋環境和設施的不法行為。

（三）海洋發展法制化

　　中國全國人大常委會於1982年通過「中華人民共和國海洋環境保護法」，1992年2月通過「中華人民共和國領海及毗連區法」，重申中國領海12海浬，明列中國的領土包括西沙、中沙和南沙群島。

第五章　江澤民時期的中國海權發展

第一節　江澤民的權力、決策風格與海權理念

壹、江澤民的崛起與權力

一、江澤民的背景

　　江澤民祖籍安徽，祖父江石溪於清末民初遷居江蘇揚州。江澤民於1926年8月17日生於揚州，父親江世俊。江澤民的叔父江上清是中共地下黨員，在1939年8月29日遭襲擊死亡，後來被中共表彰為革命烈士，江世俊將江澤民過繼給他弟弟的遺孀，因此江澤民也自稱為革命烈士之子。江澤民於1946年4月加入中國共產黨，1947年夏天從上海交通大學電機系畢業，在就讀大學期間，江澤民主要是在上海從事反中國國民黨的地下工作，在國共內戰期間，並沒有真正在戰場上與國民政府的軍隊打仗。他於1955-1956年間曾赴莫斯科史達林汽車廠實習一年，1971年初率團到羅馬尼亞一年，協助該國興建十幾座機械工廠。江澤民個性開朗、為人面面俱到，他敢於以不同語言與外國人交談，因此他可以講俄文、羅馬尼亞文和英文，這種語言天分對其事業有相當的幫助，但是他的仕途獲得一些人之幫忙，包括汪道涵、谷牧、陳丕顯和李先念，尤其是汪道涵在江澤民在文革結束後陷入困境，發揮提攜和大力推薦的作用。[1]

二、江澤民的崛起

　　江澤民曾於1983-1985年間擔任過電子工業部部長，1985年出任上海市長，1986年晉升為上海市委書記，1987年成為中共中央政治局委員。在1989年天安門事件期間，江澤民穩定上海局勢的表現，受到鄧小平、陳雲等元老的

---

[1]　楊中美，《江澤民傳》（台北：時報文化出版事業股份有限公司，1996年），頁63-129。

肯定，加上他是革命烈士之子、交通大學名校理工科系畢業，以及與天安門鎮壓沒有關聯等因素，使他獲得鄧小平及其他元老的青睞。

在鄧小平決定罷黜趙紫陽之後，由中共幾位大老推薦，經鄧小平認可，江澤民被召到北京面見鄧小平，由鄧小平告知要其接替趙紫陽的決定，並於1989年6月23-24日召開的中共十三屆四中全會通過決議，取代趙紫陽遭撤銷的中共總書記職務，成為中共第三代領導班子的核心，並於該年11月6-9日中共十三屆五中全會同意鄧小平辭去中央軍委主席職務後，接任鄧小平出任該職位。鄧小平擔心軍隊不服從江澤民這位文人軍委主席的指揮，還安排劉華清和張震兩位上將擔任軍委副主席，擔負「保駕護航」責任，但是這兩位軍委副主席，反而構成江澤民擴大對軍隊權威和權力的阻礙因素。

中共於1992年10月召開十四大，所選出的中央委員會，再度選舉江澤民擔任總書記及中央軍委主席，1993年3月召開的第八屆全國人大一次會議選舉江澤民接替楊尚昆為國家主席，中共於1997年9月召開十五大，江澤民再度獲選為總書記及中央軍委主席。

江澤民在中共2002年11月召開的十六大，將總書記職務交給胡錦濤，隔年3月從國家主席職務卸任。他雖然在2002-2003年相繼交出中共總書記及國家主席位子，但是仍然繼續擔任中共中央軍委主席至2004年9月（擔任國家中央軍委主席至2005年3月8日）。雖然有學者認為江澤民時代開始於中共十五大，[2] 也有人說江澤民時代始於中共1994年9月28日召開的十四屆四中全會，因為他通過「中共中央關於加強黨的建設幾個重大問題的決定」，敘明「全黨同志要密切團結在以江澤民同志為核心的黨中央周圍」，這意味著鄧小平結束「垂簾聽政」，決定將所有權力完全轉移給江澤民，[3] 但是本章所討論的江澤民時代是由1993年開始至2004年9月為止。

三、江澤民的權力

藍普頓認為江澤民在轉變型和交易型領袖的光譜上是介於轉變和交易間，但是偏向交易這端的領導人，所享有的是法律和理性權威。[4] 雖然江澤民於

2　田弘茂、朱雲漢，〈第一章導論〉，收於田弘茂、朱雲漢編，《江澤民的歷史考卷：從十五大走向二十一世紀》（台北：新新聞文化事業股份有限公司，2000年），頁9。

3　楊中美，《江澤民傳》，頁9-14。

4　Lampton, *Following the Leader*, pp. 66-67.

1989年接任中央軍委主席，但是實際決策權仍在鄧小平手中。事實上，甚至可說鄧小平還在世時，江澤民並沒有眞正的決策權，一直到鄧小平於1997年2月去世，至少要到1995年鄧小平身體健康情況惡化已是植物人狀態，江澤民才眞正當家作主，成爲有眞正實權的領導人。楊中美就指出，一直到1995年年初，江澤民利用劉華清與張震兩人間的矛盾，而取得主持中央軍委日常工作的權力後，才有「眞正名符其實的黨權和軍權」。[5]

如前所述，江澤民於1946年入黨，他與解放軍並沒有淵源，因此他靠增加國防預算、提高軍人薪水和不斷晉升上將，來取得軍隊的效忠，但是軍隊仍不完全信任這位文人統帥，喬夫（Ellis Joffe）認爲解放軍只是有條件支持江澤民而已，所以他不能理所當然地認爲解放軍在重大危機發生時會必然支持他，軍隊也不太信任江澤民能夠抗拒外在壓力來捍衛國家利益，爲了爭取軍隊的支持，江澤民讓軍隊在軍事、安全和外交政策上，享有更大的權力，[6]因此一般認爲江澤民同意自1995年7月開始至1996年3月針對台灣舉行一系列軍事演習，就是在解放軍及黨內強硬派壓力下做出的決定。

雖然江澤民擔任黨的總書記、中央軍委主席及國家主席，但是他是屬於技術官僚世代。雖然他在鄧小平等元老逐漸凋零、北京市委書記陳希同於1995年因貪腐問題被整肅、某種程度可以抗衡他的喬石於1997年退下政治局常委後，成爲有實權的領導人，但是他的權威無法與鄧小平相比，更趕不上毛澤東。

貳、江澤民的決策模式

江澤民的個性外向、開朗，喜歡唱卡拉OK。他會講俄文及一些羅馬尼亞文，也愛現幾句英文。美國學者羅德明（Lowell Dittmer）認爲他不是政策的創新者（innovator），而是妥協者（compromiser）和合成者（synthesizer），他調和毛與鄧的思維成爲自己的東西。[7]江澤民在意識形態

5　楊中美，《江澤民傳》，頁311-312。

6　喬夫（Ellis Joffe），〈第六章人民解放軍與政治〉，收於田弘茂、朱雲漢編，《江澤民的歷史考卷》，頁112-131。

7　Lowell Dittmer, "Leadership Change and Chinese Political Development," in Yun-han Chu, Chih-cheng Lo and Ramon H. Myers (eds.), *The New Leadership: Challenges and Opportunities after the 16th Party Congress* (New York: Cambridge University Press, 2004), p. 12.

上的代表作是「三個代表」，[8]為企業家入黨掃除障礙。

一、集體決策模式

　　如果從毛澤東到鄧小平時代，中共的決策是由垂直式威權主義向水平式威權主義（from vertical to horizontal authoritarianism）移動，那麼江澤民時代更是水平式的決策。排除江澤民在鄧小平陰影下工作的那幾年不算，在江澤民真正當家作主的年代，中國所處的國內外環境相當穩定，中國不需要雷厲風行的領導，中共已逐漸走向集體領導的模式。

　　江澤民在經濟上的決策必須尊重朱鎔基，雖然他在重大決策上握有最後拍板定案的權力，但是他不能專斷獨裁，因為十四大的政治局常委中，李鵬是真正革命烈士的兒子，[9]而且各方面的資歷都比江澤民深。李鵬在中共十三大就已經是政治局常委，那時江澤民還只是一位政治局委員而已。喬石則排政治局常委第三名，但是在鄧小平「南巡」之前，一度對江澤民不滿，喬石是鄧小平心目中必要時取代江澤民的人選。[10]喬石在中共十五大退休，但是李鵬繼續留任政治局常委到2002年，他們加上李瑞環（排名第四的政治局常委）對江澤民的權力和決策均構成有效監督和制衡的作用。

二、穩定壓倒一切的思維

　　鄧小平雖然給江澤民留下經濟建設的豐富遺產，但也留下不少挑戰，需要江澤民推動後續的改革，但是江澤民高舉鄧小平理論旗幟，強調「穩定壓倒一下」，因此不會有大破大立的重大作為。

8　「三個代表」是江澤民於2000年2月底視察廣東時首次提出，強調中國共產黨：1.要始終代表中國先進社會生產力的發展要求；2.要始終代表中國先進文化的前進方向；3.要始終代表中國最廣大人民的根本利益。由於當時中國各種私有企業的生產力已經超過中國GDP的一半以上，因此如果將企業家排除在黨外，中共就不能號稱是代表中國先進社會生產力的發展。

9　李鵬的父親李碩勛參加中共革命的時間相當早，而且擔任不少中共的軍政要職，包括中共在浙江的代理省委書記、江蘇省軍委書記。李碩勛於1931年7月7日在海南島遭國民政府逮捕，同年9月16日被處決。

10　請參閱 Vogel, *Deng Xiaoping and the Transformation of China*, chapter 23。

參、江澤民的軍事戰略與海權思維

如上所述，江澤民是一位文人中央軍委主席，一生沒有在戰場上打過仗，因此他的軍事戰略基本上是鄧小平時期之「蕭規曹隨」，他在不少場合一再強調要「高舉鄧小平理論偉大旗幟……確保黨、國家和軍隊沿著正確的方向和道路勝利前進」，[11]而且特別強調要堅持黨對軍隊的絕對領導，軍隊一切行動聽從黨中央、中央軍委的指揮，並將「軍隊的思想政治建設……擺在全軍各項建設的首位」，[12]他在1990年12月全軍軍事工作會議上，提出建軍的五項要求－「政治合格、軍事過硬、作風優良、紀律嚴明、保障有力」，政治依然擺在第一位。[13]

一、江澤民時期之解放軍軍事戰略

（一）繼續採取「高技術下局部戰爭戰略」

第一次波斯灣戰爭（對伊拉克戰爭）讓中國的軍事專家大為震驚，他們原認為此一戰爭必然是曠日廢時，美軍會死傷慘重，但出乎他們意料之外，伊拉克兵敗如山倒、美軍傷亡極為輕微，而且自美軍於1991年1月16日發動空中攻擊至2月28日伊拉克要求停火，交戰時間非常短暫，美國取得壓倒性勝利，因為美國打的是一場高科技戰爭。受到此一戰爭的啟示，當時已經高升為中央軍委副主席的劉華清表示：今後解放軍建設「應高度重視高新技術裝備的發展，要走質量建軍的路子……科技建軍必將是我們長期的發展策略。」[14]此一新戰爭型態促使中國調整軍事戰略為「高技術下局部戰爭戰略」，此一軍事戰略重視提升軍隊資訊化和打非接觸戰爭的能力。此一軍事戰略提出時，中國仍然是在鄧小平的掌控之下，但是江澤民一直服膺此一戰略。

美國與西歐國家於1998年介入科索沃（Kosovo）戰爭，以及美國於1999年5月8日發射飛彈誤炸中國在南斯拉夫大使館事件，的確對中國產生警惕作用：其一，這些事件讓中國感到難以在軍事力量上對抗美國；其二，北京認為

---

11 引自姚延進、劉繼賢主編，《江澤民軍事論述研究》（濟南：黃河出版社，1998年），頁26。

12 同上註，頁17-19。

13 同上註，頁194-223。

14 劉華清，《劉華清回憶錄》，頁610。

科索沃事件為強權干涉其他國家內政形成先例，因此中國菁英認為中國應該加強軍事力量，例如要增加對付擁有先進資訊科技和長程精準武器之敵人的能力。[15]

（二）不對稱戰爭的思維

美國研究解放軍專家施道安（Andrew Scobell）指出中國建軍的四種選擇途徑如下：1.玩超強的遊戲；2.玩自己的強項；3.改變遊戲規則；4.不加入賽局。[16]所謂玩超強的遊戲就是與超強競爭，超強所擁有先進武器，中國都要發展、擁有。在江澤民時代，中國業已了解打高科技戰爭的重要性，當西方國家和俄羅斯競相推動「軍事事務革命」（Revolution In Military Affairs, RMA）時，中國也想跟進，然而中國武器裝備及整體軍事力量距離美國仍有很大差距，誠如張萬年所指出，中國國防面臨一項的主要矛盾是：「國防現代化的水平與中國的安全需求不相適應……，是軍隊現代條件的防衛作戰能力與高技術條件下局部戰爭的要求還不相適應的矛盾。」[17]

中國國防預算雖然大為增加，仍然無法大幅發展和採購先進武器裝備。因為中國武器裝備對美、日等先進國家而言，仍然相當落後，因此中國希望採取不對稱（asymmetrical）手段來打擊敵人，例如結合「資訊戰」（information warfare）諸如電腦駭客行動與游擊戰來打擊敵人的作戰系統。然而中國仍然選擇參加小部分超強的遊戲項目，發展太空計畫就是一個例子。中國在1992年9月21日正式成立「載人航天計畫」（代號921），1999年11月20日成功發射無人太空梭「神州一號」進入太空，2003年10月15日發射「神州五號」太空船，成功地將太空人楊利偉送入太空，使中國成為美國和蘇聯兩超強之後，第三個將太空人送入太空的國家，但整體上中國在江澤民時代建軍所選擇的應是強化自己的強項。

---

[15] Secretary of Defense, Department of Defense, the America of the United States, "Annual Report on the Military Power of the People's Republic of China 2000," <http://www.defenselink.mil/news/jun2000/china06222000.htm>.

[16] Scobell, *Chinese Army Building in the Era of Jiang Zemin*, p. 4.

[17] 張萬年主編，《當代世界軍事與中國國防》（北京：軍事科學出版社，1999年），頁150。

二、江澤民的海權思想

（一）延續海軍近海防衛策略

　　在海軍戰略上，江澤民繼續採取鄧小平、劉華清所提出的「近海防衛」策略。然而，江澤民比起鄧小平更強調發展海洋和維護海洋權益，他強調海洋既是天然屏障，也是中國尋找新資源的場域，因此要開發和利用海洋。[18]

（二）重視發展海洋

1. 鼓勵中國走向海洋的原因

　　至少三項因素鼓勵江澤民主政下的中國更積極走向海洋：其一，中國的經濟快速發展，促使中國從海洋尋找食物和礦物資源，尤其是中國在1993年已經成為石油淨輸入國，而且未來石油缺口會越來越大，海洋石油和天然氣成為一項誘因；其二，聯合國海洋法公約於1994年開始生效，中國擁有300多萬平方公里的專屬經濟區，有待更積極的維護和開發；其三，中國比起以前有較先進的技術和較多的資金來開發海洋。

2. 提出「中國海洋事業的發展」白皮書

　　中國國務院於1998年所公布的「中國海洋事業的發展」白皮書，可說是全面性、有系統闡釋中國發展海洋政策的官方文件，白皮書分成海洋可持續發展戰略、合理開發利用海洋資源、保護和保全海洋環境、發展海洋科學技術和教育、實施海洋綜合管理及海洋事務的國際合作六大項，具體的做法還包括發展海洋旅遊業、海洋運輸業、自營或與國際合作探勘和開發海洋石油和礦物資源、制定海洋環境保護的法律、建立海洋環境保護管理體制、積極培養海洋科技人才和積極參與全球性海洋科學研究活動等。[19]這份白皮書顯示中國政府了解發展海洋事務的重點工作以及要努力的方向。

---

[18] 張世平，《中國海權》，頁239。

[19] 中華人民共和國國務院新聞辦公室，〈中國海洋事業的發展白皮書〉。

第二節　江澤民時期中國所面臨內外環境

壹、內在環境

　　傅高義（Ezra F. Vogel）指出鄧小平接班人面臨如何提供全民社會保障和醫療服務、如何控制思想和劃定自由的界線、遏阻貪汙、保護環境、維持中共統治正當性等挑戰。[20] 茲分析江澤民所面臨的內在挑戰如下：

一、文人統帥領軍的挑戰

　　江澤民是中共首位真正的文人中央軍委主席，[21] 雖然有劉華清和張震兩位資深上將「保駕護航」，然而江澤民仍然面臨軍隊是否真正服從文人統帥的挑戰。美國於1993年在公海攔檢中國貨輪銀河號事件、[22] 1995年6月李登輝得以訪問其美國母校康乃爾大學（Cornell University），中國軍隊不少人認為這是江澤民太過軟弱的結果。[23]

二、中共統治正當性面臨挑戰

　　如前所述，蘇聯於1991年12月瓦解，更早之前東歐的共產政權紛紛崩

---

[20] Vogel, *Deng Xiaoping and the Transformation of China*, chapter 23.

[21] 在江澤民之前擔任中共中央軍委主席的有毛澤東、華國鋒和鄧小平，其中華國鋒原名蘇鑄，他於1938年參加抗日游擊隊，取意「中華抗日救國先鋒隊」而改名「華國鋒」，所以有真正作戰經驗。江澤民在國共內戰期間，在上海從事學生運動和地下活動，沒有涉及實際戰鬥，而且在中共於1949年建立政權之後，江澤民一直在政府相關部門服務，與軍隊沒有關係。

[22] 「銀河號」是一艘中國貨輪，於1993年7月7日從天津出發前往中東。美國表示握有確實證據，該船載有可製化學武器物資準備運往伊朗，因此在該船進入波斯灣前，於公海截停該船，要求該船駛回中國或由美國登船檢查，導致該船在印度洋公海滯留長達三個星期，最後中國政府妥協，該船開往沙烏地阿拉伯，在美方人員監視下，由第三方檢查該船所有貨櫃，於該年9月4日完成檢查，但沒發現美國所說的危險化學物品。中國當時輿論認為政府過於軟弱，而此事件是對中國莫大侮辱。請參閱「銀河號事件20周年：孤懸22天美軍登船屈辱證清白」，《鳳凰網》，2013年8月26日，〈http://news.ifeng.com/mil/history/detail_2013_08/26/29022824_3.shtml〉。

[23] 「軍方批江澤民對台太過軟弱，江澤民：統戰絕不能丟掉」，《中國瞭望》，2000年12月5日，〈http://news.creaders.net/china/2000/12/05/537666.html〉。

潰，而且東德還在1990年10月被西德所統一，導致依賴共產主義支撐中共政權統治正當性的重要力量已大為弱化，因此必須尋找支撐其統治正當性的替代力量，中共政權所找到的兩種方法是經濟成長和鼓吹民族主義（嚴格上應該說是愛國主義）。中共力求維持經濟高速率成長、提高人民生活，以證明其是績效良好的政權，另一方面則應用宣傳和政治社會化手段，灌輸中國人民「支持中國共產黨就是愛國，愛國就要支持中國共產黨」的觀念，當1998年發生亞洲金融風暴之後，中國經濟成長下滑、失業率大增、盲流充斥沿海城市時，中共政權就更加依賴提倡愛國主義來維繫其統治正當性。然而，民族主義是一支兩面刃，高漲的民族主義固然有助於提升中國人民對中國共產權的支持，但也會限縮中國政府外交的彈性空間。

　　同時中國也需借助外力來化解經濟改革的阻力，所以中國在1990年代積極進行加入世界貿易組織（World Trade Organization, WTO）談判，讓中國於2001年12月11日成為WTO第143個會員國，為中國經濟改革及發展注入新的活力。

三、民怨逐漸升高

　　經過十多年的改革開放，雖然在經濟發展上取得可觀的成果，然而許多社會問題也紛紛浮現，包括貧富差距不斷擴大、東西（沿海省份及內陸地區）發展越來越懸殊、城鄉發展失衡增大、國有企業虧損累累、三農問題非常嚴重。民怨積累激發抗爭事件，中國官方資料指出在1993年有8,700件抗爭事件，到2003年增至58,000件、2004年有74,000件，但是香港一智庫估計光是2003年勞工示威就已達30萬件。[24] 產生民怨的主要原因有導致土地被徵收而補償不足、工廠汙染環境、勞資糾紛、地方政府巧立名目徵稅、少數民族抗爭、所得分配不均、人民權利意識上升、看病難等，[25] 而這些衝突實際上均與政府貪汙腐化越來越嚴重有關。

---

[24] Christian Gobel and Lynette H. Ong, *Social Unrest in China* (London: Europe China Research and Advice Network, 2012), p. 18; Thomas Lum, "Social Unrest in China," *CRS Report for Congress*, May 8, 2006, pp. 1-2.

[25] Gobel and Ong, *Social Unrest in China*., pp. 10-12; Lum, "Social Unrest in China," pp. 10-11.

貳、外在環境

一、北京對這時期整體國際安全情勢的評估

　　北京認為在江澤民時期，尤其是1990年代國際安全形勢整體上相對穩定、緩和，雖然「霸權主義和強權政治仍是威脅世界和平穩定的主要根源」，「不公平不合理的國際政治經濟秩序沒有根本改變」，[26] 然而「兩極世界格局解體後，全球型軍事對抗已不復存在，爆發世界大戰的可能性越來越小」，[27] 但是因為領土、宗教對立、資源糾紛、力量失衡和民族矛盾等因素所引發的局部性衝突，仍然無法根絕，經濟安全、恐怖主義、走私販毒、環境汙染、難民潮等非傳統性安全日趨嚴重。[28] 為了穩定中亞地區以打擊恐怖主義、分離主義和極端宗教主義等三種力量，中國和俄羅斯合作，於2001年6月成立「上海合作組織」（Shanghai Cooperation Organization, SCO），除了中、俄之外，哈薩克、吉爾吉斯、塔吉克、烏茲別克等四個中亞國家也是創始會員國，該區域組織的祕書處設於北京。[29]

　　中國還批評印度和巴基斯坦在1998年核試爆對防止核武擴散的嚴重打擊，並不點名指責美國本著冷戰思維強化亞太同盟體系、部署「國家飛彈防禦系統」（National Missile Defense System, NMD）及「區域飛彈防禦系統體系」（Theater Missile Defense System, TMD）。[30] 張萬年指出「美國欲建立單極世界卻難阻多極化潮流」，而且美國「實力地位和國際影響力相對有所下

---

[26] 中華人民共和國國防部，〈中國的國防白皮書〉，1998年7月，〈http://www.mod.gov.cn/affair/2011-01/07/content_4249944.htm〉。

[27] 張萬年主編，《當代世界軍事與中國國防》，頁19。

[28] 同上註，頁20；中華人民共和國國防部，〈中國的國防白皮書〉，1998年7月，〈http://www.mod.gov.cn/affair/2011-01/07/content_4249944.htm〉；中華人民共和國國防部，〈2000年中國的國防白皮書〉，2000年，〈http://www.mod.gov.cn/affair/2011-01/07/content_4249945.htm〉；中華人民共和國國防部，〈2002年中國的國防白皮書〉，2002年12月，〈http://www.mod.gov.cn/affair/2011-01/06/content_4249946.htm〉。

[29] 印度和巴基斯坦於2017年6月9日加入上海合作組織成為新會員國，蒙古、白俄羅斯、伊朗和阿富汗是觀察員，亞美尼亞、亞塞拜然、柬埔寨、尼泊爾、斯里蘭卡和土耳其是該組織的對話夥伴。

[30] 中華人民共和國國防部，〈中國的國防白皮書〉。

降」。[31]

二、國際環境整體上對中國有利

雖然中國在江澤民時期面臨以美國爲首之西方國家和平演變的挑戰，美國在1990年代多次向聯合國人權委員會提議譴責中國，中國軍方也認爲「世界不穩定和不確定的因素明顯增加，天下還很不太平」，[32]但是中國在此一時期所處的國際環境整體上相當有利。

（一）中俄關係大爲提升

蘇聯已經在1991年年底瓦解，繼承蘇聯大部分領土、人民和所有核武器的俄羅斯已經淪爲二流國家，不僅無力威脅中國，而且反過頭來爭取中國之支持。中國與俄羅斯以及中亞鄰邦的邊界劃分在江澤民時期均已談判完成，中、俄在經濟上互補，在戰略上一致反對北大西洋公約組織（North Atlantic Treaty Organization, NATO）東擴、不接受由美國主導的單極獨霸國際體系、同樣面臨恐怖主義及分離主義的威脅，這些因素促使兩國升高安全合作關係，兩國於1996年建立「平等互信、面向二十一世紀的戰略協作夥伴關係」。

（二）美中關係幾番轉折

美國於1991年初爲了爭取中國支持，以在聯合國旗幟下發動對伊拉克戰爭，已經部分解除對中國的外交、政治和經濟制裁措施。柯林頓（Bill Clinton）總統於1993年1月20日上台之後，雖然在人權問題上批判中國，多次向聯合國人權委員會（United Nations Human Rights Committee）提案，要譴責中國破壞人權的惡劣紀錄，以及在1993年發生銀河號事件、1999年發生美國發射飛彈誤炸中國駐南斯拉夫大使館事件，但是中美關係在柯林頓的第二任期內，整體上大爲改善。江澤民於1997年10月到美國進行國是訪問，於該月29日與柯林頓舉行高峰會談並發表聯合聲明，表示決心要推動建立兩國「建設性戰略夥伴關係」（constructive strategic partnership），[33]兩國隨後開始建立多層次的對話管道。雖然小布希（George W. Bush）總統在2001年上台

---

31 張萬年主編，《當代世界軍事與中國國防》，頁29。

32 中華人民共和國國防部，〈2000年中國的國防白皮書〉。

33 "China-US Joint Statement (October 29, 1997)," <http://www.china-embassy.org/eng/zmgx/zywj/t36259.htm>.

初期，將中國定位爲「戰略競爭者」（strategic competitor），想要加強與日本、韓國、澳洲、菲律賓等盟邦，甚至包括台灣此一準盟邦間的安全合作，以制約中國，而且美國一架EP-3情報蒐集軍機與中國一架J-8II戰機於2001年4月1日在南海上空發生擦撞事件，衝擊兩國關係，但因爲國際恐怖主義組織於該年9月11日對美國發動史無前例的攻擊，迫使布希總統調整國家安全戰略，由制約中國轉向全球反恐，因此需要中國的支持和合作，大爲減輕中國的國際壓力，使中國的國家安全環境進入戰略機遇期或是黃金時期。

（三）亞太區域組織紛紛成立

冷戰結束之後，美國不再反對亞太地區成立多邊機構，區域組織如雨後春筍，新成立的第一軌亞太區域組織而中國具會籍或對話國地位者，包括1992年成立的大湄公河次區域經濟合作（Greater Mekong Subregion Economic Cooperation, GMS）、1993年成立的東協區域論壇（ASEAN Regional Forum, ARF）、1995年成立的湄公河委員會（Mekong River Commission, MRC，中國是對話夥伴）、1996年成立的亞歐會議（Asia-Europe Meeting, AEM）、1998年成立的東亞拉丁美洲合作論壇（Forum for East Asia and Latin America Cooperation, FEALAC）、1999年成立的亞洲相互協作與信任措施（Conference on Interaction and Confidence Building Measures, CICA）、2002年成立的亞洲合作對話論壇（Asia Cooperation Dialogue, ACD），以及1989年成立，台海兩岸同時於1992年加入的亞太經濟合作會議（Asia Pacific Economic Cooperation, APEC），而且中國也在1990年代成爲東南亞國家協會（Association of Southeast Asian Nations, ASEAN）的對話夥伴，加上上述中國推動成立的上海合作組織。中國已走出天安門事件的外交孤立，而且國際地位和影響力逐漸上升。

（四）台灣問題

1. 李登輝因素

香港於1997年7月1日正式回歸、澳門於1999年12月20日回歸，這兩件事情均在鄧小平時期談判完成，但是交接典禮是在江澤民任內舉行，還是讓江澤民沾光，增加中國以「一國兩制」模式統一台灣的信心，事實上，台海兩岸關係在江澤民上台初始有很大的改善，部分歸功於台灣李登輝總統的政策，因爲他不僅沒有參與西方國家對中國的經濟制裁，還放寬台商到中國投資的限制，甚至還推動海基會與海協會建立制度化協商管道，以及與江澤民辦公室進行密使對話。雖然北京因為李登輝總統於1995年6月訪問美國而片面中斷兩岸協商機制，並於該年7月開始進行一系列針對台灣的軍事演習，一直到1996年3月份對台灣南北兩端水域試射飛彈，大為升高台海緊張情勢，而且李登輝總統在1999年7月9日接受德國之聲（Deutsche Welle）訪問時，首次界定兩岸間為「國家與國家，至少是特殊國與國關係」，這是台灣第一位總統放棄「兩岸一中」立場。然而，美國在1996年3月所謂的「台海危機」派了2艘航空母艦戰鬥群到台海附近水域，嚇阻中國繼續升高危機，刺激中國強化海軍力量的決心，尤其是提升反介入（anti-access）及區域拒阻（area denial）（簡稱A2/AD）能力，希望未來能夠嚇阻美國介入台海軍事衝突。

2. 民進黨上台

在江澤民下台的最後幾年還要面對首次執政的民進黨政府。強調台灣主體、意識形態傾向追求建立獨立台灣民主共和國的民進黨，於2000年贏得總統選舉，並於該年5月20日接掌政權，尤其是陳水扁總統為了爭取2004年連任，在大陸政策上升高對中國的挑釁，導致兩岸關係進一步惡化，雖然台灣並非江澤民所面對的真正難題，但是如何處理台灣問題也是對江澤民政府的一項挑戰。

（五）中國威脅論逐漸發酵

中國威脅論（China threat theory）浮現的背景，乃是中國經濟快速成長及國防預算在1990年代大幅增加，引起中國周邊國家的不安全感，以及美國的關切，他們認為中國不是一個維持現狀的國家，會利用經濟力量來霸凌周邊國家，會危及亞太地區的區域安全，會在意識形態、經濟和軍事上，對美國、美國盟邦及中國周邊國家構成安全、軍事和戰略上的威脅。[34]如果「中國威脅論」持續發酵，會促使美國視中國為競爭對手或假想敵，也可能鼓勵周邊國家強化與美國的安全合作，以制衡來自中國的威脅。

---

[34] Emma V. Broomfield, "Perceptions of Danger: The China Threat," *Journal of Contemporary China*, Vol. 12, No. 35, 2003, pp. 264-284.

第三節　江澤民時期中國發展海權政策與成果

壹、江澤民時期解放軍軍事戰略

一、繼續採取「高技術下局部戰爭戰略」

　　如前所述，中國軍隊受到1991年第一次波斯灣戰爭的啓示，重新調整軍事戰略，將1980年代的「現代條件下人民戰爭戰略」調整爲「高技術下局部戰爭戰略」。雖然此一新戰略調整始於鄧小平時期，但是江澤民一直服膺於此一戰略，並未做出調整。此一新軍事戰略強調中國軍隊要高度重視高技術武器和裝備的發展、要提升軍隊兵力的素質、要加強軍隊訓練以提升軍隊打高科技戰爭的能力等。爲了配合科技練兵，中國解放軍總參謀部於2001年7月頒布「軍事訓練與考核大綱」，中央軍委會於2002年9月頒布新的「中國人民解放軍訓練條例」，而且各軍種、兵種、軍區不時舉行高科技演習，例如解放軍總參謀部於2000年10月在北京附近地區進行一次高科技軍事大演習，應用電腦網路技術、偵查感應技術、電子對抗技術、模擬演練技術進行軍事演練。[35]此外，中國軍方還對所有軍事院校進行改革，以建立與「軍事、科技、教育發展相適應的教學體系」，提升各軍事院校的電腦化和網路化設備和教學功能。

二、大幅增加國防預算

　　中國的國家目標是富國強兵，這是中國歷來領導人和政治菁英不變的職志，然而沒有繁榮的經濟作後盾，窮兵黷武只會得到民窮財盡的後果，因此在鄧小平領導下雖然追求工業現代化、農業現代化、科學技術現代化、國防現代化等四個現代化，但是因爲經濟尚未起飛，國家缺乏經費，因此國防現代化敬陪末座，國防預算在1980年代不增反減。中國的菁英認爲蘇聯崩潰是導因於軍費過度支出，[36]除了1979年入侵阿富汗開啓十年的阿富汗戰爭之外，與雷根時代的美國軍備競賽導致一敗（蘇聯）一傷（美國經濟惡化），因此中國領導

---

[35] 中華人民共和國國防部，〈2002年中國的國防白皮書〉，2002年12月，http://www.mod.gov.cn/affair/2011/01/06/content_4249946.htm。

[36] Andrew Scobell, *Chinese Army Building in the Era of Jiang Zemin* (Carlisle, Pennsylvania: The Strategic Studies Institute, U.S. Army War College, 2000), p. 3.

人對增加國防預算一直有所警惕，然而江澤民是一位文人中央軍委主席，不像毛澤東和鄧小平在軍中享崇高威望。

由於江澤民在軍隊中缺乏威望，他爭取軍隊支持的法寶是增加國防預算、為軍人加薪及晉升上將，因此中國的國防預算自1989年開始年年增加，直至江澤民於2004年9月卸任中央軍委主席職務，中國的國防預算每年均以兩位數字百分比成長。然而，江澤民也在1997年9月宣布在三年內裁軍50萬，以對軍隊瘦身。

三、修改兵役制度

中國兵役制度經多次變革，但是自1955年開始兼採志願役和義務役兵役制度，而義務役兵的服役年限也是多次調整。1978年的兵役法規定，義務役兵的服役年限為陸軍三年、海軍和空軍各四年。

（一）縮短義務役兵服役年限

中國在鄧小平的領導下自1979年開始採取一胎化政策，對於生一個小孩的家庭，他們的小孩服義務役三年甚至四年時間太長，但是這些兵對打高科技戰爭來說，又因服役時間太短，而且以前入伍的兵大多來自農村，或是教育水準相當低，無法熟悉高科技武器及設備，因此中國全國人大常委會於1998年12月29日通過「中華人民共和國兵役法修正案」，將義務役兵服役年限一律改為二年。

（二）修改志願役士官的來源及服役年限

1. 修改志願役士官服役年限

為了因應現代高科技戰爭，士官服役年限應該延長，使熟悉武器裝備操作的士官可在兵和軍官間扮演承上啟下功能。中國國務院與中央軍事委員會於1999年6月30日發布新修訂的「中國人民解放軍士兵服役條例」，規定志願役士官服役年限最長可達三十年。

2. 修改志願役士官的來源

中國的志願役士官一向由義務役士兵中選取，1999年公布的「中國人民解放軍士兵服役條例」規定，士官可從服現役期滿的義務兵中選取，也可從非軍事部門具有專業技能的公民中招收。2003年，解放軍首次從非軍事部門具有專業技能的公民中招收士官。招考具專業技能的公民加入軍隊，可提升軍隊素質和打高科技戰爭能力。

貳、江澤民時期的海權發展

　　中國在這一段時期的海洋策略仍然顯得不夠積極，但是中國仍然為發展海洋或維護海洋權益作了一些事情，例如中國開始大力提升海軍裝備、推動「珍珠鍊戰略」（string of pearls）以維護從非洲和中東到中國的海上運輸線，以及在這一時期，中國與俄羅斯、越南、中亞國家經由談判完成邊界劃分之工作，降低可能來自陸地上的國際衝突，有助於中國將更多之軍事資源用於提升海軍發展。

一、海軍面向

　　中國在江澤民時期的海軍戰略仍然是近海防衛，而且中央軍事委員會於1993年再次重申此戰略。中國海軍副司令員張序三於1992年4月表示，海軍現代化關係到中國擴展其海洋影響力及保護南海主權。[37]江澤民於1995年表示：「新的形勢對海軍建設提出新的更高的要求，我們必須把海軍建設擺在重要地位，加速海軍現代化建設，確保我國海防安全，促進祖國統一大業的完成。」[38]然而，中國在江澤民時期並沒有跨出第一島鏈、逐鹿遠洋之雄心壯志，江澤民於1996年提出海軍的任務僅只是：「保衛祖國的領土完整，維護祖國的統一和海洋權益，維護周邊環境的穩定。」[39]

（一）海軍軍備發展

　　雖然在江澤民時期中國並沒有逐鹿遠洋的企圖，中國海軍離遠洋海軍也還有相當距離，但是中國在此一時期對改善海軍戰力卻投下相當多資源，尤其在發展大型水面艦和新型潛艦上取得不錯成績。首先，中國向俄羅斯購買4艘現代級（Sovremenny-class）驅逐艦以及5艘基洛級（Kilo Class）柴電動力潛艦。[40]其次，中國自行研發建造明級（035型）和宋級（039型）柴電動力潛

---

[37] Quoted in Buszyneki, "South China Sea in the Post-Cold War Era," p. 836.

[38] 引自廣角鏡（香港），1996年8月，頁27。

[39] 引自《中國時報》，1996年12月26日，版9。

[40] 現代級驅逐艦滿載排水量7,900噸，配有8枚射程160公里超音速、低飛之北大西洋公約組織（North Atlantic Treaty Organization, NATO）代碼為日炙（Sunburn）、俄羅斯代碼為3M-80 Moskit的反艦巡弋飛彈、44枚射程25公里之艦對空飛彈、一架反潛直升機，其中日炙巡弋飛彈如果裝上核彈頭，有能力擊沉美國一艘航空母艦及任何鄰近艦隻。基洛級

艦。[41] 第三，中國自行建造旅滬級 （052型）和旅海級（051B型）驅逐艦。[42] 第四，中國海軍有3艘江衛I型（053H2G型）巡防艦加入服役，而且新造8艘江衛II型（053H3型）巡防艦。[43] 第五，中國於1998年透過澳門創律旅遊娛樂公司，以2,000萬美元向烏克蘭標購得瓦雅格號（Varyag）航空母艦空船，於2001年克服所有困難返抵中國，為中國擁有航母跨出重要的一步。[44]

　　根據美國國防部對中國軍力評估報告指出，在江澤民卸任中央軍委主席時，中國海軍兵力為29萬人，驅逐艦21艘、巡防艦43艘、坦克登陸艦20艘、中型登陸艦23艘、柴電動力潛艦51艘、核動力潛艦6艘、海岸飛彈巡邏艦51艘。[45] 但是在江澤民卸任前，中國已經開始研發建造093型核彈力攻擊潛艦及094型戰略核潛艦，在這一時期潛艦艦隊依舊是中國海軍的核心武力，雖然中國潛艦有相當長足的進步，但是對潛艦的依賴也顯示中國尚未有發展遠洋海軍的雄心壯志。[46]

　　事實上，中國海軍在此一時期不具有遠洋作戰能力、缺乏聯合作戰能力與經驗，而且在指揮、管制、通訊、電腦、情報、監視、偵查系統（command, control, communications, computers, intelligence, surveillance and

---

潛艦全長242英尺，潛航排水量3,076噸、人員52名、最大航程6,000海浬、最多攜帶18枚魚雷或24枚水雷，靜音效果相當好。中國所購買的第一批4艘中，有2艘是877型（Type 877）、兩艘是636型（Type 636），其中636型比877型靜音效果更好。Shirley A. Kan, Christopher Bolkcom, and Ronald O'Rourke, "China's Foreign Conventional Arms Acquistions: Background and Analysis," CRS Report for Congress, October 10, 2000, pp. 44-50 & 59-61.

[41] 明級潛艦基本上是模仿蘇聯033型潛艦，艦長76尺、排水量2,100噸、最大航程14,000公里，攜帶18枚魚雷或32枚水雷。第一艘宋級潛艦於1994年5月下水，1996年5月服役。

[42] 第一艘旅滬級驅逐艦哈爾濱號於1993年加入海軍服役，排水量4,200噸，配有C-801反艦飛彈及8聯裝法國之響尾蛇短程防空飛彈，也舉有FQF2500型攻潛火箭、反潛魚雷，並設有直升機機庫及飛行甲板，可供直9型反潛直升機停放。第二艘青島號於1996年開始服役。

[43] Ronald O'Rourke, "China Naval Modernization: Implications for U.S. Navy Capabilities—Background and Issues for Congress," *CRS Report for Congress*, May 31, 2016, pp. 16-31.

[44] 任毓駿，「人民特稿：歷盡艱險『瓦雅格號』駛向歸國路」，《人民網》，2001年11月2日，〈http://www.peopledaily.com.cn/GB/guoji/22/84/20011102/596473.html〉。

[45] Office of the Secretary of Defense, "The Military Power of the People's Republic of China, 2005," *Annual Report to Congress* (Washington, D.C.: Department of Defense, United States of America, 2005), p. 44.

[46] Lyle Goldstein and William Murray, "Undersea Dragons: China's Maturing Submarine Force," *International Security*, Vol. 28, No. 4 (Spring 2004), pp. 161-196.

reconnaissance systems, C4ISR）的整合能力不足、水面艦防空和反潛能力均不足、反布雷和後勤支援能力仍有待改善。[47]

（二）遠洋航訓及對外交流

1. 中國軍艦出國訪問

　　中國海軍在江澤民時期派軍艦訪問其他國家的次數大爲增加，從1993年至2004年，中國共派遣軍艦出國訪問十九次，訪問國家遍及亞洲、歐洲、非洲、美洲及澳洲和紐西蘭，其中以北海艦隊司令員丁一平少將率青島號導彈驅逐艦和洪澤湖號補給船，於2002年5月15日自青島啓航，進行環球航行，航程最長、時間也最長，沿途訪問新加坡、埃及、土耳其、烏克蘭、希臘、葡萄牙、巴西、厄瓜多、秘魯等國及法屬波利尼西亞（French Polynesia），共航行超過33,000海浬，時間超過四個月，於同年9月23日回到青島（請參閱表5-1）。然而，中國這時期能夠出國亮相的先進軍艦並不多，總是珠海號、哈爾濱號、西寧號和青島號導彈驅逐艦，以及淮南號、銅陵號、淮北號導彈護衛艦。隨著中國造艦速度增快。在江澤民卸任中央軍委主席之前，宜昌號、玉林號、嘉興號、連雲港號護衛艦及深圳號、福州號導彈驅逐艦也加入出國訪問行列。

■ 表5-1

江澤民時期中國海軍軍艦出訪一覽表		
時間	訪問國家	出訪艦隻
1993年10月15日至12月14日	巴基斯坦、孟加拉、泰國、印度	鄭和號訓練艦
1994年5月12日至24日	俄羅斯	珠海艦、淮南艦、長興島號救生船
1995年8月9日至30日	印尼	珠海艦、淮南艦、豐倉號補給船
1995年8月27日至9月7日	俄羅斯	淮北艦
1996年7月8日至15日	北韓	哈爾濱艦、西寧艦

---

[47] Ronald O'Rourke, "China Naval Modernization: Implications for U.S. Navy Capabilities－Background and Issues for Congress," *CRS Report for Congress*, November 18, 2005, pp. 16-22.

表5-1

江澤民時期中國海軍軍艦出訪一覽表（續）

時間	訪問國家	出訪艦隻
1996年7月22日至8月2日	俄羅斯	哈爾濱艦
1997年2月20日至5月28日	美國、墨西哥、秘魯、智利	哈爾濱艦、珠海艦、南倉號補給船
1997年2月27日至3月20日	泰國、馬來西亞、菲律賓	青島艦、銅陵艦
1998年4月9日至5月7日	紐西蘭、澳洲、菲律賓	青島艦、世昌號訓練艦、南倉號補給船
2000年7月5日至9月7日	馬來西亞、坦尚尼亞、南非	深圳艦、南倉補給艦
2000年8月20日至10月11日	美國、加拿大	青島艦、太倉號補給艦
2000年9月17日至9月29日	俄羅斯、英國	鄭和號訓練艦、福州艦
2001年5月2日至6月14日	巴基斯坦、印度	哈爾濱艦、洪澤湖號補給艦
2001年8月24日至11月16日	德國、英國、法國、義大利	哈爾濱艦、豐倉號補給艦
2001年9月16日至10月30日	澳洲、紐西蘭	宜昌艦、太倉號補給艦
2001年11月9日至24日	越南	玉林艦
2002年5月6日至13日	南韓	嘉興艦、連雲港導彈護衛艦
2002年5月15日至9月23日	新加坡、埃及、土耳其、烏克蘭、希臘、葡萄牙、巴西、厄瓜多、秘魯、法屬波利尼西亞（環球航行）	青島艦、太倉號補給艦
2003年10月22日至11月14日	關島、汶萊、新加坡	深圳艦、南倉號補給艦

資料來源：〈新中國海軍艦船海外執行任務／出訪大全〉，2008年11月26日，〈http://blog.sina.com.cn/s/blog_53ae0b700100bcdn.html〉；「中國海軍艦艇出訪/護航／作戰任務列表」，2016年12月5日，〈http://blog.sina.com.cn/s/blog_9c1eca2d0102wq58.html〉；中華人民共和國國防部，「2002年中國的國防白皮書」，〈http://www.mod.gov.cn/affair/2011-01/06/content_4249946.htm〉；中華人民共和國國防部，「2004年中國的國防白皮書」，〈http://www.mod.gov.cn/affair/2011-01/06/content_4249947.htm〉。

2. 其他國家軍艦訪問中國

在此一時期，其他國家軍艦訪問中國亦日趨熱絡，例如從2001年1月至2004年9月19日江澤民卸任中共中央軍委主席止，不到四年期間，共有法國軍艦於2001年3月訪問上海、2003年11月訪問湛江、2004年3月訪問青島；美國軍艦於2001年3月和2004年2月訪問上海、2003年9月訪問湛江；西班牙軍艦於2003年3月訪問上海；英國軍艦於2003年5月訪問上海、2004年6月訪問青島和上海；俄羅斯軍艦於2003年9月訪問青島；印度軍艦於2003年11月訪問上海；智利軍艦於2004年6月底至7月初訪問上海；馬來西亞軍艦於2004年7月訪問上海；泰國軍艦於2004年8月訪問上海；加拿大軍艦於2004年8月訪問上海。[48]而且中國海軍也利用他國軍艦來訪的機會，與其中一些國家（印度、法國、英國）的軍艦進行海上聯合搜救演習。[49]

3. 潛艦意外事件

在江澤民時期，中國海軍曾發生多起潛艦意外，其中最嚴重的是明級361號潛艦於2003年4月16日因指揮不當導致機械故障，致使艦上70名官兵全部喪生。[50]此外，隸屬北韓艦隊的一艘潛艦於1993年3月進行演習時，因機房過熱發生爆炸，導致近20名學員和教官喪生；1995年10月，隸屬北海艦隊的一艘核動力潛艦在演習時發生高壓蒸氣外洩意外，另一艘也發生意外，但是是否有官兵傷亡不得而知。[51]

4. 中國的軍工實力

根據美國國防部2000年評估，中國的國防工業技術水準落後美國和日本非常多，且在相當遠的未來不可能趕上。[52]

48　中華人民共和國國防部，〈2002年中國的國防白皮書〉，〈http://www.mod.gov.cn/affir/2011-01/06/content_4249946.htm〉；中華人民共和國國防部，〈2004年中國的國防白皮書〉，〈http://www.mod.gov.cn/affair/2011-01/06/content_4249947.htm〉。

49　中華人民共和國國防部，〈2004年中國的國防白皮書〉，同上註。

50　James Mulvenon, "The Crucible of Tragedy: SARS, the Ming 361 Accident, and Chinese Party-Army Relations," *China Leadership Monitor*, No. 8, May 2013, pp. 6-9.

51　「解放軍海軍北海艦隊361潛艇海難事故真相」，《亞洲週刊》，2009年12月14日，引自〈http://blog.ifeng.com/article/3743447.html〉。

52　Secretary of Defense, "Annual Report on the Military Power of the People's Republic of China 2000."

5. 建立對美國海上軍事安全協商機制

美、中兩國國防部於1998年1月19日在北京簽署「中美兩國國防部關於建立海上軍事安全磋商機制的協定」（Agreement on Establishing a Consultative Mechanism to Strengthening Military Maritime Safety），以建立諮商機制來強化兩國軍事海上安全，以避免兩軍海上近距離接觸時發生意外，從該年7月起每年舉行至少兩次會議，此一諮商機制被視爲是兩國信心建立措施（Confidence Building Measures, CBMs）的一部分。

然而，此一協定仍無法避免美國EP-3偵查機與中國解放軍空軍一架J-8II戰機，於2001年4月1日在距離海南省東南約110公里的南海上空發生擦撞事件，導致中國戰鬥機受損墜海、飛行員喪生，美國EP-3受損迫降海南省陵水機場、24名機員遭扣留的嚴重外交事件。[53] 原因在於美、中兩國對外國軍機或軍艦在專屬經濟區是否享有無害通過（innocent passage）或自由航行（freedom of navigation）權，看法不一樣。中國認爲美國軍機、軍艦在中國EEZ從事偵察活動，威脅中國國家安全，並非無害通過。美國則認爲「聯合國海洋法公約」（United Nations Convention on the Law of the Sea, UNCLOS）將EEZ界定爲國際海域，僅賦予沿海國開發資源專屬權利，不得影響他國船隻（包括軍機和軍艦）的自由航行權。

在此一事件之後，中國空軍的監視行動已「更加遵守安全規則」，而且中國決定將海上執法工作交於國家海洋局的海監總隊和農業部漁業局，以避免解放軍與其他國家直接發生軍事衝突。[54]

二、非海軍面向

（一）法制化作爲

在江澤民時期，中國的海洋意識日漸提升，逐漸完善經略海洋的組織、法制化，[55] 以及海洋環境的維護，除了於1992年2月25日通過「中華人民共和

53　Shirley A. Kan, et al., "China-U.S. Aircraft Collision Incident of April 2001: Assessments and Policy Implications," CRS Report for Congress, October 1, 2001, pp. 1-41.

54　日本防爲省防衛研究所編，〈中國安全戰略報告2013〉（東京：日本防衛研究所，2014年1月），頁25-26。

55　請參閱林文程，〈中國全球布局中的海洋戰略〉，《全球政治評論》，第36期，2011

國領海及毗連區法」，「聯合國海洋法公約」於1994年11月16日正式生效，中國則於1996年5月15日批准該公約，成為該公約第93個會員國，並於1998年6月26日公布「中華人民共和國專屬經濟區和大陸架法」，根據UNCLOS規定建立中國的專屬經濟區。由於中國使用日趨頻繁、海域汙染嚴重，因此中國對於海域使用之治理與管理日趨重視，除了於1995年制定「海洋自然保護區管理辦法」、制定「全國海洋環境保護『九五』計畫和2010年長遠規劃」之外，於2002年1月1日正式施行「中華人民共和國海域使用辦法」。2003年1月14日，中國國務院公布「中國二十一世紀初可持續發展行動綱要」，提出發展海洋資源的可持續利用。同年5月9日國務院提出「全國海洋發展規劃綱要」，強調要把完善法律法規體系作為發展海洋經濟的重要措施。

（二）海洋產業發展

中國在江澤民時期對開採海洋資源更加積極，中國政府於1991年首次召開全國海洋工作會議，通過「九十年代我國海洋政策和工作綱要」，於1996年提出的「中國海洋二十一世紀議程」，國務院於1998年發布「中國海洋事業的發展」白皮書，以及中國領導人的一些講話，所著重的是維護中國具有管轄權水域之權益、資源和海洋經濟發展。[56]

除了像明朝驟然中斷海洋發展的極少數例子之外，任何國家的海洋發展均是不斷累積的成果，中國海洋經濟在江澤民時代大幅成長，在2003年時海洋漁業世界第一、海洋鹽業世界第一、造船業世界第三。中國海洋區域分成環渤海經濟區、長江三角洲經濟區和珠江三角洲經濟區，在此一時期以長江三角洲經濟區為龍頭。在十一項海洋產業中，以海洋漁業最重要。以2003年為例，海洋漁業占海洋產業的28%、濱海旅遊業24.92%、海洋交通運輸業16.2%、海洋電力和海水利用業8.48%、海洋船舶工業5.26%、海洋油氣業4.66%、海洋化工業1.22%、海洋鹽業1.19%、海洋工程建築業0.64%、海洋生物醫學業0.49%、海洋砂礦業0.04%、其他8.84%。[57]其中海洋石油和天然氣的生產有相當大幅度成長，中國1996年的海洋石油產量為1,687.48萬噸、海洋天然氣為

年，頁29-36。

56 劉中民，《世界海洋政治與中國海洋發展戰略》，頁384-389。

57 中國國家海洋局，《2003年中國海洋經濟統計公報》，〈http://www.soa.gov.cn/zwgk/hygb/zghyjjtjgb/2003nzghyjjtjgb/201212/t20121217_22994.html〉。

26.8788億立方米，[58] 2003年海洋石油產量為2,437.17萬噸、天然氣為43.69億立方米，[59] 這應與中國在陸上石油和天然氣開採面臨瓶頸，而積極轉向海洋發展有關。表5-2是1995年至2003年間，中國海洋經濟產值成長情形，顯示中國海洋經濟總產值每年平均以接近10%的速度成長。

■ 表5-2

中國海洋經濟產值，1995-2003年

單位：億人民幣

年度	海洋產業	海洋產業增加值	海洋經濟總產值
1995	2,463.85	1,107.33	3,571.18
1996	2,855.22	1,266.30	4,121.52
1997	3,104.43	1,476.80	4,581.23
1998	3,269.92	1,602.92	4,872.84
2000	4,133.50	2,297.04	6,430.54
2001	3,936.52	3,297.28	7,233.80
2002	5,008.76	4,041.53	9,050.29
2003	5,622.17	4,455.54	10,077.71

資料來源：中國國家海洋局，《中國海洋經濟統計公報》，自1996年起每年公布（1999年、2001年除外），〈http://www.soa.gov.cn/zwgk/hygb/zghyjjtjgb〉。

（三）海洋治理體系

在江澤民上台之前，中國已經有一些治理海洋機制，包括毛澤東時代成立的中國公安邊防海警部隊、海關總署及所屬緝私局、國家海洋局，以及鄧小平於1982年成立的中國海監總隊。鄧小平推動改革開放促進中國經濟發展，加上聯合國通過海洋法公約，設立200海浬專屬經濟區機制，促使中國政府重

---

58 中國國家海洋局，《1996年我國海洋經濟發展狀況》，〈http://www.soa.gov.cn/zwgk/hygb/zghyjjtjgb/201211/t20121105_5589.html〉。

59 中國國家海洋局，《2003年中國海洋經濟統計公報》，同註153。

視對海洋的管理。中國於1998年10月，將中國港務監督局和中國船舶檢驗局合併成中國海事局，隸屬交通部。1999年11月24日，中國發生大舜號渡輪慘劇，迫使中國政府加強海上搜救的能力。[60]然而這些單位在江澤民時期因為配備不足、彼此缺乏協調、功能重疊互相推託，或是因為威權體制缺乏有效監督機制而貪腐問題叢生，無法真正發揮政策的執行功能，對於打擊海盜和海上恐怖主義攻擊尤其能力不足。[61]

---

[60] 大舜號渡輪於1999年11月24日從山東煙台啓航開往遼寧大連，途中因天候惡劣突然起火而沉沒，船上304位乘客和船員，282人死亡，只有22位獲救，這是重大人命傷亡的悲劇，也是對中國國家聲望的一大打擊。請參閱「新聞資料：中國嚴重沉船事故歷史」，《BBC NEWS／中文》，2015年6月6日，https://www.bbc.com/zhongwen/china/2015/06/150606_file_china_ship_disaster；「中國的『鐵達尼號』事件，大舜號：304名成員中死亡282人」，《每日頭條》，2018年1月27日，〈https://kknews.cc/zh-tw/other/y24nozg.html〉。

[61] Lyle J. Goldstein, "Five Dragons Stirring Up the Sea: Challenge and Opportunities in China's Improving Maritime Enforcement Capabilities," *China Maritimes Study*, No. 5 (Newport, Rhode Island: China Maritime Studies Institute, Naval War College, 2010), pp. 5-21.

第六章　胡錦濤時期的中國海權發展

第一節　胡錦濤的權力、決策風格與海權理念

壹、胡錦濤的崛起與權力

一、胡錦濤的背景

　　胡錦濤祖籍安徽績溪，於1942年12月21日生於江蘇泰縣，在1964年4月加入共產黨，1965年畢業於清華大學水利工程系，成績非常優異。胡並沒有顯赫家世，父祖輩是商人，經營茶葉出口，生意相當不錯，依中共標準，屬於資產階級，他的妻子劉永清是他的大學同班同學，岳父母似乎也不是高官，因此胡錦濤並非太子黨，然而胡錦濤官運非常好，可以說人、事、時、地等因素均對他有利，亦即在特定時間，他被派到的地點、擔任的工作，總能讓他碰到對他仕途發展有幫助的貴人，使他能夠有所表現，也得以步步爬升，例如他大學畢業以後，留在學校工作，擔任政治輔導員，雖然還是受到文化大革命的影響，但卻避免捲入紅衛兵的造反運動，而在清華大學工作，使他得以認識宋平的妻子陳舜瑤（當時擔任清華大學黨委副書記），[1] 宋平也因此一關係而成為胡錦濤崛起的重要貴人之一。[2]

　　胡錦濤因為擔任西藏民族自治區區委書記的優秀表現（1988年12月-1992年10月），被鄧小平賞識，而鄧小平當時強調幹部年輕化，且積極培養第三梯隊，因此中共在1992年召開十四大時，還未滿50歲的胡錦濤被破格拔擢進入中共中央政治局常委會，所以他是鄧小平所欽點之第四代領導班子的帶頭人。

1　鄭宇碩，《胡錦濤的新時代》（台北：遠景基金會，2004年），頁1-40。

2　宋平出生於1917年4月，畢業於清華大學化學系，曾擔任中共中央組織部部長、國務委員兼國家計畫委員會主任，他在中共十三屆一中全會當選政治局委員，十三屆四中全會被增選為排名第五的政治局常委。他在擔任甘肅省省委書記期間，曾經提拔過胡錦濤。

　　胡錦濤的派系之所以被稱爲「團派」，乃是因爲他與中共共青團的關係。他在1982年10月當選甘肅省共青團團委書記，同年12月升爲共青團中央書記處排名第二的書記，使他有機會接觸當時中共總書記胡耀邦，也因此能夠於1984年12月晉升爲共青團中央第一書記，進一步在1985年12月外派到貴州擔任省委書記，成爲中國地方大員。

二、胡錦濤的權力及決策風格

（一）胡錦濤的權力

1. 交易型領導人

　　中共於2002年11月召開十六大，胡錦濤出任中共總書記；2003年3月出任國家主席。藍普頓認爲胡錦濤是「交易型」的領導人，[3]胡錦濤誠然是中共自1949年建立政權以來權力最弱的領導人，他是中共建政迄今六位領導人中（毛、華、鄧、江、胡本人及習近平），唯一沒有被冠上領導核心的一位。因爲江澤民戀棧權位，於2004年9月19日才卸任中共中央軍委主席（2005年3月8日才卸任國家中央軍委職務），胡錦濤才得以接掌軍權。

2. 謹小愼微的領導人

　　或許是因爲個性使然，或是因爲沒有顯赫的家世，胡錦濤謹小愼微、律己甚嚴、缺乏魄力，也不具有領袖魅力。直至他於2012年11月中共十八大卸任時，胡錦濤一直生活在江澤民的干政陰影之下，所以有人說胡錦濤是江澤民垂簾聽政下的兒皇帝。[4]

（二）胡錦濤與軍隊關係

　　胡錦濤與軍隊沒有淵源，雖然他於1999年出任中共中央軍委副主席，並於2004年9月接任中央軍委主席，但是他沒有江澤民攏絡軍方的手段，因此對軍隊可說是沒有實質的領導，軍隊的一些重要作爲甚至沒有向胡錦濤報告，例如中國軍方於2007年1月11日發射飛彈，摧毀中國已報廢氣象衛星風雲一號C，顯示中國具有反衛星能力；解放軍空軍於2011年1月美國國防部長蓋茲

3　Lampton, *Following the Leader*, p. 68.

4　〈分析：江澤民到底還有多大影響力？〉《BBC News（中文）》，2011年7月7日，〈https://www.bbc.com/zhongwen/trad/indept/2011/07/110707_ana_jiang_influence〉。

（Robert M. Gates）訪問中國期間，試飛J-20隱形戰機，等同羞辱蓋茲，但是胡錦濤對這兩件重大軍事事務似乎事先完全不知情。

貳、胡錦濤的決策風格

一、徹底的集體領導

胡錦濤擔任總書記時，政治局常委人數增爲九人，可說是歷來常委會人數最多的時期，不管是第十六屆還是第十七屆的政治局常委，[5]江（澤民）系人馬均居多數，胡錦濤無法獨斷乾坤，因此，在此一時期中共可說是眞正集體領導，所有重大決策均在政治局常委會討論，而且採取共識決或是多數決，只有僵持不下的問題才由胡錦濤拍板定案，胡錦濤只是九名常委平等中的第一人（first among equals）。[6]

二、分權化

胡錦濤時期決策的另一個特質是分權化（decentralization），官僚體系扮演比以前更重要角色，而且更多機構具有影響力，例如外交決策，除了解放軍、外交部等機構參與之外，中國人民銀行、商務部、公安部、國家安全部、國台辦，甚至教育部（孔子學院）及不少國有企業均或多或少具有影響力。

參、胡錦濤的海權觀

一、中國國力限制

胡錦濤上台伊始，中國國力仍不足以支撐中國大幅度提升海權力量，因此中國學者在二十一世紀初期對中國的海洋戰略曾經有過爭辯，[7]質疑的聲音事實上並沒有反對中國發展海權，而是擔心大張旗鼓，會陷入上述施道安所說玩超強遊戲所可能造成的後遺症，亦即陷入與美國進行海權競賽的安全困境，而

5　中共第十六屆政治局常委是胡錦濤、吳邦國、溫家寶、賈慶林、曾慶紅、黃菊、吳官正、李長春和羅幹；第十七屆政治局常委是胡錦濤、吳邦國、溫家寶、賈慶林、李長春、習近平、李克強、賀國強和周永康。

6　Lampton, *Following the Leader*, p. 68.

7　請參閱 Andrew S. Erickson and Gabriel Collins, "China's Maritime Evolution: Military and Commercial Factors," *Pacific Focus*, Vol. XXII, No. 2, Fall 2007, pp. 49-51。

且對美國明目張膽挑戰是崛起中中國的大忌；但是支持海權學者認爲「沒有海權的大國，其發展是沒有前途的」，而且「解決台灣問題的核心是中國的海軍問題」，然而他們也將發展海權修正爲海洋權利、海上力量和海上霸權三個階段。[8]

二、胡錦濤的海權主張

胡錦濤於2006年12月27日接見海軍第十次黨代會代表時，強調「中國是一個海洋大國」，這是中共領導人首次提出中國爲海洋大國，[9]他還提到「中國海軍要積極準備，以對抗美國的海上和水下優勢。」[10]胡錦濤在中共十七大舉行期間也指示：「提高綜合作戰能力的同時，逐步向遠海防衛型轉變，提高遠海機動作戰能力，維護國家領海和海洋權益，以維護日漸發展的海洋產業、海上運輸及能源戰略通道的安全。」[11]由胡錦濤這些講話研判，胡錦濤確認中國已經是海洋大國，但不見得是海洋強權。這時期中國持續江澤民時期的政策，既加速海軍軍力提升，也重視海洋產業發展，但是中國仍沒有進軍遠洋的雄心壯志，海軍建設也只是以防衛性質爲優先考量。

第二節　胡錦濤時期的中國內外挑戰

胡錦濤執政時之國內、外環境可說是中國的戰略機遇期，他開始擔任中央軍委主席時，美國已經陷入阿富汗和伊拉克戰爭泥淖，美國爲了全球反恐需要爭取北京的支持和合作，國內則天安門事件的陰影已經遠離，2001年12月加入世界貿易組織的紅利開始彰顯，經濟成果更加宏大，中國逐漸成爲世界工廠，對外貿易大幅成長。然而，胡錦濤執政時期仍被一些人稱爲「失去的十

8　爭辯的文章包括張文木，〈論中國海權〉，《世界經濟與政治》，第10期，2003年，頁8-14；張文木，〈經濟全球化與中國海權〉，《戰略與管理》，第1期，2003年，頁86-91；徐棄郁，〈海權的誤區與反思〉，《戰略與管理》，第5期，2003年，頁15-25。轉引自劉中民，《世界海洋政治與中國海洋發展戰略》（北京：時事出版社，2009年），頁177-178。

9　房功利等，頁289-290。

10　轉引自日本防衛省防衛研究所編，〈中國安全戰略報告2011〉，2012年2月，頁10。

11　同上註。

年」或「失落的十年」，[12]原因在於這些有利的國內、外因素逐漸在惡化，但是胡錦濤卻無為而治，未能即時解決。

因為胡錦濤的懦弱、沒有作為，導致中國各種問題浮現並趨於嚴重，貧富差距沒有獲得改善、貪汙腐化更加嚴重、民怨不斷升高、新疆維吾爾族和西藏的分離運動逐漸惡化，因此他必須提出要建立和諧社會的口號。然而，因中國加入WTO為中國經濟注入新動能，中國經濟在胡錦濤執政時期獲得快速成長，於2010年取代日本成為世界上第二大經濟體，只是在2008年發生全球金融危機之後，中國經濟發展出現瓶頸，成長趨緩。而且在他主政期間，中國也風光地在北京主辦2008年夏季奧運，及2010年在上海舉辦世博會。

幾位中國學者於2002年出版《中國社會問題報告》，列舉失業、犯罪、環境汙染、教育、勞動關係、貧困、腐敗、流動人口、收入分配及婦女等問題，[13]但這些並非胡錦濤上台後才出現的問題。還有一位中國學者指出中國崛起的困難，包括人口負擔過重、自然資源不足、教育水平太低及政治保障不夠。[14]其中所謂政治保障不夠，指的是包括分離主義之威脅、體制改革對中國經濟發展所形成的巨大挑戰等問題。以下將進一步分析中國所面臨的一些挑戰。

壹、中國內部所存在的問題與挑戰

一、中國的人口問題

中國人口問題的癥結在於人口過多，13億人口占世界總人口21%，中國人口往前看仍將每年增加800-1,000萬人，據估計中國人口至2030年將達16億的高峰。[15]中國一向感嘆以7%可耕地要養世界21%人口，但是中國人口過多的困境源於毛澤東之錯誤決策。毛澤東深信人多好辦事原則，不願支持節育政策，放任人口快速成長。等到毛澤東於1976年去世之後，中國政府才重新思

---

12 戴維・皮林，〈胡錦濤執政十年的功與過〉，《FT中文網》，2012年11月16日，〈http://www.ftchinese.com/story/001047545?full=y〉；李成，〈中國內部的權力轉移〉，Brookings，2012年4月16日，https://www.brookings.edu/zh-cn/articles。

13 陸建華，《中國社會問題報告》（北京：石油工業出版社，2002年）。

14 閻學通等著，《中國崛起─國際環境評估》，頁54-57。

15 中國科學院國情分析研究小組，《中國大陸兩種資源、兩種市場─建構中國資源安全保障體系研究》（台北：大屯出版社，2001年），頁61。

考限制人口的政策，於1980年開始嚴格實施一胎化政策。

　　一胎化政策雖有效控制人口成長，卻也產生許多後遺症。首先，一胎化導致中國人口性別失衡，因為中國人傳統重男輕女的觀念，導致許多父母將女嬰墮胎、拋棄女嬰，甚至殺害女嬰。根據新華社報導，2000年出生男女嬰兒性別比，城市地區為113.02：100、城鎮為117.13：100、鄉村為119.30：100，至少有九個省男女新生兒性別失衡比在125：100以上，其中江西100女嬰對138男嬰最嚴重。[16] 其次，一胎化政策出現劣幣驅逐良幣現象。一般而言，城市控制生育成果較農村好，而且中國政策允許農村父母第一胎如果是女嬰，可隔幾年之後再生一胎以解決農村需要更多勞動力問題；第一胎如果是殘障或不正常嬰兒，也可再生一胎；夫婦如果有一方是少數民族可以生兩胎。第三，一胎化政策形成4：2：1家庭結構，即一對夫婦需供養雙方父母四人及一個小孩，可以說是負擔沉重之被犧牲的一代。第四，一胎化政策導致父母及祖父母溺愛唯一小孩，養成這一代嬌生慣養、缺乏責任感、任性不合群行為。第五，由於衛生醫療環境改善，中國已出現人口老化現象，2004年平均壽命71.8歲，65歲以上人口約1億，占總人口約7.7%；[17] 60歲以上人口至2010年達1.74億，占總人口12.78%，老人供養的問題在一胎化政策下，成為非常嚴重問題。傳統中國社會是以家庭來彌補福利政策對照顧老人之不足，但是一胎化政策將使許多家庭要擔負起老人供養的責任力有所不逮。

二、高失業率的問題

　　中國面對高失業率的問題當然與人口過多有關，雖然中國官方所提供的失業率不到4.6%，但是中國學者馮蘭瑞估計中國的失業率高達27.78%，原因在於中國數據不含隱性失業，也不納入農村，導致低估失業率。其他的研究也都指出中國政府刻意低估失業率，例如美國密西根大學對中國五個城市進行研究，發現失業率是12.7%。[18] 另一項報導指出，中國農村的失業率高達20%，

---

16 引自〈中國新生兒男女比例失衡超過警戒線〉，《BBC中文網》，2004年8月24日，〈http://news.bbc.co.uk/chinese/trad/hi/newsid_3590000/newsid_3595000/3595054.stm〉。

17 「本世紀中葉的中國：2個勞動力人口供養1個老人」，《人民網》，2006年9月19日，〈http://finance.people.com.cn/BIG5/8215/73193/4969986.html〉。

18 〈中國失業率遭質疑失真〉，《大紀元》，2004年9月13日，〈http://www.epochtimes.com/b5/4/9/13/n659004.htm〉。

而且因為高校畢業生、城鎮新增勞動力、農村轉移勞動力、下崗職工、退伍軍人等種種原因，中國即將出現第三次就業高潮（知識青年返城是中國改革開放以來第一次就業高峰，1990年代國有企業下崗工人是第二次就業高峰），包括許多高校畢業生找不到工作（大學畢業生就業率從2003年的83%下降到2005年的72.6%），因此這一波就業潮形勢之嚴峻甚於前兩次高峰。[19]

失業率所導出的問題是社會救濟不足，對於下崗工人不僅補貼不足，而且企業領導人扣留下崗工人補貼、對下崗工人層層剝削，導致下崗工人所領到的資遣或退休金額所剩無幾，甚至領導階層貪汙賤賣國有企業，導致下崗工人生活無著落情事層出不窮，活不下去的下崗工人自殺或群起抗爭事件一再發生，例如西安照明電器工業公司的1,500多名工人，長期被公司剝奪國家補貼的醫療保險和下崗補貼，離廠時每人平均被工廠領導截留8,000多元人民幣，他們到處投訴，卻得不到救濟，[20]類似下崗工人受到不公平待遇情形多如牛毛。

三、三農問題形勢嚴峻

所謂「三農問題」指的就是農業、農村和農民問題。2000年8月24日，《南方周報》頭版刊載湖北省監利縣棋盤鄉黨委書記李昌平寫給國務院領導的信，其中說到「現在農民真苦，農村真窮，農業真危險」，[21]這三句話道盡中國三農問題的核心所在，已經成為探討中國三農問題所必須提到的經典話語。

（一）農業問題

中國傳統上是以農立國的國家，縱然推動改革開放政策引進外資之後，都市化情形隨著企業及服務業的成長而提高，但是中國農村人口仍占總人口六成以上。中國所面臨農業問題，癥結在於可耕地太小，而且耕地面積還不斷減少，加上中國農業生產工具落後，政府又長期採取剝削農業的政策，以及加入世界貿易組織之後，農業市場被迫對外開放的衝擊。除了市場被迫開放面臨外來農產品競爭的壓力之外，可耕地減少，涉及問題包括水資源缺乏、沙漠化面積持續擴大、農業環境生態逐漸惡化等。這些需要中國政府提出有效政策全面

---

19 〈農村失業率20%：中國第3次就業高峰來臨？〉，《多維新聞網》，2006年6月22日。

20 中國信息中心，〈西安輕工系統數萬工人被剝奪下崗補貼政府不管〉，〈http://www.guancha.org/info/artshow.asp?ID=30682〉。

21 引自〈http://business.sohu.com/20040711/n220949730.shtml〉。

整治此一生態環境，從技術、資金投入、健全管理制度等，才有希望解決農業所面臨之問題。

（二）農村問題

中國在推動改革開放初期是由農村開始，放棄人民公社，允許包產到戶，讓農民可以自由決定生產什麼，除了上繳部分收成之外，可以自由處分剩下的收成，因此農村一度享受到改革開放所帶來的經濟成果，但是隨著改革開放重心由農村向城鎮移動，由農業向工業轉移，農村與城市所得差距不只沒有縮小，反而拉大，[22]農村有返貧現象，主要是因為農民所擁有的可耕地太小，農村面臨勞動力過剩問題。此外，農村還面臨治安日益惡化、農民苛捐雜稅負擔沉重等問題。地方政府亂攤派或貪汙腐化，造成幹部與群眾衝突，而且多數鄉鎮機構龐大、財政負債累累。村民委員會選舉成了黑道漂白，或是居心不良、道德低落之徒試圖操縱選舉，在贏得選舉之後，取得染指村中公產的途徑。

（三）農民問題

如前所述，農民的問題癥結在於農民太窮、太苦，他們的所得不足以維持生計，農民沒有因經濟改革成就而受惠。農民的合理負擔呈下降趨勢，而不合理負擔越益加重，地方政府和有些部門，隨意向農民徵收各種費用、集資、罰款和亂攤派，項目多且數額大，[23]壓得農民喘不過氣來，甚至有些農民土地被徵收，又沒獲得合理補償，喪失生計卻求助無門，失地農民估計超過4,000萬。許多農民在一貧如洗困境下，以賣血為生，卻因此感染愛滋病，[24]河南一農夫因籌不出小孩上大學學費而自殺，這樣的悲劇比比皆是。沒有足夠工作迫使農民由農村及內陸湧向城市，在城市又找不到工作，成為所謂三無人口（沒有合法身分、沒有工作、沒有居住地方）。這些湧向城市的農民尤其是非法居留之盲流，受到城市居民歧視或剝削，例如他們的子女無法享有受教育福利，[25]城市男女居民拒絕與他們通婚，但是不少農村婦女卻被推入色情行業。

---

[22] 同上註。

[23] 同上註。

[24] 1985年中國診斷出第一起愛滋病，目前至少有150萬名男女和兒童被感染，因為地方官員刻意隱瞞疫情，感染人數應該超過此一數目。請參閱人權觀察，〈鎖住的大門：中國愛滋病患者的人權〉，2005年7月18日，〈http://hrw.org/chinese/2003/2003090332.html〉。

[25] 根據2002年一項不完整之統計，由農村湧向城市，但不具有合法居留身分的盲流之子

四、國有企業改革與下崗工人

（一）國有企業改革問題

　　中國國有企業因缺乏活力、資源配置效率低，導致缺乏競爭力，虧損累累、國有資產嚴重流失，而需要改革，尤其是中國逐漸由計畫經濟向市場經濟轉型，加入世界貿易組織之後，國內市場被迫向外國開放，在外力的壓迫下已到非改革不行的田地，事實上，在1998年朱鎔基出任總理時，就下定決心要改革國有企業，希望使國有企業能夠在三年脫困，但是朱鎔基於2003年3月下台時，國有企業改革被認為是一項沒有兌現的承諾，國有企業改革至今仍被視為是中國經濟改革能否突破瓶頸之關鍵。

　　中國之目標是在2010年建立現代企業制，但是要改革國有企業，讓企業有競爭力，面臨難題包括政、企難以分離、過度負債、冗員過多與企業辦社會問題及意識形態之兩難等問題，[26]因為中國共產黨仍然標榜共產主義意識形態，堅持社會主義路線，國有企業是共產主義的重要一部分，中國沒有國有企業是否還是社會主義國家，這是中共強調四個堅持的困境。然而。如果不改革國有企業以讓它們有競爭力，這些國有企業將成為財政上黑洞，也會阻礙中國未來的經濟發展。

（二）下崗工人問題

　　在國有企業改革過程中，製造許多下崗工人。許多下崗工人因為缺乏專業技能，很難取得再就業的機會，而他們所獲得的資遣費或失業補貼又相當少，不足以維持正常生活所需，尤其年紀已到40、50歲的那一群，子女正值就學年齡，正是用錢時候，一旦失業將使整個家庭財政陷入困境。據估計中國有2,000萬下崗工人，而中國每年自殺人數超過28.7萬人（第五大死因），每年還有200萬人有自殺傾向，其中不少下崗工人以自殺來結束他們的生命，例如1998年3萬以上下崗工人自殺。

　　此外，中國工人的權益沒保障，為數3.5億的工人，其中近2億沒工會資格，縱然加入工會，工會聽命於黨。由於工人權益沒有保障，更糟糕的是他們

女，已經至少180萬名沒有受任何教育，這種情形絲毫沒有改善，至2005年因此失學的孩童數目更加多。請參閱 Human Rights in China, "Shutting out the Poorest: Discrimination against the Most Disadvantaged Migrant Children in City Schools," May 8, 2002, p. 3。

26　魏艾等著，《中國大陸經濟發展與市場轉型》（台北：揚智文化，2003年），頁76-80。

經常被剝削到難以爲生，因此自發性工人運動浮現，上訪、遊行示威、包圍工廠、占據工廠、阻路等情事不斷發生，以抗議他們權益被不當剝削或侵害，打擊國家權威，危及社會之安定。

五、環境生態惡化問題

中國生態環境遭破壞主要表現在水土流失、土地沙漠化、草場退化、森林面積不斷減少、溼地縮小及生物多樣性減少等問題，在這幾個項目上，中國均是生態環境遭破壞最嚴重的國家之一。根據中國自己評估，338個城市中有三分之二空氣受污染，因空氣污染所引起呼吸或心臟疾病，是中國主要死亡原因。一些研究指出中國每天大約有3億人飲用受污染的水，90%以上城市水源遭到污染。[27]另一個挑戰是北方地區嚴重缺水，水資源匱乏，全國有三分之二城市供水不足，[28]這些問題對中國未來經濟發展將構成嚴重挑戰。

隨著經濟發展，中國工業污染趨於嚴重，事實上中國環境污染事故業已進入高發期，2005年11月吉林省吉林市發生石化公司爆炸，造成有毒化學物品嚴重污染松花江事件，只是冰山一角，因爲環境污染導致許多傳染疾病在中國大陸發生，例如SARS、禽流感等傳染疾病均是由中國開始，再向鄰近國家或地區擴散，造成這些國家人命和財產損失。展望未來，中國改善環境污染前景並不讓人樂觀，工業污染物排放不降反升，城市水環境和空氣污染情形更趨嚴重，河流和地下水污染嚴重，全國湖泊面積大幅減少、湖水嚴重污染，[29]天然溼地面積也正以驚人速度消失，[30]這些現象皆沒有改善的跡象。

因爲中國政府以追求經濟發展爲最主要考量，環境生態成爲犧牲品，而且勞工工作環境相當惡劣，不僅嚴重傷害勞工健康，而且因爲忽視安全措施，導

---

[27] Bureau of Asian and Pacific Affairs, U.S. Department of State, "Background Note: China," April 2006, in <http://www.state.gov/r/pa/ei/bgn/18902.htm>.

[28] 〈中國大陸三分之二城市供水不足〉，《大紀元》，2004年8月11日，〈http://www.epochtimes.com/b5/4/8/11/n623876.htm〉。

[29] 楊桂山等人，〈中國湖泊現狀及面臨的重大問題和保護策略〉，《湖泊科學》，第22卷第6期，2010年，頁799-810。

[30] 黃安偉、Mia Li，〈中國沿海溼地銳減，威脅生態環境〉，《紐約時報中文網》，2015年10月20日，〈https://cn.nytimes.com/china/20151020/c20china/zh-hant〉。

致工業意外不斷發生，不斷傳出煤礦災變只是冰山的一角。[31]

六、貪污腐化問題

根據中國商務部2004年一項報告，自改革開放以來，中國貪腐人員外逃已有4,000多人，帶走500多億美元，[32]因貪污造成經濟損失與消費者福利損失，平均每年9,800億至1兆2,500億元人民幣，占GDP的13.2%至16.8%。經濟合作與發展組織（OECD）發表的報告更是指出，貪腐造成損失占中國生產總值的3-5%，約4,090億到6,830億人民幣之間，貪腐正在威脅中共統治的正當性。[33]

自改革開放以來，涉及腐敗和其他經濟犯罪而受黨紀處分的中共黨員超過235萬人。胡錦濤表示：「嚴查領導幹部貪污腐化決不手軟」。中國最高人民檢察院資料顯示，從2003年1月至2006年8月共查處貪污賄賂犯罪67,505人。[34]實際上，打擊、整肅貪腐成效並不佳，僅拍蒼蠅，不敢打老虎，因為貪腐情形實在太普遍了，幾乎從上到下所有官員都有問題，如果真正整肅貪腐將無一倖免。

七、貧富差距拉大

中國存在貧富、城鄉及東西差距的「三差問題」。根據北京大學中國社會科學院所發布的「中國民生發展報告2014」，中國貧富差距基尼系數（Gini index）是0.55，[35]顯示收入分配相當不平均。許多勞工及農民權益受損，在得不到司法救濟的情況下，採取信訪、到北京上訪，甚至採取示威抗議的抗爭

---

[31] 根據中國政府資料，2004年中國礦工死亡6,000人，占全世界採礦死傷人數之八成。引自 Sara Davis and Mickey Spiegel, "Take Tough Action to End China's Mining Tragedies," *The Wall Street Journal*, February 18, 2005, <https://www.business-humanrights.org/en/take-tough-action-to-end-chinas-mining-tragedies>。

[32] 引自〈中國稱三年查處貪腐67505人〉，《BBC中文網》，2006年10月24日，〈http://news.bbc.co.uk/chinese/trad/hi/newsid_6080000/newsid_6080100/6080128.stm〉。

[33] 辛菲，〈經合組織指貪腐猖獗動搖中共政權〉，《大紀元》，2005年10月3日，〈http://news.epochtimes.com.tw/5/10/3/12401.htm〉。

[34] 同上註。

[35] 孫琦驍，〈胡錦濤10年前引用鄧小平的話習近平沒提〉，《大紀元》，2014年8月22日，〈http://www.epochtimes.com/b5/14/8/22/n4230919.htm〉。

行動，反而遭到政府的打壓，甚至逮捕判刑。

八、社會騷動問題

　　如上所述，中國在1993年有紀錄的社會騷動（social unrest）事件還只有8,700件，根據公安部部長周永康的報告，中國大陸涉及百人以上的群眾抗爭事件，2004年發生74,000件，超過370萬人參與，[36] 到2005年時已增加到87,000件。雖然中國公安部已不再公布社會抗爭事件之數目，但根據一項研究估計，2010年之社會騷動事件介於18萬到23萬之間。[37] 層出不窮的抗爭事件，挑戰公權力，迫使中共政府不斷增加「維穩」的經費，例如廣東省2008年光是在公檢法和武警方面的經費投入就高達將近400億人民幣，而經濟落後之寧夏省這方面之支出居然高達該省財政收入的28.4%。[38]

　　造成中國社會騷動的主要原因有以下幾點，其一是社會貧富差距拉大，窮者貧無立錐之地，富者極盡奢華能事，而許多暴發戶又是因特權、官商勾結，不當得利而來，人民痛恨貪污腐化，憎恨政府官員以權竊取國家財富。其二，許多弱勢團體，例如下崗工人、土地被徵收卻未獲得應有補償者，他們求助無門，往前看死路一條，只有起而抗暴。其三，一些老軍人早年退休之退休金有限，隨著通貨膨脹、物價上漲，少許退休金無法因應生活所需，從而要求政府增加退休金。其四，中國在中國共產黨一黨專制統治下，缺乏信仰、言論、結社自由，宗教團體、珍惜民主自由的知識分子要求民主改革。

　　王紹光、胡鞍鋼、丁元竹三位中國學者指出，城鎮居民中有1億到2億人對現狀不滿，3,000多萬人非常不滿。[39] 另有研究指出，中國弱勢團體規模已達1.4億至1.8億人左右，中國國家信訪局也指出，2004年受理群眾來信比2003

---

36 引自邱鑫，「中國貧富懸殊問題引發內部爭議」，《亞洲時報》，2006年6月16日。

37 Christian Gobel and Lynette H. Ong, *Social Unrest in China* (London: Europe China Research and Advice Network, 2012), p. 8.

38 何清漣，〈點評中國：中國財政兩大漏斗─維穩與軍費〉，《BBC中文網》，2012年9月25日，〈http://www.bbc.co.uk/zhongwen/trad/focus_on_china/2012/09/120924_cr-financial.shtml〉。

39 王紹光、胡鞍鋼、丁元竹，〈經濟繁榮背後的社會不穩定〉，《戰略與管理》，第3期，2002年，頁26-33。

年增加11.7%，接受群眾來訪批次、人次分別比2003年上升58.4%及52.9%。[40]
還有8,000萬至1億2,000萬農民離鄉背井成為「盲流」，他們在城市受到不公平待遇，成為不定時炸彈。

九、新疆及西藏問題

　　美國國務院所公布的《2005年國際宗教自由報告》（International Religious Freedom Report），指出中國箝制宗教自由、迫害信徒和神職人員的情形，對於未登記的家庭教會、西藏和新疆維吾爾自治區內的宗教活動尤其嚴屬打壓和監控，例如未滿18歲的青少年不准進入清真寺，也不得接受宗教教育，法輪功信徒繼續被逮捕、拘留和監禁，不少信徒遭虐待致死。[41] 2005年3月1日，中國政府通過《新宗教事務條例》，許多人批評這是中國加強控制宗教的手段，2005年5月將近500位家庭教會的基督教徒在吉林省聚會時被捕就是一個例子。[42]

　　西藏及新疆地區的少數民族要求獨立或高度自治，對北京造成挑戰。中國在1959年對西藏人民起來反抗中共統治的抗暴行動進行鎮壓，導致達賴喇嘛流亡海外，但是達賴喇嘛在西藏影響力歷久不衰，而中國在文化大革命時期對西藏宗教、文化的破壞，對西藏人民高壓統治，引起西藏人民之憎恨並深植藏人心中，因此藏人反抗中國統治的行動也一直持續不斷。

　　新疆維吾爾族分離運動對中國挑戰及威脅可能更甚於西藏，因為維吾爾族分離運動較傾向於採取激進手段，中國宣稱1990-2001年間，武裝分子尋求建立「東突厥斯坦」國家，造成162人死亡，超過440人受傷。[43] 西藏和新疆少數民族要求獨立自主，與中國在文化和經濟上對這些少數民族採取不公平待遇做法有關。例如中國在新疆和西藏採取反宗教自由、強制計畫生育措施，造成民怨。

---

40 邱鑫，〈中國貧富懸殊問題引發內部爭議〉，《亞洲時報》，2006年6月16日。

41 U.S. Department of State, "International Religious Freedom Report 2005: China."

42 Ibid.

43 〈分析：新疆分離主義的定性〉，《BBC中文網》，2002年9月27日，〈http://news.bbc.co.uk/chinese/trad/hi/newsid_2210000/newsid_2218200/2218251.stm〉。

十、民主化與人權問題

　　胡錦濤於2002年11月接班後，以其極度保守個性，一切以維護中共政權繼續掌政為最高考量心態，已經讓人對其在維護人權和推動民主改革上不敢寄予希望，他的實際作為更讓人徹底失望。在胡錦濤主政下，中國政府強化對網路檢查和控制；為了準備2008年奧運，對數十萬屋主和房客強制拆遷，不少屋主得不到救濟而自焚身亡。[44]中國人民仍然沒有宗教自由，除了官方核准的宗教團體及登記許可祭拜神的地方外，不准有宗教活動，中國政府嚴格控制宗教團體的成長和活動範圍，持續騷擾、拘留家庭教會基督教徒及天主教徒，許多信徒、牧師和神父被逮捕，被以各種名義判刑，甚至被判死刑或在監獄中遭虐待而死亡。中國政府繼續鎮壓法輪功，數千名法輪功學員被關押在監獄、勞改所、精神病院或其他特殊洗腦中心，已經有數百名學員被凌虐致死。[45]美國國務院資料則指出，有十幾萬法輪功信徒在勞改營中接受再教育。[46]

　　雖然目前中共政權仍然反對民主改革，在其於2005年10月所公布的《中國民主政治建設》白皮書，仍然堅持由中國共產黨主政，不允許成立真正的反對黨。隨著經濟改革的發展，中國出現一批中產階級，他們要求政治改革以剷除進一步經濟發展之障礙。知識分子及青年學生透過網路或遊學海外，了解民主政治價值，或是對中國共產黨一黨專制，缺乏制衡導致貪污腐化盛行的現象感到不滿，他們希望民主化改革能夠解決中國大陸所存在的病因，這些力量未來可望不斷成長，要求政治改革的聲音，對中國共產黨將形成更大壓力。

十一、地方主義抬頭

　　中國一向存有會導致內部四分五裂的地方主義因子，也因此三國演義才指出中國合久必分。在中共建立政權之後，如何處理中央和地方關係一向是傷腦筋的問題，毛澤東發表著名的「論十大關係」，其一就是中央與地方關係。中國所面臨困境在於如何讓地方有自主性，能夠有效率，但又不會讓地方坐大，

---

[44] 人權觀察，〈人權觀察報告：中國的強制搬遷情況及居民權利運動〉，2005年7月5日，〈http://hrw.org/chinese/2004/2004032341.html〉。

[45] 〈聯合國人權委員今天表決中國人權迫害再度成為世界焦點〉，法輪大法亞太訊息中心，（歐洲時間）2004年4月15日，〈http://www.falunasia.info/infocenter/article/2004/4/16/31126.html〉。

[46] U.S. Department of State, "International Religious Freedom Report 2005: China."

不受中央節制，因此有所謂「一放就亂、一亂就收、一收就死」的惡性循環。在改革開放之後，北京首先在沿海地區建立特區，讓一部分地區、一部分人先富有起來，造成東西發展差距，而沿海地區省分經濟力量提高，不只足以抗拒來自中央壓力，與內陸省份的隔閡加大，經濟諸侯有向政治諸侯轉化可能，各省份間甚至出現關稅壁壘情形。地方主義抬頭如果無法有效控制，可能重演中國歷史上分裂惡果，已經有人提倡中國應該走向聯邦主義，以調和不斷上漲的地方主義。

中國面臨多如牛毛的政治、經濟和社會問題，上述問題只是舉其大者，其他諸如文盲、在能源缺乏情況下仍能極度浪費能源、經濟建設缺乏完善規劃、金融體系問題重重等，也都是對第四代領導班子的艱鉅挑戰。基本上，中國所面臨的均是難以解決之問題，許多問題已經成為老生常談，這些問題老早已經存在，經過一、二十年後，仍舊困擾著中國領導人。如果第四代領導班子可以成功地解決這些問題，則中國崛起將沒有任何阻礙，但是沒有人認為中國有能力解決這些問題，過去的經驗顯示中共沒有此能力。因此縱然中國一再強調其和平崛起的前景，相信中國領導人自己也感到心虛。一項網路上之投票顯示，超過60%的人表示「下輩子不想再做中國人了」，[47]這項調查結果應讓中國領導人汗顏，國家和政府存在之目的就是要服務人民，讓人民生活得有尊嚴，但是中國人民卻在專制政權統治下感到沒有尊嚴，這是相當悲哀的事實。

因為中國在這時期內部問題日趨嚴重，民怨、社會騷動日增，因此胡錦濤在中共十六屆四中全會提出建立「社會主義和諧社會」主張，希望妥善協調社會各方面的利益關係、正確處理人民內部矛盾和其他社會矛盾。

貳、中國這時期所面臨的外在挑戰

在胡錦濤接掌政權初始，美國已經陷入阿富汗和伊拉克兩場戰爭泥淖，這是「中國可以大有作為的重要戰略機遇期」，而中國將戰略機遇期定位為「某個時段出現了有利於國家發展的契機、條件和環境，能夠對一個國家或地區的歷史命運產生全局性、長遠性、決定性的影響。」[48]中國所公布的「2004年

---

47 〈網易調查「下輩子還願做不做中國人」〉，《大紀元》，〈http://www.epochtimes.com/b5/6/9/24/n1464463.htm〉。

48 解放軍報，〈論新世紀新階段我軍的歷史任務〉，2006年1月9日，〈http://military.people.com.cn/BIG5/1078/4011071.htm〉。

中國的國防」和「2008年中國的國防」均認為亞太安全形勢基本穩定，而且「中國的安全環境繼續有所改善」，[49]「2010年中國的國防」更表示：「中國仍處於發展的重要戰略機遇期，安全環境總體有利。」[50] 然而，在他於2012年要卸任的時候，國際環境的發展已經進入相對不利於中國的時期。

一、中國威脅論逐漸發酵

在中國不斷鼓吹「和平崛起」論調之際，許多人對中國是否是一支持現狀的國家卻深感懷疑，鄰近國家尤其是日本、越南、印度、印尼、蒙古、菲律賓和台灣，對中國崛起更是深感威脅。中國提倡「和平崛起」或和平與發展的論調，仍未被全部鄰近國家所接受。美國對中國的戒心也在增加中，例如美國國防部長倫斯斐（Donald H. Rumsfeld）於2006年6月在新加坡參加香格里拉對話會（Shangri-La Dialogue）時，就對中國於和平時期不斷增加軍費提出質疑，要求中國在國防預算上更加透明化。[51] 而中國與日本的矛盾在中國高漲反日情結下一直持續不墜，促使日本進一步向美國靠攏，未來其他周邊國家也可能加強與美國合作，來制約來自中國崛起的壓力。

二、美國對中國戒心升高

美國歐巴馬總統於2009年1月20日出任美國第四十四任總統，他上台之後開始推動「再平衡策略」（rebalancing policy），逐漸減少在伊拉克和阿富汗的美軍兵力，並於2011年年底從伊拉克撤軍，且將資源和兵力投注到亞太地區，及強化與亞太盟邦的安全合作關係，很明顯的是針對中國而來。

三、日中關係惡化

中國與日本於2010年因釣魚台爭端而關係惡化，首次於2009年執政的日

---

49 中華人民共和國國防部，〈2004年中國的國防〉，〈http://www.mod.gov.cn/affair/2011-01/06/content_4249947.htm〉；中華人民共和國國防部，〈2008年中國的國防〉，〈http://www.mod.gov.cn/big5/regulatory/2011-01-06/content_4617809.htm〉。

50 中華人民共和國國防部，〈2010年中國的國防〉，〈http://www.mod.gov.cn/big5/regulatory/2011-03/31/content_4617810.htm〉。

51 〈http://www.iiss.org/whats-new/iiss-in-the-press/june-2006/rumsfeld-urges-china-to-explain-miliatary-spending〉。

本民主黨政府，原本希望改善日中關係，但是因爲釣魚台爭端，被迫倒向美國，加強與美國的安全合作，想制約中國在亞太地區不斷增強的影響力。

四、南海爭端加劇

南海主權爭端也因爲美國想要制約中國，而以行使海上「航行自由」（freedom of navigation）權利來挑戰中國對南海的主權主張，鼓勵越南、菲律賓等國家在南海地區挑戰中國。

五、兩岸關係倒吃甘蔗

在台海兩岸關係發展上，胡錦濤政權倒是嚐到倒吃甘蔗的甜頭。在胡錦濤執政初期，台灣剛發生第一次政權輪替，追求建立台灣爲獨立主權國家的民主進步黨於2000年贏得總統選舉後首次執政，台海兩岸高度互不信任，尤其是陳水扁總統在第二任期內（2004-2008年），採取許多措施（包括廢國統會、凍結國家統一綱領、尋求以台灣名義參與聯合國等）強化台灣的主權地位，導致兩岸關係惡化、台海緊張情勢升高。然而，台灣於2008年5月再度政權輪替，國民黨由接受「一中各表」的馬英九出任總統，兩岸關係進入北京所謂戰略機遇期，兩岸於2008年6月恢復海基會和海協會的協商，並簽訂兩岸直航及大陸觀光客來台協議，兩岸關係大爲改善，兩岸雙向交流大爲增加。

面對日益複雜、挑戰升高的外在環境，沿續對內提倡建立和諧社會的主張，胡錦濤於2005年9月16日在聯合國成立60周年高峰會上，發表「努力建設持久和平、共同繁榮的和諧社會」的演說，提出以下四點主張：1.要樹立互信、互利、平等、協作的新安全觀，建立公平、有效的集體安全機制；2.聯合國要大力推動發展中國家的發展，各國應積極推動建立健全、開放、公平、非歧視的多邊貿易機制，完善國際金融體制，加強全球能源對話和合作，保障人權使人人享有平等發展的機會；3.尊重各國自主選擇社會制度和發展道路的權利；4.通過合理、必要的改革，維護聯合國權威。[52]他在中共十七大的政治報告中，也納入建設「共同繁榮的和諧世界」主張。[53]

---

[52] 〈胡錦濤在聯合國首腦會議上發表重要講話〉，中華人民共和國外交部，2005年9月16日，〈https://www.fmprc.gov.cn/123/wjdt/zyjh/t212359.htm〉。

[53] 〈胡錦濤在中國共產黨十七次全國代表大會上的報告（全文）〉，《人民網》，2007年10月25日，〈http://cpc.people.com.cn/GB/64093/67507/6429855.html〉。

第三節　胡錦濤的軍事戰略與海權發展

　　胡錦濤是一位相當弱的軍委主席，解放軍充其量只是對他名義上的尊重。然而，中國的海權在胡錦濤時期卻有相當大成長，這是因為中國國力成長水到渠成而帶動海權的發展。

壹、中國這時期的軍事戰略與軍隊任務

一、軍事戰略

　　根據美國國防部（Department of Defense）於2005年所提出的中國軍力報告，中國的軍事戰略在胡錦濤時期已經轉變為「信息化（台灣的用詞是資訊化）條件下的局部戰爭戰略」（local wars under the conditions of informalization），強調資訊科技和知識對作戰的衝擊和重要性，[54]亦即使用先進電腦系統、資訊科技和通訊網絡來取得對敵人的作戰優勢。[55]中國所公布之「2004年中國的國防白皮書」也強調，「戰爭型態正由機械化向信息化轉變，信息化成為提高軍隊戰鬥力的關鍵因素」，並強調要「加速推進中國特色軍事變革」，包括「把信息化作為現代化建設的發展方向……推動火力、機械力和信息能力的協調發展，加強以海軍、空軍和二炮兵為重點的作戰力量建設」、實施科技強軍、深化軍隊改革、加強軍事鬥爭準備，「立足打贏信息化條件下的局部戰爭」。[56]

二、軍隊任務

　　胡錦濤於2004年12月對中央軍事委員會講話時，提出中國軍隊「新世紀

---

[54] Office of the Secretary of Defense, Department of Defense, United States of America, "The Military Power of the People's Republic of China, 2005," Annual Report to Congress, p. 16.

[55] Department of Defense, the United States of America, Annual Report to Congress: Military and Security Developments Involving the People's Republic of China 2012 (Washington, DC: Department of Defense, May 2012), p. 3; and Department of Defense, the United States of America, Annual Report to Congress: The Military Power of the People's Republic of China 2005 (Washington, DC: Department of Defense, 2005), p. 16.

[56] 中華人民共和國新聞辦公室，〈2004年中國的國防白皮書〉，2004年12月，〈http://www.mod.gov.cn/affair/2011-01/06/content_4249947.htm〉。

新階段⋯⋯歷史使命」，包括「爲黨鞏固執政地位提供重要的力量保證、爲維護國家發展的重要戰略機遇期提供堅強的安全保障、爲維護國家利益提供有力的戰略支撐、爲維護世界和平與促進共同發展發揮重要作用。」[57]其中所提到的國家利益，已超越傳統領土、領海和領空，而擴大涵蓋海洋、太空和網路空間，[58]因此中國在「2010年中國的國防白皮書」所列舉國防目標和任務，除要「維護國家主權、安全、發展利益，防備和抵抗侵略、保衛領陸、內水、領海、領空的安全」之外，還要「維護國家海洋權益，維護國家在太空、電磁、網路空間的安全利益。」[59]這時期中國軍隊的新歷史任務還包括承擔非軍事行動，包括打擊海盜、恐怖主義和毒品走私，以及人道救援和救災，這些新歷史任務需要靠海軍來執行。

貳、中國這時期的海權發展

在此一時期，中國認爲中國在南海和東海的領土主權爭端，是中國安全的重大隱患，中國海洋權益被嚴重侵犯，「資源被掠奪、島嶼被侵占、劃界有爭議、海洋國土被分割」。[60]對於維護國家海洋權益，中國強調的是「在國家管轄海域範圍內的主權、主權權利、管轄權和管制權」，包括對中國領海、毗連區、專屬經濟區、大陸礁層內的海洋生物和礦物資源之開發，以及海洋旅遊事業的推展等。[61]中共2007年十七大政治報告提的是「發展⋯⋯海洋等產業」，[62]均只有寥寥幾個字，而且與其他產業的發展並列在一起。中共每一次

---

57 轉引自孫文廣，〈胡錦濤對黨的軍隊建設思想的創新與發展〉，《中國共產黨新聞網》，2007年11月6日，〈http://cpc.people.com.cn/BIG5/68742/84762/84763/6489003.html〉。

58 日本防衛省防衛研究所編，〈中國安全戰略報告〉，2011年3月，頁7-8；Daniel M. Hartnett, "The 'New Historic Missions': Reflections on Hu Jintao's Military Legacy," in Roy Kamphausen, David Lai, and Travis Tanner (eds.), *Assessing the People's Liberation Army in the Hu Jintao Era* (Carlisle, PA: Strategic Studies Institute and U.S. Army War College Press, 2014), pp. 33-34.

59 中華人民共和國新聞辦公室，〈2010年中國的國防白皮書〉，2011年3月，〈http://www.mod.gov.cn/regulatory/2011-03/31/content_4617810_2.htm〉。

60 楊毅主編，《中國國家安全戰略構想》（北京：時事出版社，2009年），頁207-208。

61 張煒主編，《國家海上安全》（北京：海朝出版社，2008年），頁389-391。

62 胡錦濤，〈高舉中國特色社會主義偉大旗幟爲奪取全面建設小康社會新勝利而奮鬥〉，

黨代表大會的政治報告，代表該黨未來五年的國家建設方針，但是這兩份重要文件中，有提到海洋者仍然沒有超過十個字，顯見發展海洋並沒有被列爲重要或優先的位置。

　　然而，就海軍發展而言，如上所述海軍、空軍和二炮部隊並列爲中國軍隊要加強作戰力量建設的重點，強調要「加快更新海軍武器裝備，重點發展新型作戰艦艇，以及多種專用飛機和配套裝備，提高武器裝備信息化水平和遠程精確打擊能力。」[63] 中國2006年的國防白皮書強調「把信息化作爲海軍現代化建設的發展方向和戰略重點，突出發展海上信息系統。」[64]

一、海軍面向

　　有關此一時期中國海權的海軍面向發展，分別由海軍武器發展、積極推動珍珠鏈戰略、亞丁灣護航、遠洋訓練及與其他國家海軍聯合軍演來加以說明。

（一）海軍武器發展

1. 第一艘航空母艦

　　胡錦濤雖然不是雄才大略型的領導人，作爲中央軍委主席也沒有很高的威望，但在他擔任中央軍委主席期間，中國海軍有相當大幅度成長。其中最具劃時代意義的是中國首艘航空母艦遼寧號於2012年9月25日正式服役，該艦是由購自烏克蘭的空船加以武裝而來，船長304.5公尺、橫樑長70公尺、吃水深10.5公尺、最高航速每小時55.6公里，至多可攜帶24架殲15（J-15）戰機。遼寧號甲板設計及戰機發射系統限制戰機起飛的重量，也限制戰機攜帶武器重量，無法操作大型空中預警機，因此該艦能夠發揮的戰力有限，[65] 但是遼寧號加入海軍仍是中國海軍的一個里程碑，因爲它使中國從此加入航母國家俱樂部。

　　2007年10月25日在中國共產黨第十七次全國代表大會的報告，〈http://cpc.people.com.cn/GB/64093?67507/6429840.html〉。

[63] 中華人民共和國新聞辦公室，〈2004年中國的國防白皮書〉。

[64] 中華人民共和國新聞辦公室，〈2006年中國的國防白皮書〉，2006年12月，〈http://www.mod.gov.cn/affair/2011-01/06/content_4249948.htm〉。

[65] ChinaPower, CSIS, "How Does China's First Aircraft Carrier Stack Up?" <https://chinapower.csis.org/aircraft-carrier/>; Defense Intelligence Agency, United States of America, *China Military Power, 2019*, pp. 69-70, <http://www.dia.mil/Military-Power-Publications>.

2. 其他海軍武器發展

在此一時期，中國海軍新增3艘晉級（094型）核動力戰略潛艦（可攜帶12枚射程超過7,000公里之巨浪II型飛彈）、2艘商級（093A型）核動力潛艦、自俄羅斯新購7艘基洛級潛艦、6艘宋級潛艦、11艘元級（039A型）柴電引擎潛艦、1艘清級（032型）柴電引擎潛艦、2艘江衛II型護衛艦、2艘江凱I型護衛艦，及11艘江凱II型護衛艦、1艘旅洋I型驅逐艦、2艘旅遊II驅逐艦。[66]此外，中國海軍在此一時期開始建造056型護衛艦，在胡錦濤卸任前，2艘已經進行最後的測試；中國海軍於2004年新增配備c-802型反艦巡弋飛彈的河北級（022型）快速攻擊艇。[67]表6-1是胡錦濤擔任中央軍委主席時期中國海軍所增加的主要水面艦。

由於中國海軍擁有數目相當多的潛艦，在江澤民時代潛艦數起意外事件的慘痛教訓，使中國相當重視潛艦救援能力的提升。中國在2008年自英國購買1艘LR7深潛援生艇，中國同時開始建造自己的潛艇支援艦，第一艘命名為海洋島號於2010年開始服務，在胡錦濤卸任時第二艘劉山島號也已加入服役。此外，中國開始建造新一代綜合補給艦，第一艘命名為千島湖號，於2004年開始服役。中國自2007年開始建造新一代登陸艦（玉洲級），在2012年已經有3艘加入中國海軍，新一代紅杯稗級飛彈巡邏艇於2004年開始服役。[68]中國海軍還配備三種型號的直升機－Z-9C、Z-8及俄製Ka-28 Helix。這些成果為中國發展海權進入一個新階段鋪路，標誌中國要跨過第一島鏈向遠洋發展，也象徵中國海洋戰略進入一個新時期（參見表6-2）。

在胡錦濤卸任之時，中國海軍已經有長足進步，許多中國軍艦已經裝備先進防空系統、先進的反艦巡弋飛彈（anti-ship cruise missiles）和魚雷。在艦對空防禦（area-air-defense, AAD）方面，除了現代級驅逐艦和旅洋級驅逐艦配備俄羅斯製SA-N-7飛彈、旅洲級驅逐艦配備俄製SA-N-20/RIF-M飛彈、旅洋II型驅逐艦配備中國自產HHQ-9飛彈、江凱II型護衛艦配備中國自產新一代水平發射HHQ-16飛彈，而這些飛彈有先進空中偵測系統的輔助，包括俄羅斯製Tombstone、Top Plate級中國自製鷹眼象陣雷達。在反艦巡弋飛彈方面，旅洋II型驅逐艦配備鷹擊-62（YJ-62）、大多數其他主力艦配備YJ-8A巡弋飛

66　O'Rourke, "China Naval Modernization: Implications for U.S. Navy Capabilities," pp. 16-31.

67　Ibid., pp. 28-29.

68　Office of Naval Intelligence, *The People's Liberation Army Navy: A Modern Navy with Chinese Characteristics* (Suitland, Maryland: The Office of Naval Intelligence, 2009), p. 20.

彈。[69]雖然有限的後勤支援仍然限制中國海軍的行動，[70]但是中國海軍艦艇比起江澤民時代，已經更頻繁的遠離國門。

■ 表6-1

中國海軍增加的主要水面艦和潛艦，2004年9月-2012年11月

單位：艘

	2004	2005	2006	2007	2008	2009	2010	2011	2012
江衛 II 型護衛艦		2							
江凱 I 型護衛艦		1	1						
江凱 II 型護衛艦					4		3	2	2
旅洋 I 型驅逐艦	1								
旅洋 II 型驅逐艦	1	1							
現代級驅逐艦		1	1						
旅州級驅逐艦				1	1				
航空母艦									1
基洛級潛艦		4	3						
宋級潛艦	1	3	2						
元級潛艦			1			2	1	3	4
清級潛艦**								1	
晉級核戰略潛艦				1			1		1
商級核攻擊潛艦			1	1					
商級核攻擊潛艦			1	1					

**專家認為這艘清級柴電潛艦只是用來測試魚雷、反艦飛彈、陸攻飛彈的實驗艦。

資料來源：Ronald O'Rourke, "China Naval Modernization: Implications for U.S. Navy Capabilities—Background and Issues for Congress," *CRS Report for Congress*, December 10, 2012, pp. 17-28.

---

[69] Office of Naval Intelligence, The People's Liberation Army Navy, p. 18.

[70] Department of Defense, the United States of America, *Annual Report to Congress: Military and Security Developments Involving the People's Republic of China 2013* (Washington, DC: Department of Defense, 2013), p. 39.

■ 表6-2

胡錦濤時期中國海軍軍艦數目，2005-2012年

單位：艘

種類＼時間	2005	2006	2007	2008	2009	2010	2011	2012
航空母艦	0	0	0	0	0	0	0	1
驅逐艦	21	25	25	29	27	25	26	26
巡洋艦	43	45	47	45	48	49	53	53
坦克登陸艦	20	25	25	26	27	27	27	28
中型登陸艦	23	25	25	28	28	28	28	23
柴電潛艦	51	50	53	54	54	54	49	48
核潛艦	6	5	4	5	6	6	5	5
飛彈巡邏艇	51	45	41	45	70	85	86	86

資料來源：U.S. Department of Defense, "Annual Report to Congress: Military and Security Development Involving the People's Republic of China" (released annually since 2000).

（二）積極推動珍珠鏈戰略

「麻六甲困境」（Malacca dilemma）是由胡錦濤所率先提出，因為中國在1993年成為石油淨輸入國，而且在2004年躍升為僅次於美國的世界上第二大石油輸入國。中國所進口80%的石油和所輸出的貨物均需運經麻六甲海峽，除非中國能夠找到替代通道（例如在泰國穿鑿運河），否則必須確保麻六甲海峽對中國暢通。

為了確保海上生命線的安全，中國積極在連接中國港口、穿過南海和印度洋到達中東和北非的沿線，尋找可以提供中國軍艦和貨輪維修補給的基地和設施，這樣的策略被稱為「珍珠鏈」（string of pearls）戰略。此一名稱最先出現在漢彌爾頓（Booz Allen Hamilton）給國防部長倫斯斐（Donald H. Rumsfeld）一份名為「亞洲能源的未來」（Energy Future in Asia）的內參報告，[71]這些據點包括在中國海南省亞龍灣建造一個可以停泊核動力攻擊潛艦、

---

[71] "China Builds up Strategic Sea Lanes," *The Washington Times*, January 17, 2005, <http://www.

核戰略潛艦、包括航母在內的先進水面艦之大型海軍基地，[72] 以及整建榆林深水港、西沙永興島建機場及港口、考慮花200億美元在泰國的克拉地峽（Kra Isthmus）開鑿連接南海和印度洋之運河、提供絕大部分經費整建巴基斯坦的瓜達港（Gwadar）、[73] 在孟加拉灣（Bay of Bengal）靠近麻六甲海洋的島嶼建情報蒐集設施、在孟加拉吉大港（Chittagong）建貨櫃碼頭、在緬甸的實兌（Sittwe）建深水港和在大可可島（Great Coco Island）建軍事設施、建連接巴基斯坦伊斯蘭馬巴德（Islamabad）到新疆喀什的石油管線、建連接中國南方到柬埔寨海岸的鐵路、在馬爾地夫（Maldives）建口港（甚至傳言要建潛艦基地）、在斯里蘭卡的漢班托特港（Hambantota），以及可能在塞席爾（Seychelles）建軍港。[74]

（三）亞丁灣護航

2008年年底，中國決定派軍艦前往索馬利亞附近海域護航，打擊索馬利亞海盜。第一批護航軍艦於2009年1月初抵達亞丁灣（Gulf of Aden）海域。中國的決定具有以下三項目的：1.保護中國的戰略利益—海上航線之安全；2.提供中國海軍發展遠洋能力所需之演練；3.提升中國作為國際社會負責任成員的國際形象。[75] 在胡錦濤於2012年11月下旬卸任之前，中國總共派出十三批護航

---

washingtontimes.com/news/2005/jan/17/20050117-115550-1929r/>.

[72] Department of Defense, the United States of America, *Annual Report to Congress: Military and Security Developments Involving the People's Republic of China 2012* (Washington, DC: Department of Defense, 2012), p. 22.

[73] 整建瓜達港的總經費是120億美元，由中國承擔大部分經費，中國還額外提供2億美元建造連接瓜達港和喀拉蚩（Karachi）的高速公路。整建港口的第一階段工程已經於2005年8月完成。Christopher J. Pearson, "String of Pearls: Meeting the Challenges of China's Rising Power Across the Asian Littoral" (Strategic Studies Institute, the U.S. Army War College, July 2006), p. 4.

[74] 同上註：Shee Poon Kim, "An Anatomy of China's 'String of Pearls' Strategy," *The Hikone Ronso*, No. 387, Spring 2011, p. 23; Christian Bedford, "The View from the West: String of Pearls: China's Maritime Strategy in India's Backyard," *Canadian Naval Review*, Vol. 4, No. 4 (Winter 2009), pp. 37-38; and Pajat Pandit, "China's Stepped up Moves in Maldives Worries India," October 11, 2011, <https://timesofindia.indiatimes.com/india/Chinas-stepped-up-moves-in-Maldives-worry-India/articleshow/10294868.coms?referral=PM>.

[75] The Office of Naval Intelligence, *A Modern Navy with Chinese Characteristics* (Suitland,

編隊，派出的時間及參加的軍艦如表6-3：

■ 表6-3

胡錦濤擔任中共中央軍委主席時期中國派至亞丁灣護航海軍編隊	
啟航時間	參加軍艦
2008年12月26日	武漢號和海口號驅逐艦、微山湖號綜合補給艦
2009年4月2日	深圳號驅逐艦、黃山號護衛艦、微山湖號綜合補給艦
2009年7月16日	舟山號和徐州號護衛艦、千島湖號綜合補給艦
2009年10月30日	馬鞍山號和溫州號護衛艦、千島湖號綜合補給艦
2010年3月4日	廣州號驅逐艦、微山湖號綜合補給艦
2010年6月30日	蘭州號驅逐艦、崑崙山登陸艦、微山湖號綜合補給艦
2010年11月2日	舟山號和徐州號護衛艦、千島湖號綜合補給艦
2011年2月21日	馬鞍山號和溫州號護衛艦、千島湖號綜合補給艦
2011年7月2日	武漢號驅逐艦、玉林號護衛艦、青海湖號綜合補給艦
2011年11月2日	海口號和運城號護衛艦、青海湖號綜合補給艦
2012年2月27日	青島號驅逐艦、煙台號護衛艦、微山湖號綜合補給艦
2012年7月3日	益陽號和常州號護衛艦、千島湖號綜合補給艦
2012年11月9日	黃山號和衡陽號護衛艦、青海湖號綜合補給艦

資料來源：「亞丁灣十年：中國海軍的深藍航跡」，《人民網》，2018年4月24日，〈http://military.people.com.cn/
n1/2018/0424/c1011-29945605-5.html〉。

（四）遠洋訓練及與他國海軍聯合軍演

　　吳勝利於2006年10月接任海軍司令員後，中國海軍從事遠洋訓練的頻率
增加，例如2008年10-11月和2009年6月，中國海軍多艘軍艦穿過第一島鏈，
進入太平洋訓練。[76]夏曼（Christopher H. Sharman）的研究指出，胡錦濤
擔任中央軍委主席期間，中國軍艦共19次組成編隊，從台灣南部的巴士海峽

　　Maryland: The Office of Naval Intelligence, 2009), pp. 9-10.

[76] 日本防衛省防衛研究所，〈中國安全戰略報告〉，頁12。

（Bashi），或是北邊台灣與日本與那國島（Yonaguni）間的水道、宮古海峽（Miyako Strait）、大隅海峽（Osumi Strait），甚至由日本北海道和本州間的津輕海峽（Tsugaru Strait）出海，進入西太平洋或菲律賓海（the Philippine Sea）進行演練。[77] 而且過去海軍訓練大多數單一面向的訓練，例如水面艦的對抗訓練，但是中國海軍訓練進入胡錦濤第二任期，已經展開電子戰、資訊戰、多軍種聯合演練及協調作戰的訓練，例如2007年9月3-6日所舉行的「聯合2007」軍事演習，就是要改善海軍與其他軍種聯合作戰的能力。[78]

吳勝利也積極推動中國海軍與其他國家海軍的軍事交流活動，包括於2007-2008年與日本軍艦五十年來首次之互訪。在胡錦濤擔任軍委主席期間，中國海軍不僅遠洋訓練次數大爲增加，與其他國家進行聯合演習的次數也大爲增加。根據中國國防白皮書統計，自2002年至2012年，中共軍隊共與31個國家舉行28次聯合演習、34次聯合訓練，其中相當大比例是跨國聯合演習，當然其中一部分是派赴亞丁灣護航的軍艦，在去程或回程時順道訪問沿岸國家，或安排訪問歐洲國家，並與這些國家海軍從事聯合演習（請參閱表6-4）。

■ 表6-4

胡錦濤擔任軍委主席期間中國海軍所進行的國際聯合軍事演習

時間	演習名稱	地點	參與外國	中國參與軍艦
2004年10月	海上搜救演習	黃海	澳洲	哈爾濱號驅逐艦
2005年8月	和平使命—2005聯合軍事演習	海參崴、山東半島及附近海域	俄羅斯	
2005年11月	中巴友誼—2005海上搜救演習	阿拉伯海（Arabian Sea）北部海域	巴基斯坦	深圳號驅逐艦、微山湖補給艦
2005年12月	中印友誼—2005海上搜救演習	印度洋北部海域	印度	深圳號驅逐艦、微山湖補給艦

---

[77] Christopher H. Sharman, *China Moves Out: Stepping Stones Toward a New Maritime Strategy* (Washington, D.C.: National Defense University Press, 2015), pp. 14-22.

[78] Ibid., pp. 15-16.

■ 表6-4

胡錦濤擔任軍委主席期間中國海軍所進行的國際聯合軍事演習（續）

時間	演習名稱	地點	參與外國	中國參與軍艦
2005年12月	中泰友誼—2005海上搜救演習	泰國灣（Gulf of Thailand）海域	泰國	深圳號驅逐艦、微山湖補給艦
2006年9月	海上搜救演習	聖地牙哥（San Diego）附近海域	美國	青島號驅逐艦、洪澤湖補給艦
2006年11月	海上搜救演習	南海	美國	湛江號驅逐艦、洞庭湖號補給艦
2007年3月	「和平—07」海上多國聯合演練	阿拉伯海	巴基斯坦等7國	
2007年5月	第二屆西太平洋海軍論壇海上演習	新加坡	12國（含中國）	襄樊號護衛艦
2007年9月	中英友誼—2007海上搜救演習	朴茲茅斯港（Portsmouth）海域	英國	廣州號驅逐艦、微山湖號補給艦
2007年9月	中西友誼—2007海上搜救演習	加地斯（Cadiz）附近海域	西班牙	廣州號驅逐艦、微山湖號補給艦
2007年9月	中法友誼—2007海上搜救演習	地中海	法國	廣州號驅逐艦、微山湖號補給艦
2007年10月	三國海上聯合搜救演習	塔斯曼（Tasman）海域	澳洲、紐西蘭	哈爾濱號驅逐艦、洪澤湖號補給艦
2009年3月	「和平—09」海上多國聯合演習	巴基斯坦喀拉蚩（Karachi）海域	11國（含中國）	廣州號驅逐艦

■ 表6-4

胡錦濤擔任軍委主席期間中國海軍所進行的國際聯合軍事演習（續）

時間	演習名稱	地點	參與外國	中國參與軍艦
2009年9月	和平藍盾—2009	亞丁灣西部海域	俄羅斯	舟山、徐州號護衛艦、千島湖補給艦
2010年9月	聯合軍演	黃海	澳洲	洛陽號護衛艦
2010年11月	藍色突擊—2010	泰國梭桃邑（Sattahip）基地	泰國	海軍陸戰隊
2010年12月	海上搜救演習	南海	越南	襄樊號護衛艦
2011年3月	「和平—11」海上多國聯合演習	喀拉蚩附近海域	12國（含中國）	馬鞍山號、溫州號護衛艦
2012年4月	海上聯合—2012	黃海海域	俄羅斯	中國多艘軍艦、飛機、直升機參加
2012年5月	藍色突擊—2012	中國汕尾海訓場	泰國	海軍陸戰隊

資料來源：王經國、田野，〈背景：中國與外國海軍歷次聯合演習〉，《新華網》，2014年4月21日，〈http://youth.chinamil.com.cn/qnht/2014-04/21/content_5873984.htm〉。

（五）其他國際合作與對話

　　除了繼續定期與美國進行海上軍事安全協商機制的對話之外，中國於2005年與越南簽訂「中越海軍北部灣聯合巡邏協議」，同年與菲律賓簽署「海事合作諒解備忘錄」及與印尼簽署「海上合作諒解備忘錄」。此外，中國與日本在2008年開始就建立海上聯絡機制進行磋商。

二、非海軍面向

（一）中國的海洋經濟發展

1. 整體海洋經濟快速成長

　　中國國務院於2003年5月9日印發「全國海洋經濟發展規劃綱要」，要促進中國海洋經濟發展，具體目標是要2005年海洋產業增加值占中國國內生產總值的4%左右，2010年達到5%以上。[79] 中國政府於2011年3月通過的「十二五規劃綱要」，其中第十四章說明「推進海洋經濟發展」，提出「制定和實施海洋發展戰略，提高海洋開發、控制、綜合管理能力」的方針。[80] 這些政策文件顯示中國政府對發展海洋經濟的重視，而事實上胡錦濤真正掌權期間（2004-2012年），中國海洋經濟確實取得相當大幅度成長，中國2012年海洋經濟總產值比起2004年成長幾乎四倍（請參閱表6-5）。

■ 表6-5

中國海洋經濟產值，2004-2012年

單位：億人民幣

種類 年度	海洋產業	海洋產業增加值	海洋經濟總產值
2004	7,573	5,268	12,841
2005	9,785	7,202	16,987
2006	10,122	8,286	18,408
2007	14,844	10,085	24,929
2008	17,351	12,311	29,662
2009	18,742	13,222	31,964
2010	22,370	16,069	38,439
2011	26,508	19,062	45,570
2012	29,397	20,690	50,087

資料來源：中國國家海洋局，《中國海洋經濟統計公報》，2004-2012年（每年公布一份），〈http://www.soa.gov.cn/zwgk/hygb/zghyjjtjgb〉。

---

79 國務院，〈國務院關於印發全國海洋經濟發展規劃綱要的通知〉，2003年5月9日，〈http://www.gov.cn/gongbao/content/2003/content_62156.htm〉。

80 中國第十二個五年計畫所涵蓋的時間是從2011年至2015年，計畫綱要的全部內容請參閱新華社授權發布「中華人民共和國經濟和社會發展第十二個五年計畫綱要」全文，2011年3月16日，〈https://www.cmab.gov.hk/doc/12th_5yrsplan_outline_full_text.pdf〉。

2. 海洋運輸和造船業名列前茅

中國遠洋運輸公司（China Ocean Shipping Company, COSCO）和中國集裝箱運輸公司（China Shipping Container Lines, CSCL）兩家國有企業，已經列名世界上十大貨櫃運輸公司。中國的造船業同樣蓬勃發展，以中國船舶重工業集團公司（China Shipbuilding Industry Corporation, CSIC）和中國船舶工業集團公司（China State Shipbuilding Corporation, CSSC）兩家國有企業爲首的中國造船業，造船量占世界相當大百分比。[81] 然而，中國所造的是相對廉價的船隻，而且超過60%的船上設備是進口而來。[82]

（二）占領黃岩島

黃岩島（Scarborough Shoal）乃是中沙群島（Macclesfield Islands）的一個環礁，中華民國爲了紀念行使憲法，於1947年將該礁嶼命名爲民主礁。中國的海監船曾於1997年5月與菲律賓公務船在黃岩島附件海域對峙，但中國海監船撤退後，由菲律賓控制。中國海監船於2012年4月再度與菲律賓公務船對峙，菲律賓船隻因受颱風影響於該年6月18日全部由黃岩島撤退，但是中國海監船並未撤退，在這之後黃岩島已經由中國控制。

（三）凌亂的海洋治理體系

除了於2008年10月23日將漁政漁港監督管理局更名爲農業部漁業局之外，中國在胡錦濤時代對海洋治理體系並沒有調整，但中國用這些單位來維護海洋領導和權益更頻繁。中國避免動用海軍，以免一下子升高到軍事衝突的緊張情勢。因爲這些單位任務增加，因此中國在胡錦濤時期大幅改善這些單位的裝備。

雖然這些單位只配備輕武裝，甚至沒有裝配武器，但是他們的裝配更新速度相當快。根據《中國日報》（China Daily）報導，光是中國海監總隊就擁有大約300艘監測船，還擁有10架飛機和4架直升機，在2013年還會接收36艘新船，其中14艘600噸、15艘1,000噸、幾艘超過1,500噸，而且正在接收54艘新

---

[81] Dean Cheng, "Sea Power and the Chinese State: China's Maritime Ambitions," *Backgrounder*, No. 2576, July 11, 2011, p. 3.

[82] Innovation Centre Denmark, *Chinese Maritime R&D—in Ship Building, Ship Equipment and Offshore Engineering* (Shanghsi: Innovation Centre Denmark, August 2014), p. 3.

快艇，預計到2020年中國海監會擁有520艘船。[83] 漁政局則擁有多達2,000艘船隻，雖然絕大多數是小型船隻，但是2010年加入服務的漁政310號是2,500噸的大船，而由海軍轉交的漁政88號則高達15,000噸，可攜載一架直升機；海警擁有大約500艘船艦、海事局擁有大約200艘巡邏艇、海關總署擁有超過200艘船隻，其中有一些配備武器。[84] 中國於2012年7月對其最新和最先進的巡邏艇—海巡01號做最後下水測試，該船5,418噸、128.6公尺長、時速可達37公里、最大續航力18,520公里，具備海洋監測和搜救功能。[85] 雖然中國這些所謂海上民兵（maritime militia）單位快速成長，然而「五龍鬧海」的問題並沒有解決，這些單位功能和任務疊床架屋，缺乏相互協調和統一指揮的問題依舊存在。[86]

---

[83] 轉引自 Ronald O'Rourke, "China Naval Modernization: Implications for U.S. Navy Capabilities—Background and Issues for Congress," *CRS Report for Congress*, December 10, 2012, p. 30。

[84] Ibid., p. 31

[85] Ibid., pp. 31-32.

[86] Goldstein, "Five Dragons Stirring Up the Sea."

第七章　習近平時期的中國海權發展

　　習近平於1953年6月15日生在北京，祖籍河南鄧州，籍貫陝西富平，是習仲勳與第二任妻子齊心的次子。就他的出生背景而論，他屬於紅二代，因為習仲勳可說是中共黨國元老之一，在國共內戰期間就已經擔任中共中央西北局書記、西北軍區政委，在中華人民共和國建立之後，歷任西北軍政委員會副主席、第一野戰軍政委、中共中央宣傳部部長、國務院秘書長、國務院副總理、廣東省委第一書記、廣州軍區第一政委、全國人大常委會副委員長、中共中央政治局委員等黨政軍要職。

　　習仲勳在1962年因《劉志丹》這本小說文字獄，[1] 被毛澤東打成反黨集團成員之一遭整肅下台，那時習近平只有9歲，連帶使他成為受害者，使他青少年時飽受異樣眼光，在他父親於1978年被平反復出前這段時間，習近平可說沒有真正享受太子黨的特權。相反地，習近平多次被關押審查，在文革時期他沒有資格參加紅衛兵，甚至他的入黨申請還被駁回十多次，於1974年才加入共產黨，但是他也因此沒有捲入文革紅衛兵運動。他於1969年到陝西延安市的延川縣梁家河大隊插隊落戶，在貧困地區工作的這段時間，使他真正了解貧困老百姓的生活和想法，培養他的平民作風。美國學者強生（Christopher K. Johnson）指出習近平童年和青少年時期兩種不同際遇，使他對中共意識形態

1　劉志丹生於1903年，可算是中共的革命烈士，於1936年在山西與國民政府軍隊交戰中戰死。中共建政之後，中央宣傳部於1954年決定出版一本小說表揚劉志丹，由劉志丹弟媳李建彤執筆。李建彤曾請習仲勳閱讀小說稿，該小說中一個政治部主任是以習仲勳作為原型來撰寫，該小說經中央宣傳部副部長周揚核可出版，並於1962年在《光明日報》、《工人日報》、《中國青年報》連載。然而，時任雲南省委第一書記的閻紅彥對小說中影射其向劉志丹奪權部分有意見，除向李建彤爭論之外，並向康生告狀。康生下令報紙停止連載。在1962年9月中共八屆十中全會上，康生向毛澤東建議，《劉志丹》是以小說形式進行反黨，是要為高崗翻案，經成立的專案審查委員會審查所提出報告，認定該小說想為高崗翻案、過度吹捧習仲勳要為習篡黨奪權鋪路、剽竊毛澤東思想、誇大劉志丹和高崗建立陝甘基地救了毛澤東領導的中共中央之功勞，而將習仲勳等人打成反黨集團。該案於1979年8月被平反。

的所有語言非常嫻熟，了解黨的語言、政治和過程，使他能夠駕輕就熟地運用黨機器來推動他的政策。[2]

習近平插隊之陝西是他父親的老地盤，因此能夠受到保護，他也運氣非常好地獲得推薦和被清華大學接受，於1975年到清華大學化工系就讀。他在1979年4月大學畢業時，他的父親已經於該年2月復出，而且被鄧小平重用。[3]習近平畢業後獲分配到中共中央軍委辦公廳工作，擔任國防部長耿飆的秘書三年，在這期間他具有軍人身分。

習近平於1982年申請離開北京前往農村工作，於1982年3月先到河北正定縣擔任縣委副書記，與當時擔任石家莊無極縣縣委書記的栗戰書熟識。1985年6月15日轉任廈門市副市長，開始他在福建長達十七年的工作生涯，歷任福建省寧德地區地委書記、福州市市委書記、福建省委副書記、福建省副省長、福建省省長（2000年）。他在2002年10月轉任浙江省副省長、代省長，同一年他從清華大學人文社會學院馬克思主義理論與思想政治教育專業在職研究生班畢業，獲得法學博士學位。他於2002年11月升任浙江省委書記，因為上海市委書記陳良宇涉及高層權力鬥爭及貪腐問題於2006年9月下台，習近平於2007年3月升任上海市委書記。2007年10月中共召開十七大，習近平在十七屆一中全會當選政治局常委，全國人大於2008年3月15日選舉習近平為國家副主席。他於2010年10月18日獲提名並當選中共中央軍委副主席，確定他要在2012年11月中共十八大時接班成為中國的最高領導人。[4]誠然，中共十八大一中全會於2012年11月15日召開，選舉習近平接替胡錦濤擔任中共的總書記及中共中央軍事委員會主席，全國人大於次年3月14日選舉習近平為國家主席及國家之中央軍事委員會主席，習近平成為中共第五代領導班子的核心。

---

[2]　Christopher K. Johnson, *Decoding China's Emerging "Great Power" Strategy in Asia* (Washington, D.C.: Center for Strategic and International studies, 2014), <http://csis.org/files/publication/140603_Johnson_DecodingChinasEmerging_WEB.pdf>.

[3]　習仲勳於1978年2月復出，同年4月被任命為廣東省委第二書記，12月升任廣東省委第一書記，1980年1月兼任廣州軍區第一政委、同年9月出任全國人大常委會副委員長、1981年3月擔任中央書記處書記、1982年9月當選政治局委員負責書記處日常工作、1988年4月擔任全國人大常委會第一副委員長。因為習仲勳復出後擔任各項要職，習近平才成為名符其實的太子黨。

[4]　〈習近平同志簡歷〉，《新華網》，2012年11月15日，〈http://www.xinhuanet.com//politics/2012-11/15/c_113700271.htm〉。

第一節　習近平的權力、決策風格與海權理念

壹、習近平的權力

藍普頓於2013年9月完成《追隨領袖》（*Following the Leader*）這本書時，習近平掌政不到一年，他對習近平的權力和決策的評語是「有待觀察」（remains to be seen）。[5]然而，《紐約時報》（*The New York Times*）2014年7月的一篇報導已經指出，習近平是一人決策，該報並引用一位中國學者的說法，指出習近平是中共政治局的皇帝（emperor），其他六個常委是他的助理。[6]也有學者指出，習近平的權勢超越鄧小平，是自毛澤東之後中共最具威權的領袖，他許多做法都是在扭轉鄧小平所推動的改革。[7]習近平的權力和作為出乎許多觀察家之意料，幾乎所有觀察家一開始都不認為他會是一個強勢領導人，因此讓人好奇的是，習近平如何在如此短時間內迅速鞏固權力。

一、習近平的職位

習近平除了自胡錦濤手中接任黨的總書記、黨和國家的中央軍委主席及國家主席之外，在2013年11月12日中共十八屆三中全會決議成立中央國家安全委員會，以及2013年12月30日中央政治局決議成立中央全面深化改革領導小組（2018年3月改為中央全面深化改革委員會）之後，他擔任該委員會主席及該小組組長，而且他還擔任軍委聯合作戰指揮部總指揮、中共中央外事工作領導小組（2018年3月改為中央外事工作委員會）組長、中央財經領導小組（2018年3月改為中央財經委員會）組長、中央網絡安全和信息化領導小組（2014年2月28日成立，2018年3月改為中央網絡安全和信息化委員會）組長、中央軍委深化國防和軍隊改革領導小組（2014年3月15日第一次開會）組長、中央軍民融合發展委員會主任、中央審計委員會及中央對台工作領導小組

5　Lampton, *Following the Leader*, p. 68.

6　Jane Perlez, "Chinese Leader's One-Man Show Complicates Diplomacy: President Xi Jinping's Solo Decision-Making Presents Challenges," July 8, 2014, <http://www.nytimes.com/2014/07/09/world/asia/china-us-xi-jinping-washington-kerry-lew.htm>.

7　Willy Lam, "Xi Jinping: A 21st-century Mao?" *Prospect*, June 2015, <file:///C:/Users/Owner/AppData/Local/Temp/Low/IK4HWT54.htm>.

組長職務。習近平藉著成立新機構來擴權，顯示他在掌權上想效法毛澤東，也有企圖心超越鄧小平，但他缺乏毛澤東和鄧小平的威望，毛和鄧不需要任何職位就可號令天下，習近平沒有職位和頭銜就沒有權力來行事。表7-1所列舉的是習近平迄今所擔任的職位。

■ 表7-1

習近平在黨政軍的職位

機構名稱或職務	職稱	上任時間	備註
中國共產黨中央委員會	總書記	2012年11月	2017年10月連任
中共中央軍事委員會	主席	2012年11月	兩機構兩塊招牌、一套人馬、合署辦公
中國國家軍事委員會	主席	2013年3月	
中國共產黨政治局	常委	2012年11月	2017年10月連任
中華人民共和國	主席	2013年3月	2018年3月連任
中央財經委員會	主任	2012年11月	原由總理負責領導
中央外事工作委員會	主任	2012年11月	
中央對台工作領導小組	組長	2012年11月	
中央國家安全委員會	主席	2013年11月	習掌權後成立機構
中央全面深化改革委員會	主任	2013年11月	習掌權後成立機構
中央網絡安全和信息化委員會	組長	2014年2月	習掌權後成立機構
中央軍委深化國防和軍隊改革委員會	主任	2014年	習掌權後成立機構
中央全面依法治國委員會	主任	2014年2月	習掌權後成立機構
中央軍委聯合作戰指揮部	總指揮	2016年	習掌權後成立機構
中央軍民融合發展委員會	主任	2017年1月	習掌權後成立機構
中央審計委員會	主任	2018年3月	習掌權後成立機構

二、長期執政的企圖心

　　中國全國人大於2018年3月11日以2,958票支持、2票反對、3票棄權及1票無效票的超高票數通過修憲案，[8]取消國家主席連續最多兩任的任期限制，加上中共在2017年10月底舉行十九大，選出的新政治局常委會，所有常委均是50後（1950年代出生者），沒有任何60後出生的菁英被拔擢進入政治局常委會，顯示習近平並沒有要在2022年中共召開二十大時卸任交棒。

　　依據中華人民共和國1982年憲法的設計，國家主席沒有實權（近乎虛位元首），國家主席所作所為均是根據全國人大或是其常務委員會的決議來行事。習近平不惜犧牲中國國際形象、引發潛在政敵的戒心及破壞鄧小平所立下「一代兩屆十年」的規定，堅持修憲，因為擁有國家主席頭銜讓他可以風光出訪及參加各種國際會議，也方便在國內接見來訪的各國政要，使他享有高度媒體曝光率，這在電子媒體無遠弗屆的今日，對習近平爭取民心及人民對他的崇拜相當重要。

三、習近平快速鞏固和擴張權力的原因

（一）運氣好

　　就權力集中的現象和過程而言，習近平運氣相當好。至少三項因素對他快速鞏固權力有利：

1. 獲得紅二代支持

　　習近平是中共紅二代的共主，獲得紅二代的支持。尤其薄熙來遭整肅之後，紅二代中對習近平挑戰者可說已經不存在。紅二代認為中國之紅色江山是他們父執輩打下的，他們的共同信念是國家權力必須掌握在他們自己人手中，[9]他們支持習近平，以確保紅色江山不會變色。

2. 前任胡錦濤是弱勢領導人

　　如上所述，他的前任胡錦濤是一個謹小慎微之人，不是雄才大略或權力慾

8　〈中國人大投票通過憲法修正案國家主席可無限期連任〉，《BBC News中文》，2018年3月11日，〈https://www.bbc.com/zhongwen/trad/chinese-news-43361817〉。

9　Robert D. Blackwill and Kurt M. Campbell, "Xi Jinping on the Global Stage," *Council Special Report* (Council on Foreign Relations), No. 74, January 2016, p. 8.

強的人，因此在2012年11月中共十八大時選擇「高風亮節」（套用習近平對他表揚的話）地裸退（或全退），讓習近平接掌所有屬於一把手的職位。

3. 江澤民已垂垂老矣

喜歡干政的江澤民在胡錦濤時代一直操控、影響胡錦濤，使胡錦濤淪為兒皇帝角色，但是江澤民在2012年已經高齡86歲，縱然想要干政已經有心無力。

4. 其他菁英無力與習近平競爭

第五代領導班子之第一屆政治局常委會中的七個常委，除了習近平（生於1953年）和李克強（生於1955年）屬於50後世代，可以到2022年才卸任，其他五位常委：張德江（生於1946年）、俞正聲（生於1945年）、劉雲山（生於1947年）、王岐山（生於1948年）、張高麗（生於1946年），根據中共「七上八下」的不成文規定，[10] 須在2017年中共召開十九大時卸任，因此除非習近平的反貪政策逼他們一些人狗急跳牆，否則他們會選擇順從習近平。在政治局七個常委中，只有習近平與軍隊有淵源（習近平在1979-1982年擔任過中央軍委秘書長暨國防部長耿飆的秘書），而且他在2010-2012年間擔任過中央軍委副主席，現在又是中央軍委主席，使他相對其他六位常委擁有軍隊的支持。事實上，與習近平同一世代的菁英，不管是李克強、汪洋或韓正，均缺乏實力來抗衡習近平。

（二）習近平鞏固權力的手段

除了得利於上述條件和運道之外，習近平鞏固權力的方法主要有三：

1. 樹立親民形象

例如自己撐雨傘、與農民一起用餐、與老百姓盤腿而坐聊天、到包子店與大眾排隊點餐的平民化和親民作風來贏得民心。根據哈佛大學甘迺迪學院（Harvard Kennedy School）於2014年所作的一項問卷調查，中國人民對習近平的表現打9分（滿分10分）、對習處理國內事務有94.8%的信心、對他處理

---

10 所謂「七上八下」的規定是指中共中央領導人在換屆時，如果年紀是67歲或低於67歲，可續任一屆，如果高於68歲則須卸任。但這並非中共黨政章程的明文規定，而是江澤民在1995年和2002年要排擠喬石和李瑞環等政敵的手段，而在2002年之後所形成的不成文規定。

國際事務有93.8%的信心。[11]這種高支持度一方面與中國全面控制媒體有關，另一個重要原因是中國宣傳機器全面、有系統地鼓吹對習近平的崇拜。

2. 利用反貪腐來整肅異己

習近平於2013年積極開展打擊貪腐行動。習近平肅貪至少有三個目的：(1)爭取民心：中國老百姓對中共政權最大不滿在於貪腐嚴重，這是胡錦濤在中共十八大政治報告中，提出不整肅貪腐會亡黨亡國警告的原因，因此習近平積極肅貪一方面可改善中共政權形象及統治正當性，另一方面提升其個人在中國老百姓中的形象；(2)整肅黨內反對力量，例如薄熙來、周永康、令計劃、郭伯雄、徐才厚等人及他們的支持者，並將他們在黨、政、軍及國有企業黨羽所騰出的位置，由習近平人馬接手；(3)警告江澤民、李鵬等元老政治人物不要插手政治，因爲在中國的政治體制中，可說無官不貪，這些元老家族也都嚴重貪腐，習近平藉打貪讓這些元老不敢干政，以免逼習近平狗急跳牆反撲。

3. 搞左右平衡術

習近平一方面強調繼續改革路線，以贏取改革開放力量的支持，另一方面高舉毛澤東思想作爲指導方針，不用改革後三十年否定改革前三十年，以爭取左派力量的認同。

貳、習近平的決策風格

雖然中共宣傳機器不斷推動對習近平「個人崇拜」的運動，然而，習近平不算是一個有魅力的領袖，他的執政正當性主要是來自法律／合理性途徑。從他追求的目標而言，習近平絕對是偏向轉型的一端。事實上，美國學者易明（Elizabeth Economy）已經把習近平界定爲是「轉型式的領袖」（transformative leader）。[12]習近平施政有兩大目標：1.確保中國共產黨繼續執政；2.建立富強中國。

---

[11] Tony Saich, "Reflections on a Survey of Global Perceptions of International Leaders and World Powers," ASH Center for Democratic Governance and Innovation, John F. Kennedy School of Government, Harvard University, December 2014, pp. 5-7, <http://ash.havard.edu/files/survey-global-perceptions-international-leaders-world-powers_0.pdf>.

[12] Elizabeth Economy, "China's Imperial President: Xi Jinping Tightens His Grip," *Foreign Affairs*, Vol. 93, No. 6, November/December 2014, p. 80.

一、習近平的施政目標

（一）確保中國共產黨繼續執政

　　習近平施政最主要目的是確保中國共產黨繼續執政，當前會威脅中共統治的因素和力量主要是來自中國內部，而非外在挑戰，如何維持內部穩定以確保中共政權長期執政才是首要考量，其外交和安全策略的重任之一，乃是為穩固中共的權力地位服務，所以習近平所成立的中央國家安全委員會，主要任務和工作是對內維持穩定，而且習近平在外交上，尤其是對南海和東海主權爭端問題採取強硬立場，迎合中國大陸日漸高漲之民族主義以爭取民心，是他重要的決策考量之一。

（二）實現富強國家的中國夢

　　習近平是在2012年11月29日帶領其他六位政治局常委參觀中國國家博物館「復興之路」的展覽活動時，首次提出「中國夢」口號，並在2013年3月17日對第十二屆全國人大一次會議閉幕會的講話，全面闡述他的「中國夢」理念。習近平之「中國夢」追求的是中國富強，這是自十九世紀中葉以來，中國菁英不斷追求的目標。根據習近平說法，中國夢就是要「實現中華民族之偉大復興」，要「實現國家富強、民族振興、人民幸福」，[13] 具體目標就是要在2021年中國共產黨建黨百年時實現全面建設中國成為一個小康社會，以及在2049年中華人民共和國建國百年時，建成「富強民主文明和諧的社會主義現代化國家，實現中華民族偉大復興」，而所謂「小康社會的全面建成」是指那時中國的「國內生產總額和城鄉居民人均收入在2010年的基礎上翻一番」。[14]

1. 「中國夢」的內涵

　　從習近平一系列講話大致可將他的「中國夢」內容歸納為以下幾點：(1)以中華文明為基礎，走中國特色社會主義道路；(2)堅持中國共產黨領導，推進依法治國的政治制度；(3)堅持發展，以經濟建設為中心；(4)強調走和平發

---

[13]　《人民網》，〈習近平在全國人大閉幕會上講話談中國夢〉，<http://bj.people.com.cn/n/2013/0317/c349760-18308059.html>。

[14]　《人民網》，〈共同創造亞洲和世界的美好未來：習近平在博鰲亞洲論壇2013年的主旨演講〉，2013年4月7日，海南博鰲，<http://cpc.people.com.cn/n/2013/0408/c64094-21048139.html>。

展道路與世界各國友好合作。當然他的講話帶有相當濃厚國內外宣傳的味道。

2. 實現「中國夢」的策略

習近平實現「中國夢」的策略和力量，就是鼓吹56個民族團結和中國人民的愛國主義，且強調愛國就是要支持中國共產黨領導，以彌補中國共產黨缺乏統治正當性的心虛。雖然他也強調要擴大人民民主、傾聽人民聲音、保證人民平等參與，但推動民主政治並不是他「中國夢」的一部分，因為他堅持中國共產黨領導就是拒絕西方式民主體制，而且他掌權之後所作所為均與民主發展反向而行。

二、習近平的決策

（一）習近平對領導人的看法

習近平決策模式和鞏固權力行動受到其對領導人角色認知的影響，他認為一把手的資格和能力是國家和黨成功之關鍵。[15]他認為作決策前所要考慮的三項準則，乃是此一政策是否正確、政策是否可行、決策者對此一政策是否有信心，一旦對此一政策滿意，決策者必須負全責和展示全面決心來推動此一政策，[16]因此習近平所認知的決策不是鄧小平那種「摸著石頭過河」的作風。他還認為領導人必須有堅定的信念和戰略決心，[17]一把手的主要工作是指出全面的方向、處理主要的事情和負責全局。[18]習近平認為蘇聯之所以瓦解，主因在於「蘇聯軍隊非政治化、非黨化、國家化，解除了黨的武裝。」[19]他認為另一個主因是「理想信念動搖了。……全面否定蘇聯歷史、蘇共歷史、否定列寧、否定史達林，一路否定下去，搞歷史虛無主義，思想搞亂了，各級黨組織幾乎

[15] 《人民日報》，2013年7月1日，轉引自 Willy Lam, "The No. 1 Is Key': Xi Jinping Holds Forth on the Art of Leadership," *China Brief*, Vol. 14, No. 15, July 31, 2014, <file:///C:Users/Owner?AppData/Local/Temp/Low/FML6HN03.htm>。

[16] 同上註。

[17] China News Service, January 30, 2013, 轉引自 Willy Lam, "Xi Jinping Wants to Be Mao But Will not Learn from the Latter's Mistakes," August 1, 2014, <http://www.asianews.it/news-en/Xi-Jinping-wants-to-be-Mao-but-will-not-learn-from-the-latter's-mistakes.htm>。

[18] 《人民日報》，2013年4月29日，轉引同上註。

[19] 轉引自高瑜，〈男兒習近平〉，《縱覽中國》，2013年1月25日，〈http://www.chinaperspective.com/ArtShow.aspx?AID=1948〉。

沒有什麼作用了。」[20]因此習近平堅持黨對軍隊的領導，他提出兩個不否定：「不能用改革後的歷史時期否定改革前時期，也不能用改革前的歷史時期否定改革開放的歷史時期」，強調不能否定毛澤東，否則會削弱甚至推翻中國共產黨的領導合法性。[21]林和立（Willy Lam）認為習近平在權力和決策上想成為另一個毛澤東，[22]張煒也認為習近平的「政治傾向、工作方法，甚至講話風格都比他的任何前任們更像毛澤東。」[23]

（二）打破鄧小平權力分工的原則

　　如上所述，鄧小平為了防止權力集中可能帶來的弊端，採取政治局常委權力分工制度，即一把手（第三代的江澤民及第四代的胡錦濤）主管軍事、外交、國家安全、對台工作和意識形態問題，二把手（朱鎔基、溫家寶）負責經濟，形成所謂江朱體制和胡溫體制。然而，習近平可說是所有權力一把抓，李克強的權力大為弱化。習近平時代，不僅政治局常委人數減至七人，而且為了防止負責政法體系之常委權力過大，形成周永康逼宮和可能政變的情況，因此政治局不再設負責政法體系的常委，這個系統等於由習近平直接掌控，而且武警部隊也改歸中央軍委領導（也就是由習近平領導），因為習近平新設中央國家安全委員會，而這個委員會的主要功能就是維持內部穩定。更重要的是李克強的權力和角色被弱化，依據鄧小平的設計，國務院總理負責經濟決策，而且由總理擔任中央財經領導小組（已升格為委員會）組長，但是習近平卻打破此一慣例，自己出任該小組組長。此外，習近平新設立的中央全面深化改革領導小組（已升格為委員會），下設經濟體制和生態文明體制改革專項小組、民主法治領域改革專項小組、文化體制改革專項小組、社會體制改革專項小組、黨的建設制度改革專項小組、紀律檢察體制改革專項小組，可說是無所不包，習近平決策的手已經伸進經濟領域。顧德曼（Matthew P. Goodman）和帕克（David A. Parker）指出習近平透過主掌這些領導小組（委員會），作中央集

---

20 同上註。

21 同上註。

22 Lam, "Xi Jinping Wants to Be Mao But Will not Learn from the Latter's Mistakes".

23 張煒，〈點評中國：習近平的政治色彩日漸鮮明〉，《BBC News中文》，2013年10月21日，〈http://www.bbc.com/zhongwen/trad/focus_on_china/131021_cr_xijinping:messages_.clear_vague〉。

權的決策，他們用迅速、不透明和個人化（rapid, opaque, and personalized）
三個字來形容習近平的決策。[24]

（三）由上而下的決策模式

依照江澤民和胡錦濤時代的中共體制和做法，政治局常委會是中共最高權
力機關，書記處是中央政治局及其常委會的辦事機構，扮演承上啟下角色，領
導班子核心當然有發動決策議題的能力，但是書記處協助總書記工作，幫助總
書記準備會議討論議題及資料，並將政治局常委會決策傳達相關部會執行。然
而，習近平上台之後，書記處的功能和權力大為弱化，習近平辦公廳的重要性
卻大為提高，而且習近平藉肅貪約束地方官員，並將自己人馬接任落馬下台的
地方要員，他不再諮商地方要員，而是直接下令要求地方政府執行中央政府政
策。

（四）打破集體決策的模式

易明指出習近平是「中國帝王式的國家主席（China's Imperial
President），……他拒絕共產黨集體領導的傳統，在一個高度中央集權的政治
體系中，將自己建立成至高無上的領導人。……他在中共領導階層，不是平等
中的第一人，純粹就是第一人（not first among equals but simply first）」。[25]
《紐約時報》的專欄也指出習近平採取一人領導風格（one-man leadership
style），該專欄引述中國和美國專家觀點，指出習近平在國家安全的重大決策
上不與他人諮商，獨自決定，這些政策包括挑戰美國在亞太地區的首要地位、
推動對抗美國在亞太地區的主要盟邦、在南海地區強勢作為、突然在東海地區
劃定航空識別區等，而且無意改變對美國的強勢作為。[26]

事實上，習近平只相信少數舊識、同學、過去在他手下作事的人（閩江舊
部及所謂「之江新軍」），[27]例如政治局常委排名第三的全國人大委員長栗戰

---

[24] Matthew P. Goodman and David A. Parker, *Navigating Choppy Waters: China's Economic
Decisionmaking at a Time of Transition* (New York: Rowman & Littlefield, 2015), pp. 68-69.

[25] Economy, "China's Imperial President," p. 83.

[26] Perlez, "Chinese Leader's One-Man Show Complicates Diplomacy."

[27] 「之江」是指浙江的富春江，習近平在2002-2007年曾擔任浙江省委書記，他在2003年2
月至2007年3月用「哲欣」筆名，亦即浙江創新，在《浙江日報》開闢「之江新語」專
欄，共發表232篇短文，表達對時局與施政看法。除了陳敏爾、蔡奇（也屬於習的閩江舊

書，早在1980年代初期於河北無極縣擔任縣委書記時，就已經與在鄰近擔任正定縣委副書記的習近平熟識；擔任中共中央組織部部長、中共中央黨校校長的政治局委員陳希是習近平在清華大學化工系的同學，而且還是同宿舍睡上下鋪的室友；政治局委員、副總理，也是習近平重要財經顧問的劉鶴，與習近平就讀同一中學時就已認識；政治局委員、重慶市委書記陳敏爾是「之江新軍」成員之一；政治局委員、習近平中央辦公廳主任丁薛祥，在習近平擔任上海市委書記短暫幾個月期間，擔任上海市委副秘書長兼市委辦公室主任，協助習近平穩住陳良宇遭整肅後的上海局勢，而被習近平賞識；從一名普通黨員（十八大只是黨代表）在十九大跳升為政治局委員；北京市委書記蔡奇與習近平在福建和浙江共事長達二十年，也是習近平閩江舊部和「之江新軍」的重要成員。習近平這種搞小圈圈做法，自然會引起其他政治菁英不滿，而且習近平過去班底薄弱，幹才不多，不利他推動政策。

（五）強化國家對社會的控制

　　習近平主政才沒多久，就開始推動「七不講」，[28]而且他並沒有放鬆對言論自由的壓制，也沒有降低對異議分子、民主人士的打壓，反而不斷拘押維權律師、逮捕民主人士、加強控制媒體和網路。換言之，任何不認同中共繼續掌政的聲音、行動、人物、團體或事務均要被壓制或消滅。也因此根據「自由之家」（Freedom House）的評估報告，在習近平主政之下，中國的自由程度每況愈下，2016年綜合自由程度只有16分（滿分100分）、2017年是15分、2018年進一步降為14分（台灣是93分）、2019年只剩11分。[29]此外，中國在此一

部）之外，李強（政治局委員、上海市委書記）、應勇（中央委員、上海市長）、黃坤明（政治局委員、中共中央宣傳部部長）都是「之江新軍」成員。請參閱〈新聞辭典：之江新軍〉，《中央廣播電台》，2017年10月18日，〈https://www.rti.org.tw/news/view/id/374763〉。

28　據推測中共9號文件規定「七不講」之提出時間是2013年5月初，所謂「七不講」是要求中國大學教師不能講普世價值、新聞自由、公民社會、公民權利、黨的歷史錯誤、權貴資產階級和司法獨立。請參閱〈習近平新政：七不講後又有十六條〉，《BBC News中文》〈http://www.bbc.co.uk/zhongwen/trad/china/2013/05/130528_china_thought_control_youth.shtml〉。

29　Freedom House, "Freedom in the World 2018: Democracy in Crisis," <https://freedomhouse.org/report/freedom-world/freedom-world-2018>; and Freedom House, "Freedom in the World

時期將100萬維吾爾人關進再教育營、增強對宗教（尤其是天主教、基督教和回教等外來宗教）的打壓、加強中國學童的政治教育，以打擊任何可能挑戰中共統治地位的力量，及加強對社會的控制。

第二節　習近平所面臨的國內外挑戰

壹、內部挑戰

一、經濟成長趨緩

　　習近平所面臨最大挑戰在於經濟成長趨緩，因為加入WTO的紅利已經逐漸耗盡，再受到2008年全球金融風暴衝擊，而且中國大陸的工資大為提高、勞工意識抬頭，中國的投資環境已經大為下降，如果無法找到刺激經濟成長的新動能，中國經濟不可能再高速成長，因此在習近平2012年上台之後，中國經濟成長率年年下降。中國2012年經濟成長率是7.7%，2018年掉到只剩6.6%。[30] 一些國際智庫及學者專家認為中國的實際經濟成長率應該比中國官方數字更低，而且未來幾年GDP成長率不會高過6%。維持經濟高成長是中共提升統治正當性及維持社會穩定的重要手段，因為中國需要高經濟成長才能創造足夠就業機會，如果失業率上升，可能導致社會不穩定。事實上，中國近幾年來經濟成長趨緩、國外市場需求下降，導致企業虧損增加，引發越來越多的勞資糾紛，罷工事件日增。根據「中國勞工通訊」調查顯示，2016年上半年罷工活動較2015年同期增加18.6%。[31] 工資大幅成長、土地成本大幅增加，中國投資環境惡化，迫使不少公司關門撤資。美國川普總統於2018年發動對中國的貿易戰之後，對中國經濟更造成雪上加霜的打擊效果。

　　2019 Map," <https://freedomhouse.org/report/freedom-world/freedom-world-2019/map>.

[30]　〈中國經濟現十年最緩增速 恐持續放緩〉，《BBC News中文》，2018年10月18日，〈https://www.bbc.com/zhongwen/trad/chinese-news-45915821〉; and Issaku Harada, "China's GDP Growth Slows to 28-year Low in 2018," *Nikkei Asian Review*, January 21, 2019, <https://asia.nikkei.com/Economy/China-s-GDP-growth-slows-to-28-year-low-in-2018>.

[31]　自由亞洲電台普通話，〈調查：中國罷工事件同比攀升18.6%〉，2016年7月15日，〈http://www.rfa.org/mandarin/yataibaodao/renquanfazhi/xl1-07152016104826.html〉。

　　此外，習近平未來面臨中國生態環境惡化和東西發展差距等問題，這些問題對中國經濟發展和社會穩定會有間接或直接影響，例如強力整頓生態環境和環境污染問題，要求工廠改善污染，會增加企業營運成本，勒令工廠停工則會增加失業率，但是不改善環境生態和整治污染，則民怨會上升。

　　面對經濟成長趨緩，而且未來不可能再創高成長的經濟奇蹟，習近平無法像鄧小平、江澤民和胡錦濤以經濟表現來拉抬中國的統治正當性，因此只能訴諸民族主義，一方面不斷提醒人民不要忘了百年屈辱，另一方面強調中國領土寸土不讓。推動中國夢運動事實上也是在提倡民族主義，以未來富強的願景號召人民支持共產黨領導來實現此一目標。

二、社會騷動趨於惡化

　　中國到了胡錦濤卸任之前，社會抗爭或暴動事件可能超過120,000件，學者專家的看法是習近平時期中國每年抗爭或暴動超過130,000件，[32] 甚至連一再被灌輸要服從黨領導的退伍軍人也集結抗爭。激起民眾抗爭的主要原因包括土地紛爭（政府徵收土地卻未給予足夠之補償，占所有抗爭事件的60%）、環境惡化相關問題、勞工要求調高工資或工作環境、既有的中央和地方財政劃分，以及對地方幹部考核制度鼓勵地方政府徵收土地進行開發、處理民怨機制失靈等，[33] 然而更深層原因可能是社會公平正義的問題。根據中國社科院社會學研究所2015年一項全國性調查顯示，財富分配不均及城鄉差距乃是中國老百姓認為不公平現象的前兩名。[34] 根據中國國家統計局所公布資料，中國2016年的基尼係數是0.465，已經是世界上貧富差距最懸殊的國家之一，而且2017年又升高到0.468。[35] 面對日漸升高的社會騷動，導致中國政府投入鉅額

---

[32] Christian Gobel and Lynette H. Ong, *Social Unrest in China* (London: Europe China Research and Advice Network, 2012), pp. 21-31; Tyler Headley and Cole Tanigawa-Lau, "Measuring Chinese Discontent: What Local Level Unrest Tells Us," *Foreign Affairs*, March 10, 2016, <https://www.foreignaffairs.com/articles/china/2016-03-10/measuring-chinese-discontent>.

[33] Gobel and Ong, *Social Unrest in China,* pp. 21-43.

[34] 轉引自 Takashi Sekiyama, "Economic Drivers of Social Instability in China," November 24, 2016, <http://www.tokyofoundation.org/en/articles/2016/social-instability-in-china>。

[35] 蘇亞華，〈中國統計局：2016年基尼係數為0.465較2015年有所上升〉，2017年1月20日，〈http://www.zaobao.com.sg/realtime/china/story/20170120-715936〉；林則宏，〈大陸吉尼係數2017年攀升至0.468貧富差距惡化〉，《經濟日報》，2018年2月28日，〈https://

經費「維穩」。自2011年起，中國每年編列維穩經費均超過國防經費。[36]

三、貪腐問題依舊嚴重

中國嚴重的貪腐問題對習近平既是挑戰也是機會。根據《人民網》於2010年所作的問卷調查顯示，反腐倡廉是中國民眾最關心的問題。[37]胡錦濤在十八大的政治報告中指出「反腐敗鬥爭形勢依然嚴峻」，甚至警告反腐倡廉的問題解決不好，「就會對黨造成致命傷害，甚至亡黨亡國」。[38]有了十八大政治報告的共識作後盾，習近平上台之後，一方面以嚴厲打貪來爭取民心，另一方面則藉打貪以整肅異己，將空出來的位置由自己親信填補，[39]其中最震撼的例子應是在2017年7月以打貪名義，整肅江澤民與胡錦濤於2012年所決定第六代接班人之一的孫政才。根據國際透明組織（Transparency International）的評比，習近平打貪並沒有提高中國的清廉度，中國2012年得分39、2013年40、2014年36、2015年37、2016年40（在全世界被評比的國家中排第79名）、2017年41（在全世界180個被評比的國家中排第77名，台灣得63分排第29名），但是2018年又下降至39分（在全世界被評比的180個國家中排第87名）。[40]對全球140個國家超過16,000位企業經理人的調查顯示，無效率的官僚體系、政策不穩定和貪污是在中國經商的最大挑戰。[41]2013年的《中國綜合

---

money.udn.com/money/story/11740/3003903〉。

36 〈中國軍費再增10%總額全球第2高〉，《自由時報》，2015年3月5日，〈http://news.ltn.com.tw/news/focus/paper/860131〉。

37 〈貪腐高居中國民怨榜首〉，《蘋果日報》，2010年1月25日，〈http://www.appledaily.com.tw/appledaily/article/international/20100125/3225697/〉。

38 請參閱〈胡錦濤18大報告（全文）〉，《中國網》，2012年11月20日，〈http://news.china.cn/politics/2012-11-20/content_27165856.htm〉。

39 Benjamin Kang Lin and Philip Wen, "China's Anti-corruption Overhaul Paves Way for Xi to Retain Key Ally," *Reuters*, March 4, 2017, <http://www.reuters.com/article/us-china-politics-wang-idUSKBN16B04J>.

40 Transparency International, *Corruption Perception Index 2016*, <https://www.transparency.org/news/feature/corruption_perceptions_index_2016; <https://www.transparency.org/news/feature/corruption_perceptions_index_2017>; <https://www.transparency.org/cpi2018>.

41 轉引自 "How Does Corruption Hinder China's Development?" ChinaPower (CSIS, USA), <https://chinapower.csis.org/china-corruption-development/?>。

社會調查》顯示，超過71%的中國受訪者認為貪污極度嚴重或非常嚴重，[42] 美國皮優研究中心（Pew Research Center）2016年的一項問卷調查顯示，49%的中國受訪者認為貪官是非常大的問題（very big problem）、34%認為是相當大的問題（moderately big problem），兩者加起來高達83%，[43] 顯示習近平的打貪並沒有取得真正效果。

四、潛在政敵的可能挑戰

　　雖然習近平大權在握，權力地位似乎相當穩固，但不代表他是萬民擁戴。事實上，當前中共黨政軍菁英喜歡習近平者並不多，只是他們無力挑戰習近平，只好忍氣吞聲，一旦習近平施政出現重大問題（例如經濟嚴重衰退或是大規模抗爭造成重大人命傷亡等），潛在政敵可能反撲。

五、具國際連動關係的國內挑戰

　　此外，新疆維吾爾族和西藏藏族分離運動，以及香港人民升高抗爭的挑戰，這些問題均具有高度國際連動關係。

（一）新疆維吾爾族問題

　　新疆維吾爾族分離運動一直是中國所面臨的重大挑戰之一，尤其是中國政府在習近平領導下，從2014年開始將100萬維吾爾人關進「再教育營」，以強化對維吾爾人的控制，已經傷害中國國際形象，因為歐美國家及國際人權組織已經嚴厲批判北京破壞人權的行徑，而且必然會激化維吾爾人對中國的抗爭，埋下未來流血衝突的引信。

（二）香港抗爭問題

　　香港人民因為貧富差距擴大、中國移入香港人口大增而擠壓醫療設施和居住空間導致居住品質下降等因素，不滿情緒上升，但最主要的是香港人對民主進程緩步前進，直接選舉特首前景黯淡、遙遙無期深感挫折，更糟的是北京背離「一國兩制、港人治港、高度自治」承諾，不斷削弱香港的言論自由和人身

---

42 同上註。

43 Richard Wike and Bruce Stokes, "Chinese Views on the Economy and Domestic Challenges," Pew Research Center, October 5, 2016, <http://www.pewglobal.org/2016/10/05/1-chinese-views-on-the-economy-and-domestic-challenges/>.

自由，甚至進入香港強行綁架、逮捕港人至中國關押，而香港特首卻在這種氛圍下推動「逃犯條例」的立法工作，如果立法通過則未來港人會被送到中國審判。香港人對中國司法體系極度不信任激發他們潛藏心中高度不安全感，鼓勵他們走向街頭「反送中」，有一些香港人甚至開始鼓吹香港獨立。

港人大規模、長時間的抗爭行動不僅損傷中國的國際形象，也宣告「一國兩制」在香港徹底失敗，「一國兩制」對台灣人民更加不具吸引力。如果香港人的抗爭未來持續不斷，北京將面臨鎮壓與否的兩難困境。

貳、外在挑戰

習近平上台之時，中國大陸所處國內外環境已大不如前。中國於2013年4月所公布的國防白皮書指出「中國仍面臨多元複雜的安全威脅和挑戰」，包括「三種勢力」（指恐怖主義、分裂主義和極端主義）威脅上升、日本在釣魚島製造事端、有的國家（指美國）深化亞太地區軍事同盟和擴大軍事存在、個別鄰國在涉及中國領土主權和海洋權益上採取使問題複雜化和擴大化舉動，及非傳統性安全威脅等。[44]

一、來自美國的挑戰增強

美國歐巴馬（Barack Obama）總統已於2011年年底結束伊拉克戰爭，而且從那年開始逐步減少打阿富汗戰爭的美軍，並預計在2015年結束阿富汗戰爭（但沒有實現）。同時歐巴馬政府推出重返亞洲或「再平衡策略」（rebalancing），將國家安全戰略重心轉移到東亞地區，除了提升關島的軍事設施之外，並在澳洲北部派駐海軍陸戰隊，而且加強與日本、南韓、澳洲、菲律賓等盟國的安全合作，還強化與越南、印度、新加坡等重要中國周邊國家之合作關係。尤其是川普（Donald Trump）於2017年1月20日就任美國第四十五任總統之後，追求「再造偉大美國」（Make America Great Again）目標，將中國定位為「修正主義強權」（revisionist power），對中國發動貿易戰、重啓「四邊安全對話」（Quadrilateral Security Dialogue, QUAD）、[45]大幅增加

---

44 中華人民共和國國防部，〈國防白皮書：中國武裝力量的多樣化運用〉，2013年4月，〈http://www.mod.gov.cn/affair/2013-04/16/content_4442839.htm〉。

45 QUAD是日本首相安倍於2007年所倡議成立，但是陸克文（Kevin Rudd）在2007年12月就任澳洲總理之後，為避免觸怒中國，而於2008年宣布退出「四國安全對話機制」，導致

國防預算。從北京的認知上，美國的意圖就是圍堵中國。

二、日本和印度的挑戰

中日釣魚臺爭端於2010年再度爆發之後越演越烈，日本安倍首相2012年再度上台之後對中國採取相對強硬立場，有與中國爭奪東亞領導權的意圖。印度方面，在莫迪（Narendra Damodardas Modi）於2014年出任總理之後，積極捍衛印度在印度洋的主導地位，加強與日本和美國的合作，在南亞和印度洋對中國勢力發展形成阻礙。

三、南海問題更趨複雜

南海問題也趨於複雜化，菲律賓、越南等國在美國明示或暗示的支持下，更加敢於挑戰北京的主權主張。菲律賓在2013年針對中國將南海爭端提交國際常設仲裁法院（Permanent Court of Arbitration, PCA）仲裁，PCA於2016年7月12日作出不利中國的裁決，除認定中國九段線主張不合國際法之外，認定南沙群島所有島礁（包括太平島在內）均非島嶼，因此均不能建立200海浬經濟海域。同時美國持續在南海水域從事「海上自由航行演練」（freedom of navigation operations），挑戰中國的主權主張。

四、台灣問題

習近平上台時，兩岸關係發展情勢對中國相當有利。兩岸領導人於2015年11月7日在新加坡舉行歷史性高峰會，乃是兩岸關係和緩發展的最高峰。然而，台灣於2016年5月20日再度政黨輪替，民進黨再度執政，蔡英文總統拒絕接受「九二共識」，兩岸關係再度陷入低迷。然而，在台灣問題上對北京最大的挑戰，乃是美國對台灣不斷強化的支持。

面對日益嚴峻的國內外環境，習近平想推動鄧小平以來的第二次改革，但是他想要推動改革，必須強化自身權力以克服中共政治體制缺乏橫向協調合作、地方政府陽奉陰違、官僚體系缺乏效率的弱點。誠如易明所指出，習近平的改革如果成功，會造就中國成為一個廉潔、政治上凝聚、經濟上強大的一黨

QUAD停止運作。陸克文於2010年6月下台，澳洲新政府採取親美遠中外交政策，美澳安全合作關係增強。美國、日本、澳洲和印度於2017年同意恢復「四國安全對話機制」。

國家，但是他的改革不一定可以如他所願，因爲他的政策已經導致國內許多不滿，[46]這些不滿的力量正在等待機會反撲，一旦習近平犯錯或施政無法取得令人滿意的成果，導致民怨高漲時，反對的聲音可能就會出現來挑戰他的政策和權威。

第三節　習近平上台後中國的海權發展

壹、習近平的軍事改革

一、改革的內容

　　習近平除了在2015年9月3日宣布裁軍三十萬之外，[47]他於2015年11月23日宣布，要推動自解放軍於1927年8月1日建軍以來最大規模的五年軍事改革計畫，整個改革計畫到2020年全部完成。首先，解放軍正式成立陸軍總司令部；其次，總參謀部、總政治部、總後勤部和總裝備部改組成15個直屬中央軍委的職能部門；[48]第三，七大軍區改編成五大戰區；[49]第四，聯合太空、電子戰和資訊戰力量於2015年12月組成戰略支援部隊；第五，二砲部隊更名火箭軍；第六，中央軍委成立聯合作戰指揮中心，負責指揮全軍的聯合作戰，各戰區也成立各自的聯合作戰指揮中心；第七，減少中央軍委成員數目以利決

---

[46] Economy, "China's Imperial President," p. 85.

[47] 在習近平上台初始，中國正規軍總兵力是233萬8,000人，其中陸軍160萬（占總兵力的69%）、空軍398,000人（占總兵力的17%）、海軍235,000人（占總兵力的10%）、二砲部隊100,000人（占總兵力的4%）。請參閱 Joel Wuthnow and Phillip C. Saunders, *Chinese Military Reforms in the Age of Xi Jinping: Drivers, Challenges, and Implications* (Washington, D.C.: National Defense University Press, 2017), p. 29。

[48] 這十五個職能單位是軍委辦公廳、軍委聯合參謀部、軍委政治工作部、軍委後勤保障部、軍委裝備發展部、軍委訓練管理部、軍委國防動員部、軍委紀委、軍委政法委、軍委科技委、軍委戰略規劃辦公室、軍委改革和編制辦公室、軍委國際軍事合作辦公室、軍委審計署和軍委機關事務管理總局。

[49] 原先的七大軍區是北京軍區、瀋陽軍區、濟南軍區、南京軍區、廣州軍區、成都軍區、蘭州軍區，改革後的五大戰區是北部戰區、中部戰區、南部戰區、東部戰區和西部戰區。

策，中共2017年十九大產生的新中央軍事委員會，除了主席、兩位副主席之外，只有四位委員，比原先八位委員減少一半。[50]第八，於2016年1月成立海外行動處，負責協調解放軍在撤僑、營救人質、護航、救援和救護等非軍事行動，該處曾於同年4月與英國在南京舉行「聯合撤僑-2016」聯合演習。該處的成立顯示中國解放軍未來在海外軍事行動會更加頻繁。[51]第九，原本由國務院與中央軍委雙重領導的中國人民武裝警察部隊，自2018年1月1日起由中共中央及中央軍委集中統一領導。

二、改革之目的

（一）強化習近平對軍隊領導

　　「槍桿子出政權」是毛澤東的名言，即有軍隊才能取得政權。從另一個角度思考，沒有軍隊支持，政權很難穩固，因此中共歷任領導人均非常重視對軍隊控制，尤其是江澤民以來的軍委主席都是文人出任，較缺乏軍隊淵源，於是更加重視對軍隊的掌控。習近平於2014年10月31日對「全軍政治工作會議」講話時，提出政治工作必須堅持的三個第一：「黨的原則第一、黨的事業第一、人民利益第一」；[52]他於2017年8月1日在「慶祝中國人民解放軍建軍90周年大會」上講話，強調「必須毫不動搖堅持黨對軍隊的絕對領導，確保人民軍隊永遠跟黨走」。[53]因此習近平推動軍隊改革的目的之一，乃在於強化黨及

---

[50] 十九大選出的中央軍委會成員如下：主席由習近平連任，兩位副主席是許其亮（連任副主席）、張又俠，四位委員是魏鳳和（國防部長）、李作成（聯合參謀部參謀長）、苗華（政治工作部主任）和張升民（紀律檢查委員會書記）。先前十八大選出的軍委會是主席習近平、副主席范長龍、許其亮，委員常萬全（國防部長）、房峰輝（總參謀長）、張陽（總政治部主任）、趙克石（總後勤部部長）、張又俠（總裝備部部長）、吳勝利（海軍司令員）、馬曉天（空軍司令員）、魏鳳和（二炮部隊司令員）。

[51] 郭媛丹，「揭密解放軍海外行動處強化境外快反職能」，《環球時報》，2016年3月25日，〈http://mil.huanqiu.com/china/2016-03/8768818.html〉; Department of Defense, United States of America, Annual Report to Congress: Military and Security Developments Involving the People's Republic of China 2017, p. 2.

[52] 習近平，《習近平談治國理政》，第二卷，頁403。

[53] 習近平，〈在慶祝中國人民解放軍建軍90周年大會上講話〉，《新華網》，2017年8月1日，〈http://www.xinhuanet.com//politics/2017-08/01/c_1121416045.htm?agt=2/〉。

他自己對軍隊的領導和控制。

　　首先，習近平推動的軍改強化中央軍委會對軍隊的直接領導。而中央軍委會採取主席負責任制，因此中央軍委主席是中國的三軍統帥，強化中央軍委會對解放軍的領導，也就是提升習近平對軍隊領導。其次，四大總部原本以中央軍委會名義對軍隊的管理享有很大權力，四大總部在軍改之後被解構成十五個單位，規模大為減小、負責人的軍階降低、權力下降，有利軍委主席的領導和控制，[54]軍改後新成立的中央軍委聯合作戰指揮部，負責指揮中國軍隊聯合作戰，就是由習近平擔任總指揮。

　　為了化解軍方可能反對軍改造成阻力，習近平將打貪的手伸到軍隊，一方面清除江澤民、周永康等人在軍隊的勢力，另一方面藉整肅高階將領以製造寒蟬效應。在習近平反貪運動下，被整肅的高階將領包括徐才厚上將（前中央軍委副主席，2014年案發被開除軍籍、2015年3月病死）、郭伯雄上將（前中央軍委副主席，2016年被判無期徒刑）、房峰輝上將（前總參謀長）、張陽上將（前總政治部主任，2017年11月23日自殺）、王建平上將（前武警司令、2017年開除黨籍）、田修思上將（前空軍政委）、王喜斌（前國防大學校長）。除此之外，還有數目不小的中將和少將遭整肅。

（二）提升解放軍打現代高科技戰爭能力

　　雖然中國軍隊在後冷戰時期有長足進步，因為自1989年以來國防預算每年大幅成長，因此中國陸、海、空軍及二砲部隊的武器裝備均大為改善，軍隊訓練、兵力素質，以及指揮、管制、通信、資訊、情報、監視和偵察（command, control, communications, computers, intelligence, surveillance, reconnaissance，簡稱C4ISR）能力也大大提升，但美國蘭德公司（RAND Corporation）2015年出版的報告指出，中國過去的軍隊發展與改革仍未完成（incomplete），因為中國軍隊依舊存在重大弱點。這些弱點主要衍生於組織結構和人力資本（human capital）問題，包括軍隊重大貪腐問題、專業化不足、軍隊是黨軍非國家軍隊、中下階層單位主動性不足、大陸軍觀念、軍隊數目依舊過於龐大及缺乏永久性指揮與管制架構等問題。[55]

54　You Ji, "Xi Jinping and PLA Transformation Through Reforms," *RSIS Working Paper*, No. 313, May 21, 2018, pp. 2-5.

55　Michael S. Chase et al., *China's Incomplete Military Transformation: Assessing the Weaknesses*

　　中國認爲中國國防實力雖然有很大進展，但是中國軍隊現代化的水準「與國家安全需求相比差距還很大，與世界先進軍事水平相比差距還很大」，[56]因此習近平推動軍改目的之一，就是希望中國軍隊「到2020年基本實現機械化信息化建設取得重大進展……力爭到2035年基本實現國防和軍隊現代化，到本世紀中葉把人民軍隊全面建成世界一流軍隊」。[57]他的軍事改革特色之一，乃是調整解放軍過去以陸軍爲主的軍事文化，而且著重於提升解放軍聯合作戰的能力。

貳、習近平的軍事戰略與海權思想

一、習近平的軍事戰略

　　根據中國國防部於2015年5月所公布「中國的軍事戰略」的國防白皮書，中國的新軍事戰略是「新形勢下積極防禦軍事戰略」，其內容如下：1.「在打贏信息化局部戰爭上，突出海上軍事鬥爭和軍事鬥爭準備」；2.「運用諸軍兵種一體化作戰力量，實施信息主導、精打要害、聯合制勝的體系作戰」；3.「根據中國地緣戰略環境、面臨安全威脅和軍隊戰略任務，構建全局統籌、分區負責，相互策應、互爲一體的戰略部署和軍事布勢」；4.著眼建設信息化軍隊。[58]

　　雖然此一新軍事戰略含有積極防禦字眼，而且白皮書亦強調「堅持防禦、自衛、後發制人的原則」，[59]但是此一軍事戰略尋求具備攻勢和投射到海外的軍事力量，[60]印證中國過去的一些軍事行動，所謂積極防禦只是爲國際宣傳及美化中國攻勢和擴張軍事行徑的說詞罷了。

---

of the People's Liberation Army (PLA) (Santa Monica: RAND Corporation, 2015), pp. 43-68.

[56] 中共中央宣傳部，《習近平總書記系列重要講話讀本》（北京：人民出版社，2016年），頁244。

[57] 〈習近平強調堅持走中國特色強軍之路，全面推進國防和軍隊現代化〉，《新華社》，2017年10月18日，〈http://www.gov.cn/zhuanti/2017-10/18/content_5232658.htm〉。

[58] 中華人民共和國國防部，〈中國的軍事戰略〉，2015年5月26日，〈http://www.mod.gov.cn/big5/regulatory/2015-05/26/content_4617812.htm〉。

[59] 同上註。

[60] Cortez A. Cooper III, PLA Military Modernization: Drivers, Force Restructuring, and Implications (Santa Monica, California: RAND Corporation, 2018), p. 4.

二、習近平的海權思想

習近平於2012年11月15日出任中共中央總書記及中央軍事委員會主席，在2013年3月14日出任國家主席及國家中央軍委會主席，全面接班成為中共第五代領導班子的核心。他上台之時，中國早已在2010年取代日本成為世界上第二大經濟體，擁有世界上最大的外匯存底。根據國際貨幣基金會（International Monetary Fund, IMF）以購買力平價（Purchase Power Parity, PPP）作為計算標準，中國在2013年已經超越美國成為世界上最大經濟體，因此二十一世紀初年發展海權的辯論中，導致一些中國學者不支持發展海權的因素，已經不存在，中國已進入積極發展海上力量以便進入海洋爭霸的階段。

中共十八大的報告作為黨及國家施政之指導方針，是由習近平來推動落實，所以他在一些場合提出要建設海洋強國的主張，例如他於2013年7月30日主持中共中央政治局的第八次集體學習時，強調「關心海洋、認識海洋、經略海洋，推動中國海洋強國建設」。[61] 根據習近平過去幾年的一些講話，他的海權思想相當全面性。一方面他強調要建設強大的現代化海軍作為建設海洋強國的戰略支撐，另一方面他強調要發展經濟和海洋科技、維護國家海洋權益、保護海洋生態環境，也強調要加快建設世界一流的海洋港口。[62]

參、習近平發展海權的作為

有中國學者在十多年前提出「雙海戰略」，但是中國當年仍沒有實力追求此一戰略，但是在習近平上台之後，中國似乎朝此一雙海戰略的方向努力。[63] 所謂雙海（或兩洋）是指太平洋和印度洋，亦即中國海軍要有能力離開「近海」邁向「遠海」。這除了中國海軍武器裝備的硬體、官兵訓練的軟體要有所提升之外，還要取得海外軍事基地。

---

61 〈習近平：加強維護海權〉，《文匯報》，2013年8月1日，〈http://paper.wenweipo.com/2013/08/01/CH1308010001.htm〉。

62 〈習近平談建設海洋強權〉，《人民網》，2018年8月13日，〈http://politics.people.com.cn/BIG5/n1/2018/08123/c1001-30225727.html〉。

63 Tom (Guorui) Sun and Alex Payette, "China's Two Ocean Strategy: Controlling Waterways and the New Silk Road," *Asia Focus*, No. 31 (May 2017), pp. 1-23.

一、海軍面向

　　習近平上台時，解放軍海軍的兵力有23.5萬人，相對於陸軍85萬人、空軍39.8萬人，[64] 是人力比較小的軍種。南韓退役海軍上校尹碩俊（Sukjoon Yoon）指出，習近平海洋強國是建立在三要素上：生產、商船和海軍船舶、海外市場和基地，[65] 其中海軍建設是最關鍵要素，目前協助習近平建設海軍的司令員是沈金龍、政委是秦生祥。中共建政以來歷任海軍司令員和政委名單請參閱表7-2。

■ 表7-2

解放軍海軍歷任司令員和政委			
海軍司令員		時間	政委
第一任	蕭勁光	1950年1月-1979年12月	蘇振華（1957年2月-1967年1月） 李作鵬（1967年1月-1971年9月） 蘇振華（1973年9月-1979年2月） 葉飛（1979年2月-1980年1月）
第二任	葉飛	1980年1月-1982年8月	李耀文（1980年10月-1990年4月）
第三任	劉華清	1982年1月-1988年1月	魏金山（1990年4月-1993年12月）
第四任	張連忠	1988年1月-1996年11月	周坤仁（1993年12月-1995年7月）
第五任	石雲生	1996年11月-2003年6月	楊懷慶（1995年7月-2003年6月）
第六任	張定發	2003年6月-2006年8月	胡彥林（2003年6月-2008年7月）
第七任	吳勝利	2006年8月-2016年12月	劉曉江（2008年7月-2014年12月） 苗華（2014年12月-2017年9月）
第八任	沈金龍	2017年1月起	秦生祥（2017年9月起）

---

[64] 中國人民共和國國務院新聞辦公室，〈國防白皮書：中國武裝力量的多樣化運用〉，2013年4月，〈http://www.mod.gov.cn/affair/2013-04/16/content_4442839.htm〉。

[65] Sukjoon Yoon, "Implications of Xi Jinping's 'True Maritime Power'", *Naval War College Review*, Vol. 68, No. 3 (Summer 2015), p. 43.

（一）海軍武器發展

中國海軍水面艦數目已經排名世界第一，因此中國所要提升的不是量而是質。

1. 增建航空母艦

中國的遼寧號航空母艦仍然持續進行測試、訓練，並進一步改善武器系統，但如上所述，中國第一艘航空母艦並沒太大戰力，因此在首艘航空母艦遼寧號開始服役後，中國已經公開表示，未來要建更多航空母艦。[66]中國首艘自製航母（001A型）於2017年4月26日舉行下水儀式，2018年5月13-18日進行第一次海試。001A型是以遼寧號作為原型進一步改良，長度與遼寧號相差無幾，但排水量比遼寧號多幾千噸、艦島低10%，而且擁有較先進的雷達、搭載戰機數目可多增加至8架，預計在2019年可加入海軍服役。[67]根據中國官方媒體新華社證實，第三艘航母（002型）已在建造中，新航母可能會有電子戰、早期預警和反潛戰飛機。[68]

2. 其他海軍武器裝備

中國海軍在2018年擁有超過300艘軍艦，比美國海軍287艘還多，英國皇家海軍75艘、澳洲海軍48艘更是望塵莫及。美國CSIS研究顯示，中國從2014年至2018年新下水服役的各式軍艦（包括潛艦在內）數目驚人，光是2016年就有18艘新軍艦服役、2017年再增14艘。在這幾年當中，中國新服役軍艦的總噸位高達678,000噸，超過法國和印度海軍噸位的總合。[69]表7-3所顯示中國新服役主要軍艦，雖然與美國CSIS資料有些出入，但同樣證明中國造艦速度相當驚人。

---

66 陸楊，〈中國要造更多航母去遠航？專家評說效果〉，《美國之音》，2013年4月25日，〈http://www.voafanti.com/gate/big5/m.voachinese.com/a/1648901.html〉。

67 ChinaPower, CSIS, "What Do We Know (So Far) about China's Second Aircraft Carrier?" <https://chinapower.csis.org/china-aircraft-carrier-type-001a/>.

68 轉引自羅印沖，〈新華社首次確認中國第3艘航母建造中〉，《聯合報》，2018年11月26日，〈https://udn.com/news/story/7331/3502250〉; Department of Defense, United States of America, Annual Report to Congress: Military and Security Developments Involving the People's Republic of China 2018, p. 66.

69 ChinaPower Project, CSIS, "How Is China Modernizing Its Navy?" <https://chinapower.csis.org/china-naval-modernization/>.

■ 表7-3

習近平上台後中國新服役主要軍艦

年份	2013	2014	2015	2016	2017	2018	2019
航空母艦	0	0	0	0	0	0	預計1
核戰略潛艦			2（094型）	2（094型）			
核攻擊潛艦			1（093B） 2（093型）				
傳統潛艦			4（039A）				
驅逐艦	1（052C）	1（052C） 1（052D）	2（052C） 2（052D）	1（052D）	2（052D）	4（052D）	1（052D） 1（055型）
護衛艦	2（053H） 3（054A） 8（056型）	8（056型） 2（056A）	1（053H） 4（054A） 2（056型） 3（056A）	3（054A） 4（056型） 3（056A）	1（053H） 2（054A） 8（056A）	4（054A） 4（056A）	1（054A）
補給艦	2（903A）		1（903A） 2（904B）	3（903A）	1（901型）	1（901型）	
登陸艦	1（12322）	1（12322）	2（072B）	1（071型） 4（072B）	1（074B） 2（12322）	1（071型）	1（071型）
掃雷艇	2（081型）	2（081型）					
訓練艦					2		
綜合保障船						1	
偵查船			2（815A）		1（815A）		
調查船			1（636A）	2（636A）			
試驗船		1（910型）					

資料來源：GlobalSecurity.org, "Chinese Warships," <https://www.globalsecurity.prg/military/world/china/navy.htm>.

(1)導彈護衛艦

從2013年第一艘江島級導彈護衛艦（056型）下水服役，至2018年年中總共41艘加入中國海軍。第一艘江凱II級護衛艦（054A型）於2008年開始服役，在習近平時期，中國持續建造該型護衛艦，據報導目前至少已有30艘該型護衛艦服役於海軍。[70]

(2)導彈驅逐艦

中國海軍旅洋III（052D）導彈驅逐艦於2014年開始服役。中國於2015年開始建造的刃海級（055型）導彈驅逐艦，比052D型的排水量多出5,000噸，第一艘055型驅逐艦於2019年開始服役，該艦可攜帶長程反艦巡弋飛彈及長程艦對空飛彈（surface-to-air missiles, SAMs），也可能裝配反艦導彈（anti-ship ballistic missiles, ASBMs）及攻陸巡弋飛彈（land-attack cruise missiles, LACMs）。

(3)潛艦

習近平上台之後，沿續胡錦濤時期的做法，積極研發和建造核動力攻擊潛艦（商級），以取代老舊、戰力不強的漢級核攻擊潛艦，以及建造新一代的核戰略潛艦（晉級）。晉級戰略潛艦可發射射程大約7,400公里的巨浪2型（JL-2）潛射飛彈。此外，中國繼續建造元級（039A型）的柴電潛艦，預計中國未來會擁有20艘元級潛艦，宋級和元級潛艦均具有發射反艦巡弋飛彈的能力，預計到2020年時64%的中國潛艦均具有發射反艦巡弋飛彈的能力。[71]值得注意的是，中國自製的宋級和元級潛艦，在噪音上均有相當大程度的改善，雖然仍比不上基洛級（636級）的靜音品質，但是已經比明級和877型基洛級潛艦好很多。[72]

---

[70] 何宜玲，〈更新型號在即！陸054A護衛艦30艘成功達標〉，《中國時報》，2018年6月14日，〈https://www.chinatimes.com/realtimenews/20180614004730-260417〉。

[71] Anthony H. Cordesman, Steven Colley, and Michael Wang, *Chinese Strategy and Military Modernization in 2015: A Comparative Analysis* (Washington, DC: Center for Strategic & International Studies, 2015), pp. 2303-2306; Office of Navy Intelligence, *The PLA Navy: New Capabilities and Missions for the 21st Century* (Washington, DC: Office of Navy Intelligence,), p. 16.

[72] Office of Naval Intelligence, People's Liberation Army Navy: A Nodern Navy with Chinese Characteristics (Washington, DC: Office of Naval Intelligence, August 2009), p. 22.

(4)登陸艦及兩棲攻擊艦

崑崙山級（071型）綜合登陸艦，在2006-2012年之間建造3艘，習近平上台之後，至少增建3艘。中國於2009年向烏克蘭訂購4艘12322型野牛氣墊登陸艦（Bison hovercraft），其中2艘在烏克蘭建造，業已在2013年和2014年交付中國，烏克蘭還轉移全部科技在中國建造2艘，中國已準備建造更多這種登陸艦。[73] 此外，中國於2018年開始建造的075型兩棲攻擊艦，預計2020年可開始服役。[74] 美國國防部所估算中國海軍2013-2019年期間主要軍艦數目如下表7-4。

■ 表7-4

習近平時期中國的海軍發展，2013-2019年

	2013	2014	2015	2016	2017	2018	2019
航空母艦	1	1	1	1	1	1	1
驅逐艦	23	24	21	23	31	28	33
巡洋艦	52	49	52	52	56	51	54
護衛艦	0	8	15	23	23	28	42
坦克登陸艦	29	29	29	30	34	33	37
中型登陸艦	23	28	28	22	21	23	22
柴電潛艦	49	51	53	57	54	47	50
核攻擊潛艦	5	5	5	5	5	5	6
導彈潛艦	0	0	0	4	4	4	4
飛彈巡邏艇	85	85	86	86	88	86	86
海防船隻	-	-	-	-	185	240	248

資料來源：Department of Defense, "Annual Report to Congress: Military and Security Developments Involving the People's Republic of China," released annually since 2000.

---

73 〈美媒稱中國剛購買野牛氣墊船就後悔最終走出災難〉，《人民網》，2014年12月25日，〈http://military.people.com.cn/BIG5/n/2014/1225/c1011-2627543.html〉。

74 何宜玲，〈075型兩棲艦開建！共軍陸戰隊規模2020年再擴張直盯南海〉，《中國時報》，2018年6月3日，〈https://www.chinatimes.com/realtimenews/20180603001998-260417〉。

(5)電子情報蒐集艦

中國在2014年至2018年間，新造7艘東調級（Dongdiao-class，代號815A）情報蒐集艦，該艦曾在2017年在南海蒐集美英聯合軍演的資訊，也曾遠赴阿拉斯加外海偵測薩德（THAAD）飛彈的實彈測試，這些偵查船也現身日本海（Sea of Japan）、參加「環太平洋海軍演習」（Rim of the Pacific Exercise, RIMPAC）、南海，及蒐集美國與澳洲代號「護身軍刀」（Talisman Sabre）聯合軍事演習。[75]

(6)武器系統

中國軍艦配備相當種類和數量的反艦巡弋飛彈（anti-ship cruise missiles），其中數量最多且配裝在大多數軍艦的是鷹擊-83（YJ-83）巡弋飛彈，但中國已逐漸淘汰YJ-83，改裝配鷹擊-62（YJ-62）巡弋飛彈，且正在製造超音速的鷹擊-18（YJ-18）以取代裝在宋級、元級和商級潛艦的YJ-83。此外，中國為轟六（H-6）轟炸機裝備長程鷹擊-12（YJ-12）反艦巡弋飛彈，也將這種飛彈裝在軍艦上，代號YJ-12A。[76]

雖然美國戰略暨國際研究中心（Center for Strategic & International Studies, CSIS）2015年出版的《2015年中國戰略和軍事現代化》（*Chinese Strategy and Military Modernization in 2015*），認為中國要在太平洋和印度洋臨近其海岸處，成為與美國實力相當的競爭者（peer competitor），仍須超過十年時間，[77]但是中國在習近平領導下快速造艦，已經使中國成為僅次於美國的遠洋海軍（請參閱表7-5）：

---

[75] Department of Defense, United States of America, Annual Report to Congress: Military and Security Developments Involving the People's Republic of China 2018, pp. 67-69; 〈中國第7艘東調級偵查船下水：頻繁現身熱點地區〉，《中國新聞網》，2017年9月20日，〈http://www.chinanews,com.mil/2017/09-20/8335450.shtml〉。

[76] Department of Defense, United States of America, Annual Report to Congress: Military and Security Developments Involving the People's Republic of China 2018, p. 64.

[77] Cordesman, Colley, and Wang, *Chinese Strategy and Military Modernization in 2015*, p. 279.

■ 表7-5

重要海權國家2020年海軍比較

	美國	中國	俄羅斯	英國	日本	法國	印度
航空母艦	11	2	1	2	0	1	2
神盾級驅逐艦	88-91	18-20	0	6-8	8	2	5-6
現代多用途護衛艦	0	30-32	9-11	1-2	4	6	3-10
大型登陸艦	33	6-8	0	6	3	3	0-3
綜合補給艦	30	8	4	3	5	4	0-3
核攻擊潛艦	51+4	6-7	8-9+6	7	0	6	1-2
絕氣式（AIP）潛艦	0	20	9-11		20		6
核彈道飛彈潛艦	14	5-6	10-12	4	0	4	1-2

資料來源：Alan Burns, "Chapter 2: The Role of the PLA Navy in China's Goal of Becoming a Maritime Power," in Michael McDevitt (ed.), *Becoming a Great "Maritime Power": A Chinese Dream* (Arlington, Virginia: CAN Analysis & Solutions, 2016), pp. 46-47.

（二）海軍的遠洋訓練

1. 持續亞丁灣的反海盜護航行動

習近平上台之後，持續胡錦濤時期開始的亞丁灣反海盜護航行動，截至2019年年初，中國又派出十九個梯次前往護航（請參閱表7-6）。

2. 與其他國家聯合海軍演習

與其他國家的海軍舉行聯合軍事演習，對中國海軍而言，既是一項軍事外交工作，也是絕佳的訓練機會，可觀摩其他國家海軍戰技和戰術，因此中國海軍積極走出國門，參加各種跨國聯合海軍演習。

(1)參加「環太平洋海軍演習」

在習近平上台之後，中國海軍參加的最重要國際聯合海軍演習，應該是每兩年由美國所主辦的「環太平洋海軍演習」，這是世界上最大規模的聯合海軍演習。中國首次被邀請參加的是2014年7月在夏威夷舉行的「環太平洋軍事演習」，中國於2016年再度獲邀參加，但是川普政府以中國在南海的軍事

表7-6

習近平擔任中共中央軍委主席以來中國派至亞丁灣護航海軍編隊

啟航時間	參加軍艦
2013年2月16日	哈爾濱號驅逐艦、綿陽號護衛艦、微山湖號綜合補給艦
2013年8月8日	衡水號護衛艦、井岡山號兩棲登陸艦、微山湖綜合補給艦
2013年11月30日	鹽城號和洛陽號護衛艦、太湖號綜合補給艦
2014年3月24日	長春號驅逐艦、常州號護衛艦、巢湖號綜合補給艦
2014年8月1日	運城號護衛艦、長白山號兩棲登陸艦、巢湖號綜合補給艦
2014年12月2日	臨沂號和濰坊號護衛艦、微山湖號綜合補給艦
2015年4月3日	濟南號驅逐艦、益陽號護衛艦、千島湖號綜合補給艦
2015年8月4日	柳州號和三亞號護衛艦、青海湖號綜合補給艦
2015年12月6日	青島號驅逐艦、大慶護衛艦、太湖號綜合補給艦
2016年4月7日	湘潭號和舟山號護衛艦、巢湖號綜合補給艦
2016年8月10日	哈爾濱號驅逐艦、邯鄲號護衛艦、東平湖號綜合補給艦
2016年12月17日	衡陽號和玉林號護衛艦、洪湖號綜合補給艦
2017年4月1日	黃岡號和揚州號護衛艦、高郵湖號綜合補給艦
2017年8月1日	海口號驅逐艦、岳陽號護衛艦、青海湖號綜合補給艦
2017年12月3日	鹽城號和濰坊號護衛艦、太湖號綜合補給艦
2018年4月4日	濱州號和徐州號護衛艦、千島湖號綜合補給艦
2018年8月6日	蕪湖號和邯鄲號護衛艦、東平湖號綜合補給艦
2018年12月9日	崑崙山船塢登陸艦、許昌號護衛艦、駱馬湖綜合補給艦
2019年3月4日	西山號驅逐艦、安陽號護衛艦、高郵湖號綜合補給艦

資料來源：〈亞丁灣十年：中國海軍的深藍航跡〉，《人民網》，2018年4月24日，〈http://military.people.com.cn/n1/2018/0424/c1011-29945605-5.html〉；〈我國海軍第30批護航編隊啓程赴亞丁灣〉，《環球網》，2018年8月7日，〈http://mil.huanqiu.com/gt/2018-08/2902667.html〉；〈中國海軍第三十一批護航編隊啓航〉，《中國新聞網》，2018年12月9日，〈http://www.chinanews.com/mil/2018/12-09/8696417.shtml〉；〈中國海軍第32批護航編隊起航赴亞丁灣〉，《新華網》，2019年4月5日。

擴張行爲爲由，撤銷邀請中國參加2018年的RIMPAC。[78]中國海軍參加2016年
RIMPAC時，與美國海軍舉行援救潛艇聯合演習，顯示中國已經具備潛艇救援
能力。[79]

(2)中國與俄羅斯海軍聯合演習

中國海軍參加跨國演習最多的應該是與俄羅斯的聯合演習。雖然中國與俄
羅斯並不喜歡對方，但是兩國均面對來自美國的挑戰，而且中、俄皆反對「北
大西洋公約組織」（North Atlantic Treaty Organization, NATO）東擴、同樣面
臨恐怖主義（terrorism）和分離主義（secessionism）的威脅、同樣反對美國
在中國設立軍事基地、反對以美國爲霸主的單極獨霸國際體系。這些共同的利
益促使中、俄掩藏他們的矛盾，鼓勵兩國攜手合作。

自從2012年4月中國與俄羅斯舉行「海上聯合-2012」演習以來，兩國海
軍每年均舉行類似聯合演習，輪流在中、俄舉行，[80]每次中國均派遣多艘軍艦
參加，以2012年爲例，中國共派哈爾濱號、瀋陽號、福州號和泰州號4艘驅逐
艦，洛陽號、綿陽號、益陽號、舟山號、徐州號等5艘護衛艦，和和平方舟醫
院船、316號常規潛艦及若干艘飛彈砲艇參加。中俄「海上聯合-2013」演習於
2013年7月在日本海的彼得大帝灣舉行，中國共派瀋陽號、石家莊號、武漢號
和蘭州號等4艘驅逐艦以及鹽城號、煙台號護衛艦和洪澤湖號綜合補給艦參加
（請參閱表7-7）。

---

[78] Nicole L. Freiner, "What China's RIMPAC Exclusion Means for US Allies," *The Diplomat*, May 26, 2018, <https://thediplomat.com/2018/05/what-chinas-rimpac-exclusion-means-for-us-allies>.

[79] Franz-Stefan Gady, "China and US Conduct Joint Submarine Drill," *The Diplomat*, July 20, 2016, <https://thediplomat.com/2016/07/china-and-us-conduct-joint-submarine-rescue-drill/>.

[80] 中國與俄羅斯原本計畫在青島附近水域舉行海上「聯合-2018」軍事演習，但是該聯合演習並未在2018年舉行。應該會配合2019年4月23日中國海軍建軍70周年在青島舉行慶典時機，舉行此一已被延宕的演習。〈中俄海軍將舉行海上聯演或定於海軍節閱兵後〉，《中國青年網》，2019年3月28日，〈http://news.youth.cn/js/201903/t20190328_11909662.htm〉。

表7-7

習近平時期中俄「海上聯合」系列海軍演習

時間	演習名稱	演習地點	中國參加軍艦
2013年7月	海上聯合-2013	日本海彼得大帝灣	瀋陽號、石家莊號、武漢號和蘭州號驅逐艦；鹽城號、煙台號護衛艦；洪澤湖號補給艦
2014年5月	海上聯合-2014	中國東海北部海域	鄭州號、寧波號、哈爾濱號驅逐艦；煙台號、柳州號護衛艦；千島湖號補給艦
2015年5月	海上聯合-2015（I）	地中海	臨沂艦、濰坊號護衛艦；微山湖號補給艦
2015年8月	海上聯合-2015（II）	日本海彼得大帝灣	瀋陽號、臨沂號、雲霧山號、衡陽號、泰山號、長白山號、太湖號補給艦
2016年9月	海上聯合-2016	湛江東邊海域	廣州號、鄭州號驅逐艦；黃山號、三亞號、大慶號護衛艦、崑崙山兩棲登陸艦、雲霧山艦、軍山湖號補給艦；2艘潛艦
2017年7月	海上聯合-2017（I）	波羅的海	長沙號驅逐艦、運城號護衛艦、駱馬湖號補給艦
2017年9月	海上聯合-2017（II）	鄂霍次克海、日本海	石家莊號驅逐艦、合肥號和運城號護衛艦
2019年4月28日-5月4日	海上聯合-2019	黃海	雙方共13艘水面艦、2艘潛艦、7架飛機、4架直升機參加

(3)遠航軍艦編隊與其他國家聯合演習

中國海軍由長春號驅逐艦、荊州號護衛艦和巢湖號綜合補給艦組成的編隊，於2017年4月23日從上海起航，對亞洲（柬埔寨、泰國、巴基斯坦、斯里蘭卡、孟加拉、緬甸、馬來西亞、越南、菲律賓、馬爾地夫、沙烏地阿拉伯、印尼、汶萊）、歐洲（義大利、希臘）、非州（坦尚尼亞、吉布地）和大洋洲之二十多個國家進行訪問，為時180天。此一遠航編隊先後與緬甸、孟加拉、斯里蘭卡、巴基斯坦、伊朗、阿曼、義大利、希臘、吉布地、坦尚尼亞、汶萊、柬埔寨、泰國等十三個國家海軍舉行海上聯合演習。

(4)反海盜軍艦編隊與他國聯合演習

自從胡錦濤於2008年底派遣軍艦組成編隊前往亞丁灣護航以來，中國每年均派遣兩個編隊。這個由2至3艘軍艦組成的海軍編隊，自中國港口出發，在到達亞丁灣之前，會訪問一些沿線的國家，有時會與所訪問國家的海軍舉行聯合軍演。編隊在結束反海盜護航任務之後，在返回中國之前，會順道或繞道訪問其他國家，有時會與所訪問國家海軍舉行反海盜聯合演習。中國軍艦在亞丁灣執行護航任務期間，有時會與其他國家護航軍艦，舉行反海盜聯合演習，例如中國護航編隊哈爾濱號驅逐艦、綿陽號護衛艦、微山湖號綜合補給艦於2013年8月，與美國軍艦在亞丁灣水域舉行反海盜聯合演習；運城號護衛艦、長白山號兩棲登陸艦及巢湖號綜合補給艦，於2014年12月在亞丁灣水域，與美國軍艦舉行反海盜聯合演習。

(5)其他例行性聯合海軍演習

隨著中國海軍實力上升，中國海軍受邀參加在太平洋和印度洋聯合海軍演習的頻率上升，其中中國定期參加的至少有以下五項：

A.東協防長擴大會議海上實兵演習

東南亞國協（Association of Southeast Asian Nations, ASEAN）的「國防部長擴大會議」（ASEAN Defense Minister's Meeting Plus, ADMM-Plus），於2013年9月29日至10月1日舉行第一次海上實兵演習，中國派青島號驅逐艦至澳洲傑維斯灣（Jervis Bay）參加總共十一國海軍參加的聯合海軍演習。2016年東協防長擴大會議海上實兵演習於2016年11月在紐西蘭之奧克蘭（Oakland）的豪拉基灣（Hauraki Gulf）水域舉行時，中國派鹽城號護衛艦參加。

B.卡莫多（Kamodo）人道救援聯合軍事演習

印尼自2014年開始舉辦兩年一度的「卡莫多多邊海軍演習」（Multilateral Naval Exercise Komodo, MNEK），邀請東南亞鄰邦及中國、印度、美國等海軍強權參加，中國派長白山號兩棲船塢登陸艦，參加該年3月底4月初在新加坡海峽舉行，總共十七國參加的首次聯合演習。MNEK第二次於2016年4月在印尼巴東港海域舉行時，中國派濰坊號護衛艦、長興號遠洋救生船參加共十六國參加的聯合演習。第三次MNEK演習於2018年5月4-9日在印尼龍目島附近海域舉行，總共四十三國參加，中國派長沙號驅逐艦、柳州號護衛艦參加演習。[81]

C.卡卡杜演習

「卡卡杜演習」（Exercise Kakadu）是由澳洲皇家海軍（Royal Australian Navy）主辦、兩年一次的海軍聯合演習。「卡卡杜2018演習」（Exercise Kakadu-2018）於2018年9月中旬在澳洲達爾文港（Darwin）舉行，這次共有二十六個國家和庫克群島（Cook Islands）參加，中國派黃山號護衛艦參加，這是中國首次參加此一系列聯合海軍演習。[82]

D.印度洋海軍論壇多邊海上搜救演習

「印度洋海軍論壇」（Indian Ocean Naval Symposium, IONS）是由印度於2008年2月發起，為促進海洋安全合作，每兩年舉行一次的機制。中國是此一論壇的觀察員。在IONS架構下，孟加拉於2017年11月26-28日主辦，在該國庫克斯巴扎（Cox's Bazar）附近海域舉行國際多邊海上搜救演習（International Multilateral Maritime Search and Rescue Exercise, MMSAREX），中國派運城號護衛艦參加。

E.參加阿曼系列海軍演習

阿曼（AMAN）系列的海軍演習是由巴基斯坦從2007年開始每兩年舉行一次，因為AMAN意為和平（peace），中國軍方也稱之為和平系列軍事

---

[81] Prashanth Parameswaran, "Exercise Komodo 2018 Puts Indonesia Navy in the Spotlight," *The Diplomat*, May 1, 2018, <https://thediplomat.com/2018/05/exercise-komodo-2018-puts-indonesia-navy-in-the-spotlight>.

[82] "China Engages in Australia's Largest Maritime Drill for First Time," Reuters, September 9, 2018, <https://www.cnbc.com/2018/09/09/china-engages-in-australia-largest-maritime-drill-exercisekakadu.html>.

演習。中國派哈爾濱號驅逐艦、邯鄲號護衛艦及東平湖號綜合補給艦,參加於2017年2月10-14日在喀拉蚩港(Karachi)附近海域舉行的「和平-17」多國(三十七國,但只有九國派軍艦或戰機參加演習)海上聯合演習,而這3艘軍艦是中國派赴亞丁灣反海盜護航的第二十四批編隊。[83]「阿曼-2019」(AMAN-2019)演習於2019年2月8-12日在巴基斯坦喀拉蚩港附近海域舉行,中國派遣崑崙山兩棲船塢登陸艦、駱馬湖綜合補給艦參加。表7-8是習近平上台後,中國海軍所參加的聯合軍事演習(不包括與俄羅斯舉行的聯合海軍演習)。

■ 表7-8

中國海軍在習近平上台後與他國之聯合軍演

時間	演習名稱	地點	參與國家	中國參與演習軍艦
2013年9月	反海盜聯合演習	亞丁灣	中國、美國	哈爾濱艦、綿陽艦、微山湖號補給艦
2013年9月底-10月初	ADMM-Plus海上演習	傑斯灣	11國	青島艦
2013年11月	人道救援聯合演習	夏威夷外海	中國、美國	青島艦、臨沂艦、洪澤湖號補給艦
2014年3月底-4月初	Komodo聯合軍演	新加坡海峽	17國	長白山號兩棲船塢登陸艦
2014年7月	RIMPAC	夏威夷、加州水域	22國	海口艦、岳陽艦、千島湖艦、和平方舟號
2014年12月	反海盜聯合演習	亞丁灣	中國、美國	運城艦、長白山號兩棲船塢登陸艦,巢湖號補給艦
2015年9月	和平友誼-2015	麻六甲海峽	中國、馬來西亞	蘭舟號驅逐艦、岳陽號護衛艦、千島湖號補給艦

---

83 〈中國海軍998艦艇編隊抵達巴基斯坦將參加多國聯合軍演〉,《中國新聞網》,2019年2月8日,〈https://kknews.cc/zh-tw/military/ngxgga8.html〉。

表7-8

中國海軍在習近平上台後與他國之聯合軍演（續）

時間	演習名稱	地點	參與國家	中國參與演習軍艦
2015年9月	海上聯合演習	丹麥西蘭島（北方海域）	中國、丹麥	濟南艦、益陽艦、千島湖號補給艦
2016年4月	Komodo聯合軍演	巴東港海域	16國	濰坊艦、長興號遠洋救生船
2016年5月	ADMM-Plus海上演習	汶萊、新加坡海域	東協+8	蘭州號驅逐艦
2016年7月	RIMPAC	夏威夷、加州水域	27國	西安、衡水、高郵湖艦、和平方舟、長島號援潛救生船
2016年11月	ADMM-Plus海上演習	豪拉基灣	東協+8	鹽城號護衛艦
2016年11月	反海盜演習	喀拉蚩港附近海域	中國、巴基斯坦	邯鄲號護衛艦
2017年12月	MMSAREX	庫克斯巴扎海域	9國	運城號護衛艦
2018年5月	Komodo聯合軍演	龍目島附近海域	34國	長沙號驅逐艦、柳州號護衛艦
2018年9月	Kakadu-2018	達爾文港外海	27國	黃山號巡防艦
2018年10月	海上聯合-2018	廣東湛江外海	中國+東協	廣州號驅逐艦、黃山號護衛艦、軍山湖號補給艦
2019年2月	和平-19	喀拉蚩附近海域	46國	崑崙山號兩棲船塢登陸艦、駱馬湖綜合補給艦
2019年4月底-5月15日	東協防長擴大實兵演練	韓國、新加坡海域	東協+8	湘潭號護衛艦

資料來源：〈閱軍情〉，《新華軍網》，〈http://big5.niews.cn/gate/big5/www.news.cn/mil/yuejunqing.htm〉。

3. 海軍軍艦訪問其他國家

在習近平上台之後，中國海軍軍艦出國訪問頻率非常高。首先，中國在習近平上台之後業已派出十九批次護航編隊到亞丁灣，每一批次軍艦編隊在前往亞丁灣之前，或完全任務之後，均會沿路訪問一些國家，例如第二十一批次於2016年1-3月回中國途中，順道訪問巴基斯坦、斯里蘭卡、孟加拉、印度、泰國和柬埔寨；第二十二批次於結束任務後訪問南非、坦尚尼亞和南韓；第二十三批次於結束任務後訪問緬甸、馬來西亞、柬埔寨和越南金蘭灣；第二十四批次於結束任務後訪問阿拉伯聯合大公國、沙烏地阿拉伯、卡達爾；第二十七批次於結束任務後訪問突尼西亞、摩洛哥；第二十八批次於結束任務後訪問西班牙；第二十九批次濱州艦於結束任務後訪問德國等；第三十批次回程時訪問菲律賓。其次，較為特殊的是中國一艘商級核動力攻擊潛艦與一艘宋級柴電潛艦於2014年首次出現在印度洋。宋級（039型）潛艦和長興島號潛艇救援艦於2014年9月7-14日訪問斯里蘭卡可倫坡；第三，由長春號驅逐艦、荊州號護衛艦和巢湖號綜合補給艦組成的編隊，於2017年4月23日從上海起航，對亞洲（柬埔寨、泰國、巴基斯坦、斯里蘭卡、孟加拉、緬甸、馬來西亞、越南、菲律賓）、歐洲（義大利）、非州和大洋洲之二十多個國家進行訪問，為時180天。第四，中國派軍艦參加國際海軍聯合演習，也會順道訪問其他國家，例如鹽城護衛艦、大慶號護衛艦和太湖號綜合補給艦於2016年10月18日由青島起航，前往紐西蘭參加東協防長擴大海上安全演習，並赴美國和加拿大訪問。第五，鄭和號、戚繼光號訓練艦經常進行遠航實習，和平方舟醫療船執行「和諧使命-2017」和「和諧使命-2018」訪問不少國家、從事義診，提升中國國際形象。[84]

4. 重組中國海警

中國國務院於2013年將國家海洋局與中國海監、公安部邊防海警、農業部中國漁政、海關總署海上緝私警察整合，重組國家海洋局隸屬國土資源部，同時建立中國海警局，於2013年7月22日正式掛牌，負責海上執法任務，但是中國海警局於2018年6月22日改隸屬武警部隊，正式名稱是中國人民武裝警察部隊海警總隊（仍稱中國海警局）。中國偏向將海警局的船隻或所謂海上民兵

---

84 〈閱軍情〉，《新華軍網》，〈http://big5.niews.cn/gate/big5/www.news.cn/mil/yuejunqing.htm〉。

的漁船隊伍擺在第一線，來阻擾海上通道、騷擾，甚至挑釁對手，以避免立即的軍事對抗。

5. 舉行海上閱兵

2019年4月23日是中國海軍建軍70周年，中國在青島附近的黃海舉行海上閱兵，共有包含遼寧號航母在內的32艘艦船參加受閱，還有十三個國家共派18艘軍艦參加，但這次海上閱兵規模比起2018年4月12日在南海的大閱兵規模小。南海的海上大閱兵共有包括遼寧號在內的48艘艦船、76架戰機及10,000名官兵接受檢閱。中共建政迄今，海上閱兵才共舉行六次，習近平上台之後就已經舉行過兩次，[85]尤其是南海海上大閱兵具有向美國示威、表示展現捍衛南海權益決心的用意，但習近平表示「在實現中華民族偉大復興的奮鬥中，建設強大人民海軍的任務沒有像現在這樣迫切」，[86]顯示習近平深深感受美國及其盟邦在南海對中國所課加的壓力。

二、非軍事面向

（一）海洋產業發展

1. 海洋產業穩定成長

自習近平掌權以來，中國的海洋產業穩定成長。在2013年至2018年間，中國海洋產業及海洋相關產業平均每年成長超過7%，海洋總產業產值占中國全國GDP的9.5%左右，工作人員已經超過3,600萬人（請參閱表7-9）。

2. 造船業

中國海軍軍力大幅提升、新型軍艦大量加入海軍，乃是得利於中國蓬勃發展的造船業。中國的造船公司於1990年代與南韓和日本造船公司合資發展，讓中國造船業取得新的科技，幫助中國造船業跨越式的進步。到2017年中國已經超越南韓成為世界上最大的造船國（請參閱表7-10）。中國的造船公司與西方國家的造船公司最大的不同，在於他們既建造商船，也建造軍艦。中國船舶重工業集團公司（China Shipbuilding Industry Corporation, CSIS）與中國船

---

[85] 其他四次分別舉行於1957年8月4日、1995年10月19日、2005年8月23日，以及海軍建軍60周年於2009年4月23日舉行海上閱兵。

[86] 邱國強，〈習近平南海大閱兵共軍百架機艦萬人受閱〉，《中央通訊社》，2018年4月12日，〈https://www.cna.com.tw/news/acn/201804120351.aspx〉。

舶工業集團有限公司（China State Shipbuilding Corporation, CSSC）是中國造船業的兩巨擘，他們是1999年7月1日在原中國船舶工業總公司的基礎上組建成兩個公司。兩公司合計造船量占中國的四分之三。中國的六大造船廠是江南造船廠、大連造船廠、葫蘆島造船廠、武漢造船廠、黃埔造船廠和滬東中華造船廠。其中江南造船廠負責刃海級（055型）驅逐艦和第三艘航母的建造，而大連造船廠負責第二艘航母的建造。

■ 表7-9

中國海洋經濟產值，2013-2018年

單位：億人民幣

種類 年度	海洋產業	海洋產業增加值	海洋經濟總產值	年成長率（%）
2013	31,969	22,344	54,313	7.6
2014	35,611	24,325	59,936	7.7
2015	38,991	25,678	64,669	7.0
2016	43,283	27,224	70,507	6.8
2017	48,234	29,377	77,611	6.9
2018	52,516	30,858	83,415	6.7

資料來源：自然資源部海洋戰略規劃司與經濟司，〈2018年中國海洋經濟統計公報〉，2019年4月，頁1-6。

■ 表7-10

2017年世界前五大造船國

名次	國名	造船噸位（單位：百萬公噸）	占世界（%）
1	中國	23.7	36
2	南韓	22.6	34.4
3	日本	13.1	20
4	菲律賓	2	3
5	羅馬尼亞	0.6	0.9

資料來源：ChinaPower Project, CSIS, "How Is China Modernizing Its Navy?" <https://chinpower.csis.org/china-naval-modernization>.

（二）在南海地區的強勢作為

1. 南海島礁塡海造陸

中國從2013年開始在南海積極塡海造陸，對南沙所占領島礁的造陸工程到2015年時基本完成，其中美濟礁（Mischief Reef）從原本之0.6公畝擴大爲1,408公畝、赤瓜礁（Johnson South Reef）由0.3公畝增爲27公畝、東門礁（Hughes Reef）由0.3公畝增爲18公畝、渚碧礁（Subi Reef）由0.6公畝變成1,014公畝、華陽礁（Cuarteron Reef）由0.3公畝增爲61公畝、永暑礁（Fiery Cross Reef）由2.5公畝增爲665公畝、南薰礁（Gaven Northern Reef）由0.3公畝增爲36公畝。[87]除了對南沙島礁之塡海造陸之外，中國在西沙群島也進行類似工程，其中包括試圖塡海連接北島和中島。

2. 南海軍事化

首先，中國於2015年擴建西沙永興島機場，擁有2,920公尺跑道；2018年在該島部署兩座地對空飛彈（紅旗9B）及YI-12B反艦巡弋飛彈。[88]其次，中國在美濟礁、永暑礁和渚碧礁部署YJ-12B反艦巡弋飛彈和紅旗9B地對空飛彈。第三，中國在所占領南沙島礁部署雷達，而且增加在南海的海空軍行動。美國海軍戰爭學院（U.S. Naval War College）的專家，認爲中國在南海的軍事化行動，是企圖將南海從國際海洋航線轉變成中國所控制的水道。[89]

（三）推動海上絲路

習近平於2013年9月到哈薩克訪問時，提出建立「絲綢之路經濟帶」倡議，他於同年10月對印尼國會演講時，提出建立「二十一世紀海上絲綢之路」倡議，兩者合稱爲「一帶一路」。中國於2014年12月底成立金額爲400億美元的「絲路基金」（Silk Road Fund），以及於2015年底正式成立「亞州基礎設施投資銀行」（Asian Infrastructure Investment Bank, AIIB），來推動

---

[87] Office of the Secretary of Defense, Annual Report to Congress: Military and Security Developments Involving the People's Republic of China 2016, April 26, 2016, pp. 15-20.

[88] Shannon Tiezzi, "Confirmed: China Deploys Missiles to Disputed South China Sea Island," The Diplomat, February 18, 2016, <https://thediplomat.com/2016/02/confirmed-china-deploys-missiles-to-disputed -south-china-sea-island>.

[89] Quoted in Richard A. Bitzinger, "Why Beijing Is Militarizing the South China Sea," *Asia Times*, May 10, 2018, <http://www.atimes.com/why-beijing-is-militarizing-the-south-china-sea/>.

「一帶一路」計畫。其中「海上絲路」與中國發展海權密切相關。根據中國國家發展改革委員會、外交部和商務部於2015年3月共同發布的「推動共建絲綢之路經濟帶和二十一世紀海上絲綢之路的願景與行動」白皮書，「海上絲路」由中國沿海港口穿過南海到印度洋，延伸到歐洲，以及經由南海到南太平洋，要加強與沿線國家的各項合作。[90]

「一帶一路」共聯結六十五個國家、總人口達44億人（占全世界人口64%）、總GDP達23兆美元，這些國家2014-2016年與中國貿易額達3兆美元。[91]雖然中國外交部長王毅否認「一帶一路」是中國版的「馬歇爾計畫」（Marshall Plan），[92]但毋庸置疑「一帶一路」具有非常濃厚的經濟和政治意涵（請參閱7-1中國「一帶一路」路線圖）。

從經濟層面而言，中國具有以下三點主要目的：1.為中國過剩的產能尋找出路：中國製造業尤其是鋼鐵、水泥等建材產能過剩，而「一帶一路」沿線國家對基礎設施的投資嚴重不足，尤其是亞洲的發展中國家情形更加嚴重。依據亞洲開發銀行（Asian Development Bank, ADB）研究報告指出，從2016年至2030年，亞洲四十五個發展中國家需要投資26兆美元，以改善他們的基礎設施，但是這些國家的經費投入嚴重不足。[93]中國爭取參與這些國家的基礎建設工程，聘用中國工人，應用中國的建材，一舉數得；2.為中國產品開拓新市場，尤其在美國採取保護主義，部分歐洲國家限制中國產品的情況下，開拓亞、非國家市場的重要性上升；3.確保原料的取得：中國要維繫經濟持續成長，必須確保原料的取得，尤其是石油、天然氣和重要的礦物資源，部分亞洲和非洲國家天然資源豐富，中國藉「一帶一路」倡議，強化與這些國家的關係，確保重要原料的供應。

---

[90] 國家發展改革委、外交部和商務部於2015年3月共同發布的「推動共建絲綢之路經濟帶和二十一世紀海上絲綢之路的願景與行動」，2015年3月，頁4-12。

[91] ChinaPower, "How Will the Belt and Road Initiative Advance China's Interests?" <https://chinapower.csis.org/china-belt-and-road-initiative/#toc-2>.

[92] 請參閱〈王毅談一帶一路：非馬歇爾計畫〉，《香港經濟日報》，2018年8月24日，〈https://china.hket.com/article/2145623/王毅談一帶一路：非馬歇爾計畫〉。

[93] Sungsup Ra and Zhigang Li, "Closing the Financial Gap in Asian Infrastructure," *ADB South Asia Working Paper Series*, No. 57, June 2018, pp. 2-3.

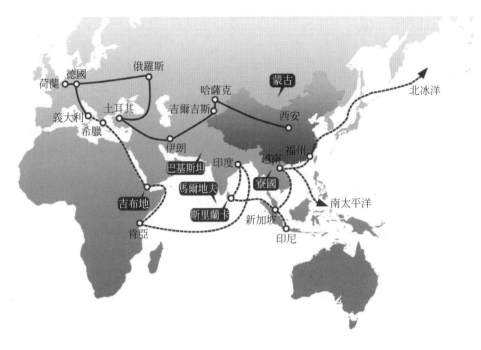

圖7-1　中國「一帶一路」路線圖

資料來源：中華民國108年國防報告書編篡委員會，《中華民國108年國防報告書》（台北：國防部，2019年），頁16。

　　就政治層面而言，截至2019年3月1日止，中國主導的亞投行已有九十三個會員國，[94] 中國於2017年5月14-15日在北京舉行首屆「一帶一路國際合作高峰論壇」，共吸引一百三十多個國家，包括二十九個國家派元首和政府首長（總統或總理）參加，這些國家均是逐利而來。[95] 中國的「一帶一路」倡

---

[94] Asian Infrastructure Development Bank, "Members and Prospective Members of the Bank," <https://www.aiib.org/en/about-aiib/governance/members-of-bank/index.html>.

[95] 這二十九個派元首參加的國家是阿根廷、白俄羅斯、柬埔寨、智利、捷克、衣索匹亞、斐濟、希臘、匈牙利、印尼、義大利、哈薩克、肯亞、寮國、馬來西亞、外蒙古、緬甸、巴基斯坦、菲律賓、波蘭、俄羅斯、塞爾維亞、聖馬丁島（Sint Maarten）、西班牙、斯里蘭卡、瑞士、土耳其、烏茲別克和越南。同上註；中華人民共和國外交部，〈外交部副部長李保東就一帶一陸國家合作高峰論壇接受中央電視台專訪〉，2017

議如果能夠獲至成功，中國就可取得歐亞地區霸主地位，就擁有與美國全球爭霸的本錢。布里辛斯基（Zbigniew Brzezinski）於1997年出版的《大棋盤》（*Grand Chessboard*）一書，已將中國列為角逐歐亞陸塊霸權的五個國家之一（其他四國是俄羅斯、德國、印度和法國）。[96]中國在二十年之後已經將其他四個競爭國家拋在後頭，如果「一帶一路」倡議成功，其他歐亞強權更難以與中國抗衡，因為「一帶一路」倡議將使歐、亞、非國家經濟上高度依賴中國，中國會有很大籌碼促使他們在政治和戰略上傾／親中，希臘和匈牙利已經成為中國在歐盟（European Union, EU）的代言人，就是很好的例子。

（四）擴大珍珠鏈戰略

中國推動所謂珍珠鏈戰略並非始於習近平時期，但是《中國日報》於2014年報導，表示中國將在印度洋地區建立十八個戰略支援基地，雖然此一報導立即為中國所否認，[97]但是中國在過去十年在全球至少資助整建三十五個港口，[98]而且習近平上台之後，中國更積極推動珍珠鏈戰略。根據印度官方消息，中國自2014年開始，經常向亞丁灣派出潛艇，而且中國軍艦在印度洋活動頻率增加。[99]

1. 緬甸的皎漂港

皎漂港（Kyaukpyu）濱孟加拉灣，早在胡錦濤時代，中國中信集團有限公司（CITIC）於2009年就已經與緬甸簽署備忘錄，取得在皎漂港整建深水港、建立一經濟特區（special economic zone, SEZ）及一條連接SEZ與昆明的鐵路。然而，因為緬甸內部對這些計畫有顧慮，興建鐵路的計畫於2014年被取消。港口和SEZ計畫雖未被取消，但是緩步前進。中國港灣工程公司在CITIC資助下，於2016年取得整建深水港和SEZ的工程，前者經費75億美元、

年5月11日，〈https://www.fmprc.gov.cn/web/zi;iao_674904/zt_674979/dnzt_674981/qtzt/ydyl_675049/zyxw_675051/t1460710.shtml〉。

[96] Zbigniew Brzezinski, *The Grand Chessboard: American Primacy and Its Geostrategic Imperatives* (New York: Basic Books, 1997), pp. 40-47.

[97] 轉引自 Lt. General P.C. Katoch, "China's Military Base in Maldives," January 19, 2018

[98] Maria Abi-Habib, "How China Got Sri Lanka to Cough Up a Port?" *The New York Times*, June 25, 2018, <https://www.nytimes.com/2018/06/25/world/asia/china-sri-lanka-port.html>。

[99] 引自〈印媒：印度緊盯中國海軍在印度洋活動足跡〉，《環球時報》，2017年7月7日，〈http://oversea.huaqiu.com/article/2017-07/10946867.html〉。

SEZ經費25億美元，中國中信集團有限公司取得港口管理權五十年，可進一步延長二十五年。[100]

　　中國重視皎漂港，因為它是通往昆明的石油管線和天然氣管線的起點，這兩條管線是由中國石油公司與緬甸石油和天然氣企業（Myanmar Oil and Gas Enterprise）於2010年至2015年間合建，天然氣管線於2013年開始營運、石油管線於2017年4月開始營運。緬甸的翁山蘇姬於2017年12月訪問北京，與習近平達成協議，要建立連結皎漂港和昆明的「中緬經濟走廊」（China-Myanmar Economic Corridor）。[101]外界關切的是整建皎漂深水港是否提供中國軍事用途，雖然緬甸的憲法禁止外國軍隊駐紮緬甸領土，但是不能排除此一港口提供中國軍艦補給、維修、休憩之用。

2. 漢班托特港

　　斯里蘭卡的漢班托特港位於該島國東南沿海，原本只是一個小漁村，該國在胡錦濤時期向中國尋求資金協助，要將該港口擴建成世界大港，儘管該港不具商業價值，但是具有很高的戰略價值，中國願意提供鉅額資金擴建此一港口，也是看中該港的重要戰略地位。中國提供經費並非無息援助，相反地，中國要求非常高的利息，以斯里蘭卡為例，利息高達6.3%，據估計斯里蘭卡積欠中國的債務可能高達50億美元。[102]斯里蘭卡因無力償還鉅額債務，於2015年7月與中國達成協議，將漢班托特港及周邊15,000英畝土地租借給中國九十九年，這是美國副總統嚴厲批判中國「債務陷阱外交」（debt trap diplomacy）實例之一。

　　國際社會尤其是印度和美國所關切的是漢班托特港是否會成為中國的海軍基地，雖然斯里蘭卡政府在印度的壓力下，承諾該港口不會作軍事用途，但是斯里蘭卡財政極度困難，該國2015年收入中的95%要用來償還債務，[103]而且在2014年日本首相安倍訪問斯里蘭卡時，數艘中國潛艦停靠該國可倫坡港

[100] Gregory B Poling, "Kyaukyau: Connecting China to the Indian Ocean," in Nicholas Szechenyi (ed.), *China's Maritime Silk Road: Strategic and Economic Implications for the Indo-Pacific Region* (Washington, D.C.: Center for Strategic and International Studies, 2018), pp. 4-6.

[101] Ibid.

[102] Abi-Habib, "How China Got Sri Lanka to Cough Up a Port?"

[103] Johnathan Hillman, "Game of Loans: How China Bought Hambantota," in Szechenyi (ed.), *China's Maritime Silk Road*, p. 9.

（Colombo），以及中國在提供資金的合約上要求共享情報，[104]因此斯里蘭卡恐怕很難抗拒來自中國的壓力。

3. 瓜達港

比起斯里蘭卡的漢班托特港，中國對巴基斯坦瓜達港的投資，可說是較為互惠的基礎設施建設計畫，因為斯里蘭卡最大港可倫坡吞吐量仍然有很大空間，漢班托特港在2017年只有175艘貨輪造訪，[105]完全不合經濟效益，而巴基斯坦兩大港喀拉蚩（Karachi）和卡西姆（Qasim）使用已接近吞吐量的極限，而且沒有擴展空間，因此亟需建設另一個深水港。中國於2002年開始資助巴基斯坦整建瓜達港。巴基斯坦於2013年2月18日將瓜達港的經營權由新加坡轉交給中國，租期四十年，並將港口的2,000畝土地租給中國海外港口控股公司，租期四十三年。[106]

瓜達港天然條件良好，靠近波斯灣口（Persian Gulf），離荷姆斯海峽（Straits of Hormuz）不遠。巴基斯坦是中國推動「一帶一路」計畫相當重要的一環。中國推動建立「中巴經濟走廊」（China-Pakistan Economic Corridor），預計投入總經費高達620億美元，建設項目包括石油管線、發電廠、建立瓜達港經濟特區（Gwadar Special Economic Zone）、煉油廠、連結新疆喀什和瓜達港的高速公路，以及巴基斯坦境內多條鐵公路。由於瓜達港所在的巴洛奇斯坦省（Balchistan）政治情勢不穩，幾度發生中國工人被殺害事件，已經有解放軍進駐巴基斯坦以維護中國工人安全，再加上中國與巴基斯坦號稱是「全天候朋友」，雙方友誼「比山高、比海深、比鋼硬、比蜜甜」，因此瓜達港未來被中國作為軍事用途可能性相當高。縱然巴基斯坦基於商業考量，不將瓜達港提供給中國海軍使用，也可能考慮提供奧爾馬拉軍港供中國海軍使用。[107]

---

[104] Abi-Habib, "How China Got Sri Lanka to Cough Up a Port?"

[105] Hillman, "Game of Loans," p. 8.

[106] 〈中國前駐巴基斯坦大使講述：瓜達爾港從夢想變為事實〉，《尋夢新聞》，2018年12月8日，〈https://ek21.com/news/2/111306/〉。

[107] 防衛研究所編，〈中國安全戰略報告2019〉（東京：防衛研究所，2019年2月），頁51-52。

4. 吉大港

吉大港（Chittagong）是孟加拉最大港，但不具深水港功能，中國除了參與吉大港的擴建工程，[108]而且還考慮未來在孟加拉的索納迪亞島（Sonadia Island）建一個深水港，但是索納迪亞島建港計畫在印度和美國壓力下已經取消，被日本規劃的馬塔巴里港（Matarbari）方案所取代。[109]

5. 吉布提

吉布提（Djibouti）是中國目前唯一證實的海外軍事基地。吉布提位於非洲東北角，是非洲的貧窮小國，土地面積只有2.3萬平方公里，人口不到100萬，但是他的戰略地位非常重要，因為他扼守曼德海峽（Bab el-Mandeb），而曼德海峽是從亞丁灣經紅海（Red Sea）至蘇伊士運河（Suez Canal）的通道，因此美國、法國、義大利、德國、西班牙和日本等國均在該國設有軍事基地。

中國與吉布提在2015年達成協議，讓中國在該國建立軍事基地。據報導，中國在該國投資超過90億美元，投資項目包括港口、鐵路、公路等基礎設施。[110]中國的基地距離美國基地雷蒙尼爾營（Camp Lemonnier）大約10英里，已於2017年8月開始啟用，租金可能為每年2,000萬美元，但是中國內部傳說可能完全免費。[111]由中國招商局集團融資建設的吉布提多哈雷（Doraleh）多功能港口，於2014年8月開工，於2017年5月24日開始營運。[112]

6. 比雷埃夫斯港與克里特港

中國國有企業—中國遠洋海運集團（China Ocean Shipping Company, COSCO）於2009年自希臘政府取得比雷埃夫斯港（Piraeus）部分貨櫃碼頭

---

[108] Hongmei He, Jiao Nie and Yao Wang, "China's Assistance for Chittagong Port Development, not a Military Conspiracy," June 26, 2018, <https://www.thedailystar.net/opinion/perspective/chinas-assistance-chittagong-port-development-not-military-conspiracy-1595092>.

[109] 防衛研究所編，〈中國安全戰略報告2019〉，頁42。

[110] 〈吉布提：中國談判在非洲之角建軍事基地〉，《BBC News中文》，2015年5月10日，〈https://www.bbc.com/zhongwen/trad/china/2015/05/150510_djibouti_china_military_base〉。

[111] Mathieu Duchatel and Alexandre Sheldon Duplaix, *Blue China: Navigating the Maritime Silk Road to Europe* (European Council on Foreign Relations, April 2018), p. 32.

[112] 李志偉，〈多哈雷多功能港口開港 吉布提有望成紅海口「新迪拜」〉，《中國一帶一路網》，2017年5月26日，〈https://www.yidaiyilu.gov.cn/xwzx/14620.htm〉。

三十五年的經營權，該公司於2013年與希臘簽訂另一協議，由該公司投資2.3億歐元，以增加貨櫃碼頭的吞吐量。該公司於2016年以2億8,050萬歐元購買該港口51%股權，在完成3億5,000萬歐元強制性投資五年後，再以8,800萬歐元購買16%股份。[113] 該公司也取得比雷埃夫斯港37公里海岸遊客渡輪、汽車、貨櫃和郵輪碼頭的經營權至2052年。[114] 此外，希臘總理薩馬拉斯（Antonis Samaras）在習近平於2014年7月訪問希臘時，提議提供該國的克里特（Crete）作爲中國軍艦加油和維修港口。[115]

7. 巴加莫亞

巴加莫亞（Bagamoya）是坦尚尼亞的一個小漁村，人口只有3萬人。中國招商局港口控股有限公司決定在這裡投資100億美元，投資項目包括建經濟特區、大型貨運港口、國際機場和鐵公路。如果按照規劃進行，巴加莫亞未來可能發展成爲非洲最大港。[116]

8. 馬爾地夫

馬爾地夫（Maldives）這個印度洋小群島國是中國債務陷阱外交（debt trap diplomacy）的另一個典型例子，該國向中國借鉅款來興建機場、公路、橋樑等基礎設施，結果積欠中國高達15億美元，超過該國GDP的四分之一以上，遠超過該國償債能力，該國前總統納席德（Mohamed Nasheed）甚至認爲馬爾地夫在2019年由中國全面掌控。[117] 兩國已經於2017年12月簽署協議，

---

[113] 〈希臘決定將比雷埃夫斯港售予中國遠洋集團〉，《BBC News中文》，2016年4月8日，〈https://www.bbc.com/zhongwen/trad/china/2016/04/160408_greece_china_port〉。

[114] Keith Johnson, "Why Is China Buying up Europe's Ports?" *Foreign Policy*, February 2, 2018, <https://foreignpolicy.com/2018/02/02/why-is-china-buying-up-europes-ports/>; George Georgiopoulos, "Piraeus Port Urges Greece to Speed up Investment Plan Approval," *Reuters*, October 19, 2018, <https://www.reuters.com/article/greece-port-investment/piraeus-port-urges-greece-to-speed-up-investment-plan-approval-idUSL8N1WZ433>.

[115] "Greece, China Explore Maritime Ties," *ekathimerini-com*, July14, 2014, <http://www.ekathimerini.com/161539/article/ekathimerini/news/greece-china-explore-maritime-ties>.

[116] "Bagamoya: The Largest Construction Project in Tanzania," Risk Magazine, December 28, 2018, <https://riskmagazine.nl/article/2018-12-28-bagamoya-the-largest-construction-project-in-tanzania>.

[117] 王秋燕，〈馬爾地夫難還590億鉅債最快2019年變中國領土〉，《上報》，2018年2月13

合建一個海洋觀測站（ocean observation station），而且中國業已在該國購買十六個以上島嶼。[118]

9. 模里西斯

　　模里西斯（Mauritius）是一個土地面積只有788平方公里、人口120萬的小國家，但是中國提供鉅額資金推動該國超過40項建設計畫，包括提供7億美元建造一經濟特區。[119]

10. 其他港口

　　中國五家公司目前是全球經營港口的領先公司，它們是和記港口（Hutchin Ports）、上海國際港務集團股份有限公司（Shanghai International Port Group）、招商局港口控股有限公司（China Merchants Ports）、中國遠洋海運港口有限公司、青島港口國際股份有限公司（Qingdao Port International）。海上絲路沿線的主要港口均有它們的足跡，包括參與希臘、義大利、法國、西班牙、比利時、荷蘭、土耳其、以色列、埃及、摩洛哥的碼頭、港口經營。[120]

(1)歐洲港口

　　中國的國有企業，尤其是中國遠洋海運集團（簡稱中遠海運）和招商局港口控股有限公司取得超過十個歐洲港口的經營股權，除了上述希臘的比雷埃夫斯港之外，這些港口是比利時第二大港澤布里荷（Zeebrugge）和安特衛普港（Antwerp）、西班牙的瓦倫西亞（Valencia）和畢爾堡（Bilbao）、法國的敦克爾克（Dunkirk）、藍提斯（Nantes）、馬歇列斯佛斯（Marseilles Fos）和利哈弗港（Le Havre）、荷蘭的鹿特丹、馬爾他的馬爾薩什洛克（Marsaxlokk）、土耳其的阿姆巴利港（Ambarli），以及義大利熱那亞（Genova）的瓦多里古雷港（Vado Ligure）。[121]中遠海運於2017年6月以

日，〈https://www.upmedia.mg/news_info.php?SeriaNo=35330〉。

[118] 防衛研究所編，〈中國安全戰略報告2019〉，頁42。

[119] Neeta Lal, "Sino-India Rivalry Heats up in Mauritius," AsiaSentinel, September 26, 2018, <https://www.asiasentinel.com/econ-business/sino-india-rivalry-mauritius>.

[120] Duchatel and Duplaix, *Blue China*, p. 15.

[121] Joanna Kakissis, "Chinese Firms Now Hold Stakes in over a Dozen European Ports," *NPR*, October 9, 2018, <https://www.npr.org/2018/10/09/642587456/chinese-firms-now-hold-stakes-

2.03億歐元收購西班牙諾阿騰港口公司（Noatum Ports）的51%股權。[122]

(2)中東港口

首先，中國的上海國際港務集團與以色列交通部於2015年簽約，以由中國投資20億美元改建和擴大海法港（Haifa）為條件，由中國自2021年租借該港二十五年。然而，因為美國軍艦經常停靠該港，美國海軍已經公開表示由中國經營該港會影響美國未來使用該港的決定，因此據報導，以色列政府可能重新審查與中國的協議。[123]其次，中國的中遠海運與阿拉伯聯合大公國的阿布達比港務局（Abu Dhabi Seaport Authority）於2016年9月簽約，雙方合資經營哈里發港（Khalifa Port）第二期貨櫃碼頭。[124]第三，中國在阿曼（Sultanate of Oman）的杜格姆（Duqm）投資100億美元，開發一個1,000公頃的工業園區，將原來的一個小漁村發展成大型港口。[125]第四，敘利亞政府積極爭取中國投資該國的迪里波里港（Tripoli）。[126]第五，中國電建集團於2018年11月與沙烏地阿拉伯簽訂30億美元合約，在該國東部海灣沿岸建立包括修船、造船廠和海上石油平台等設施。[127]第六，中國中遠海運於2015年收購土耳其的康普特（Kumport）碼頭。[128]

---

in-over-a-dozen-european-ports>.

[122]〈中企2億歐元收購西班牙Noatum港口51%股權〉，《中國一帶一路網》，2017年6月14日，〈https://www.yidaiyilu.gov.cn/xwzx/hwxw/16142.htm〉。

[123]〈中企將接手經營海法港 傳以色列國安內閣圖翻盤〉，《中央通訊社》，2018年12月16日，〈https://www.cna.com.tw/news/aopl/201812160163.aspx〉。

[124]〈中國企業介入經營 這個中東港口世界排名大幅提升〉，《中國貿易新聞網》，2018年12月13日，〈http://www.chinatradenews.com.cn/content/201812/13/c49089.html〉；〈中遠海運港口宣布阿布扎比碼頭正式開港並啟用中東地區最大的集裝箱貨運站〉，中遠海運港口有限公司新聞稿，2018年12月10日，〈https://docirasia.com/listco/hk/coscoship/press/cp181210.pdf〉。

[125]〈當中國遇上中東（二）〉，《明報》，2019年5月14日，〈http://indepth.mingpao.com/php/passage.php?=&=1557771265126〉。

[126]鐘志恆，〈中東／黎巴嫩港的大金主〉，《工商時報》，2019年1月23日，〈https://ctee.com.tw/world-news/28653.html〉。

[127]王波、涂一帆，〈中國電建簽下沙特30億美元港口建設大單〉，《中國一帶一路網》，2018年11月30日，〈https://www.yidaiyilu.gov.cn/xwzx/hwxw/73109.htm〉。

[128]賈遠琨，〈中遠海運加快碼頭業務全球化布局〉，《中國一帶一路網》，2016年8月30

(3)非洲港口

除了在吉布提、巴加莫亞的港口之外，中國在埃及的賽德港（Port Said）、摩洛哥的卡薩布蘭加（Casablanca）和丹吉爾地中海港口（Tanger Med）擁有股份。[129] 此外，賽席爾（Seychelles）曾於2011年提議讓中國在該國建一軍事基地，以支援中國在亞丁灣打擊海盜的軍事行動；[130] 中國在非洲幾內亞參與金波（Kimbo）港口的建設以及在肯亞的奈羅比（Nairobi）建設內陸貨櫃港；[131] 中國於2013年承建肯亞拉姆港（Lamu）碼頭建設工程；中國港灣工程公司於2017年6月承建坦尚尼亞達雷斯薩拉姆（Dar es Salaam）1-7號碼頭升級改造工程。[132]

(4)亞洲及印度洋港口

除了緬甸的皎漂港、斯里蘭卡的漢班托特港、巴基斯坦的瓜達港之外，中國在馬來西亞投資皇京港（Melaka Gateway）、瓜拉寧宜（Kuala Linggi）國際港、檳城港（Penang Port）、關丹港（Kuantan Port）和沙巴州（Sabah）仙本那（Semporna）填海綜合開發案（含碼頭建設），以及參與印尼雅加達丹戎普瑞克港（Tanjung Priok）的擴建。[133] 中國中遠海運於2016年3月28日與新加坡港務集團簽約，共同投資新加坡大型貨櫃碼頭。[134] 此外，以色列政

日，〈https://www.yidaiyilu.gov.cn/qyfc/zqzx/417.htm〉。

[129] Kakissis, "Chinese Firms Now Hold Stakes in over a Dozen European Ports."

[130] Peter Simpson and Dean Nelson, "China Considers Seychelles Military Base Plan," *The Telegraph*, December 13, 2011, <https://www.telegraph.co.uk/news/worldnews/africaandindianocean/seychelles/8953319/China-considers-Seychelles-military-base-plan.html>.

[131] 〈中企幾內亞金波港口建設項目正式啓動〉，《中國一帶一路網》，2019年3月25日，〈https://www.yidaiyilu.gov.cn/xwzx/hwxw/83823.htm〉；〈中企承建的內羅華內陸集裝箱港正式啓動〉，《中國一帶一路網》，2017年12月17日，〈https://www.yidaiyilu.gov.cn/xwzx/hwxw/39903.htm〉。

[132] 孫海泳，〈中國參與印度洋港口項目的形勢與風險分析〉，《現代國際關係》，第7期，2017年，頁54。

[133] 〈中企中標馬來西亞填海綜合開發項目合同總工期48個月〉，《中國一帶一路網》，2018年2月23日，〈https://www.yidaiyilu.gov.cn/xwzx/hwxw/48494.htm〉；〈中國年花6千億買外國港口〉，《自由時報》，2017年7月18日，〈https://ec.ltn.com.tw/article/paper/1119590〉。

[134] 賈遠琨，〈中遠海運加快碼頭業務全球化布局〉。

府與中國港灣建設有限公司於2014年9月簽約，要在阿什杜德（Ashdod）建一個新的貨櫃港；中國中遠海運與阿拉伯聯合大公國（United Arab Emirates）阿布達比（Abu Dhabi）港務局簽約，取得哈里發（Khalifa）第二期貨櫃碼頭90%權益。[135]

(5)南太平洋港口

根據澳洲費爾法克斯媒體公司（Fairfax Media）報導，中國想在南太平洋島國萬那杜（Vanuatu）建立常設軍事基地，但萬那杜政府否認此一消息。[136]中國的招商局港口控股有限公司於2018年2月6日以6.075億澳元收購澳洲東岸最大港紐卡斯爾港（Port of Newcastle）50%的經營權。[137]

(6)中南美洲港口

中南美洲是美國後院，但中國在此地區的動作頻仍。首先，中國嵐橋集團（Landbridge Group）在科隆貨櫃港（Colon Container Port）投資超過10億美元，建造一個供新型巴拿馬運河大型船（neopanamax ships）使用的碼頭，而且中國港灣工程有限責任公司（China Harbor Engineering Company Ltd）在阿瑪多（Amador）地區建造一個供遊輪使用的港口停靠站。其次，中國招商局於2018年2月以93,500萬美元代價取得巴西第二大港巴拉納瓜（Paranagua）的經營權；第三，中國要投資20億美元來開發秘魯錢凱港（Chancay Port）；第四，中國與哥倫比亞政府已經於2016年簽署意向書，在靠近布埃納文圖拉港（Buenaventura Port）附近從事一系列開發方案；第五，中國的山東寶馬漁業集團有限公司決定投資2億美元在烏拉圭發展一個漁港。此外，中國的中國建築公司對開發墨西哥最大港曼薩尼約港（Manzanillo）相當感興趣。[138]

---

[135] 孫海泳，〈中國參與印度洋港口項目的形勢與風險分析〉，頁53。

[136] 轉引自〈解放軍滲入南太平洋 萬那杜否認中國將設軍事基地〉，《上報》，2018年4月10日，〈https://www.upmedia.mg/news_info.php?SerialNo=38546〉。

[137] 〈中企收購澳大利亞東岸最大港口 海外港口布局實現六大洲全覆蓋〉，《中國一帶一路網》，2018年6月22日，〈https://www.yidaiyilu.gov.cn/xwzx/hwxw/58452.htm〉。

[138] Gustavo Arias Retana, "Latin America Allows China to Take over Ports," Dialogue Digital Military Magazine, December 6, 2018, <https://dialogo-americas.com/en/articles/latin-america-allows-china-take-over-ports>.

(7)冰上絲路港口

中國還推動穿過北冰洋（Arctic Ocean）的北方航路，稱為冰上絲路（Ice Silk Road）。中國發改委與國家海洋局於2017年7月3日共同提出「一帶一路建設海上合作設想」報告，提出建設經北冰洋連接歐洲的「藍色經濟通道」。習近平於2017年11月1日會見訪華的俄羅斯總理梅德韋傑夫（Dmitry Medvedev）時，提議「共同開展北極航道開發與利用合作，打造冰上絲綢之路」。目前中國的保利集團將投資在俄羅斯白海的阿爾漢格爾斯克（Arkhangeisk）建造一個深水港及一條延伸到西伯利亞的鐵路、中國招商集團要投資立陶宛克萊佩達港（Klaipeda）以興建一新的大型貨櫃港。此外，中國國有公司已經在洽談挪威港口希爾克內斯（Kirkenes）以及冰島兩個港口的投資計畫。[139]

然而，一位中國學者指出，北極地緣政治經濟格局相當複雜。首先，北極圈大國態度相當關鍵，俄羅斯是否與中國合作？如果「對俄羅斯過度依賴，會加劇中國北極戰略的脆弱性」。其次，中國「冰上絲路」的戰略支點是格陵蘭島（Greenland）。目前該島是內政獨立的自治區，但外交、國防和財政由丹麥代理，未來是否走向獨立仍不確定。[140]第三，美國在格陵蘭島仍有駐軍，美國在該島設有一駐軍600名的空軍基地。美國對該島相當感興趣，早在1946年底美國就曾想以1億美元代價向丹麥購買該島，但遭丹麥拒絕。根據華爾街日報（Wall Street Journal）報導，川普總統要其助理探詢購買格陵蘭島的可能性。[141]事實上，川普本人已經證實他確實有意購買格陵蘭島。[142]以美國對格陵蘭島重視的程度，如果中國要在格陵蘭島發展將遭到來自美國強烈反擊。

---

[139] 〈中國年花6千億買外國港口〉，《自由時報》，2017年7月18日，〈https://ec.ltn.com.tw/article/paper/1119590〉。

[140] 蕭洋，〈冰上絲綢之路的戰略支點〉，《和平與發展》，第6期，2017年，頁108-123。

[141] Quoted in Ed Pilkington, "Donald Trump Reportedly Wants to Purchase Greenland from Denmark," *The Guardian*, August 15, 2019, <https://www.theguardian.com/us-news/2019/aug/15/donald-trump-greenland-purchase-denmark>.

[142] Martin Pengelly, "Trump Confirms He Is Considering Attempt to Buy Greenland," *The Guardian*, August 18, 2019, <https://www.theguardian.com/world/2019/aug/18/trump-considering-buying-greenland>.

第八章　美中印太爭霸

第一節　美國和中國的權力消長

　　以國民生產毛額（GDP）占全世界份額作比較，美國國力在二十世紀中期達到最高峰後，確實隨著時間逐漸衰退中。美國GDP在1944年占世界GDP的35%，在1998年只占22%。[1]相反地，中國國力卻逐漸提升，尤其是三十年之經濟改革造就崛起中的中國。無疑地，當前的國際體系已經形成美中兩強競爭的格局。問題是中國的國力是否能夠超越美國，以取代美國成為主宰全球體系的霸主地位，這就需要對美中兩國國力做深入比較。

壹、評估國力的指標與模式

　　國家權力指一國家可運用來影響其他國家的總體能力，[2]但要精確地評估一個國家的權力並不容易，因為不僅要計算有形國力（tangible power），或是硬國力（hard power），還要估算無形國力（intangible power）或是軟國力（soft power）。[3]縱然僅估算有形國力，諸如軍事、經濟、土地面積、人口等，也不見得可以估算精確。以人口為例，不能單計算人口數量，因為人口品

---

[1] Christopher Chase-Dunn, et al., "The Trajectory of the United States in the World-System: A Quantitative Reflection," paper presented at the XV ISA World Congress of Sociology in Brisbane, Australia on July 10, 2002, <https://irows.ucr.edu/papers/irows8/irows8.htm>.

[2] Ashley J. Tellis, "Overview: Assessing National Power in Asia," in Ashley J. Tellis, Alison Szalwinski, and Michael Willis (eds.), *Foundations of National Power in the Asia-Pacific* (Washington, D.C.: The National Bureau of Asian Research, 2015), p. 4.

[3] 所謂硬國力是指一個國家用來強制（coerce）其他國家順從其意志的力量，而軟國力是指讓其他國家心悅誠服支持的吸引力。Christopher Walker and Jessica Ludwig, "From 'Soft Power' to 'Sharp Power': Rising Authoritarian Influence in the Democratic World," in National Endowment for Democracy (ed.), *Sharp Power: Rising Authoritarian Influence* (Washington, D.C.: National Endowment for Democracy, 2017), pp. 8-25.

質、結構、種族純潔度也會影響國力。再如土地面積當然是影響國力的重要因素，但土地所蘊藏的天然資源（例如石油、天然氣、其他礦物資源）、可耕地面積等也相當關鍵。如果將無形國力加以考量，例如民心士氣、外交、領導者的領導能力等，則精確估算一國國力的難度更高。

一、評估國力的指標

雖然評估國力不容易，但是不少學者前仆後繼提出各種模式來衡量國力，有些著作以單一指標（軍事力量、經濟力量等）來評估各國國力，也有運用多個要素來估量國力，[4] 例如鐵里斯（Ashley J. Tellis）等人以國家資源（national resources）、國家表現（national performance）和軍事能力（military capability）等三大類因素來評估國力。[5] 學者評估國家綜合國力採取的指標多寡不一，有些學者所納入考量的因素甚至多達百項，以力求評估的精確性。

二、幾種評估綜合國力模式介紹

（一）摩根索的指標

國際政治古典現實主義學派（classic realism）大師摩根索（Hans Morgenthau），提出評估一個國家國力的九項要素，包括地理條件、自然資源、工業能力、軍事力量、人口、民族性格、國民士氣、外交品質和政府素質。這些因素包括有形國力和無形國力。[6]

（二）中國社會科學院綜合國力評估模式

中國社會科學院多年來以自然資源、人口、經濟、軍事、科技等五個國力直接構成要素，以及社會發展、可持續性、安全與國內政治、國際貢獻等四個

---

[4] Hua Liao, Weihua Dong, Huiping Liu and Yuejing Ge, "Towards Measuring and Visualizing Sustainable National Power—A Case Study of China and Neighboring Countries," *International Journal of Geo-Information*, No. 4 (September 2015), pp. 1672-1692.

[5] Ashley J. Tellis et al., *Measuring National Power in the Postindustrial Age: Analyst's Handbook* (Santa Monica, California: RAND Corporation, 2000), p. 5.

[6] Hans J. Morgenthau, *Politics among Nations*, 3rd edition (New York: Alfred A. Knopf Publisher, 1963).

影響要素，所構成的綜合國力來評估世界上重要國家國力。[7]

（三）克萊恩國力評估模式

美國「中央情報局」（Central Intelligence Agency, CIA）前副局長克萊恩（Ray S. Cline）以下列公式來評估世界各國國力：國力＝〔關鍵體積（critical mass，即人口＋領土）＋經濟能力（economic capability）＋軍事能力（military capability）〕乘以〔戰略目的（strategic purpose）＋國家意志（national will）〕，即Power=(C+E+M)x(S+W)。[8]此一模式較獨特的是納入國家意志力因素，這是一種無形因素，很難精確評估，靠的還是評估者的主觀判斷。

（四）哈費茲尼亞等人的評估模式

哈費茲尼亞（Mohammad Reza Hafeznia）等人，以經濟、政治、文化、社會、軍事、領土、跨國因素、科技、太空等九項因素來評估一國國力，每一指標最高100點，九項總分900分。總得分高過500分以上國家屬於第一等級國家、400至500分間國家屬於第二等級、200至400分間國家屬於第三等級、100至200分間國家屬於第四等級、1至100分間國家屬於第五等級。每一項指標所納入考量的因素甚至超過十項，例如經濟指標納入考量的因素包括平均國民所得（per capita GNP）、平均國內生產所得（per capita GDP）、外國直接投資、預算平衡情形、失業率、總外匯存底、糧食占輸入百分比、GDP平均每年成長率、GDP占全球GDP份額、經濟自由度指標之得分、製造業占總輸出百分比等十一項；跨國因素則包括國際組織會籍、國外觀光客數目、人民出國數目、奧運獎牌數目等十項因素。[9]

（五）羅伊國際政策研究所的評估模式

澳州羅伊國際政策研究所（Lowy Institute for International Policy）以經濟資源（包括以購買力平價計算的GDP、國際經濟影響力、科技和全球連

---

[7] 鳳凰衛視，〈社科院黃皮書成中國綜合國力世界排名第七〉，2009年12月24日，〈http://dailynews.sina.com/bg/chn/chnpolitics/phoenixtv/20091224/1208990322.html〉。

[8] Ray S. Cline, *World Power Assessment: A Calculus of Strategic Drift* (Boulder, Colorado: Westview Press, 1975).

[9] Mohammad Reza Hafeznia, Seyed Hadi Zarghani, Zahra Ahmadipor and Abdelreza Roknoddin Eftekhari, "Presentation a New Model to Measure National Countries," *Journal of Applied Sciences*, Vol. 8, No. 2, 2008, pp. 230-240.

結）、軍事能力（包括國防支出、軍力和組織、武器和平台、亞洲軍事部署態勢）、恢復力（Resilience，包括內在機構穩定、資源安全、地緣經濟安全、地緣政治安全、核武嚇阻能力）、未來資源（預估2030年經濟、國防和各種資源；2045年時預估的勞動人口）、外交影響力（包括外交網絡關係、參與多邊機構、整體外交政策和戰略企圖心）、經濟關係（貿易關係、投資關係和經濟外交）、國防網絡（Defense Networks，包括結盟、非同盟的夥伴關係、武器轉移）和文化影響力（文化計畫、資訊流通和人員交流）等八項指標，來評比包括美國、俄羅斯、澳洲、紐西蘭在內的二十五個亞洲國家的權力指數，其中高於70分的國家屬於超強（super powers），介於40和70分之間的是主要強權（major powers），介於10和40分之間的是中等強權（middle powers），10分以下者是小國（minor powers）。[10]

貳、美中權力評估

一、美中綜合國力對比

（一）哈費茲尼亞等人的評比

如上所述，哈費茲尼亞等人以經濟、政治、文化、社會、軍事、領土、跨國因素、科技、太空等九項因素來評估，指出2005年美國在這九項指標共獲得882點，是世界上超強國家，而中共第二（462點）、俄羅斯第三（458點）、英國第四（440點）、日本第五（424點）、德國第六（402點）、法國第七（391點）是第二層級國家，美國仍然以相當大幅度領先第二名的中共。[11]然而此項評比迄今已經超過十四年，兩國國力均出現變化，他們的評比結果已經不適用當前情勢。

（二）中國學術機構的評比

1. 中國社會科學院的評比

如上所述，中國社會科學院以五個國力直接構成要素以及四個影響要素來評估大國的綜合國力，它在2009年提出的報告，指出中國在世界十一強權

---

[10] Lowy Institute, *Asia Power Index 2019* (Sydney: Lowy Institute, 2019).

[11] Hafeznia, Zarghani, Ahmadipor and Eftekhari, "Presentation a New Model to Measure National Countries," pp. 230-240.

中，排名在美國、日本、德國、加拿大、法國、俄羅斯之後，但領先英國、印度、義大利和巴西，整體排名居第七。[12]

2. 胡鞍鋼等學者的評估

胡鞍鋼等中國學者以經濟、人力、能源、資本、科技、政府、軍事、國際和信息（台灣用的資訊字眼）等九項資源指標，評比美國和中國的國力，指出中國的綜合國力在2015年已經超過美國。[13]然而，在美國發動對中國貿易戰之後，中國一些人尤其是清華大學校友，批評胡鞍鋼媚俗、討好上意、過度膨脹中國國力，導致誤導決策者，甚至要求清華大學將他解聘。[14]

（三）布列摩的評比

美國時代周刊（Time）的專欄作家布列摩（Ian Bremmer），從經濟、軍事、政治影響力、創新和文化／生活方式等五個面向分析，也認爲美國在2015年仍然是世界上唯一超強。[15]

（四）美國「國家情報委員會」的評估報告

美國「國家情報委員會」（National Intelligence Council, NIC）於2012年提出一份「2030年全球趨勢」（Global Trends 2030）報告，如只用GDP、人口、軍事預算和科技作爲指標，則中國與美國國力在2030年左右會出現死亡交叉；如再加上教育、治理和醫療三項指標，則中國要到2035年左右才有可能超越美國。[16]

---

[12] 澳洲日報，〈中國社科院報告：論綜合國力中國只是世界「老七」〉，《sina全球新聞》，2009年12月25日，〈http://dailynews.sina.com/bg/chn/chnnews/ausdaily/20091225/1349993142.html〉。

[13] 胡鞍鋼、高宇寧、鄭雲峰、王洪川，〈大國興衰與中國機遇：國家綜合國力評估〉，《經濟導刊》，第3期，2017年。轉刊於〈胡鞍鋼：2020年，中國綜合國力就可超美了〉，《四月網》，2017年4月5日，〈http://www.m4.cn/opinion/2017-04/1325280.shtml〉。

[14] 鄧聿文，〈觀點：「胡鞍鋼現象」和「倒胡」運動〉，《BBC News中文》，2018年8月6日，〈https://www.bbc.com/zhongwen/trad/indepth-45080087〉。

[15] Ian Bremmer, "There Are the 5 Reasons Why the United States Remains the World's Only Superpower," *Time*, May 28, 2015, <http://time.com/3899972/us-superpower-status-military>.

[16] National Intelligence Council, the United States, *Global Trends 2030: Alternative World* (Washington, D.C.: National Intelligence Council, December 2012), p. 17.

（五）廖華等學者的評估

廖華（Hua Liao）等人以「可持續國力」（sustainable national power, SNP）的概念，對中國及其周邊二十個鄰邦進行國力評估，指出中國在2014年已崛起成為亞洲國力最強大國家，遙遙領先日本、俄羅斯、南韓、印度和印尼等國。[17]然而，此一研究並沒有作美中兩國的權力對比。

（六）澳州羅伊國際政策研究所的評比

如上所述，澳州羅伊研究所以八項指標來評比包括美國、俄羅斯、澳洲、紐西蘭在內的二十五個亞洲國家的權力指數。根據該研究所所公布的「2019年亞洲國家權力指數」（Asia Power Index 2019）報告，美國總得分84.5、中國總得分75.9，兩國並列為超級強權，兩國的分數差距不大。日本（得分42.5）與印度（得分41）是主要強權；俄羅斯、南韓、澳洲、新加坡、馬來西亞、泰國、印尼、紐西蘭、越南、台灣、巴基斯坦、北韓和菲律賓等十三國列為中等強權；孟加拉、汶萊、緬甸、斯里蘭卡、高棉、寮國、蒙古和尼泊爾等八國屬於小國（請參閱表8-1）。

■ 表8-1

2019年亞洲國家權力指數

名次	國名	總分	經濟資源	軍事能力	恢復力	未來資源	外交影響力	經濟關係	國防網絡	文化影響力
1	美國	84.5	92.5	94.7	85.3	78.5	79.6	67.6	86.0	86.7
2	中國	75.9	93.0	66.1	70.5	85.6	96.2	97.5	24.1	58.3
3	日本	42.5	34.3	29.5	37.1	11.3	90.9	52.7	44.9	50.4
4	印度	41.0	24.4	44.2	54.4	54.1	68.5	26.5	24.5	49.0
5	俄羅斯	35.4	17.2	57.2	79.7	18.8	68.7	9.6	21.7	20.1

---

17 根據廖華等人的定義，可持續國力是指「一個國家以確保社會和環境的可持續性來維持長時期更高之競爭力」，Liao, Dong, Liu and Ge, "Towards Measuring and Visualizing Sustainable National Power," pp. 1673-1684.

■ 表8-1

2019年亞洲國家權力指數（續）

名次	國名	總分	經濟資源	軍事能力	恢復力	未來資源	外交影響力	經濟關係	國防網絡	文化影響力
6	南韓	32.7	18.6	32.9	35.8	10.7	69.7	27.4	46.0	33.8
7	澳洲	31.3	12.5	28.2	47.7	9.6	56.9	21.6	69.0	26.7
8	新加坡	27.9	16.6	25.2	31.6	7.0	54.3	29.7	40.6	27.5
9	馬來西亞	22.8	8.6	12.0	36.2	6.6	52.3	22.1	30.8	32.7
10	泰國	20.7	8.6	13.8	33.5	5.1	44.1	21.1	23.7	29.8
11	印尼	20.6	8.7	16.8	36.4	12.8	57.5	11.4	19.2	18.1
12	紐西蘭	19.9	6.5	13.1	45.6	3.3	48.0	12.4	39.2	9.9
13	越南	18.0	5.4	20.7	24.8	7.4	46.4	16.0	12.2	19.2
14	台灣	15.9	14.4	20.2	30.8	5.6	14.8	10.8	15.4	15.4
15	巴基斯坦	15.3	3.5	25.8	26.4	10.9	34.6	4.4	16.3	9.5
16	北韓	14.0	2.9	30.6	35.9	5.6	29.6	0.0	8.5	1.5
17	菲律賓	13.7	5.8	6.4	22.7	5.3	34.6	9.7	23.5	15.3
18	孟加拉	9.7	3.8	5.8	26.3	4.9	26.4	1.0	10.7	10.2
19	汶萊	9.1	3.6	3.0	28.8	1.6	23.0	9.2	8.8	3.9
20	緬甸	8.9	1.5	11.7	17.4	4.3	21.8	7.0	2.8	9.1
21	斯里蘭卡	8.5	2.4	7.7	26.9	2.8	26.6	2.9	1.8	5.4
22	高棉	7.7	0.3	2.8	20.7	1.6	22.7	7.0	9.8	6.8
23	寮國	6.4	0.9	0.6	22.3	1.8	20.7	6.6	2.5	4.5
24	蒙古	6.2	1.7	4.1	18.8	2.7	17.4	1.2	9.4	1.5
25	尼泊爾	4.7	1.5	3.4	14.2	0.4	12.8	0.5	6.0	4.1

資料來源：Lowy Institute, *Asia Power Index 2019*, pp. 3-19.

　　從上述這些學者專家的評估報告，除了中國學者胡鞍鋼等人之外，一致認為美國仍然是當前世界上最強大的國家，然而美中國力差距正在縮小當中，中國甚至在未來可能超越美國成爲世界上最強大的國家。換言之，美中之間正在出現權力轉移現象。

二、美中個別權力指標的比較

　　最常被用來評估國力的要素是經濟力量、人口、土地面積和軍事力量，因這些因素有具體數據可作比較，其中經濟力量用國內生產毛額（Gross Domestic Product, GDP）來衡量，但也有學者或機構用「購買力平價」（Purchasing-Power Parity, PPP）來估算一個國家的GDP，軍事力量則以一個國家的國防預算作爲衡量標準。本書簡化地採用GDP及國防預算兩項因素來評估國力，及運用國外學術機構民意調查所獲得的認知國力（perception of power）來評估美中權力結構變遷，因爲對權力結構變遷的認知會影響到相關國家之政策。

（一）經濟指標

1. GDP的比較

　　中國1960年的GDP是597.16億美元，遠超過日本的443.07億美元及印度的365.36億美元，是美國5,433億美元的九分之一強，但是因爲毛澤東倒行逆施，在1958-1960年發動大躍進、1966年發動被稱爲十年浩劫的文化大革命，所以到1970年時中共的GDP成長有限，只有926.03億美元，不僅不到日本2,115.14億美元的一半，更只有美國1.076兆美元的不到十一分之一。中國1980年的GDP是1,911.5億美元，只是日本1.1兆美元的不到九分之一、美國2.863兆美元的十五分之一，而且與印度相差無幾。

　　然而，鄧小平於1978年12月開始推動改革開放，中國經濟開始飛快成長。中國1990年的GDP是3,608.59億美元，仍遠落後在美國的5.98兆美元、日本的3.14兆美元，甚至比不上俄羅斯的5,168.14億美元。日本經濟在1990年代開始出現泡沫化現象，中國經濟則依舊快速成長，中國2000年GDP是1.211兆美元，是日本4.888兆美元的四分之一，美國10.285兆美元的九分之一強，但已經遠遠領先俄羅斯的2,597.08億美元、印度4,621.47億美元。中國在2007年超越德國成爲世界上第三大經濟體；中國2010年GDP是6.101兆美元超越日本的5.7兆美元，成爲世界上第二大經濟體，是美國14.964兆美元的將近41%，

是俄羅斯或印度GDP的四倍。2018年，中國的GDP是13.608兆美元，是美國
20.494兆美元的66.4%（請參閱表8-2）。

2. 以購買力平價公式比較

　　根據國際貨幣基金會（International Monetary Fund, IMF）用「購買力平
價」估算，則中國GDP在2014年已超過美國。[18] 美國中央情報局的「世界事
實資料簿」（The World Factbook）以購買力平價估算中國2017年的GDP是
23.21兆美元，[19] 已遠大於美國的19.49億美元。[20]

■ 表8-2

美、中、日、德俄和印度GDP比較，1960-2018年

單位：10億美元

時間	美國	中國	日本	德國	俄羅斯	印度
1960	543.3	59.7	44.3		-	37.0
1970	1,073.0	92.6	212.6	215.0	-	62.4
1980	2,857.0	191.1	1,105.0	946.7	-	186.3
1990	5,963.0	360.9	3,133.0	1,765.0	516.8	321.0
2000	10,252.0	1,211.0	4,888.0	1,950.0	259.7	468.4
2001	10,582.0	1,339.0	4,304.0	1,951.0	306.6	485.4
2002	10,936.0	1,471.0	4,115.0	2,079.0	345.0	514.9
2003	11,458.0	1,660.0	4,446.0	2,506.0	430.3	607.7
2004	12,214.0	1,955.0	4,815.0	2,819.0	591.0	709.1
2005	13,037.0	2,286.0	4,755.0	2,861.0	764.0	820.4

---

[18] 〈財政部表態「中國GDP超美國」〉，《文匯網》，2014年10月10日，〈http://news.
wenweip.com/2014/10/10/IN1410100045.htm〉。

[19] Central Intelligence Agency, "The World Factbook: China," <https://www.cia.gov/library/
publications/the-world-factbook/geos/ch.html>.

[20] Central Intelligence Agency, "The World Factbook: United States," <https://www.cia.gov/
library/publications/the-world-factbook/geos/us.html>.

■ 表8-2

美、中、日、德、俄和印度GDP比較，1960-2018年（續）

時間	美國	中國	日本	德國	俄羅斯	印度
2006	13,815.0	2,752.0	4,530.0	3,002.0	989.9	940.3
2007	14,452.0	3,550.0	4,515.0	3,440.0	1,300.0	1,217.0
2008	14,713.0	4,594.0	5,038.0	3,752.0	1,661.0	1,199.0
2009	14,449.0	5,102.0	5,231.0	3,418.0	1,223.0	1,342.0
2010	14,992.0	6,087.0	5,700.0	3,417.0	1,525.0	1,676.0
2011	15,543.0	7,552.0	6,157.0	3,758.0	2,052.0	1,823.0
2012	16,197.0	8,532.0	6,203.0	3,544.0	2,210.0	1,828.0
2013	16,785.0	9,570.0	5,156.0	3,753.0	2,297.0	1,857.0
2014	17,522.0	10,439.0	4,850.0	3,899.0	2,060.0	2,039.0
2015	18,219.0	11,016.0	4,389.0	3,381.0	1,364.0	2,104.0
2016	18,707.0	11,138.0	4,927.0	3,495.0	1,283.0	2,290.0
2017	19,485.0	12,143.0	4,860.0	3,693.0	1,579.0	2,653.0
2018	20,494.0	13,608.0	4,971.0	3,997.0	1,658.0	1,726.0

**有些數字以四捨五入方式處理。

資料來源：<https://data.worldbank.org/country/united-states>; <https://data.worldbank.org/country/china>; <https://data.worldbank.org/country/india>; <https://data.worldbank.org/country/japan>; <https://data.worldbank.org/country/Germany>; and <https://data.worldbank.org/country/russian-federation>.

　　中國經濟成長已趨緩，經濟成長率難以超過7%，[21] 2018年的經濟成長率是6.5%，2019年經濟成長繼續放緩。[22] 雖然在川普領導下，美國經濟情況良

---

[21] 中國從1989年至2017年的GDP平均年成長率是9.69%，但是近幾年來中國的經濟成長已經趨緩。2013年中共GDP成長7.7%、2014年7.4%、2015年6.9%、2016年6.8%。請參閱 "China's Economy Grows 6.7% in 2016," *BBC News*, January 20, 2017, <http://www.bbc.com/news/business-38686568>; <https://tradingeconomics.com/china/gdp-growth-annual>; <http://www.360doc.com/content/16/0216/11/13421702_534972146.shtml>.

[22] 〈中國經濟繼續放緩2018年GDP增速創28年新低〉，《BBC News中文》，2019年1月21日，〈https://222.bbc.com/zhongwen/trad/chinese-news-46942422〉。

好，但是美國經濟成長率很難高於3%，[23] 因此中國的經濟成長率仍然會持續
高於美國，則中國GDP超越美國應該是時間問題（請參閱圖8-1）。

單位：10億美元

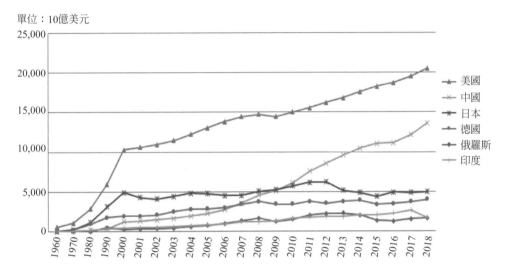

圖8-1　美、中、日、德、俄和印度GDP比較

資料來源：同表8-2。

三、國防預算的比較

　　中國有不小的隱藏國防預算，不包含在其官方公布的國防預算之中，因
此各國學者專家對中國國防預算究竟多少並無共識。本報告採用的是瑞典斯
德哥爾摩國際和平研究所（Stockholm International Peace Research Institute,
SIPRI）資料庫數據，作爲評比依據。

23　美國1947年至2018年GDP平均年成長率是3.21%，但是近幾年來美國的經濟年成長率已
　　經很少超過3%，2018年美國的經濟成長率是2.9%，2019年成長率會比2.9%低。請參閱中
　　央通訊社，「2018年美國經濟成長2.9%未達川普保3目標」，中央通訊社，2019年3月1
　　日，〈https://www.cna.com.tw/news/aopl/20190310018.aspx〉；Trading Economics, "United
　　States GDP Growth Rate," Trading Economics, <https://tradingeconomics.com/united-states/
　　gdp-growth>.

　　鄧小平所設定1980年代的三大任務之一是追求四個現代化，而四個現代化之一是國防現代化，但因為國家財力不足，鄧小平要求軍隊顧全大局、作出犧牲，國防現代化在四個現代化中敬陪末座，因此中國在1980年代的實際國防預算並沒有增加。然而自1989年開始，中國國防預算除了少數幾年之外，每年以兩位數字百分比成長。[24] 根據SIPRI的估算，中國1990年的國防預算是210.18億美元，落後於美國（5,743.86億美元）、蘇聯（2,275.22億美元）、德國（633.10億美元）、法國（595.45億美元）、英國（513.18億美元）、日本（409.21億美元）、義大利（279.45億美元）和沙烏地阿拉伯（276.67億美元）等國之後，排名世界第九。中國國防預算於1994年超越沙烏地阿拉伯，1996年超越俄羅斯，1998年超越義大利，2001年超越德國、日本和英國，2002年超越法國，排名世界第二。[25] 然而，中國2002年的國防預算是578.35億美元，只有美國國防預算（4,861.1億美元）的不到12%，但到了2010年，中國國防預算已經接近美國國防預算的20%（請參閱表8-3）。

　　歐巴馬總統決定自伊拉克撤軍之後，開始大幅度刪減國防預算，在他於2017年1月20日卸任時，美國國防預算縮小到只剩6,058.03億美元，而中國的國防預算到2017已增至2,278.29億美元，是美國國防預算的37.61%，差距已經大為縮小。然而，川普就任總統之後，決定大幅增加美國國防預算。如果美國未來繼續增加國防預算，而中國沒有再度大幅度的增加國防預算，則中國在短、中期的未來仍然很難超過美國（請參閱圖8-2）。

24　中國官方公布2010年國防預算成長7.5%、2016年成長7.6%、2017年成長7%、2018年增加8.1%、2019年增加7.5%，這是自1989年以來僅有的五年，國防預算成長沒有超過10%。值得注意的是自2016年以來，中國國防預算連續每年成長低於10%。〈兩會開幕：中國軍費增速下降，但仍高於GDP增幅〉，《BBC News中文》，2019年3月5日，〈https://www.bbc.com/zhongwen/trad/chinese-news-47451881〉。

25　SIPRI, "Military expenditure by country, in constant (2015) US$ million," <https://www.sipri.org/sites/default/files/Milex-constant-2015-USD.pdf>.

表8-3

美、中、法、英、德、日、俄和印度國防預算，1990-2016年

單位：億美元

時間	美國	中國	法國	英國	德國	日本	俄羅斯	印度
1990	5,743.86	210.18	595.45	513.18	633.10	409.21		190.82
1995	4,485.60	250.15	548.43	422.05	459.49	431.01	264.55	206.48
2000	4,294.53	412.64	521.47	418.71	437.16	443.07	243.35	291.16
2001	4,329.41	497.98	519.87	435.65	429.98	450.83	262.98	301.30
2002	4,861.10	578.35	530.55	463.97	431.15	453.08	291.33	300.37
2003	5,532.74	625.09	546.55	497.27	425.26	453.65	305.47	307.08
2004	6,030.24	691.62	561.47	503.06	412.23	451.84	319.28	356.70
2005	6,317.82	765.58	549.96	507.40	405.82	451.02	362.84	379.61
2006	6,415.93	883.17	552.50	510.06	396.45	445.27	401.61	381.43
2007	6,584.38	988.05	554.62	525.87	396.79	439.48	437.15	386.04
2008	7,071.51	1,081.87	549.07	549.83	408.19	435.25	480.33	437.86
2009	7,638.72	1,310.63	586.12	561.63	423.62	443.41	503.96	515.53
2010	7,848.35	1,378.90	559.32	554.07	428.24	444.96	514.20	517.59
2011	7,751.56	1,486.56	545.68	533.88	415.99	450.95	548.77	522.61
2012	7,310.86	1,614.41	538.14	512.37	425.91	445.52	635.84	520.75
2013	6,731.02	1,764.76	536.79	491.99	401.33	443.63	666.82	516.91
2014	6,315.13	1,916.27	544.73	479.21	399.51	448.36	714.47	542.14
2015	6,164.83	2,042.02	566.72	468.34	411.77	456.27	770.23	547.29
2016	6,128.89	2,157.18	587.95	469.03	429.18	453.51	825.76	603.11
2017	6,058.03	2,278.29	604.17	464.33	453.82	453.87	665.27	645.59
2018	6,487.98	2,499.97	638.00	499.97	494.71	466.18	613.88	665.10

註：斯德哥爾摩國際和平研究所以2017年幣值來計算這幾個強權1990年至2017年的國防預算。

資料來源：〈https://www.sipri.org/sites/default/files/Milex-constant-2017-USD.pdf〉。

單位：億美元

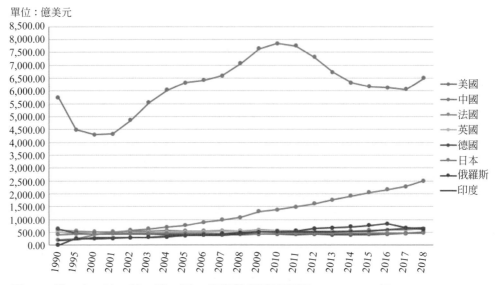

圖8-2　美、中、法、英、德、日、俄和印度國防預算，1990-2018年

資料來源：同表8-3。

四、各國人民的認知

　　以土地面積、人口、國防預算、GDP等指標計算，美國和中國是名列前茅的大國，而且未來領導全世界的國家不是美國就是中國。表8-4列舉的各項數據顯示，美國除人口數量少於中國之外，其他各項指標（如果GDP不以購買力平價來計算）均領先中國。

　　然而，中國是否可能取代美國成為世界未來霸主，各國人民的認知相當重要，因為各國認知會影響他們國家對美中兩強的外交政策，例如新加坡李顯龍總理於2019年5月31日在對香格里拉對話會（Shangri-la Dialogue）發表基調演說（keynote speech）時，指出美中如何處理他們緊張關係，將會影響未來幾十年的國際環境，他一方面呼籲其他國家進行調適，接受中國崛起事實，另一方面呼籲中國要以行動來證明其支持全球化和基於規範國際秩序（rule-based international order）之承諾，他呼籲美中解決歧見，且表示中小國家不想在美中兩國中選邊。[26]

---

[26] Lee Hsien Loong, Prime Minister of Singapore, Keynote Address to the IISS Shangri-La

■ 表8-4

美國與中國國力要素比較

基本國力資料	美國	中國
土地面積	9,629,091平方公里	9,596,960平方公里
人口	329,256,465	1,384,688,986
GDP（2017年）	19.49兆美元	12.01兆美元
GDP（以購買力平價計算）	19.49兆美元	23.21兆美元
**2018年國防預算	6,487.98億美元	2,499.97億美元

**國防預算用的是瑞典SIPRI數據。中國公布2019年國防預算是11,899億人民幣（約1,774.9億美元）。美國國防部提出2019年國防預算是7,160億美元。

資料來源：Central Intelligence Agency, "The World Factbook: United States," <https://www.cia.gov/libray/publications/the-world--factbook/geos/us.html>; Central Intelligence Agency, "The World Factbook: United States," <https://www.cia.gov/libray/publications/the-world--factbook/geos/ch.html>.

（一）中國大陸人民更加自信

皮優研究中心（Pew Research Center）於2016年春所作問卷調查顯示，75%中國人民認為中國比起十年前在國際上扮演更重要角色。[27] 不僅是中國人民自信心上升，中國領導人也有信心來填補川普總統自國際事務撤退所留下的權力真空，例如習近平利用川普反全球化時機，於2017年1月17日到瑞士達沃斯（Davos）參加「世界經濟論壇」（World Economic Forum），竟以「共擔時代責任共促全球發展」為題發表演說，表示要捍衛國際化和自由貿易。[28] 此外，中共喉舌《求是》雜誌於2017年11月刊載一篇文章，批評西方民主政治

Dialogue 2019, May 31, 2019 in Singapore, <https://www.iiss.org/events/shangri-la-dialogue/shangri-la-dialogue-2019>.

[27] Richard Wike and Bruce Stokes, "Chinese Public Sees More Powerful Role in World, Names U.S. as Top Threat," Pew Research Center, October 5, 2016, p. 3.

[28] 習近平，〈共擔時代責任共促全球發展〉—在世界經濟論壇2017年年會開幕式上的主旨演講，2017年1月17日，達沃斯，〈http://news.xinhurnet.com/world/2017-01/18/c_1120331545.htm〉。

體制，強調「中國才是當今最大的民主國家」，[29]顯示中國對自身破壞人權、打壓民主發展的威權體制，已不再心虛，現在自認其政治體制比西方民主體制優越。事實上，有些發展中國家有意效法中國發展模式，即所謂「北京共識」（Beijing consensus），揚棄美國基於市場經濟和民主政治體制的發展模式—「華府共識」（Washington consensus），[30]所以賀柏（Stephan Halper）甚至認為中國的「市場威權主義模式」（market authoritarian model）會主宰二十一世紀。[31]中國與美國發展模式之爭，事實上也涉及到兩國國際影響力的競爭。

（二）美國人民孤立主義抬頭

　　只有21%美國人民認為美國比起十年前在國際上扮演更重要角色，且只有37%美國人民認為美國必須幫助其他國家來處理他們的問題，高達57%美國人民認為美國應處理自己的問題，讓別人處理他們自己的問題。[32]然而，印度學者戴先卡（Dhruva Jaishankar）指出，川普的主張之所以能吸引美國選民支持，以及他上台後所採取的一些政策，包括退出「跨太平洋經濟夥伴」（Trans-Pacific Partnership, TPP）、通知加拿大和墨西哥重新談判「北美自由貿易協定」（North America Free Trade Agreement, NAFTA）、退出「巴黎氣候變遷條約」（Paris Agreement）、禁止一些回教國家人民進入美國等，並不是孤立主義（isolationist）的觀點，而是更狹義地界定美國國家利益，美國不再是一個「例外主義」（American exceptionalism）令人欣羨的成功案例，不再想投注資源來捍衛民主、自由國際主義（liberal internationalism）、人權等

29　新浪網，〈求是：中國才是當今世界最大的民主國家〉，2017年11月18日，〈http://news.sina.com.cn/c/nd/2017-11-18/doc-ifynwnty4741795.shtml〉。

30　「北京共識」一詞是由在中國清華大學任教的英國學者拉莫（Joshua Cooper Ramo）於2004年首先提出，介紹中共經濟發展模式，而1990年代所風行的「華府共識」，代表的是美國以市場經濟為主要理念的經濟發展模式。有關「北京共識」作為發展模式的意涵，請參閱 Joshua Cooper Ramo, *The Beijing Consensus* (London: The Foreign Policy Centre, 2004)。

31　Stephan Halper, *The Beijing Consensus: How China's Authoritarian Model Will Dominate the Twenty-first Century* (New York: Basic Books, 2010).

32　Wike and Stokes, "Chinese Public Sees More Powerful Role in World, Names U.S. as Top Threat," p. 6.

價值，美國已成爲一個正常的國家（normal America）。[33]而美國過去對捍衛這些價值所做的努力和犧牲，乃是爲何美國持續被眾多國家視爲世界領導強權的原因。

（三）各國人民的認知

根據皮優研究中心在2017年所作的一項問卷調查顯示，雖然相較多數國家人民認爲美國仍然是世界上的領先經濟強權，但是各國也有不小比例人民認爲中國是世界領先經濟強權，例如66%南韓人民認爲是美國、27%認爲是中國；51%美國人民認爲是美國、35%認爲是中國；澳洲則有58%人民認爲中國才是世界領先經濟強權，只有29%認爲是美國。[34]更值得注意的是，該中心2013年的問卷調查顯示，平均39%非洲人民、44%中東人民、45%亞洲人民、57%歐洲人民、50%拉丁美洲人民、47%美國人民和67%加拿大人民，認爲中國已經或終將取代美國成爲新的世界領先超強，而且除日本之外，所有被調查國家人民持這種認知者均逐年增加（請參閱表8-5）。

■ 表8-5

各國人民對中國已經是或將是世界領先超強的認知

單位：%

地區	國名 ＼ 民調時間	2008	2009	2011	2013
北美	加拿大	--	52	--	67
北美	美國	36	33	46	47
歐洲	西班牙	57	48	67	71
歐洲	法國	66	55	72	70

[33] Dhruva Jaishankar, "India and the United States in the Trump Era: Re-evaluating Bilateral and Global Relations," *Foreign Paper* (The Brookings Institution), No. 37, June 2017, pp. 4-7.

[34] Richard Wike, Jacob Poushter, Laura Silver and Caldwell Bishop, "Globally, More Name U.S. Than China as World's Leading Economic Power: But Balance Shifts in Eyes of Some Key U.S. trading Partners and Allies," Pew Research Center, July 13, 2017, pp. 19-27.

■ 表8-5

各國人民對中國已經是或將是世界領先超強的認知（續）

地區	民調時間 國名	2008	2009	2011	2013
	英國	55	49	65	66
	德國	61	51	61	66
	希臘	--	--	--	57
	波蘭	38	36	47	55
	捷克	--	--	--	54
	俄羅斯	36	41	45	50
	義大利	--	--	--	48
中東及北非	巴勒斯坦	--	50	54	56
	約旦	39	34	47	46
	突尼西亞	--	--	--	45
	以色列	--	35	47	44
	黎巴嫩	27	36	39	42
	埃及	34	33	--	37
	土耳其	34	29	36	36
澳洲和亞洲	澳洲	58	--	--	67
	中國	58	67	63	66
	南韓	47	49	--	56
	巴基斯坦	45	40	57	51
	印尼	27	31	33	39
	馬來西亞	--	--	--	30
	日本	31	35	37	24
	菲律賓	--	--	--	22

表8-5

各國人民對中國已經是或將是世界領先超強的認知（續）

地區	國名	民調時間 2008	2009	2011	2013
拉丁美洲	委內瑞拉	--	--	--	52
	智利	--	--	--	51
	阿根廷	43	50	--	50
	墨西哥	51	47	53	50
	玻利維亞	--	--	--	46
	巴西	--	--	37	38
	薩爾瓦多	--	--	--	37
非洲	肯亞	--	40	44	47
	南非	32	--	--	46
	塞內加爾	--	--	--	39
	迦納	--	--	--	38
	奈及利亞	--	--	--	38
	烏干達	--	--	--	25

資料來源：Pew Research Center, "America's Global Image Remains More Positive than China's: But Many See China Becoming World's Leading Power," July 18, 2013, pp. 84-85.

　　從前面所列舉國力指標來評量，目前美國仍然領先中國，但是兩國國力差距逐漸縮小，各國人民認為中國現在已經是或未來將取代美國成為世界領先超強的比例相當高，如上所述2013年民調顯示甚至47%美國人民都有這種認知，中國周邊的亞洲國家對中國崛起感受尤其深刻。大多數亞洲國家的最大貿易夥伴是中國，他們一方面從中國經濟發展獲益，另一方面在安全上對中國崛起感到不安，在安全上仰賴美國保護，所以亞洲地區已經出現伊肯貝利（G. John Ikenberry）教授所言「雙重層級化體系」（dual hierarchy），亦即中國是東亞體系的經濟霸主，而軍事或安全領域則仍由美國所主宰。[35]

第二節　美國的因應策略選項

壹、美國對中國戒心上升

美國對中國崛起早就有戒心，如前所述，小布希總統2001年上台時，已經將中國定位為戰略競爭者，想加強與亞太盟邦的安全合作來制約中國，但是因為「九一一」恐怖主義攻擊行動，美國轉移國家安全議程重心，由制約中國轉向全球反恐，反而須爭取中國的支持與合作。然而，美國對中國的戒心並沒有降低，反而隨著中國國力增強而升高。

一、美國視中國為競爭者或敵人

美國業已將中國定位為競爭者，美國民眾對中國的敵意（animosity）看法，從2005年至2017年整整增加20%，[36]美國人民對中國軍力增加的關切也從2012年之28%增加到2016年的37%。[37]絕大部分美國人民和菁英將中國當成競爭者（competitor）甚至是敵人（enemy），例如66%美國大眾將中國視為競爭者、15%認為中國是敵人；85%退役軍人視中國為競爭者、2%視中國為敵人（參見表8-6）。[38]

---

[35] G. John Ikenberry, "Between the Eagle and the Dragon: America, China, and Middle State Strategies in East Asia," *Political Science Quarterly*, Vol. XX, No. XX, 2015, pp. 1-35.

[36] Dorothy Manevich, "Americas Have Grown More Negative Toward China over the Past Decade," Pew Research Center, February 10, 2017, <http://www.pewresearch.org/fact-tank/2017/02/10/americans-have-grown-more-negative-toward-china-over-past-decade>.

[37] Pew Research Center, "China and the Global Balance of Power."

[38] U.S. Public, Experts Differ on China Policies," Pew Research Center, September 18, 2012, <http://www.pewglobal.org.2012/09/18/chapter-1-how-americans-view-china>.

表8-6

美國人對美中關係的看法

		中國是夥伴	中國是競爭者	中國是敵人	以上皆是 /以上皆非 /不知道	樣本數
	一般大眾	16%	66%	15%	3%	1,004
專家	政府人員	15%	80%	2%	3%	54
	退役軍人	13%	85%	2%	0%	52
	商業 / 貿易人員	18%	78%	1%	3%	74
	學者	22%	74%	3%	1%	93
	新聞媒體	16%	81%	0%	3%	32

資料來源：“U.S. Public, Experts Differ on China Policies,” Pew Research Center, September 18, 2012, <http://www.pewglobal.org.2012/09/18/chapter-1-how-americans-view-china>.

二、美國認為中國想推翻自由開放的國際秩序

　　第十六屆香格里拉對話會於2017年6月2-4日在新加坡舉行，會議主軸是支持「基於規範的區域秩序」（Upholding the Rules-based Regional Order），西方國家菁英例如澳洲總理滕博爾（Malcolm Turnbull）和美國國防部長馬提斯（James Mattis）的演說，直接或間接批判中國破壞基於規範的國際秩序，[39]這個國際秩序是由美國及西方盟邦在第二次世界大戰以來逐漸建構的。

（一）美國所支持的自由國際秩序

　　美國所主張基於規範的秩序，是指由美國和西方國家所主導建立的自由國際秩序（liberal international order），這是含蓋政治、經濟、金融、社會等層面的龐大體系，包括聯合國（United Nations）及其十多個專門機構

---

[39] 有關2017年香格里拉對話會的會議內容，及澳洲總理的基調演說和美國國防部長的主題演說，請參訪網站〈https://www.iiss.org/events/shangri-la-dialogue.shangri-la-dialogue-2017〉。

（specialized agencies）、布列登森林體系（Bretton Woods system）對經貿的規範、國際法院（International Court of Justice, ICJ）及處理貿易爭端的關貿總協定（the General Agreement on Tariffs and Trade, GATT）、後來取代GATT的世界貿易組織等。[40]

雖然美國尚未批准加入聯合國海洋法公約（United Nations Convention on the Law of the Sea, UNCLOS），但是強調海上航行自由（freedom of navigation）乃是美國自1776年獨立建國以來所追求的主要原則之一，而海上航行自由也是聯合國海洋法公約所主張的重要精神之一。此外，包括聯合國憲章、1948年世界人權宣言（Universal Declaration of Human Rights）、1963年的公民與政治權利國際公約（International Covenant on Civil and Political Rights）等二十多件宣言、條約、公約所構成的龐大人權體系，以促使威權國家尊重人權和推動民主化，同樣是在推展美國的價值觀。[41]

（二）美國認為中國正在破壞自由國際秩序

1. 中國破壞自由國際秩序的作爲

美國指責中國破壞自由國際秩序的行爲包括以下幾項：(1)習近平於2015年訪問美國時，對歐巴馬總統表示「中國無意追求軍事化南沙島礁」，然而中國違反承諾，對所占領的南沙島礁大規模填海造陸，並積極軍事化這些島礁；(2)中國以經濟誘因和經濟處罰、影響力運作和可能的軍事威脅，來說服其他國家順從中國的議程；(3)中國對其他國家從事不公平經貿活動，包括以間諜和竊取的手段自貿易夥伴國獲取經濟好處；(4)中國對發展中國家的投資繞過正常市場機制，傷害當地的公司和工人，而且導致當地國鉅額外債；(5)中國升高對台灣的軍事威脅和外交打壓，破壞台海地區現狀；(6)中國的人權和民主發展不僅沒有改善，反而倒退，甚至將100萬維吾爾人關進所謂再教育營；(7)中國海警單位的船隻和飛機增加在東海的巡邏活動，接近日本行政管理的釣魚台。[42]

---

[40] Ian Hall and Michael Heazle, "The Rule-based Order in the Indo-Pacific: Opportunities and Challenges for Australia, India and Japan," *Regional Outlook Paper*, No. 50 (Griffith Asia Institute, Griffith University), 2017, p. 2.

[41] Ibid.

[42] The Department of Defense, *Indo-Pacific Strategy Report: Preparedness, Partnerships, and*

2. 中國想取代美國的霸主地位

美國的外交政策菁英認爲中國具旺盛企圖心想取代美國的霸權地位，例如美國國際關係協會（Council on Foreign Relations）兩位專家布雷克威爾（Robert D. Blackwill）和鐵利斯（Ashley J. Tellis）提出一份「修正美國對中國大戰略」（Revising U.S. Grand Strategy toward China）的報告，指出中國尋求達成下列目標：(1)取代美國在亞洲的首要強權地位；(2)弱化美國在亞洲同盟體系；(3)破壞亞洲國家對美國可信度、可依賴度和持久力的信心；(4)用中國的經濟力量將亞洲國家拉向中國的地緣政治政策目標；(5)增強中國軍力以強化嚇阻美國軍事介入該地區；(6)確保美國民主價值不會降低中共的國內權力掌控；(7)避免與美國在未來十年發生重大對抗。[43] 米爾塞默認爲如果中國經濟繼續成長，中國一定會追求成爲「區域霸權」（regional hegemony），且會針對美國發展出中國版「門羅主義」（Monroe Doctrine），會明確反對美國介入亞洲事務，會想把美國趕出亞太地區，首先是將美國海軍趕出第一島鏈水域之外，甚至逼美國退到第二島鏈以東。[44]

美國決策者和國安體系團隊同樣認爲中國想取代美國的世界霸主地位。李侃如（Kenneth Liberthal）指出，美國政府高層認爲中國想取代美國世界第一地位，而將美中關係看成是「零和遊戲」（Zero-sum game），把削弱美國力量視爲中國利益所在；美國國防計畫者認爲中國增強軍力，最終是想將美國排除在西太平洋之外，以及拒絕美國軍力進入和在中國領海之外的海域自由航行行動。[45] 美國國防部（Department of Defense）「2018年的國防戰略報告書」（2018 National Defense Strategy of the United States）指出：「中國應用軍事現代化、影響力操作及掠奪的經濟手段來脅迫鄰邦，以重塑有利於中國的印太地區，未來中國會繼續追求軍事現代化，以尋求在短期內成爲亞太地區霸權，

Promoting a Networked Region (Washington, D.C.: The Department of Defense, June 2019), pp. 8-9.

[43] Robert D. Blackwill and Ashley J. Tellis, "Revising U.S. Grand Strategy Toward China," *Council Special Report*, No. 72, March 2015, p. 19.

[44] Mearsheimer, *The Tragedy of Great Power Politics*, p. 361.

[45] Kenneth Lieberthal and Wang Jisi, "Addressing U.S.-China Strategic Distrust," *John L. Thornton China Center Monograph Series*, No. 4, March 2012, p. 22.

未來取代美國在全球的卓越地位。[46]美國川普總統於2017年12月所提出的國家安全戰略報告書指出，中國是一個修正主義強權（revisionist power），尋求在印太地區取代美國。[47]

貳、美國的因應策略選項及利弊分析

一、美國對中國的戰略選擇

（一）交往政策

美國長期以來對中國的政策是遊走於交往（engagement）和圍堵（containment）之間。交往具有和平演變（peaceful evolution）中國之目的，具體做法包括協助中國加入國際組織、在美國各大學設立訓練班供解放軍軍官和政府官員研習、進行美中軍事交流、推動兩國政府不同層級的對話、推動兩國人民的互動往來等有助於增進兩國合作和相互了解的活動，以及支持中國參與國際社會。首先，美國希望透過交往讓中國融入國際社會，使中國接受國際組織章程的規範，促使中國成為美國在國際社會的建設性夥伴；其次，美國希望增進中國軍官、官員、學者專家、媒體工作者和人民對美國的了解，會使他們接受美國民主價值，可成為中國民主化的種子，或是減少他們的反美心態。

支持交往論者，例如曾擔任過柯林頓政府助理國防部長的奈伊（Joseph S. Nye），認為美國如將中國當成敵人，中國未來必然成為美國的敵人，但美國如將中國當成朋友，會有機會維持一個和平的未來。[48]他們還認為如果只有美國在圍堵和制裁中國，只會導致美國企業喪失中國市場，讓日本、法國等先進國家獲利。

（二）圍堵政策

圍堵政策則是將中共視為無法改變的頑強政權，中國是美國的敵人，因此

---

[46] U.S. Department of Defense, *2018 National Defense Strategy of the United States*, January 2019.

[47] Donald Trump, *National Security Strategy of the United States of America* (Washington, D.C.: The White House, December 2017), p. 25.

[48] Joseph S. Nye, jr., "Work with China, Don't Contain It," *The New York Times*, January 25, 2013, <https://www.nytimes.com/2013/01/26/opinion/work-with-china-dont-contain-it.html>.

美國必須制約、制裁和打擊中國。主張圍堵論者認爲，交往幫助中國壯大，但沒有促使中國改變。相反地，更加強大的中國不僅依舊我行我素，民主化沒有進展，人權情況反而更加惡化，而且在民族主義推波助瀾之下，中國變得更加強勢、不合作。[49]圍堵論者批評交往政策沒有替代方案，似乎交往沒有改變中國是因爲交往還不夠，應該進行更多交往，他們無法接受這種思維。例如葉望輝（Stephen Yates）表示交往政策就像「我們餵養野獸，而它將反過來咬我們。」（we're feeding the beast that's going to rear back and bite us.）[50]

　　上述兩種政策的立論基礎不一樣，所採取作爲當然也不同，兩派菁英的爭辯導致美國對中國政策常搖擺反覆，例如老布希總統上台之初，想對中國採取交往政策，但是在中國發生六四天安門事件之後，在國會和輿論的壓力下，改採圍堵政策；柯林頓政府1993年剛就任時，傾向對中國採取圍堵政策，將中國人權情況與是否給予中國「最惠國待遇」（most favored nation treatment）掛鉤，但隨即將兩者脫鉤，且在江澤民1997年10月底到美國進行國是訪問時，柯林頓與江澤民於10月29日發表聯合聲明，兩人同意經由增加合作以建立美中「建設性戰略夥伴關係」（constructive strategic partnership）。[51]

（三）小布希總統的「圍交政策」

　　小布希總統於2001年1月20日上任之後，否定美中戰略夥伴關係，將中國定位爲「戰略競爭者」，推出既圍堵又交往的「圍交政策」（congagement），該政策一方面認爲與中國經貿往來仍然是美國帶動中國根本改變的最佳手段，因爲貿易和交往可促進中國在長期未來更加開放，另一方面對中國不當行爲必須加以制裁。[52]

二、對中國強硬已成為美國菁英共識

　　美國的中國專家在過去幾年曾對美國之中國政策再次辯論，何漢理將他

---

[49] Jim Mann, "U.S. Starting to View China as Potential Enemy," *Los Angeles Times*, April 16, 1995, <https://www.latimes.com/archives/la-xpm-1995-04-16-mn-55355-story.html>.

[50] Quoted in Michael T. Klare, "'Congagement' with China?" *The Nation*, April 12, 2001, <https://www.thenation.com/article/congagement-china>.

[51] Embassy of the People's Republic of China in the United States of America, "China-US Joint Statement (October 29, 1997)," < http://www.china-embassy.org/eng/zmgx/zywj/t36259.htm>.

[52] Klare, "'Congagement' with China?"

們分成三派：1.持續既有政策（stay the course），也就是維持既有的交往政策，但他指出這些主張與中國交往的專家和過去交往派並不一樣，因爲他們雖主張與中國交往，但不支持會幫助中國強大的交往政策；2.交易派（strike a deal），他們主張美中兩國將各自利益列舉出來（包括台灣在內）進行交易；3.強硬派（toughen up），他們主張對中國採取強硬政策。何漢理指出對中國強硬已經成爲美國之中國通的主流意見，[53]這些專家包括芝加哥大學的米爾塞默、普林斯頓大學（University of Princeton）之范亞倫（Aaron Friedberg）、[54]布萊克威爾和鐵利斯等學者在內，[55]認爲「美國應丟掉中國會成爲一個友好、合作夥伴的幻想，因此美國應該強化在亞洲的軍事和外交立場，夥同盟邦和友邦增加對中國壓力，促使中國節制其野心」。[56]

　　川普總統已經宣告揚棄交往政策，他在他的國家安全戰略報告書中指出：「美國幾十年來對中國的政策是基於一種信念，即支持中國崛起和幫助中國融入戰後國際秩序將使中國自由化，結果事與願違，中國以犧牲其他國家主權來擴張其權力。中國以無可匹敵的規模，蒐集和利用數據來傳播其威權體系的特質……中國軍事現代化和經濟擴張的部分原因，是進入美國的創新經濟，包括美國世界級的大學。」[57]換言之，他不會再採取交往政策。

三、美國的政策選項

　　既然對中國強硬已經是美國菁英的主流意見，也可說是共和黨（Republican Party）和民主黨（Democratic Party）的兩黨共識，但在採強硬立場的前提下，美國究竟有哪些政策工具可以應用？究竟有哪些政策選項？

---

[53] Harry Harding, "Has U.S. China Policy Failed?" *The Washington Quarterly*, Vol. 33, No. 3, Fall 2015, pp. 113-115.

[54] Aaron L. Friedberg, "The Debate over U.S. China Strategy," *Survival*, Vol. 57, No. 3, June-July 2015, pp. 89-101.

[55] Robert D. Blackwill and Ashley J. Tellis, *Revising U.S. Grand Strategy Toward China* (New York: Council on Foreign Relations, 2015).

[56] 請參閱 Harding, "Has U.S. China Policy Failed?", pp. 95-122。

[57] Trump, *National Security Strategy of the United States of America*, p. 25.

（一）米爾塞默的建議

米爾塞默認爲美國一定會盡力防止中國崛起成爲區域霸權，他認爲美國對付崛起中的中國有四個政策供選擇：[58]

1. 對中國發動一場預防性戰爭

美國趁中國還不夠強大之前，發動戰爭擊垮中國。根據美國智庫蘭德公司四位專家在2016年所提出一份報告的評估，如果中美在2015年發生戰爭，雖然美國的軍艦、戰機、航母和軍事基地會受到重創，但是中國會受損更嚴重，而且中國會失掉戰爭。但是如果在2025年發生戰爭，因爲中國「反介入和區域拒阻」（anti-access and area denial, A2AD）能力增強，美國付出的代價要遠比2015年高，獲勝前景也會比2015年低，但是中國的損失和經濟上代價也會非常慘重，兩國的戰爭有可能陷入膠著。[59] 可見如果兩國難免一戰，越晚打美國付出的代價越高。然而，米爾塞默認爲預防性戰爭（preventive war）不可行，因爲中國擁有核武器，美中如果發生戰爭將兩敗俱傷，沒有贏家，而如果不用核武器，則傳統武器無法癱瘓中國。

2. 設法讓中國經濟成長緩慢下來

米爾塞默認爲此一政策也不可行，因爲減緩中國經濟成長（slowing down Chinese economic growth）會傷及美國經濟，但最主要困難在於其他國家不會與美國合作，[60] 反而會利用美國經濟制裁中國來獲利。阿特（Robert J. Art）也認爲此一途徑雖然可以減緩中國崛起的時間，但無法阻止中國最終崛起，因此並不是一個可行的政策。[61]

---

[58] Mearsheimer, *The Tragedy of Great Power Politics*, pp. 384-388.

[59] David C. Gompert, Astrid Stuth Cevallos, Cristina L. Garafola, *War with China: Think Through the Unthinkable* (Santa Monica, California: RAND Corporation, 2016), pp. 33-66.

[60] 根據美國之德國馬歇爾基金（German Marshall Fund）2014年對十個歐盟國家的一項問卷調查顯示，只有9%的受調查民衆支持在中國問題上與美國密切合作，大約40%支持與歐盟其他國家密切合作，44%認爲應該與美國分開而獨立行動。所以美國是應該擔心歐盟不會配合美國對付中國的問題。請參閱 Bruce Stokes, "Will Europe and the United States Gang Up on China," Pew Research Center, February 3, 2016, <http://foreignpolicy.com/2016/02/03/will-europe-and-the-united-states-gang-up-on-china-trade-poll/>。

[61] Robert J. Art, "The United States and the Rise of China: Implications for the Long Haul," *Political Science Quarterly*, Vol. 125, No. 3, 2010, p. 361.

3. 翻轉中國

所謂翻轉（rollback）是指推翻親中國的其他國家政權，代之以親美國的政權，以及在中國內部製造困難，例如支持新疆和西藏的分離力量。

4. 圍堵

米爾塞默認爲美國對中國最「理想策略」（optimal strategy）是「圍堵」。美國要比照北大西洋公約組織（North Atlantic Treaty Organization, NATO）模式，尋求與中國鄰邦形成聯盟以制約中國的擴張，美國也要繼續維持世界海洋的主宰地位。

（二）布雷克威爾和鐵利斯的建議

布雷克威爾和鐵利斯認爲美國應該修改對中國的大戰略（grand strategy），他們建議美國政府採取政策促進美國經濟更強勁成長、在亞洲推動將中國排除在外的新貿易安排機制、採取更嚴格的科技管制機制來控制對中國輸出、以能力和規模更大及更積極的海空軍駐紮亞州，與日本、澳州、南韓、印度、東南亞國家和台灣在內的國家發展更密切戰略關係、採取更強硬措施來對付中國在網路領域的行爲。然而，他們也建議美國政府要積極對中國從事高層外交，以降低兩國發生重大緊張情勢的可能性，及向美國在亞洲盟邦和友邦保證，美國目標在於避免與中國對抗。[62]

參、歐巴馬政府的作為

一、對習近平政權從期望到失望

李侃如於2012年指出，對中國的戰略不信任（strategic distrust）並非美國政府決策者之主要觀點，他們期待美中兩國採取政策將兩國關係帶向強權合作的長期關係。[63]歐巴馬總統上台初始所提出的第一份國家安全戰略報告書，強調要與包括中國在內的關鍵影響力中心建立更深、更有效的夥伴關係。[64]他在習近平接掌政權後不到七個月內，邀請習近平在加州陽光莊園（Sunnylands）

---

[62] Blackwill and Tellis, "Revising U.S. Grand Strategy Toward China," p. 21.

[63] Lieberthal and Wang, "Addressing U.S.-China Strategic Distrust," p. 20.

[64] Barack Obama, *National Security Strategy of the United States of America* (Washington, D.C.: The White House, May 2010), p. 3.

舉行非正式高峰會，目的在於建立兩國領導人之私人情誼，以利推動兩國在許多重要國際議題上的合作關係。美國國家安全顧問董尼隆（Tom Donilon）指出，兩位領導人的談話是「正面、建設性、廣泛和相當成功地達成我們為此一會議所設定的目標」。[65]美國希望習近平領導下的中國在國際議題上與美國合作，也期望他能夠推動中國民主改革和提升人權。

然而，習近平上台後所作所為讓美國感到失望。首先，中國的人權保護和民主化發展不僅沒有進步，反而大為倒退。其次，中國對許多國際問題與美國針鋒相對。表8-7顯示從2013年至2017年（也就是習近平掌權的第一任期），在聯合國大會需訴諸表決的決議草案，中國投票與美國吻合程度（即兩國同時投贊成或投反對、同時棄權或缺席投票）相當低。這些數據顯示中國在習近平領導下，對許多國際問題所持立場與美國不同，尤其是美國認為對美國利益重要的議題，中國唱反調的可能性更高，例如聯合國大會2014年扣除共識決不需投票逕行通過案子之外，在需訴諸投票的87件決議草案中，美中投票立場一致比率是35.9%，然而美國認為對美國重要的13件決議案（important resolutions），中國只有一件（11.1%）與美國投票立場一致。尤有甚者，習近平對美國挑戰似乎隨著時間增強。

■ 表8-7

中國與美國在聯合國大會的投票的吻合度，2013-2017年

年度	決議案	美中投票相同案子件數	美中投票相反案子件數	中國棄權	中國缺席	與美國投票吻合比率
2013	所有訴諸投票案子	30	45	7	1	40.0%
	美國視為重要案子	3	7	1	0	30.0%
2014	所有訴諸投票案子	28	50	7	2	35.9%
	美國視為重要案子	1	8	4	0	11.1%

65 Quoted in Richard C. Bush, "Obama and Xi at Sunnylands: A Good Start," *Brookings*, June 10, 2013, <https://www.brookings.edu/blog/up-front/2013/06/10/obama-and-xt-at-sunnylands-a-good-start>.

■ 表8-7

中國與美國在聯合國大會的投票的吻合度，2013-2017年（續）

年度	決議案	美中投票相同案子件數	美中投票相反案子件數	中國棄權	中國缺席	與美國投票吻合比率
2015	所有訴諸投票案子	20	46	11	2	30.3%
	美國視為重要案子	4	8	1	0	33.3%
2017	所有訴諸投票案子	12	65	16	0	22.0%
	美國視為重要案子	3	13	1	0	21.0%

資料來源：Department of States, United States of America, Voting Practices in the United Nations 2013, Report to Congress, March 2014, ps. 18 & 29, <https://2009-2017.stste.gov/documents/organization/225048.pdf>; Voting Practices in the United Nations 2014, Report to Congress, July 2015, ps. 21 & 34, <https://2009-2017.stste.gov/documents/organization/245163.pdf>; Voting Practices in the United Nations 2015, Report to Congress, June 2016, ps. 30 & 44, <https://2009-2017.stste.gov/documents/organization/260322.pdf>; Voting Practices in the United Nations 2017, Report to Congress, March 2018, <https://www.state.gov/wp-content/uploads/2019/05/Voting-Practices-in-the-United-Nations-2017.pdf>.

　　美中兩國關係漸行漸遠，至2015年9月下旬習近平到美國進行國是訪問時，兩國歧見已深。在與習近平舉行高峰會談時，歐巴馬總統對中國和習近平已經不抱太多期望，習近平也草草結束在華府的行程，於9月26日轉往紐約參加聯合國成立70周年高峰會並發表演說，將聯合國當成他這次訪問美國的重點，藉演說來傳播中國的理念及提升中國的全球影響力。

二、推動重返亞洲／再平衡策略

　　歐巴馬政府了解中國的崛起，也對中國具相當程度戒心和不信任感，但是歐巴馬總統在外交上一向避免直接對抗，他主張追求全面性交往（comprehensive engagement），不僅要與盟邦和友邦而且要與敵對政府交往（adversarial governments）。[66]歐巴馬總統於2009年上台之後，決定自伊拉克撤軍、逐漸減少在阿富汗的美軍，採取重返亞洲政策（pivot to Asia），後來改稱再平衡政策。美國的外交傳統是重歐輕亞，歐巴馬總統將外交和安全重心轉移到亞洲，是因為亞洲對美國國家利益的重要性已經超越其他地區。

---

[66] Obama, *National Security Strategy of the United States of America*, p. 11.

2011年的民調顯示，47%美國人民認為亞洲是關係美國利益的最重要地區，高於歐洲的37%（請參閱表8-8）。

■ 表8-8

美國民意有關美國利益最重要地區的認知，1993-2011年

民調時間	1993年9月	1997年9月	2001年9月	2011年1月
亞洲	31%	31%	34%	47%
歐洲	51%	49%	44%	37%
同等重要	8%	6%	9%	7%
不知道	10%	14%	13%	9%
總計	100%	100%	100%	100%

資料來源：Andrew Kohut, "While Focus on Foreign Problems Lessens, U.S. Public <http://www.pewresearch.org/fact-tank/2013/11/04/while-focus-on-foreign-problems-lessens-u-s-public-keeps-its-eye-on-china>.

（一）再平衡政策的意涵

助理國務卿羅素（Daniel R. Russel）表示，再平衡政策簡單地說就是美國的政策失焦，導致對資源應用失衡。亞太地區對美國的經濟和安全利益而言已成為最重要區域，但是美國過去對資源分配，並沒有隨著亞太地區日增的重要性而調整，因此美國必須加以改變。[67] 造成美國地緣戰略失衡主因是2001年9月11日的恐怖主義攻擊行動，因為此一事件導致美國戰略重心失焦，小布希總統將國家安全的戰略重心轉向全球反恐，發動阿富汗和伊拉克兩場代價昂貴的戰爭。更糟的是，美國不僅未取得這兩場戰爭之明顯勝利，國家聲望和國際影響力還因此受挫，再平衡政策就是要將美國的戰略重心從中東和南亞拉回到亞太地區。歐巴馬政府於2011年底自伊拉克撤軍，以及規劃未來自阿富汗撤軍的重要原因之一，就是要將更多的資源投注到亞太地區，因為誠如柯林頓國務卿（Hillary Clinton）所指出：「未來的政治將在亞洲被決定，而不是伊拉克

---

[67] U. S. Department of State, "U.S. Policy Towards East Asia and the Pacific," Assistant Secretary Daniel R. Russel's remarks at the Baltimore Council on Foreign Affairs, Washington, DC, May 29, 2014, <http://www.state.gov/p/eap/rls/rm/2014/05/226887.htm>.

或阿富汗」。[68]

歐巴馬總統「再平衡戰略」的三大支柱乃是強化美國在亞太地區的軍力、強化美國與亞洲盟國間的安全合作，以及參與和推動「跨太平洋夥伴關係」。

1. 軍事層面的作為

歐巴馬總統上台之後，刪減美國國防預算，然而他於2011年11月16日對澳洲國會演講時，強調美國刪減國防預算不會以亞太地區的安全作為犧牲，亞太地區是美國軍力部署的優先地區。[69]美國加強對關島軍事設施的構築，自2014年增派海軍陸戰隊進駐澳洲北部達爾文港（Darwin）。[70]美國國防部長潘內塔（Leon Panetta）宣布將60%美國艦隊部署在太平洋。[71]

2. 安全層面的作為

美國深化與南韓、日本、菲律賓、澳洲及泰國等同盟國的安全合作，而且還與印度、越南、印尼等非同盟國發展安全合作關係，例如於2011年與越南簽訂「雙邊防務合作諒解備忘錄」（Memorandum of Understanding on Bilateral Defense Cooperation），並於2013年取消對越南的武器禁運；2012年與泰國簽署「美泰防衛聯盟聯合願景聲明」（Joint Statement for the Thai-U. S. Defense Alliance）；2014年4月與菲律賓簽署「美菲提升防衛合作協議」（USA-Philippines Enhanced Defense Cooperation Agreement, EDCA）；2014年8月與澳洲簽署「美澳軍力部署協議」（USA-Australia Force Posture

---

[68] Hillary Clinton, "America's Pacific Century," *Foreign Policy* (November 2011), <http://www.foreignpolicy.com/articles/2011/10/11/americas_pacific_century>.

[69] Office of the Press Secretary, the White House, "Remarks by President Obama to the Australian Parliament," November 17, 2011, <https://obamawhitehouse.archives.gov/the-press-office/2011/11/remarks-president-obama-australian-parliament>.

[70] 〈美澳將分攤達爾文基地開支擴大美軍事存在〉，《BBC News中文》，2016年10月7日，〈https://www.bbc.com/zhongwen/trad/world/2016/10/161007_us-australia_-marines_darwin〉。

[71] "Leon Panetta: US to Deploy 60% of Navy Fleet to Pacific," *BBC NEWS*, June 2, 2012, <https://www.bbc.com/news/world-us-canada-18305750>; Elisabeth Buniller, "Words and Deeds Show Focus of the American Military on Asia," *The New York Times*, November 10, 2012, <https://www.nytimes.com/2012/11/11/world/asia/us-militarys-new-focus-onasia-becomes-clearer.html>.

Agreement），2015年進一步簽訂「防衛合作聯合聲明」（Joint Statement on Defense Cooperation）；與日本和南韓在2014年12月簽訂「三邊資訊分享安排」（Trilateral Information Sharing Arrangement）；於2015年4月與日本簽署「新美日防衛指針」（A new Guidelines for US-Japan Defense Cooperation）；於2015年6月與台灣簽署「全球合作暨訓練架構」（Global Cooperation and Training Framework, GCTF）；與新加坡於2015年簽訂「加強防務合作協定」（Enhanced Defense Cooperation Agreement）；與南韓於2016年7月達成協議在南韓部署「薩德飛彈」（Terminal High Altitude Area Defense, THAAD）。

3. 經濟層面的作為

　　美國積極推動與亞太國家貿易、爭取亞太國家企業來美國投資、推動亞太國家貿易和投資自由化。[72] 美國還積極支持「跨太平洋夥伴關係」擴大發展，[73] 想將TPP轉化為「全面性和高標準」（comprehensive and high-standard）之二十一世紀自由貿易協定，來處理因日漸國際化所帶來的新議題，[74] 以及強化美國與TPP成員國間的經貿關係，以創造就業及提升美國在亞太地區的經濟影響力。此外，美國柯林頓國務卿曾表示TPP可強化「我們的雙

---

[72] U.S. Department of State, "Economic Aspects of the Asia Rebalance," Principle Deputy Assistant's statement before the Senate Foreign Relations Subcommittee on East Asian and Pacific Affairs, December 13, 2013, <http://www.state.gov/p/eap/rls/rm/2013/12/218291>.

[73] APEC數個成員國於2002年開始醞釀成立一亞太自由貿易區。新加坡、智利、汶萊和紐西蘭四國於2005年6月在APEC部長會議談判完成時，簽署並正式成立TPP。美國於2009年宣布加入後，參與TPP談判國家大為增加，除原始會員國及美國之外，澳洲、秘魯、越南、馬來西亞等四國亦參與談判。2011年11月12日，日本首相野田在APEC高峰會中宣布日本將啟動進入TPP的機制，與各國展開協商與談判。TPP十二個成員國是汶萊、智利、紐西蘭、新加坡、澳洲、秘魯、美國、越南、日本、馬來西亞、加拿大、墨西哥，南韓及台灣亦表達加入意願。在川普總統宣布美國退出TPP之後，由日本扮領導國家角色，繼續推動協商，於2017年11月11日改組為「跨太平洋夥伴全面進步協定」（Comprehensive and Progressive Agreement for Trans-Pacific Partnership, CPTPP），該協定經十一個會員國簽署後於2018年12月30日正式生效。

[74] Ian F. Fergusson, William H. Cooper, Remy Jurenas, and Brock R. Williams, "The Trans-Pacific Partnership Negotiations and Issues for Congress," *CRS Report for Congress*, August 21, 2013, p. 2.

邊安全同盟、深化我們與浮現中強權的工作關係、與區域多邊機構往來、擴大貿易和投資、促進民主和人權」，[75]因此TPP在美國的再平衡戰略中還負有政治、外交和安全方面之任務。

　　歐巴馬政府對中國的策略就是以交流為主，而且美、中還建立超過90條政府間對話管道（over 90 existing inter-governmental dialogue and communication mechanisms），[76]包括美中戰略與經濟對話（U.S.-China Strategic and Economic Dialogue）、美中州長論壇（U.S.-China Governors Forum）、美中人權對話（U.S.-China Human Rights Dialogue）、美中亞太諮商（U.S.-China Asia-Pacific Consultations）、美中法律專家對話（U.S.-China Legal Experts Dialogue）、美中人文交流諮商機制（U.S.-China Consultation on People-to-People Exchange）、美中女性領袖和交流對話（U.S.-China Women's Leadership）、美中能源和環境合作十年框架（U.S.-China Ten Year Framework for Energy and Environment Cooperation）、美中青年科學家論壇（U.S.-China Young Scientist Forum）、美中中東對話（U.S.-China Middle East Dialogue）、美中資訊和通信技術諮商（U.S.-China Information and Communication Technology Consultations）、美中文化和教育交流高層及諮商（U.S.-China High-Level Consultations on Cultural and Educational Exchanges）等。然而，對話交流不僅無助於解決美中歧見，雙方的不信任感反而更嚴重（more serious）。[77]

第三節　川普政府的策略與作為

壹、川普的外交價值觀

　　川普生於1946年6月14日，父親來自德國、母親來自愛爾蘭，他是美國

---

[75] Hillary Clinton, "America's Pacific Century."

[76] "Yang Jiechi's Remarks on the Presidential Meeting between Xi Jinping and Obama at the Annenberg Estate," Embassy of the People's Republic of China in the Republic of Croatia," June 9, 2013, <http://hr.china-embassy.org/eng/zxxx/t1049263.htm>.

[77] Lieberthal and Wang, *Addressing U.S.-China Strategic Distrust*, p. vi.

自1789年建立聯邦政府以來，唯一在出任總統之前完全沒有在美國公部門任職過的總統，因此他沒有外交政策經驗，但是他是一位成功的商人。雖然川普曾經六度宣布破產，但他是美國迄今四十五任總統中最富有的一位，第二名是甘迺迪（John F. Kennedy）、第三名是開國總統華盛頓（George Washington）。川普自認精通談判，出版過不少本有關談判的書籍，這些經歷使他習慣性地從經濟、貿易、交易、談判的角度來看待國與國關係。川普自己也相當自豪以企業經營成功的手段來處理國事，他相當程度反知識分子或學院派官員、所謂政治媒體（political media）、職業外交人員、華府圈內的所謂統治階級（ruling class）。[78] 川普是相當自信，甚至是自以爲是的人，他認爲美國過去的總統尤其是歐巴馬做了許多愚笨的決定，許多人都是笨蛋。

一、典型的現實主義者

因爲川普是一個相當成功的商人，因此看重的是實際的物質所得，他似乎不重視道德、理想，是典型的「現實主義者」（realist），他不重視民主和人權問題，這可以從他批判德國總理梅克爾（Angela Dorothea Merkel）接受難民是災難性錯誤（catastrophic mistake），[79] 於2017年1月28日與澳洲總理滕博爾（Malcolm Turnbull）爲美國是否履行歐巴馬總統所承諾接受2,000名難民問題在電話中不歡而散，[80] 他簽署行政命令禁止七個回教國家人民入境美國，以及要將在美國境內的非法移民逮捕、遞解出境等事例得知。

（一）不重視人權與民主

如上所述，美國傳統價值的人權和民主在川普心中並沒有占很大地位，如果有的話，頂多屬於宓德教授（Walter Russell Mead）所歸納之「傑弗遜式」（Jeffersonian）的觀點，也就是川普可能會致力於美國自身民主政治的維

---

[78] Donald J. Trump, *Great Again: How to Fix Our Crippled America* (New York: Threshold Editions, 2015), pp. 31-48.

[79] Kate Connolly, "Merkel Made Catastrophic Mistake over Open Door to Refugees, Says Trump," *The Guardian*, January 15, 2017, <https://www.theguardian.com/world/2017/jan/15/angela-merkel-refugees-policy-donald-trump>.

[80] "Donald Trump and Malcolm Turnbull's Phone Call: The Full Transcript," *ABC News*, January 10, 2018, <https://www.abc.net.au/news/2017-08-04/donald-trump-malcolm-turnbull-refugee-phone-call-transcript/8773422>.

護，但是不會在民主和人權議題上對其他國家施壓，不會要求其他國家按照美國模式來進行改革，[81]因爲他認爲美國在公民自由（civil liberties）上有許多問題，因此當美國不知自身將何去何從時，要去捲入其他國家的事情對美國而言將很困難，美國必須聚焦於處理自身問題，當世界看到美國的糟糕情況時，美國去談公民權利不會是一個好的信差（good messenger），他不認爲美國有權利去對他國說教（lecture），因爲美國必須要修理自己的爛攤子（fix our own mess）。[82]事實上，川普對北京的批評甚少涉及人權和民主發展的問題。

因爲川普不重視民主、人權等傳統的美國價值觀，國際人權和民主團體擔心美國不僅讓出美國在這方面的國際角色，以及其全球的領導力，美國的西方盟國擔心川普會弱化美國的道德權威及領導角色，進而會弱化美國與西方同盟國的凝聚力。[83]

（二）相信物競天擇、適者生存

川普相信達爾文（Charles Darwin）的進化論，亦即「物競天擇、適者生存」（survival of the fittest and adaption）。他指出歷史上的帝國興衰，甚至最強大的帝國也難逃沒落命運。川普認爲這些帝國興衰所帶來的啓示是「世事多變」（things change），而且不斷在變，美國必須與時俱進，重新檢視大的情勢，審視那些已發生變遷及這些變化的意涵，以便進一步超前。[84]

（三）相信交易外交

川普基於商人習性，認爲所有問題都可以成爲談判標的。他認爲美國過去用的多是心懷好意，但從未面臨與無情和邪惡對手進行過強硬、贏者全拿、

---

[81] Walter Russell Mead, *Special Providence: American Foreign Policy and How It Changed the World* (New York: Routledge, 2009).

[82] The New York Times, "Transcript: Donald Trump on NATO, Turkey's Coup Attempt and the World," *The New York Times*, July 21, 2016, <https://www.nytimes.com/2016/07/22/us/politics/donald-trump-foreign-policy-interview.html?_r=0>.

[83] Alissa J. Rubin, "Allies Fear Trump Is Eroding America's Moral Authority," *The New York Times*, March 10, 2017, <https://www.nytimes.com/2017/03/10/world/europe/in-trumps-america-a-toned-down-voice-for-human-rights.html?_r=0>.

[84] Donald J. Trump, *Think Like a Champion: An Informal Education in Business and Life* (Philadelphia: Da Capo Press, 2013), pp. 23-24.

「一決生死談判」（fight-to-the-death）之「眞實情境」（real-life situations）的天眞學術界人士（naive academic people），去從事談判。如果美國政府能夠用最好的談判家，將會解決美國許多問題，而美國一定可以脫穎而出。他強調要「從強勢地位談判」（negotiating from strength）。[85]

1. 川普解決美國就業困境的方法

川普在2016年競選總統期間已經表示，他將採取以下七個步驟來解決美國就業的困境，其中進行強勢談判是相當關鍵的手段：[86](1)撤回尚未被國會批准的TPP；(2)任命最強硬（toughest）和最聰明（smartest）的貿易談判代表，代表美國工人奮戰；(3)指示商務部長（Secretary of Commerce）標明每一個破壞貿易協議來傷害美國工人的外國，而他將指示所有美國政府的相關單位，應用美國和國際法許可的所有工具來結束這些國家對美國的傷害；(4)通知「北美自由貿易協定」（North America Free Trade Agreement, NAFTA）的夥伴國（加拿大和墨西哥）立即重新談判該協議的條件，以為美國工人爭取最大好處，如果他們拒絕重新談判，美國將根據NAFTA第2205條規定，退出NAFTA；(5)要求財政部長（Treasury Secretary）將中國列為貨幣操縱國，任何國家貶值其貨幣以從美國獲利，將會遭到美國痛擊；(6)指示美國貿易代表（U.S. Trade Representative）將控告中國的貿易案件，向美國法院及世界貿易組織提出訴訟。中國不公平的補貼行為根據其加入WTO時之規定是被禁止的，美國將落實這些規則；(7)如果中國不停止這些非法行為，包括竊取美國的商業機密在內，他將運用總統所有合法權力，包括以符合「1974年貿易法案」（Trade Act of 1974）的201和301條款及「1962年貿易擴張法案」（Trade Expansion Act of 1962）的232條款規定之關稅來糾正貿易爭端。

2. 川普交易外交的特色

川普善用「交易外交」，[87]誠如美國前副國務卿及前「世界銀行」

---

[85] Donald J. Trump, *Trump 101: The Way to Success* (Hoboken, New Jersey: John Wiley & Sons, Inc., 2006), pp. 99-100; and Donald J. Trump and Bill Zanker, *Think Big: Make It Happen in Business and Life* (New York: HarperCollins Publishers, 2008), pp. 152-153.

[86] Fortune Staff, "Read the Full Transcript of Donald Trump's Jobs Speech," *Fortune*, June 29, 2016, <http://fortune.com/2016/06/28/transcript-donald-trump-speech-jobs>.

[87] 〈川普「交易外交」的走向〉，《日經中文網》，2017年1月17日，〈http://zh.cn.nikkei.

（World Bank）總裁佐利克（Robert B. Zoellick）指出：川普「利用社交媒體、侮辱、威脅和破壞行為來為自己創造有利條件」，他「擺出大膽的立場，在必要時候調整，甚至放棄立場、憑直覺感受或尋找有利條件，之後把任何結果都鼓吹成勝利」，[88] 所以他一再批判相關的國家，迫使這些國家屈服、作出讓步，或是讓他們採取一些有利於美國經濟的措施。此一行為策略迄今已經獲得一些成果，例如日本首相安倍於2017年2月10日訪問美國，攜帶很大的伴手禮，[89] 就是很好的例子。事實上，川普的策略對友好國家的成效似乎比對敵對或潛在敵對國家更有效。

（四）從強勢的地位與對手打交道

在美國的總統當中川普最喜歡雷根，雷根的國家安全戰略核心思想就是「經由力量來獲致和平」（peace through strength），或是「經由壓力來改變對方」（change through pressure），因此雷根推出和平時期大國防計畫，強化核武和傳統兵力。[90] 川普也自認為是麥克阿瑟將軍（Douglas MacArthur）和巴頓將軍（George Patton）的粉絲。[91] 因此他主張要由強勢的地位來運作（operate through strength），而要由強勢地位來運作就是要建立世界上最強大的軍隊，且要展現使用美國力量來犒賞與美國合作的國家、懲罰不與美國合作者的意志。[92] 然而，川普強調美國是否介入一項衝突，端視該威脅是否直接、明顯（obvious）威脅美國的國家利益，而且要有「無懈可擊的打贏和撤

---

com/politicsaeconomy/politicsasociety/23313-2017-01-17-01-13-14.htm〉。

[88] 羅伯特・佐利克，〈特朗普的反覆無常與固定套路〉，《FT中文網》，2017年1月19日，〈http://www.ftchinese.com/001071050?full=y〉。

[89] 根據媒體報導，安倍向美國提出兩國經濟合作方案，預估可在美國創造4,500億美元規模的市場及70萬人的就業機會。黃菁菁，〈安倍訪美端經濟合作大禮〉，《中國時報》，2017年2月3日，〈http://www.chinatimes.com/newspapers/20170203000311-260119〉。

[90] James Goldgeier and Jeremi Suri, "Revitalizing the U.S. National Security Strategy," *The Washington Quarterly*, Vol. 38, No. 4, Winter 2016, pp. 45-47.

[91] The New York Times, "Transcript: Donald Trump Expounds on His Foreign Policy Views," *The New York Times,* March 26, 2016, <https://www.nytimes.com/2016/03/27/us/politics/donald-trump-transcript.html?_r=0>.

[92] Trump, *Great Again*, p. 32.

退計畫」（an airtight plan to win and get out）。[93]

貳、川普的世界觀

　　川普是一個商人，或可說是一個相當成功的商人，他有一定程度的國際知識，但是他對複雜的國際外交事務則顯得了解不足，這裡所描述有關川普的世界觀是取自他在2016年競選總統期間有關外交和國際事務的言論。

一、川普對世界威脅的認知

　　川普在大選期間認爲對當今世界和平和穩定的兩大威脅，其一是具有巨大毀滅力的核武器，其二是國際恐怖主義。他上任後將中國和俄羅斯兩個修正主義強權列爲另一項威脅。

（一）具有巨大毀滅力的核武器

　　川普認爲核武器是世界上之單一「最大問題」（single biggest problem），因爲核武器具有巨大毀滅力，而且有一些人（應該是影射北韓領導人）會想要使用它，才對世界安全構成重大威脅，但是使用核武對他而言將是「最後的手段」（last resort）。因爲他對核武器如此認知，川普信誓旦旦地表示，無論何種代價，伊朗絕對不准擁有核武器，因爲伊朗發展核武將會引發中東地區的核武競賽，而且會對以色列之安全構成莫大的危險。[94]

（二）恐怖主義威脅

　　因爲川普認爲恐怖主義是對世界安全的最大威脅之一，[95]因此他信誓旦旦要全力打擊恐怖主義，要讓伊斯蘭國（Islamic State of Iraq and al-Sham, ISIS，簡稱The Islamic State, IS）從地球消失，而且如前所述，他上台後立即下令禁止七個回教國家人民入境美國，與澳洲總理在電話中爲安置難民的協議不歡而散，因爲他認爲恐怖分子可能會夾雜在人群和難民中進入美國，會危害美國的安全。

---

[93]　Ibid., p. 36.

[94]　Ibid., p. 41.

[95]　The New York Times, "Transcript: Donald Trump Expounds on His Foreign Policy Views."

二、對其他重要國際問題的看法

（一）中東石油戰略重要性已降低

川普認為美國在意中東的是石油，但是因為新的技術和油頁岩開採的結果，美國石油足以開採300年，中東石油對美國的重要性下降，美國對中東現在可以從防衛（defense）角度來思考問題，因此他增強對以色列的支持。[96]

（二）北大西洋公約組織已過時

川普認為NATO是過時的（obsolete）、非常官僚（very bureaucratic）、特別昂貴（extremely expensive）、無效率的（ineffective），從經濟的角度而言對美國不公平（unfair），因為美國對其他NATO會員國的幫助遠超過他們對美國之幫助，美國支付過多的攤額，美國承擔過多NATO的經費，因此NATO必須作出改變。他也認為NATO不夠彈性（not flexible enough）來因應恐怖主義的威脅，因為這不是當年成立NATO之目的。[97]如果NATO的富有會員國拒絕增加分攤費用，川普威脅要退出NATO。[98]

（三）美國簽訂的FTA都是糟糕交易

川普認為美國過去與其他國家所簽訂多邊或雙邊的自由貿易協定，包括NAFTA與TPP在內，對美國而言都是不公平的，都是很糟糕的交易，其中北美自由貿易協議是美國有史以來所作的最差交易，跨太平洋夥伴關係也是很糟的交易，因為它傷害美國勞工和製造業。他對「世界貿易組織」也沒有好感。

（四）對全球化持負面看法

川普對全球化（globalization）有相當負面看法，他認為美國政客積極追求全球化政策，將美國的工作、財富和工廠推向墨西哥和海外，全球化使捐錢給政客的金融界菁英發大財，但是卻使幾百萬美國工人貧困、一無所有，而且受補貼的外國鋼鐵和產品傾銷美國，威脅美國工廠，但是政客卻毫無作為。全球化浪潮已經消滅美國中產階級。[99]

---

[96] Ibid.

[97] Ibid.

[98] *The New York Times*, "Transcript: Donald Trump on NATO, Turkey's Coup Attempt and the World."

[99] Fortune Staff, "Read the Full Transcript of Donald Trump's Jobs Speech," *Fortune*, June 29,

（五）許多國家在占美國便宜

川普在2016年總統選舉過程中，曾對不少國家提出批評看法：[100] 1.匯率操縱國：日本、台灣、南韓、德國、瑞士；2.對美國從事不公平貿易國家：日本、南韓、中國、墨西哥；3.竊取美國工作的國家：中國、墨西哥；4.在安全上搭美國便車（free rider）國家：NATO的會員國、日本、南韓、沙烏地阿拉伯，可能包括台灣；5.威脅和平和安全的國家：敘利亞、北韓；6.墨西哥：將不好的人（罪犯、強姦犯）送到美國、墨西哥。

（六）歐盟是過時組織

川普認為「歐盟」（European Union, EU）是過時的組織、是德國的工具，英國退出歐盟是明智的決定。[101]

（七）氣候變遷問題是杞人憂天

川普認為人類喊氣候變遷已經喊了幾百年，地球依舊安然存在，因此他認為氣候變遷是假議題，[102] 他也不認為美國有需要發展綠色能源。

由於川普不重視美國的國際承諾，追求單邊和民族主義的議程，有學者專家擔心世界將進入「後西方時代」（post-Western age），會由非西方的行為者（non-Western Actors）來形塑國際事務。[103]

三、川普對美國國力認知

川普認為美國曾經是人類有史以來最強大的國家，但是美國已經逐漸淪

2016, <http://fortune.com/2016/06/28/transcript-donald-trump-speech-jobs>.

[100] 趙儀俊，〈特朗普：中日德通過操縱匯率壓榨美國〉，《朝鮮日報網》，2017年2月2日。

[101] 〈川普批評歐盟、北約和歐洲領導人不安〉，〈http://www.voachinese.com/1/news-trump-europe-nato-20170117/3679826.html〉。

[102] "Trump on Climate Change Report: I Don't Believe It," *BBC News*, November 26, 2018, <https://www.bbc.com/news/world-us-canada-46351940>.

[103] Robin Wright, "Trump's Flailing Foreign Policy Bewilders the World," *The New Yorker*, February 17, 2017, <http://www.newyorker.com/news-desk/trumps-flailing-foreign-policy-bewilders-the-world>.

爲第三世界國家，機場、人行道、橋樑破舊，而且還負債累累。[104]川普認爲美國是一個貿易逆差高達8,000億美元、負債19兆美元（即將增至21兆美元）的窮國家（poor country）、債務國（debtor nation），因爲美國花費太多在軍隊上，但軍隊並非爲美國而戰，而是給別的國家當警察，而美國保護的國家中，有些是極其富有的國家（tremendously rich country）。就是因爲美國以不同的方式來照顧太多人，因此美國不再富有。美國的網路（cyber）陳舊（obsolete），已經落後於一些國家，美國成爲許多國家入侵的對象，美國無法有效保護自己的國家。川普強調美國不能再作世界警察（the policeman of the world），[105]而他未來只代表美國。

四、川普的政策目標

川普的目標是「使美國再度偉大」（make America great again），要爲美國人民創造更多的就業機會。他的思維是一切以美國利益爲優先，不再高調提倡美國對維護全球和平穩定的使命，不允許其他國家搭美國便車享受和平和安全，卻不分攤經費和義務。

（一）讓美國再度偉大

然而，如何界定「再度偉大」？它的衡量指標是什麼？如果從川普的就職演說來尋找答案，他要讓美國再度偉大就是要美國「再度強大……再度富裕……再度驕傲……再度安全」，[106]而檢視的指標就是能否解決美國工人失業問題、改善美國的基礎設施、讓人民擁有安全社區和好的工作，原則是一切以美國本身利益爲優先，所有的政策將以讓美國工人和家庭獲益爲考量。對內，川普將建設新的基礎設施，而且要採取保護政策，保護美國邊境、購買美國貨和僱用美國人。他對美國企業到他國投資要課以重稅，對回美國投資的企業則給以減稅誘因。他強調未來不再「犧牲美國工業而讓外國工業致富，補助

---

[104] Ibid.; and Donald J. Trump, *Crippled America: How to Make America Great Again* (New York: Simon & Schuster, 2015).

[105] "First 2016 Presidential Debate at Hofstra University," September 26, 2016, quoted in <http://www.ontheissues.org/2016/Donald_Trump_Foreign_Policy.htm>.

[106] 美國第四十五任總統Donald J. Trump的就職演說全文，〈http://www.whitehouse.gov/inaugural-address〉。

他國軍隊，卻讓我們的軍隊令人非常悲痛的耗損，防衛他國的邊境，卻拒絕防衛自己的」，而且要保護美國的邊境，防止其他國家破壞、製造美國產品、偷走美國公司和破壞美國的工作；對外，川普無疑地想維持美國超強地位，因為美國在蘇聯瓦解之後，曾經是世界上唯一超強，但是在進入二十一世紀之後卻逐漸衰退，有被中國趕上的疑慮。如果美國經濟改善、失業率下降、平均國民所得增加，但卻淪為二等強權，相信美國人民也不會感到驕傲，因此川普強調要加強舊有的聯盟，還要組織新聯盟以對抗激進的「伊斯蘭恐怖主義」（radical Islamic terrorism）。川普的首任國務卿提勒森（Rex Tillerson）在聽證會上，強調川普政府會再度確立美國的世界領導地位。

（二）一切以美國為優先

川普的價值觀是美國優先、以美國利益為最主要考量，美國不再犧牲自己來成全別人，不會做虧本生意，因此美國不允許其他國家利用美國，所以他反對其他國家（包括日本、南韓和台灣在內）在安全問題上搭美國「便車」（free ride），而不強化自己的防衛力量，或是分攤應該攤付的經費。

參、川普政府對中國的認知

川普認為中國有兩個，一個是好的中國，一個是壞的中國，但從美中關係以及中國對美國的利害角度而言，川普整體上對中國的看法是負面多於正面、批評多於肯定，[107]他的國家安全團隊成員對中國也大致持批判態度，茲敘述如下：

一、川普總統對中國的認知

（一）中國是美國的敵人

川普表示：「中國不是我們的朋友，我因稱他們為敵人已經被批評，但你對摧毀你小孩和孫子未來的人還能稱呼什麼呢？還有其他什麼適合的名稱你們要我用來稱呼這些導致我們國家破產、偷走我們的工作、竊取我們的科技、侵蝕我們的貨幣和毀損我們生活方式的人？在我心裡，那是一個敵人。如果我們

---

[107] Trump, *Great Again*, pp. 41-48.

將再造美國第一，我們必須有一個知道如何對中國強硬的總統。」[108]

（二）中國多年來一直在利用美國

川普認爲在中國加入WTO之後，美國失去7,000萬個就業機會，因爲中國操縱匯率、對美國進行不公平貿易、偷走美國的就業、摧毀美國的製造業、盜走美國的技術和軍事能力（中國幹了世界上最大的竊盜案），中國在強暴美國，將美國當成撲滿（piggy bank），以輸出產品到美國來重建中國。川普認爲如果美國不趕快行動，就會被「中國的經濟海嘯所吞沒」（be engulfed by the economic tsunami that is the People's Republic of China），[109]他揚言對輸入美國之中國貨物課高達45%的關稅。[110]國務卿提勒森也表示中國竊取美國智慧產權，川普所任命主掌白宮國家貿易委員會的納瓦洛（Peter Navarro）則主張對中國採取更強硬的貿易政策。[111]川普所任命美國貿易談判代表萊希澤（Robert Lighthizer）認爲「美國的製造業危機同我們與中國的貿易有關」，納瓦洛則表示：「美國人在沃爾瑪（Wal-Mart）購買進口商品，是在幫助中國爲製造針對美國帶有核彈頭的導彈買單。」[112]

（三）中國在北韓核武問題上玩弄美國

川普認爲中國對北韓擁有巨大權力（tremendous power）和影響力，但是中國過去都在敷衍、玩弄（toying）美國，對美國幫忙很少（China has done little to help!），[113]國務卿提勒森因此認爲中國在北韓議題上不是一個可靠夥

---

[108] Donald J. Trump, *Time to Get Tough: Making America #1 Again* (Washington, DC: Regnery Publishing, Inc., 2011), p. 2.

[109] Ibid.

[110] Bruce Stokes, "U.S. Voters Are Suspicious of China," Pew Research Center, May 12, 2016, <http://www.pewglobal.org/2016/05/12/u-s-voters-are-suspicious-of-china>.

[111]「鷹派將任美貿易代表陸盼妥處經貿問題」，《中央社即時新聞》，〈http://www.cna.tw/news/acn/201701040331-1-aspx〉。

[112] 轉引自 Keith Bradsher，〈川普的貿易代表與中國面臨的困境〉，《紐約時報中文網》，2017年1月16日，〈http://cn.nytimes.com/business/20170116/china-donald-trump-robert-lighthizer/zh-hant〉。

[113] "Trump Says N. Korea 'Behaving Badly,'" China Not Helping," *RT America*, <http://www.rt.com/usa/381137-trump-china-north-korea>.

伴。[114]北韓核武的挑戰應該是川普在亞洲最迫切需要解決之國家安全議題，因為川普認為北韓的領導人是一個瘋狂的人，不僅發展核武，而且一再揚言要使用核武攻擊美國。[115]目前北韓的核武仍無法打擊到美國本土，但是北韓正在積極發展洲際彈道飛彈（intercontinental ballistic missile, ICBM），一旦北韓具備這種長程飛彈的能力，對美國的威脅將大為增加，因此美國必須在北韓具有這種能力之前，阻止北韓。所以美國國務卿提勒森已經於2017年3月17日公開表示，「要是北韓再挑釁到某種程度，美方會考慮採取軍事行動。」[116]

二、川普政府對中國的定位

（一）中國是修正主義國家

川普的第一本國家安全戰略報告書將中國和俄羅斯定位為修正主義國家，與北韓核武問題和跨國恐怖主義及犯罪組織並列為對美國國家安全的三大威脅。該報告書指出，「中國和俄羅斯挑戰美國權力、影響力和利益，試圖侵蝕美國的安全和繁榮。」[117]

（二）中國是美國國家安全最大挑戰

美國國務卿龐佩歐（Mike Pompeo）表示「中國可能是在長程上我們國家安全所面對的最大挑戰。」[118]美國國防部長艾斯柏（Mark Esper）也表示：「從長遠來看，中國是美國更大的挑戰。」[119]

---

[114] "Statement of Rex Tillerson, Nominee for Secretary of State," Statement before the Senate Foreign Relations Committee, January 11, 2017, <http://www.state.gov/secretary/remarks/2017/01/267394.htm>.

[115] 例如〈北韓警告：不排除先對美發動核武攻擊〉，《大紀元時報》，2016年10月17日。

[116] 引自楊幼蘭，〈不再忍耐美不排除先發制人對北韓動武〉，《中國時報》，2017年3月17日，〈http://www.chinatimes.com/realtimenews/20170317005707-260417〉。

[117] Donald J. Trump, National Security Strategy of the United States of America, pp. 2-3.

[118] "The US Secretary of State Says China Biggest National Security Challenge Facing America," PRESSTV, November 1, 2018, <https://www.presstv.com/Detail/2018/11/01/578700/US-Secretary-of-State-Mike-Pompeo-China-national-security-challenge>; Ian Schwartz, "Pompeo: China Is the Greatest Threat U.S. Faces," RealClear, December 10, 2018, <https://www.realclearpolitics.com/video/2018/12/10/pompeo_china_is_the_greatest_threat_us_faces.htm>.

[119] 黎堡，〈陸軍部長埃斯伯接任美國代理防長視中國為長遠最大挑戰〉，*VOA*，2019年6

肆、川普政府的印太戰略

　　川普想讓美國再度偉大，不管是振興美國經濟、創造就業機會，或是對外維持超強地位，均離不開亞太地區，尤其是東亞。根據美國的「戰略與國際研究中心」（Center for Strategic & International Studies）於2017年1月對即將上任美國新政府的建議報告書指出，亞太國家吸收美國28%的外銷商品、支撐美國大約350萬的工作，全球的經濟重心已經轉移到亞太地區，而且比重會不斷增加。亞太地區GDP總計達40兆美元，據估計到2030年亞太地區會占全球GDP的四成，到了2050年會進一步增加到五成。[120]所以川普延續歐巴馬政府重視亞太地區的政策。

一、川普的印太戰略內涵

　　川普在2017年11月到越南參加APEC高峰會，於11月10日對「企業家高峰會」（APEC CEO Summit）發表演說時，揭示有關美國「自由開放印太地區」（free and open Indo-Pacific）的理念，[121]將太平洋與印度洋連結，美國政府也於2018年5月30日將「美國太平洋司令部」（United States Pacific Command, USPACOM）改名為「美國印太司令部」（United States Indo-Pacific Command）。

　　（一）三P概念

　　根據美國國防部於2019年5月所公布的印太戰略報告書，重申印太地區是國防部的優先區域，強調以追求準備（preparedness）、夥伴關係（partnerships）和促進一個網絡區域（promotion of a networked region）來維

月19日，〈https://www.voachinese.com/a/pentagon-leadership-transition-20190619/4964081.html〉。

[120] CSIS Asia Economic Strategy Commission, *Reinvigorating U.S. Economic Strategy in the Asia Pacific: Recommendations for the Incoming Administration* (New York: Rowman & Littlefield, 2017), pp. 2-6.

[121] The White House, "Remarks by President Trump at APEC CEO Summit/Da Nang, Vietnam," November 10, 2017, <https://www.whitehouse.gov/briefings-statements/remarks-president-trump-apec-ceo-summit-da-nang-vietnam>.

護印太穩定和繁榮。[122]

（二）自由開放印太地區的意涵

1. 基本原則

根據美國國防部的報告，開放印太地區的基本原則如下：(1)尊重所有國家的主權和獨立；(2)和平解決爭端；(3)基於公開環境、透明協議和鏈結的自由、公平和互惠貿易；(4)固守包括自由航行和飛越權利在內的國際規則和準則。[123]

2. 自由和開放的意涵

自由（free）意指所有國家不分大小均能免受威嚇地行使他們的主權。在國家層次，這代表好的治理及公民能夠享有他們的基本權利和自由。美國對開放（open）印太地區的願景在於促進區域永續成長和鏈結，使所有國家享有進入國際水域、空中航路、網路和太空領域的自由，及能夠尋求和平解決領土和海洋爭端；在經濟層次，這代表公平互惠的貿易、公開的投資環境和透明的國際協議。[124]

（三）川普的印太戰略特點

雖然川普總統對他的前任歐巴馬總統有許多批評，但是他的印太戰略不少政策是歐巴馬再平衡戰略的延續，兩者最大不同在於經貿政策。

1. 經濟雙邊主義取代多邊主義

川普決定退出TPP，這與歐巴馬積極參與TPP有很大不同。然而，川普決定退出TPP並不代表美國不重視與亞太國家的經貿關係。正如同所有強權，美國不喜歡「多邊主義」（multilateralism），而偏愛「雙邊主義」（bilateralism），亦即他們不喜歡在多邊組織來討論事情，除非這些多邊組織能夠爲他們所操控，北京反對在國際組織中討論南海問題就是一個明顯例子，

---

[122] See Message from the Secretary of Defense in The Department of Defense, "Indo-Pacific Strategy Report: Preparedness, Partnerships, and Promoting a Networked Region," June 1, 2019, <https://media.defense.gov/2019/jul/01/2002152311/-1/-1/1/DEPARTMENT-OF-DEFENSE-PACIFIC-STRATEGY-REPORT-2019.PDF>.

[123] Ibid., p. 4.

[124] Ibid.

美國也不樂於多邊談判，事實上美國在WTO和APEC推動貿易自由化，成效均不佳，因爲美國在多邊談判時，中小國家可以聯合起來抗拒來自美國壓力，但是如果是雙邊談判，中小國家很難抗拒來自美國壓力，因此亞太國家尤其是日本，甚至已經與美國簽訂FTA的南韓，[125] 未來將會面臨來自美國更大的壓力，被要求對美國產品降低關稅、開放市場。

2. 以亞太地區爲優先的思維沒有變

　　亞太地區在地緣政治和經濟上業已成爲對美國利益的最重要地區，這已經是美國外交菁英的共識。川普政府對此一共識也不可能有革命性變動，誠然川普的首任國防部長馬提斯已經表示，在兵力部署上，太平洋戰區（Pacific theater）仍然是優先地區。[126] 美國副總統彭斯首次訪問亞洲時，於2017年4月19日登上停靠日本橫須賀海軍基地（Yokosuka Naval Base）的雷根號航空母艦（USS Ronald Reagan），指出美國在2020年之前，六成的美國艦隊會繼續部署在亞洲。[127]

3. 強化既有同盟體系政策沒有變

　　如上所述，川普的就職演說強調要加強舊有聯盟，他與南韓代理總統黃教安通話時，重申美國對防衛南韓的「鐵甲承諾」（ironclad commitment），強調會百分之百地與南韓同在，而兩國關係將會前所未有地更好。[128] 國防部長

---

[125] 根據美國「傳統基金會」（The Heritage Foundation）主席佛訥（Edwin Feulner）的說法，川普也將要求南韓修改兩國「自由貿易協定」（free trade agreement, FTA）的部分內容。姜仁仙，〈特朗普親信：韓美FTA將重啓協商〉，《朝鮮日報網》，〈http://cnnews. chosun.com/client/news/print.asp?cate+C01&mcate+M1003&nNewsNumb=20170146985&nidx=46986〉。

[126] "Stenographic Transcript before the Committee on Armed Services," United States Senate, to conduct a confirmation hearing on the expected nomination of Mr. James N. Mattis to be Secretary of Defense, January 12, 2017, p. 77, see <https://www.armed-services.senate.gov/download/17-03_01-12-17>.

[127] Office of the Vice President, The White House, "Remarks by the Vice President Aboard USS Ronald Reagan," in Yokosuka Naval Base in Yokosuka City, Japan, on April 19, 2017, <https://www.whitehouse.gov/the-press-office/2017/04/19/remarks-vice-president-aboard-uss-ronald-reagan>.

[128] Jung Nok-yong, "Trump Vows 'Ironclad' Commitment to Defending S. Korea," January 31, 2017, <http://english.chosun.com/site/data/html_dir/2017/01/31/2017013100717.html>.

馬提斯剛上任不久，就訪問日本和南韓兩個美國在東北亞最重要盟邦。在訪問日本時，馬提斯重申美日安保條約適用釣魚臺，強調美日同盟不會動搖；在訪問南韓時，他重申美國保衛盟邦的決心，[129]訪問之目的在於化解這兩個同盟國對美國新政府的疑慮。

4. 有意聯俄制中

在冷戰時期，美國主要競爭對手是蘇聯，蘇聯瓦解之後，繼承大部分蘇聯領土和人口以及所有核武器的俄羅斯，已淪為二流國力國家。中國國力在1990年代遠不足以威脅美國，因此美國對中國採取「交往政策」為主，現在美國認為中國已經成為主要競爭對手，因此川普似乎想要改善美國與俄羅斯的關係來制約中國，他相信他與普丁（Vladmir Putin）將會相處良好，也表示樂於與俄羅斯有良好關係。[130]在他對國會所發表的第一篇演說已經暗示要改善美俄關係，因為他已經明白表示美國可以與前敵人（former enemies）成為朋友。[131]從權力平衡角度觀之，這不失為一好的策略，但是因為美國具有相當濃厚的反俄情結，加上俄羅斯遭指控介入美國2016年大選，幫助川普擊敗民主黨總統候選人的所謂「通俄門」事件，導致川普在推動改善對俄關係有所顧忌，因此此一政策進展有限。

5. 以解決北韓核武問題為優先

如上所述，川普認為對世界安全重大威脅之一是核武器。北韓已經擁有核武，而且一再威脅要用核武攻擊美國，[132]所以解決北韓核武問題是川普上台

---

[129]黃菁菁、陳文和，〈釣魚台適用美日安保條約〉，《中國時報》，2017年2月4日，〈http://www.chinatimes.com/newspapers/20170204000357-260119〉。

[130]The New York Times, Transcript: Donald Trump on NATO, Turkey's Coup Attempt and the World."

[131]"2017 Joint Address: President Trump Delivered His First Address to a Joint Session of Congress on February 28th, 2017," <https://www.whitehouse.gov/joint-address>.

[132]例如北韓官員表示，如果南韓和美國有任何損及北韓主權的行為，北韓將發動「無情的」（merciless）攻擊，"'Merciless attacks' to 'more misery': 5 times North Korea threatened US," *hindustantimes*, <http://www.hindustantimes.com/world-news/merciless-attacks-to-more-misery-5-times-north-korea-threatenrf-to-attack-us/story-PFtYIYrKlyWgVYey8EzjOM.html>; "North Korea Threatens US with "Merciless" Attacks, *Fox News*, March 14, 2017, <http://video.foxnews.com/v/53593721/7001/#sp=show-clips>.

後的首要安全議題。目前北韓飛彈的射程仍未能攻擊到美國本土，但是如果讓北韓積極研發洲際彈道飛彈（inter-continental ballistic missile, ICBM），一旦北韓擁有攜帶核彈頭之長程飛彈能力，對美國威脅將大爲增加，要解決北韓核武問題將爲時已晚，因此川普會希望在北韓擁有ICBM之前解決北韓核武問題。

　　川普認爲北韓行爲非常惡劣（behaving very badly）、北韓行爲非常具侵略性（extremely aggressively）、北韓領導人可能是一個嚴重的瘋子（a serious maniac），[133]而且玩弄美國多年，[134]所以美國國務提勒森於2017年3月17日訪問南韓，在與南韓外交部長會談時，才會表示美國戰略耐心的政策已經結束（policy of strategic patience has ended），美國正在探討包括外交、安全和經濟的新措施，所有方案均會被納入考量（all options are on the table），[135]暗示可能以軍事手段解決北韓問題，因爲外交途徑包括「六方會談」（Six Party Talks），一再拖延結果，只會給北韓更多時間提升其核武能力、增加對美國的威脅，對解決北韓核武問題毫無進展，因此川普政府持續要求中國對北韓施壓，例如提勒森於2017年2月21日與中國國務委員楊潔篪通電話，促請「中國使用一切可以使用的手段，使朝鮮的不穩定行爲得到緩解」。[136]

　　雖然川普政府口頭上高度強硬，但美國從未眞正考慮採取軍事途徑來解決北韓核武問題，因爲北韓飛彈雖然還打不到美國本土，卻是具有很大的報復能力，除了美國在日本和南韓的軍事基地、駐軍和他們的眷屬會遭受攻擊之外，南韓和日本也會成爲北韓報復對象，可能會造成南韓和日本的大量傷亡，因此日本尤其是南韓並不希望美國採取軍事行動。川普總統所採取的是「極限壓力」（maximum pressure）策略，即透過聯合國通過制裁北韓的決議案，禁止世界各國與北韓經貿往來，而且美國對各國施加壓力，阻止各國援助北韓，希望迫使北韓屈服。[137]川普尤其寄希望於中國，因爲中國是北韓最大貿易夥

[133] "Transcript: Donald Trump Expounds on His Foreign Policy," *The New York Times*.

[134] Trump Says N. Korea 'Behaving Badly," China Not Helping," *RT America*, <http://www.rt.com/usa/381137-trump-china-north-korea>.

[135] Ibid.

[136] 引自丁力，〈美國國務卿和中國國務委員通電話〉，《美國之音中文網》，2017年2月22日，〈http://www.voachinese.com/a/tillerson-chinese-20170221/3734669.html〉。

[137] Henri Feron, "Why North Korea Won't Succumb to 'Maximum Pressure'," *The National*

伴，而且中國與北韓過去因為合作形成所謂「血盟」關係，川普希望中國發揮影響力，迫使北韓放棄核武。

　　川普總統出乎各界的意料，同意於2018年6月12日在新加坡與金正恩舉行高峰會，雙方達成四點共識，其中共識之一是北韓承諾朝著朝鮮半島完全無核化方向努力。[138] 然而，北韓決心擁有核武，因此新加坡高峰會後美國對北韓如何放棄核武談判沒有進展，川普與金正恩於2019年2月27-28日在越南河內舉行第二次高峰會，會談因未能達成任何協議宣告失敗。雖然美國維持對北韓的極限壓力策略，只要北韓不發展ICBM，川普似乎已經決定容忍一個擁有核武的北韓，他已經將重心轉移到制約中國。

（四）以中國為對手

　　川普總統要讓美國再度偉大的目標，與習近平所追求的「中國夢」很可能相衝突。從川普過去的言論判斷，他已將中國當成假想敵，事實上，川普是用敵人（enemy）字眼來形容中國。因為美中現在已經為全球霸權地位相互競爭，這使美中衝突無法避免。美國國防部所提出的國防戰略，指出國家間競爭（inter-state competition）是美國國家安全的主要關切（primary concern），而與美國競爭的國家最主要是中國。[139] 美國參謀首長聯席會議主席（Chairman of the Joint Chiefs of Staff）鄧福特（Joseph Dunford）將軍對參議院軍事委員會（Senate Armed Services Committee）表示，「中國到2025年時將對我們國家構成最大威脅（greatest threat）」，因此川普的印太策略最大特點是以中國為對手。[140]

Interest, March 29, 2019, <https://nationalinterest.org/blog/korea-watch/why-north-korea-wont-succumb-maximum-pressure-49387>.

[138] 其他三點共識如下：1.為符合美國、北韓人民對和平與繁榮期望，雙方將共同建立全新的兩國關係；2.美國、北韓將共同努力，一起在朝鮮半島建立長久、穩定的和平政權；3.美國與北韓將致力尋回戰俘／戰時（POW/MIA）失蹤人員遺骸，包括將已確定身分者送回美國。

[139] Department of Defense, the United States, "Summary of the 2018 National Defense Strategy of the United States of America," p. 1. <https://dod.defense.gov/Portals/1/Documents/pubs/2018-National-Defense-Strategy-Summary.pdf>.

[140] Ryan Browne, "Top US General: China Will be 'Greatest Threat' to US by 2025," *CNN*, September 27, 2017, <https://edition.cnn.com/2017/09/26/politics/dunford-us-china-greatest-threat/index.html>.

1. 發動對中國貿易戰

　　米爾塞默曾指出對中國發動一場預防性戰爭是美國的選項之一，但是他認為此一策略不可行，因為中國擁有核武，對中國戰爭會相互毀滅。然而，川普卻選擇對中國發動一場預防性戰爭，只是此戰爭是貿易戰。如上所述，川普在2016年大選期間，將美國的失業、工廠關閉、貿易赤字歸咎於中國，而且揚言對中國銷往美國產品課加高關稅，因此美中經貿衝突在川普時期加劇乃是必然。

　　美國2016年對中國的貿易赤字是3,470億美元，是美國最大貿易赤字來源。2017年美中貿易總額6,360億美元，其中美國對中國輸出1,304億美元、自中國輸入5,056億美元，逆差3,752億美元，比2016年逆差增加282億美元。以川普的商人性格，中國對美國的巨額貿易順差讓他完全無法忍受。

　　川普總統於2018年3月8日宣布，對中國、日本、台灣等國家的鋼和鋁分別課加25%和10%的進口稅，這不是單獨針對中國，但是因為中國是鋼鐵生產大國，北京於同年4月1日對30億美元之美國產品課加報復性關稅，促使兩國於同年5月展開貿易談判，但一直未能達成協議。同年7月6日，美國宣布對中國818項、總值340億美元產品課加25%關稅，中國隨即對美國採取報復，美中貿易戰正式開打，美國進一步宣布於8月23日起開始對中國284項產品、總值160億美元產品課加25%關稅。川普總統在同年9月17日宣布對中國2,000億美元產品課加10%關稅，並威脅於2019年1月1日將關稅提高到25%。

　　2018年12月1日，川普與習近平利用在阿根廷首都布宜諾斯艾利斯（Buenos Aires）參加G-20之便，舉行雙邊會談，雙方同意暫緩貿易戰九十天以便協商。然而，川普不滿習近平推翻協議，於2019年5月5日宣布對中國2,000億美元關稅提高到25%（自5月10日正式實施），同時宣布將對中國剩餘商品加徵關稅。

2. 貿易戰是美中全球爭霸的一環

　　川普發動對中國貿易戰，固然一方面是要履行競選期間的承諾，縮小美國對中國貿易赤字、爭取美商回美國投資；另一方面則是要阻擾中國不斷崛起，以維持美國世界第一地位。川普在接受福斯新聞台（Fox News Channel）訪問時表示，中國現在不可能拉近與美國的經濟差距，中國想取代美國成為世界領先超強，這「不會發生在我身上」（not going to happen with me）。[141] 換言之，貿易戰業已成爲美、中全球爭霸的一環。

美中此次貿易戰除了是關稅戰爭之外，更重要的是科技戰爭。中國總理李克強於2015年3月5日向全國人大提出「政府工作報告」，其中提出「中國製造2025」的概念和目標，列舉中國未來重點發展的高科技產業，包括新一代資訊技術、機器人、航空航天設備、海洋工程裝備和高技術船舶、先進軌道交通設備、新能源汽車、新材料、農機裝備、生物醫藥及高性能醫療器械等十大領域，目標在於將中國從製造大國轉型爲製造強國。[142] 川普發動對中國貿易戰的理由之一，在於中國強迫外國公司轉移科技，以及中國政府補貼和資金挹注國有企業和親政府公司，對外國公司形成不公平競爭，而且將使中國未來「主宰全球高科技產業」（dominant in global high-tech manufacturing）。[143] 川普以國家安全爲由對中國的華爲公司下禁令，禁止美國公司出售先進芯片和技術給華爲，而且要求其他國家加入美國來禁止華爲產品，因爲華爲在5G的研發和生產有可能取得領先地位，而且華爲的產品可幫助中國政府竊取其他國家和公司機密。

3. 以自由開放印太戰略對付中國的BRI

川普政府提出和推動「自由和開放的印太戰略」，而此一戰略是針對中國而設計。根據國務院亞太事務副助理國務卿（Deputy Assistant Secretary）黃之瀚（Alex N. Wong）和國務卿龐佩奧的闡述，[144] 以及國防部印太戰略報告書

---

[141] Quoted in Karen Leigh, "Trump Vows China's Economy Won't Surpass US on His Watch," *Bloomberg*, May 20, 2019, <https://www.bloomberg.com/news/articles/2019-05-20/trump-vows-china-s-economy-won-t-surpass-u-s-on-his-watch>.

[142] 〈李克強談「中國製造2025」：從製造大國邁向製造強國〉，《中國政府網》，2017年8月10日，〈http://big5.www.gov.cn/gate/big5/www.gov.cn/premier/2017-08/10/content_5216727.htm〉。

[143] James McBride and Andrew Chatzky, "Is 'Made in China 2015' a Threat to Global Trade?" *Council on Foreign Relations Backgrounder*, May 13, 2019, <https://ww.cfr.org/backgrounder/made-china-2025-threat-global-trade>.

[144] Alex N. Wong, "Briefing on the Indo-Pacific Strategy," Press Correspondents Room, Washington, D.C., April 2, 2018, <http://www.state.gov/r/pa/prs/ps/2018/04/280134.htm>；美國在臺協會，〈國務卿邁克・蓬佩奧談「美國對印度—太平洋地區的經濟願景」〉，

的說明，美國「自由開放印太戰略」整體上可分成三大面向：(1)政治面向：幫助亞太國家免於受他國脅迫、提升各國治理能力、增進各國基本人權和自由、反貪污；(2)安全面向：維持海上交通和空中航線的開放、和平解決領土和海事糾紛、美國會幫助印太國家提升力量來維持海上秩序；(3)經濟面向：追求更開放的投資環境、公平和對等的貿易、更透明經貿規則、美國會幫助印太國家改善基礎建設。雖然美國強調其所推動的自由開放印太地區「不是要反對或對抗任何國家」，[145]但是檢視此一概念內涵，則可知該戰略處處針對中國而設計。

4. 重啓四方安全對話

四方安全對話（Quadrilateral Security Dialogue, QUAD）是由日本首相安倍晉三於2007年所率先提倡，獲得美國、澳州和印度的支持，成爲強化四國安全合作的機制。然而，澳洲總理陸克文（Kevin Rudd）上台後，因擔心參加QUAD會傷及澳洲與中國關係而決定退出，QUAD因此停止運作。川普總統、安倍首相、澳洲總理騰博爾（Malcolm Turnbull）和印度總理莫迪（Narendra Modi）於2017年到馬尼拉參加東協高峰會時，同意恢復QUAD的運作。

5. 在台海和南海挑戰中國

美國軍艦在南海地區進行海上航行自由演練（freedom of navigation operations, FONOs），以挑戰中國在南海的軍事化行動；美國軍艦更頻繁經過台灣海峽，以嚇阻中國對台灣的軍事威嚇。

第四節　中國的策略與因應作爲

壹、中國對美國的認知

一、美國是沒落中強權

中國民衆在政府積極宣傳之下，認爲中國不管是在政治上或經濟上均已

2018年7月30日，〈https://www.ait.org.tw/zhtw/secretary-pompeos-remarks-at-the-indo-pacific-business-forum-zh〉。

[145] 〈美印太戰略 薛瑞福：台灣是重要夥伴〉，《中央社》，2018年7月19日，〈https://www.nownews.com/news/20180719/273859〉。

成為一流國家，因此應該享有相稱的世界地位和待遇。中國認為美國是逐漸走向衰落的國家，中美實力差距逐漸縮小，甚至認為中國之發展模式，也就是所謂「北京共識」（Beijing consensus）也比「華府共識」（Washington Consensus）的美國發展模式優異，可作為發展中國家的另一個選項。[146]絕大多數中國人民非常有信心，認為中國已經或是將取代美國成為世界領先超強。[147]

二、美國想遏阻中國崛起

早在進入二十一世紀之初，北京就認為美國是在「防範、遏制」中國，但同時又與中國接觸、合作。[148]在川普上台後，因為他把大國競爭當成是對美國的首要威脅，而這與美國競爭的大國就是中國，因此採取種種措施打擊中國，所以中國已經沒有懸念，認為美國就是在圍堵中國。北京認為美國之目的在於維持其全球霸權，因此企圖牽制甚至遏阻中國的崛起，是要分裂和弱化中國，要對中國和平演變、推翻共產黨之領導。[149]不僅中國的領導人和菁英有此認知，中國一般大眾絕大多數也認為美國想阻止中國成為與美國平起平坐的強權。[150]

[146] 「北京共識」一詞是由在北京清華大學任教的英國學者拉莫（Joshua Cooper Ramo）所提出，介紹中國經濟發展模式，而1990年代所風行的「美國共識」，代表的是美國以市場經濟為主要理念之經濟發展模式。有關「華府共識」作為發展模式的意涵，請參閱 Joshua Cooper Ramo, *The Beijing Consensus* (London: The Foreign Policy Centre, 2004)。

[147] 2008年之民調顯示，58%的中國人民認為中國已經或將取代美國成為世界之領先超強，2009年則有67%、2011年63%、2013年66%。Bruce Drake, "Obama Bows out of Asian Summit Amid Mixed Views of U.S., China in Region," Pew Research Center, October 7, 2013, <http://www.pewresearch.org/fact-tank/2013/10/07/obama-bows-out-of-asian-summit-amid-mixed-views-of-u-s-china-in-region>.

[148] 周文重，《出使美國2005-2010》（北京：世界知識出版社，2011年），頁2。

[149] Lieberthal and Wang, "Addressing U.S.-China Strategic Distrust," p. ix.

[150] 根據皮優研究中心於2016年6月9日所發布一項對中國民眾的民調結果顯示，52%中國民眾認為美國想阻止中國成為與美國平起平坐的強權、29%認為美國最終會接受中國在權力上與美國平起平坐、8%選擇兩者皆非，〈http://www.pewglobal.org/2016/06/29/3-china-and-the-global-balance-of-power〉。

三、美國是中國的最大威脅

　　根據皮優研究中心於2016年所作問卷調查顯示，中國人民心中最認知的各種對中國威脅的議題中，美國的權力和影響力高居第一位。45%的中國人民視美國的權力和影響力為對中國的重大威脅，高於全球經濟不穩定（35%）、全球氣候變遷（34%）、與俄羅斯緊張關係（25%）、來自其他國家的網路攻擊（21%）、伊斯蘭國（15%）和大量難民離開伊拉克／敘利亞（14%），[151]而且中國菁英對美國威脅的感受要比中國一般老百姓高，例如2013年的問卷調查顯示，75%中國政府官員認為美國在東亞駐軍是對中國的重大威脅（major threat），但只有41%的一般民眾持這種看法（請參閱表8-9）。

■ 表8-9

美國之東亞駐軍是對中國之重大威脅的看法		
一般民眾		41%
專家團體	政府官員	75%
	媒體人員	69%
	軍事學術機構	62%
	企業和公家機構	59%
	非軍事學術機構	46%

資料來源：Richard Wike, "Four-in-Ten Chinese See U.S. Military Presence in East Asia as a Threat," Pew Research Center, December 13, 2013, <http://www.pewreseach.org/fact-tank/2013/12/13/four-in-ten-chinese-see-u-s-military-presence-in-east-asia-as-a-threat>.

貳、中國因應措施

一、避免短期未來與美國直接衝撞

　　目前中國國力與美國仍有差距，因此目前中國避免與美國直接衝撞。中國在北韓核武問題上、經貿問題上適度對美國讓步，希望緩和來自美國的壓力。

---

[151] Richard Wike, "China and the World," Pew Research Center, October 5, 2016, <http://www.pewglobal.org/2016/10/05/2-china-and-the-world>.

習近平推出一帶一路倡議，雖然路線大為擴張，幾乎涵蓋全球，但主軸是由新疆經陸路穿過中亞、東歐到西歐，海路經過印度洋穿過紅海到達歐洲，考量之一是避免在太平洋地區直接衝撞美國，希望從西部和印度洋地區來突破美國的封鎖。

二、權力平衡術

（一）強化與俄羅斯間的準同盟關係

中國和俄羅斯雖然在歷史上有不少矛盾，彼此不見得信任對方，更談不上喜歡對方，但是當前情勢鼓勵雙方合作，因為兩國在經濟上互補、同樣反對美國獨霸的國際格局、反對北約東擴、反對分離主義和恐怖主義。俄羅斯因為於2014年入侵烏克蘭占領克里米亞而遭美國及歐盟國家經濟制裁，所以沒有選擇必須向中國靠攏。北京則面對美國在東亞同盟體系的壓力，尤其是美日同盟對中國構成很大挑戰。美中日關係對中國而言是最不利的戰略三角，依提出戰略三角理論的羅德明教授（Lowell Dittmer）之分類，美中日是屬於婚姻型（marriage）的戰略三角，其中美國和日本是同盟國，他們婚姻關係相當穩固，中國則是孤雛，因為中日是潛在敵人、美中是競爭對手，中國無法成為破壞美日關係的「小三」。[152] 為了扭轉此一不利的權力關係，中國最好的選擇是將俄羅斯拉進來，將三角關係擴大為戰略四角形。

習近平掌權後第一個出訪的國家就是俄羅斯，光是2017年習近平與俄羅斯總統普丁（Vladimir Putin）就至少舉行過五次會談。習近平於2017年7月3-4日訪問俄羅斯，雙方同意進一步強化「中俄全面戰略協作夥伴關係」。[153] 他與普丁利用參加越南主辦APEC高峰會之便再度會晤，雙方同意加大相互支持，深化全方位合作。[154] 習近平於2019年6月5-7日到俄羅斯進行國是訪問，與俄羅斯總統普丁發表聯合聲明，將兩國關係提升為「新時代全面戰略協作夥

---

[152] Lowell Dittmer, "The Strategic Triangle: An Elementary Game─Theoretical Analysis," *World Politics*, Vol. 33, No. 4, July 1981, pp. 485-515.

[153] 請參閱〈中華人民共和國和俄羅斯聯邦關於進一步深化全面戰略協作夥伴關係的聯合聲明〉，2017年7月5日，〈http://www.fmprc.gov.cn/web/ziliao_674904/1179_674909/t1475443.shtml〉。

[154] 請參閱〈習近平會見俄羅斯總統普京〉，2017年11月11日，〈http://www.fmprc.gov.cn/web/wjdt_674879/gjldrhd_674881/t1509672.shtml〉。

伴關係」。

（二）採取分而治之策略分化歐盟和東協

1. 歐盟

　　就全球體系而言，歐盟（European Union, EU）無疑是強有力的第五極。歐盟在英國脫歐之前共有二十八個會員國，實行民主政治是各國加入歐盟的先決條件，從意識形態角度，EU因與美國享有共同價值，而且歐盟大國德國、法國和英國都是美國同盟國，因此較可能採取親美政策。然而，歐盟會員國大小不一、經濟發展程度不同、財政狀況良莠不一，加上EU決策採共識決，讓中國有機可趁。北京用金錢外交爭取幾個會員國來阻止歐盟採取對中國不利的政策，例如希臘和匈牙利，尤其前者，可說是中國在歐盟的代言人。

2. 東南亞國協

　　東南亞國協乃是東亞體系在美、中、日、俄之後的第五極。中國對東協與對歐盟策略有相似之處，同樣是分而治之，而且對東協更容易成功，因為東協十國加上東帝汶，除了新加坡和盛產石油的汶萊之外，均是發展中國家，其中高棉、寮國、緬甸、菲律賓、東帝汶需要外援，讓北京可以用銀彈爭取他們的支持。

(1)試圖化解東南亞國家疑慮

　　北京採取以下幾種策略來爭取東南亞國家：A.金援外交，例如以鉅額金援誘使菲律賓擱置PCA仲裁結果，與中國回到雙邊談判桌，以削弱美國、日本等西方國家利用PCA仲裁結果來打擊中國的力道；B.對東協國家提供經濟援助，例如2017年5月貸款45億美元供印尼興建高鐵，[155] 及增加對東南亞國家投資，光是2015年中國對東南亞投資金額就超過146億美元，[156] 使這些國家在美中競爭中支持中國，或不敢倒向美國，例如柬埔寨和寮國已成為東協中支持中國的穩定力量，他們反對東協在南海問題上採取一致立場譴責中國；C.與東南亞國協協商南海行為準則框架協議，表示最終願意簽訂南海行為準則，

---

[155] 多維新聞，〈一帶一路效應 中國貸印尼45億美元建高鐵〉，2017年5月14日，〈http://news.dwnews.com/china/news/2017-05-14/59815006.html〉。

[156] 李月霞，〈中國推一帶一陸資金流向東南亞〉，《聯合早報》，2017年5月31日，〈http://www.zaobao.com.sg/realtime/wpr;d/story20170531-76668〉。

以緩和東南亞國家對中國疑慮；D.積極支持「全面經濟夥伴關係」（Regional Comprehensive Economic Partnership, RCEP），以強化與東協國家的經貿關係，推動中國與東協命運共同體概念，提升中國與東協之利益。[157]

(2)利用美國與東協國家矛盾

這是北京典型的做法，即利用美國與一些國家的矛盾，加大力度援助這些國家，以達到雪中送炭的效果。泰國是美國同盟國，但是因為2014年發生軍事政變，美國取消對泰國軍事援助，讓中國趁虛而入；提升中泰關係，緬甸在翁山蘇姬的勢力掌權後，改採親美和親西方路線，然而因為緬甸迫害少數民族羅興亞人，遭西方國家譴責，提供北京拉攏緬甸的良好機會，緬甸只好又倒向中國。

（三）穩定中國的後院

在蘇聯瓦解之後，中亞的前蘇聯加盟共和國全部成為新獨立的國家，他們構成中國陸地上的後院。這些國家像哈薩克天然資源豐富，俄羅斯想維持對這些國家的控制和影響力，美國也想發展與這些國家的關係。如果讓美國提升與這些中亞國家的安全合作關係，將會進一步延長美國對中國的包圍圈，讓美國從中國後院威脅中國，因此中國與俄羅斯合作迫使烏茲別克和吉爾吉斯關閉美國的空軍基地。[158]

此外，維吾爾分離運動已成為中國國家安全、社會安定的重要威脅，接鄰新疆的中亞國家很可能成為維吾爾分離運動的庇護所，因此中國透過上海合作組織（Shanghai Cooperation Organization）機制、「陸上絲路」的經濟誘因及經濟援助，提升中國與中亞國家關係，促使上海合作組織會員國一致承諾合作

---

[157] 中國總理李克強於2017年11月12日到菲律賓參加東協成立50周年紀念、中國+東協對話、東協+3對話、「區域全面經濟夥伴關係」峰會、及第十二屆「東亞高峰會」（East Asia Summit），他藉此機會提出建立「東亞經濟共同體」構想，此一構想如果實現，可望提升中共在東亞經濟領導國家的地位。請參閱「李克強在第20次中國—東盟領導人會議上講話（全文）」，2017年11月14日，〈http://www.fmprc.gov.cn/web/wjdt_674879/gildrhd_674881/t1510228.shtml〉。

[158] 〈美關閉駐吉爾吉斯空軍基地 被中俄聯手擠出中亞〉，《新浪網》，2014年6月4日，〈http://dailynews.sina.bg/chn/chnmilitary/sinacn/20140604/23145782963.html〉；〈駐烏茲別克美軍撤離 美國中亞戰略遭重挫〉，《新京報》，2005年11月23日，〈http://news.sina.com.cn/w/2005-11-13/02367510943s.shtml〉。

打擊「三種勢力」。[159]

（四）推動「一帶一路」策略

　　如前所述，習近平於2013年提出「一帶一路」（BRI）倡議、2014年成立亞洲基礎設施投資銀行及成立絲路基金。目前一帶一路的路線和範圍已大爲延長，連南太平洋、北極圈（冰上絲路）都納進來。中國推動這一策略當然有其經濟盤算，但更引人注目的是此政策之政治和安全意涵。由於改善歐亞基礎設施所帶來的龐大商機，[160]導致世界各國趨之若鶩，第二屆「一帶一路」國際合作高峰論壇於2019年4月25-27日在北京舉行，吸引全球一百五十個國家、九十二個國際組織、6,000多名外賓含三十七國家領導人參加，[161]使中國能夠利用BRI策略突破美國的封鎖。首先，一些美國盟邦像澳洲、英國基於經濟利益考量，不顧美國反對參加亞洲基礎設施投資銀行，連日本首相安倍都表示願意在四條件下參與「一帶一路」；[162]其次，「一帶一路」沿線中小國家要改善基礎建設，有求於中國之處相當多，推動「一帶一路」基本目的就是要爭取更多中間國家，在美中競爭過程中倒向中國。目前北京的策略已經獲得豐碩外交成果。例如設於新加坡的東南亞國協研究中心（ASEAN Studies Center），於2019年對東南亞國協十國共1,008位菁英所作問卷調查，顯示東南亞國家不少菁英認爲他們國家可以從中國的BRI受益（請參閱表8-10）。

---

[159] 請參閱〈上海合作組織成員國元首阿斯塔納宣言〉，〈http://chn.sectsco.org/documents〉：及〈上海合作組織成員國元首關於共同打擊國際恐怖主義的聲名〉，〈http://fmprc.gov.cn/web/ziliao_674904/1179_674909/t1469144.shtml〉。

[160] 根據亞洲開發銀行（Asian Development Bank, ADB）之估算，亞洲國家在2010-2020年間，改善公共設施所需的經費高達8.2兆美元以上，Biswa Nath Bhattacharyay, "Estimating Demand for Infrastructure in Energy, Transport, Telecommunications, Water and Sanitation in Asian and the Pacific: 2010-2020," *ADBI Working Paper Series* (Tokyo: Asian Development Bank Institute, 2010), 轉引自朱浩民主持，「中國大陸『一帶一路』政策與亞洲基礎設施投資銀行對台灣銀行業之商機與挑戰」報告，中華民國銀行商業同業公會全國聯合會補助，2015年12月，頁74。

[161] 中華人民共和國外交部，〈新起點新願景新征程—王毅談第二屆「一帶一路」國際合作高峰論壇成果〉，2019年4月29日，〈https://www.fmprc.gov.cn/web/ziliao_674904/zt_674979/dnzt_674981/qtzt/ydyl_675049/zyxw_675051/t1659215.shtml〉。

[162] 安倍的四個條件是通過合理貸款確保相關國家財政健全，及項目的開放性、透明度和經濟性。

表8-10

東協菁英對中國BRI的看法

國名	有利區域經濟發展和東協-中國關係	對東協國家提供基礎建設所需經費	因缺乏資訊對評估衝擊仍太早	將東協國家進一步帶入中國勢力範圍	不會成功,因大多數項目對當地人民無益
汶萊	43.2%	43.2%	38.6%	52.3%	9.1%**
高棉	41.7%	70.8%	20.8%	50.0%	8.3%
印尼	26.0%	38.3%	30.4%	44.4%	19.1%
寮國	75.9%	55.2%	6.9%	31.0%	3.5%
馬來西亞	39.2%	42.0%	28.7%	51.8%	18.9%
緬甸	29.8%	31.6%	32.7%	29.8%	10.1%
菲律賓	27.0%	25.2%	34.2%	38.7%	18.9%
新加坡	22.7%	42.2%	37.5%	60.2%	14.1%
泰國	37.2%	37.2%	16.8%	51.3%	16.8%
越南	9.9%	13.2%	38.0%	58.7%	20.7%

**選項可以複選,所以總百分比不會等於100%。

資料來源:ASEAN Studies Centre, *The State of Southeast Asia: 2019 Survey Report* (Singapore: ISEAS Yusof Ishak Institute, 2019), p. 19.

(五)對周邊國家軟硬兼施

一方面,北京對支持中國的國家給予鉅額經濟援助,以懷柔鄰邦。中共十九大召開時,習近平在他的政治報告中,提出要「按照親誠惠容理念和與鄰爲善、以鄰爲伴周邊外交分針深化同周邊國家關係」。[163] 他表示所謂親是展

---

[163] 〈習近平十九大報告全文(實錄)〉,《新華網》,2017年10月18日,〈http://finance.sina.cn/china/gncj/2017-10-18/doc-ifymvuyt4098830.shtml〉。

現親和力，多作「得人心、暖人心」的事情；所謂誠是指「誠心誠意對待周邊國家」；所謂惠是指「互惠互利」；所謂容是指「倡導包容思想」、強調「亞太之大容得下大家共同發展」。[164] 希望以所謂「睦鄰、富鄰和安鄰」政策來化解「中國威脅論」。[165] 例如他利用2017年11月到越南參加APEC的機會，對越南和寮國進行國是訪問。在抵達越南前夕，習近平在越南媒體發表署名文章，強調兩國「同志加兄弟」的特殊情誼，並在訪越期間專程參觀胡志明故居，顯然希望以溫情攻勢化解越南人民之反中情結。在11月15日到寮國進行國是訪問時，習近平強調兩國要在「好鄰居、好朋友、好同志、好夥伴」的「四好」關係基礎上，加強合作，推進「中寮經濟走廊」建設。[166]

另一方面，北京對倒向美國的國家施加經濟制裁。例如北京認為新加坡在南海仲裁案倒向美國和菲律賓，而且積極推動與美國和印度在印度洋的安全合作，因此採取一些措施打擊新加坡，包括扣留停靠在香港的一艘貨輪中之九輛新加坡裝甲車、不邀請李顯龍總理參加2017年5月14-15日在北京舉行的「一帶一路高峰會」，以及援助馬來西亞整建濱靠麻六甲海峽（Malacca Strait）的皇京港，挑戰新加坡的戰略地位。南韓在2016年7月決定部署薩德系統（Terminal High Altitude Area Defense, THAAD）之後，北京對南韓祭出禁韓令，則是另一例子。此外，蒙古因邀請達賴喇嘛於2016年11月訪問該國，隨即遭到中國的經濟制裁，包括無限期推遲一項蒙古政府亟需的貸款，迫使蒙古政府宣布不再允許達賴喇嘛訪問該國。[167] 日本因為逮捕進入釣魚臺水域捕魚

---

[164] 〈習近平在周邊外交工作座談會上發表重要講話〉，《人民網》，2013年10月25日，〈http://politics.people.cn/n/2013/1025/c1024-23331525.html〉。

[165] 中國國務委員唐家璇於2003年9月19日在中國雲南省召開的「大湄公河次區域經濟合作部長級會議」上，首次提出「睦鄰、富鄰和安鄰」政策，引自韓鋒，〈中國「睦鄰、安鄰和富鄰」政策解讀〉，《中國評論新聞網》，2006年5月16日，〈http://hk.crntt.com/crn-webapp/doc/docDetailCreate.jsp?coluid=0&docid=0&docid=100142235〉；關於中國對「中國威脅論」的起源，請參閱釋清仁，〈利益衝突成中國威脅論深層原因〉，《文匯網》，2012年4月6日，〈http://news.wenweipo.com/2012/04/06/IN1204060025.htm〉。

[166] 請參閱〈習近平同老人民革命黨中央委員會總書記、國家主席本揚舉行會談〉，2017年11月13日，〈http:www.fmprc.gov.cn/web/wjdt_674879/gildrhd_674881/t1510122.shtml〉；許依晨，〈習近平訪寮國送大禮 簽署共建中寮經濟走廊〉，《聯合報》，2017年11月14日，〈https://udn.com/news/story/7331/2817121〉。

[167] 莫雨，〈中國稱蒙古「服軟」經濟大棒再次奏效？〉，《美國之音》，2016年12月21

和衝撞日本公務船的中國漁船，遭到中國禁止稀土出口日本的經濟制裁。[168]
菲律賓於2012年因為黃岩島爭端與中國衝突升高，中國對菲律賓的經濟制裁
包括停止大陸觀光客到菲律賓觀光，以及停止購買菲律賓香蕉，[169]但是在杜
特蒂總統上台之後倒向中國，北京決定給予鉅額經濟援助，使菲律賓成為既遭
制裁又獲得好處的特殊案例。

　　然而，在美國川普總統發動對中國貿易戰，而且越演越烈時，北京對其他
國家尤其是周邊國家政策，改弦更張，由強制轉為懷柔、親善，例如中國近年
來積極改善對日本、印度、南韓、北韓及新加坡關係。首先，日本被中國學者
認為是「最難接受中國崛起的大國」，但日本也是影響左右未來世界格局發展
的六個強權之一。[170]中國總理李克強於2017年11月13日到菲律賓會見日本安
倍首相，於2018年5月8-11日到日本參加第七次中日韓領導人會議並正式訪問
日本，安倍首相於2018年10月25-27日到中國進行正式訪問，兩國關係似乎得
到改善。其次，中國因為南韓同意美國部署THAAD飛彈，而對南韓祭出禁韓
令，減少中國觀光客訪韓、禁止韓國影歌星到中國表演，但是在2017年12月
南韓總統文在寅訪問中國後，北京已經逐漸解除禁韓令。第三，中國、印度兩
國軍隊於2017年6月18日至8月28日在洞朗地區對峙，導致兩國關係惡化，但
是在這之後習近平與印度總理莫迪已數次會面。第四，因為北京部分配合美國
執行聯合國對北韓制裁決議，中國與北韓關係惡化，然而北京想利用北韓作為
與美國貿易談判的籌碼，而積極拉攏北韓，北韓金正恩自2018年3月起已經訪
問北京三次，習近平也於2019年5月首次訪問平壤。第五，北京因認為新加坡
在南海仲裁案未支持中國，以及在安全合作上倒向美國，刻意冷落甚至羞辱新
加坡李顯龍總理，如上所述，在舉辦第一次「一帶一路」高峰會時，刻意不邀

日，〈http://www.voachinese.com/a/mogolia-dalai-lama-china-20161221/3644691.html〉。

[168]童倩，〈日媒關注中國稀土能源外交或失敗〉，《BBC News中文》，2013年10月26日，
〈http://www.bbc.com/zhongwen/trad/world/2013/10/131026_japan_china_rare-earth〉；〈中
國稀土仍禁輸日〉，《自由時報》，2010年11月12日，〈http://news.ltn.com.tw/news/
world/paper/44304〉。

[169]〈中國旅遊制裁菲律賓影響有多大？〉，《大紀元》，2012年5月18日，〈http://www.
epochtimes.com/gb/12/5/17/n3591168.htm〉。

[170]金燦榮、張昆鵬，〈「新時代」背景下未來十年世界趨勢分析與中國的戰略選擇〉，
《中國外交》，第4期，2018年，6。

請李顯龍，但是第二次高峰會則發出邀請函，而李顯龍也確實親自出席此一高
峰會。

第五節　美國與中國爭霸前景分析

國際體系發生權力轉移現象時，既有霸權與崛起強權的競爭不是短時間就
可決勝負。然而，霸權興衰是歷史必然，羅馬帝國已經煙消雲散、蒙古帝國也
成為歷史記憶、大英帝國業已土崩瓦解。從歷史經驗觀之，沒有一個國家的霸
主地位可以永垂不朽。然而，本書的目的不在於評斷美中爭霸的最後結果，因
為這場競賽可能要持續數十年之久，光是美中貿易戰就很難立即結束，因為美
國白宮首席經濟顧問庫德洛（Larry Kudlow）已經表示，美中貿易戰堪比當年
美蘇冷戰，可能持續數年之久，[171] 因此本書不對美中爭霸的結局做評斷，而
在於分析美中爭霸，尤其在印太地區爭霸，兩國的優劣勢。

壹、美國優勢

美國是既有霸權，以衛冕者身分來維持國際體系現狀，面對中國這個挑戰
者，享有一些優勢。

一、美國具有龐大的同盟體系

美國在全球具有龐大同盟體系。首先，1949年4月4日成立之北大西洋公
約組織的會員國都是美國同盟國，它由成立時的十二個創始會員國，增加到目
前二十九個會員國，除了美國和加拿大兩個北美國家之外，其他二十七個會
員國都是歐洲國家。其次，美國在亞太地區也有密切的同盟關係，包括1951
年締結的美澳紐公約、1951年簽訂的美菲共同防禦條約、1951年簽署1960年
重新修訂的美日安保條約、1953年簽訂的美韓共同防禦條約、美國與泰國基
於1954年馬尼拉條約而形成的同盟關係。第三，成立於1948年的美洲國家組
織（Organization of American States, OAS），依據其憲章第28條規定，行使
集體安全機制，使其他三十四個會員國成為美國的同盟國。過去歷史證明強

---

[171] 黃淑玲，〈白宮示警貿易戰恐要打好幾年〉，《經濟日報》，2019年9月8日，〈https://
money.udn.com/money/story/5599/4035188〉。

權衰落的重要原因之一，乃是權力過度延伸，[172]例如大英帝國號稱「日不落國」，全球各地都有其殖民地，雖然可以掠奪殖民地資源，滋養母國，但是英國兵力分散各地，當殖民地人民揭竿而起爭取獨立風潮一起，大英帝國就不能維持下去。

　　川普總統或許了解歷史教訓，他已強調美國不再扮演世界警察，其他國家要美國保護，就要付保護費、要分攤美國駐軍費用，並增加他們的國防預算，而美國盟友包括台灣在內也從善如流，適度增加他們的國防預算，既減輕美國負擔，又增強整體防衛力量，可降低美國耗損、衰退速度。再者，美國在亞太地區建立所謂軸輻安全體系（hub-and-spoke security system），此一體系與老布希的國務卿貝克（James Baker III）所鼓吹的扇形安全體系異曲同工，貝克認為美國在亞太的安全體系是以美日同盟為軸心，扇子的其他兩個支柱北邊是美韓同盟、南邊是美澳同盟，中間還有菲律賓和泰國的小扇骨，[173]而軸輻安全體系是以美日同盟和美澳同盟為主軸，中間有美菲、美韓、美泰同盟等枝葉，伊肯貝利認為美國軸輻安全體系造就亞太地區的穩定、創造日本和四小龍的經濟繁榮，甚至中國都因此而受益。[174]美國的軸輻安全體系不僅要強化美國與同盟國間的安全和軍事合作關係，還要積極推動美國同盟國間橫向或三邊合作，而且已經取得一些成果，例如美日澳自2005年開始進行三邊對話，美日印三邊對話自2011年開始，2015年9月升級為外長級對話，甚至印度、澳洲和日本於2015年6月開啟副外長級三邊對話，而且QUAD也在2017年恢復運作。

　　美國亞太盟邦橫向合作最有成果的當屬日本和澳洲之安全合作，兩國自2007年開始建立外交部長加國防部長的2+2對話，雙方經由此一對話在國際安全問題上採取一致立場，而且兩國還進行海軍武器技術和裝備的合作。此外兩國與其他國家經常舉行各種海軍聯合軍事演習。[175]比起日澳密切的安全合

[172] Paul Kennedy, *The Rise and Fall of the Great Powers: Economic Change and Military Conflict from 1500 to 2000* (New York: Random House, 1987).

[173] Rex Li, *A Rising China and Security in East Asia: Identity Construction and Security Discourse* (London: Routledge, 2009), p. 60.

[174] G. John Ikenberry, "American Hegemony and East Asian Order," *Australian Journal of International Affairs*, Vol. 58, No. 3, September 2004, pp. 353-367.

[175] 王竟超，〈日澳海洋安全合作探析：歷史演進、動因與前景〉，《國際政治》，第12期，2018年，頁87-97。

作，美國應該感到遺憾的是，美、日、韓三邊安全合作不僅沒有太多進展，反而因為日本和南韓關係惡化，甚至演變成日韓間的貿易戰，波及三邊安全合作。

　　中國因為強調實行獨立自主的外交政策，堅持不結盟，因此中國只有北韓這個條約上的同盟國，而兩國僅是紙上同盟關係，亦即兩國之間沒有具體的行動來落實同盟關係，沒有共同作戰計畫、沒有密切軍事合作關係、沒有經常性或定期的聯合軍事演習。整個亞洲能夠稱得上中國鐵桿朋友的恐怕只有巴基斯坦，但是兩國沒有簽署同盟條約，中國與俄羅斯也不是同盟國。

二、其他國家希望美國扮演更積極角色

　　雖然一些發展中國家政權，對美國扮演世界警察，干涉他們內政，要求他們進行民主改革、改善人權情況感到不滿，但是絕大部分國家對於美國在戰後提供國際體系安全的公共財（public goods），維持國際體系穩定感到滿意，期望美國繼續扮演領導國家角色，對美國撤退感到恐慌。新加坡的東南亞國協研究中心（ASEAN Studies Centre），曾於2018年對東協十國共314位菁英進行問卷調查，顯示東南亞國家期望美國積極參與東南亞事務，共69.8%菁英非常同意（25.8%）或同意（44%）「美國積極參與會使東南亞更穩定和安全」，只有18.5%表示不同意（13.5%）或非常不同意（5%）（請參閱表8-11）。最主要原因在於美國距離東南亞國家非常遙遠，與這些國家又沒有領土主權衝突，這些國家不認為美國對他們的安全是一個威脅，這與中南美洲國家因鄰近美國，對美國的愛恨交織感覺必然不同。

■ 表8-11

東南亞國家菁英對區域事務之看法

問卷題目	選項 （回答%）	選項 （回答%）	選項 （回答%）	選項 （回答%）	選項 （回答%）	選項 （回答%）
現在哪一國或組織對東南亞最具影響力	東南亞國協 （18.2%）	中國 （73.6%）	歐盟 （0.3%）	印度 （0%）	日本 （4.5%）	美國 （3.5%）

▊ 表8-11

東南亞國家菁英對區域事務之看法（續）

問卷題目	選項 （回答%）	選項 （回答%）	選項 （回答%）	選項 （回答%）	選項 （回答%）	選項 （回答%）
未來10年哪一國或組織對東南亞最具影響力	東南亞國協 （57, 18%）	中國 （74.8%）	歐盟 （0.3%）	印度 （0.9%）	日本 （2.8%）	美國 （3.2%）
如美國對東南亞不關心而產生權力真空，何國最可能填補	中國 （80.2%）	歐盟 （1.3%）	印度 （0.6%）	日本 （10.9%）	以上皆非 （7.0%）	
美國積極參與會使東南亞更穩定和安全	非常同意 （25.8%）	同意 （44.0%）	不同意 （13.5%）	非常不同意 （5.0%）	不置可否 （11.6%）	
中國未來會做正確事以貢獻全球和平安全繁榮和治理	非常有信心 （3.2%）	有信心 （20.6%）	少有信心 （46.2%）	沒信心 （26.3%）	不予置評 （3.8%）	

資料來源：ASEAN Studies Centre, Institute of Southeast Asian Studies in Singapore, "How Do Southeast Asians View the Trump Administration?" <https://www.iseas.edu.sg/images/centres/asc/pdf/ASCSurvey40517.pdf>.

三、周邊國家對中國畏懼多於敬重

　　亞洲國家從中國經濟崛起受益，不少亞洲國家人民認為中國經濟成長對他們國家是好事（請參閱表8-12），但他們絕大多數認為中國權力和影響力對他們國家是重大威脅或次要威脅，例如83%韓國人民認為中國權力和影響力對他們國家是重大威脅，13%認為是次要威脅。換言之，高達96%韓國人民認為中國是對他們國家的威脅，其他亞太國家人民有同樣感覺，只是程度不同而已（請參閱表8-12）。

■ 表8-12

印度及部分亞太國家人民對中國經濟成長的認知

國名	對他們國家是好事	對他們國家是壞事	不知道／拒答
澳洲	70%	23%	7%
印度	20%	51%	28%
印尼	49%	34%	17%
日本	53%	36%	12%
菲律賓	48%	45%	7%
南韓	45%	49%	6%
越南	26%	64%	9%

資料來源：Laura Silver, "How People in Asia-Pacific View China," Pew Research Center, October 16, 2017, <http://www.pewresearch.org/fact-tank/2017/10/16/how-people-in-asia-pacifc-view-china>.

　　此外，中國與鄰邦存在領土主權衝突，而近年來中國對領土主權爭議採取強勢政策，包括軍事化南海島礁、公務船強勢進入釣魚臺12海浬水域。中國的強勢作爲升高區域緊張情勢，不管是否是中國領土主權的爭端國均對中國的作爲感到關切，與中國有領土主權爭端的國家首當其衝更感焦慮（請參閱表8-13）。

■ 表8-13

部分亞太國家人民對中國與鄰邦領土爭端的關切情形

國名	非常關切	有點關切	不關切	一點都不關切	不知道／拒答	總計
南韓	31%	47%	18%	2%	2%	100%
越南	60%	23%	5%	4%	8%	100%
日本	52%	31%	10%	4%	3%	100%
菲律賓	56%	35%	7%	1%	1%	100%
印度	38%	24%	6%	3%	29%	100%

■ 表8-13

部分亞太國家人民對中國與鄰邦領土爭端的關切情形（續）

國名	非常關切	有點關切	不關切	一點都不關切	不知道／拒答	總計
印尼	11%	30%	25%	11%	23%	100%
馬來西亞	12%	33%	30%	14%	11%	100%
巴基斯坦	18%	27%	10%	7%	38%	100%
澳洲	17%	46%	25%	6%	6%	100%

資料來源：Bruce Stokes, "How Asia-Pacific Publics See Each Other and Their National Leaders: Japan Viewed Most Favorably, No Leader Enjoys Majority Support," Pew Research Center, September 2, 2015, p.15.

四、中國形象不佳

　　就國家形象而言，中國仍難以讓其他國家心悅誠服地接受其領導。雖然全球金融風暴重創民主政治體制的形象，但除了像俄羅斯和越南等少數國家外，世界各國人民仍偏好代議民主（representative democracy）或直接民主（direct democracy），討厭強人政治、專家政治或軍事統治。[176]中國作為世界少數碩果僅存共產國家之一，對民主人權打壓不遺餘力，一向形象不佳，顯示中國軟實力提升有限。皮優研究中心於2013年對全球三十多個國家人民所作問卷調查顯示，雖然中國可獲得俄羅斯、巴西、印尼等大國人民好感，西方民主國家人民除澳洲之外，普遍對中國沒好感，日本人對中國的觀感尤其差（請參閱表8-14）。

---

[176]絕大多數俄羅斯和越南人民還是肯定民主政治，根據皮優研究中心於2017年10月30日所作的問卷調查顯示，68%俄羅斯人民認為代議民主好或非常好，只有23%認為壞或非常壞；74%俄羅斯人民認為直接民主好或非常好，只有19%認為壞或非常壞；48%俄羅斯人民認為由強人統治好或非常好、43%認為壞或非常壞；27%認為軍事統治好或非常好，65%認為壞或非常壞。其他被調查之國家，絕大多數人民支持民主政治體制，反對各種形式之威權體制。請參閱 John Gramlich, "How Countries Around the World View Democracy, Military Rule and Other Political Systems," Pew Research Center, October 31, 2017, <http://www.pewresearch.org/fact-tank/2017/10/30/global-views-political -systems>。

■ 表8-14

美國與中國的國際形象比較

受調查國家	他們人民對美國有好感（favorable）	他們人民對中國有好感（favorable）	美國領先中國（%）
中國	40%	--	--
日本	69%	5%	+64%
南韓	78%	46%	+32%
菲律賓	85%	48%	+37%
馬來西亞	55%	81%	-26%
印尼	61%	70%	-9%
澳洲	66%	58%	+8%
巴基斯坦	11%	81%	-70%
俄羅斯	51%	62%	-11%
英國	58%	48%	+10%
法國	64%	42%	+22%
西班牙	62%	48%	+14%
義大利	76%	28%	+48%
德國	53%	28%	+25%
捷克	58%	34%	+24%
波蘭	67%	43%	+24%
希臘	39%	59%	-20%
土耳其	21%	27%	-6%
加拿大	64%	43%	+21%
美國	--	37%	--
以色列	83%	38%	+45%
南非	70%	48%	+22%

■ 表8-14

美國與中國的國際形象比較（續）

受調查國家	他們人民對美國有好感（favorable）	他們人民對中國有好感（favorable）	美國領先中國（%）
巴西	73%	65%	+8%
墨西哥	66%	45%	+15%
阿根廷	41%	54%	-13%
智利	68%	62%	+8%

資料來源：Pew Research Center, "America's Global Image Remains More Positive Than China's," July 18, 2013, <https://www.pewresearch.org/global/2013/07/18/americas-global-image-remains-more-positive-than-chinas/>.

貳、中國經貿優勢

　　美國與中國是世界排名第一和第二的貿易大國，然而以對外貿易關係而言，中國逐漸取得領先美國的優勢，中國在印太地區領先的情形尤其明顯。不計入服務貿易金額，只算貨物貿易，則中國在2013年已領先美國成為世界最大貿易國家。美國在2006年是全球一百二十七個國家的最大貿易夥伴，中國只有七十個。到2011年，中國是全球一百二十四個國家的最大貿易夥伴，美國只剩七十六個。以2016年中國周邊國家為例，除了阿富汗以外，其他國家與中國雙邊貿易額均超過他們對美國的貿易額（請參閱表8-15）。事實上，中國是日本、南韓、北韓、台灣、蒙古、高棉、印尼、馬來西亞、菲律賓、新加坡、泰國、越南、緬甸、哈薩克、土庫曼、澳洲、紐西蘭、印度、巴基斯坦、孟加拉、俄羅斯、智利、秘魯和美國等二十四個國家的最大貿易夥伴，而美國只有加拿大和墨西哥兩國。[177]

---

[177] 吳心伯，〈論亞大變局〉，《世界經濟與政治》，第442期，2017年6月，頁38。

■ 表8-15

美、中與中國周邊國家2016年的貿易關係

單位：億美元

國名	對美國輸出	自美國輸入	對美國貿易總額	對中國輸出	自中國輸入	對中國貿易總額
阿富汗	0.34	9.13	9.47	0.05	4.35	4.40
汶萊	0.14	6.15	6.29	2.07	6.11	8.18
不丹	0.04	0.02	0.06	0.01	0.05	0.06
柬埔寨	28.14	3.61	31.75	8.30	39.0	48.30
印度	460.32	216.52	676.84	117.50	594.30	711.80
印尼	191.94	60.24	252.18	150.97	306.86	457.83
日本	1,320.46	632.36	1,952.82	1,138.90	1,566.10	2,705.00
哈薩克	7.50	11.11	18.61	42.10	36.70	78.80
寮國	0.55	0.31	0.86	10.11	13.44	23.55
馬來西亞	366.30	118.32	484.62	237.60	343.50	581.10
蒙古	0.11	0.55	0.66	39.02	10.61	49.63
吉爾吉斯	0.05	0.19	0.24	0.80	14.68	15.48
緬甸	2.45	1.93	4.38	42.90	51.55	94.45
尼泊爾	0.89	0.41	1.30	0.22	8.66	8.88
巴基斯坦	34.44	21.08	55.52	14.63	141.30	155.93
菲律賓	100.44	82.00	182.44	63.73	155.65	219.38
俄羅斯	145.36	57.92	203.28	280.20	380.90	661.10
新加坡	145.30	221.03	366.33	428.40	403.90	832.30
南韓	698.81	423.09	1,121.90	1,430.00	837.00	2,267.00
台灣	392.48	260.37	652.85	1,392.30	403.70	1,796.00
泰國	294.77	104.45	399.22	235.80	422.60	658.40

■ 表8-15

美、中與中國周邊國家2016年的貿易關係（續）

國名	對美國輸出	自美國輸入	對美國貿易總額	對中國輸出	自中國輸入	對中國貿易總額
塔吉克	0.01	0.21	0.22	0.31	17.25	17.56
烏茲別克	0.31	3.18	3.49	16.07	20.07	36.14
越南	420.99	101.00	521.99	329.60	548.80	878.40

資料來源：Kuch Naren and Ben Paviour, "Bilateral Trade with China Jumps to \$4.8 Billion," *Cambodia Daily*, April 12, 2017, <https://www.cambodiadaily.com>; United States Census Bureau <http://www.census.gov/foreign-trade/balance>; Stock-ai <https://stock-ai.com/index>; 中國人民共和國駐蒙古國大使館經濟商務參贊處〈http://mn.mofcom.gov.cn〉；中展環球〈http://www.cewgroup.cn〉；中華人民共和國外交部〈http://www.fmprc.gov.cn/web〉；中華人民共和國商務部〈http://www.mofcom.gov.cn〉；中國人民共和國駐新加坡共和國大使館經濟商務參贊處〈http://sg.mofcom.gov.cn〉；中國人民共和國駐緬甸聯邦共和國大使館經濟商務參贊處〈http://mm.mofcom.gov.cn〉。

　　此外，如前所述，中國採取「走出去」政策，積極在海外投資，雖然對外投資總金額仍遠不及美國，但是增加速度相當快，而且中國經常對其他國家進行政治性鉅額經濟援助和投資，來取得受援助國的政治支持。這些從中國獲得經濟利益的國家，以政治支持作為回報，選擇倒向中國，或是在美中之間保持中立。

　　如果純粹以經濟利益作為單一因素考量，則幾乎所有印太國家都應選擇倒向中國，然而根據《紐約時報》訪問五位美國專家的意見，他們將南韓、台灣、日本列為在美中競爭中倒向美國的國家，而這三個國家的最大貿易夥伴都是中國，而且都在中國有鉅額投資，但他們均需要美國保護來抗拒中國的威脅，此一現象說明當經濟利益與安全利益相衝突時，國家會傾向於擁抱安全，不惜犧牲經濟利益，所謂兩利相權取其重或兩害相權取其輕就是這個道理。

第九章　美中在三海兩洋的競爭

　　美國與中國在亞洲的競爭已經展開，而且雙方之競爭是多面向的，只是兩國的競爭和衝突在東海、台海和南海地區更加立即和明顯。這一章重點在於分析美國與中國在三海（東海、台海和南海）及兩洋（主要是南太平洋和印度洋）的競爭情形。

第一節　美國與中國在東海地區的競爭

　　美國與中國在東海的主要衝突來自於釣魚臺問題，雖然美國並非釣魚臺主權的爭端國，但是該主權爭端涉及中國、日本、台灣三國，其中中國是美國當前最大競爭國、日本是美國在印太地區最重要的同盟國、台灣則是美國的夥伴國家之一，使美國很難避免被捲入此一爭端。

　　中國與日本在東海的爭端還涉及兩國在東海重疊經濟海域油氣田開發問題，北京與東京對如何劃分兩國東海專屬經濟區主張不同，日本主張按中間線原則劃分，中國認爲東海大陸礁層是中國領土在海底的自然延伸，因此中琉界溝才是分界線。中日雖舉行數次談判，但無法達成協議。中國從1970年代開始在東海探勘石油，於1995年在兩國爭議重疊專屬經濟區探勘春曉油氣田（日本稱爲白樺油氣田），導致雙方的爭議進一步上升。然而，因爲中日經濟海域劃界問題不會升高成兩國的嚴重衝突，美國也不會因此爭端而捲入對中國的軍事衝突，因此本節只聚焦在探討釣魚臺主權衝突。

壹、釣魚臺衝突的起源

一、釣魚臺列嶼的地理

　　釣魚臺列嶼（中國稱爲釣魚島、日本稱爲尖閣群島）位於台灣東北方約200公里之處，或位於琉球西南方約200公里之處。他是由五個島及三個岩礁所組成，總面積只有6.1636平方公里，[1] 土地面積並不大，但是根據「聯合

---

[1]　中華民國內政部，〈海域資訊專區：釣魚臺列嶼簡介〉，〈http://maritimeinfo.moi.gov.tw/

國亞洲暨遠東經濟委員會」（United Nations Economic Commission for Asia and the Far East）於1969年發表的一份研究報告，該地區可能蘊藏豐富石油資源，[2] 以及擁有釣魚臺列嶼有可據之主張200海浬「專屬經濟區」，而且此一列嶼戰略地位相當重要，島上部署雷達可以監控中國的軍事活動，因此台海兩岸與日本均主張擁有主權（請參閱圖9-1）。

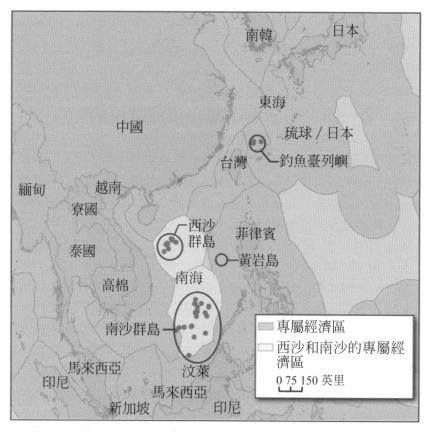

圖9-1　中國在東海和南海的主要主權爭端圖

資料來源：Congressional Research Service, "China's Actions in South and East China Seas: Implications for U.S. Interests— Background and Issues for Congress, CRS Report, January 31, 2019, p. 8.

marineweb/Layout_C10.aspx〉。

2　轉引自 Donatello Osti, "The Historical Background to the Territorial Dispute over the Senkaku/ Diaoyu Islands," *ISPI Analysis*, No. 183, June 2013, p. 7。

二、主權爭端的激化

（一）中日台三國對釣魚臺的主張

1. 中國的主張

　　中國強調釣魚島及其附屬島嶼自古就是中國領土，由中國人最早發現、命名和利用，早在明朝時就已經列入中國管轄範圍，是台灣的附屬島嶼，中國在清朝時代因戰敗與日本於1895年簽訂馬關條約時，被迫將台灣及附屬島嶼（包括釣魚島）割讓給日本，當日本於1945年戰敗後，中國已經收復台灣包括釣魚島的主權。北京的邏輯是釣魚島屬於台灣，而台灣主權屬於中國，因此中國享有釣魚島的主權。[3] 然而，一位學者指出，中國近幾年對釣魚島爭端的強勢作為，並非完全是基於民族主義和領土主權考慮，還涉及到中國的「海洋安全」（maritime security）及發展海權問題。[4]

2. 日本的主張

　　日本主張日本政府自1885年以來，經再三實地調查，「確認尖閣諸島不僅為無人島，而且沒有受到清朝統治的痕跡。遂於1895年1月15日以內閣決議方式，正式兼併此等島嶼」，所以日本強調尖閣諸島是日本領土，不存在主權爭議問題。

3. 台灣的主張

　　台灣強調「釣魚臺列嶼在地質上與台灣東北方島嶼一脈相承，是台灣附屬島嶼，我國固有領土。」日本是在甲午戰爭期間祕密占領釣魚臺列嶼，不符合國際法先占原則，因此自始無效。清朝根據馬關條約第2款，於1895年4月17日將「台灣全島及所有附屬島嶼，包括釣魚臺列嶼，割讓予日本。」[5]

（二）釣魚臺爭端再起

1. 中日關係的脆弱性

　　中國與日本是東亞地區最重要的兩個國家，兩國在經濟上具有互補關係，

---

[3]　中華人民共和國駐日本國大使館，〈中華人民共和國外交部聲明〉，2012年9月10日，〈http://jp.china-embassy.org/chn/zrgx/zywj/t967887.htm〉。

[4]　Zhang Yun, "The Diaoyu/Senkaku Dispute in the Context of China-U.S.-Japan Trilateral Dynamics," *RSIS Working Paper*, No. 270, March 19, 2014, p. 2.

[5]　中華民國外交部，〈關於釣魚台列嶼的十大事實〉，2015年12月25日。

然而因歷史情結因素，兩個國家關係相當脆弱。日本崛起成爲東亞強權時，正是中國腐敗衰退時期，中國成爲日本崛起的犧牲品，是日本侵略對象，不少中國人民在中日戰爭中被殺害，因此中國之反日民族主義成爲中日關係難以解開的結，使中日關係不易改善，但是倒退卻輕而易舉，日本首相參拜靖國神社、日本修改教科書美化日本侵略中國歷史、日本改善對台灣關係等情事，均可能在中國激起反日示威。近幾年中、日人民對彼此的反感，已成爲制約兩國改善關係的重要因素之一，反日情結尤其壓縮中國領導人在對日關係上的決策彈性。[6]

2. 鄧小平對釣魚臺的主張

中國與日本完成談判，於1978年8月12日簽署「中日和平友好條約」，同年10月下旬鄧小平訪問日本，鄧小平於10月26日在與日本福田首相午餐會後，在記者會上表示，釣魚臺爭議可以繼續擱置，由後代「找到彼此都能接受的方法」。[7]然而，日本表示日本政府當時並沒有接受鄧小平的提議。

3. 釣魚臺局勢逆轉

釣魚臺主權爭端過去在中、日、台三爭端國自我克制之下，一直沒有激化，然而2010年9月7日在釣魚臺黃尾嶼（日本稱九場島）西北約12海浬海域，一艘中國漁船與要登船檢查的日本巡邏船碰撞，日本以該漁船違反日本漁業法爲由逮捕漁船船長，並要將其移送法辦，北京認爲日本想以此事件由法律途徑改變釣魚臺現狀，因此強烈反彈，日本政府被迫釋放中國漁船船長。

東京都知事石原愼太郎是日本右翼政客，於2012年4月發起購買釣魚臺的募款運動，獲得日本民眾的熱烈支持。日本民主黨鳩山政府爲防止情勢失控，

---

6 自2005年開始每年對中日兩國人民的民意調查顯示，兩國人民對對方的反感一直高於好感度。以2011年爲例，78.3%日本人對中國沒好感／相對沒好感，只有20.8%日本人對中國有好感／相對有好感：65.9%中國人對日本沒好感／相對沒好感，只有28.6%中國人對日本有好感／相對有好感。這種情形持續惡化，2013年是最高峰，90.1%日本人對中國沒好感，而92.8%中國人對日本沒好感，只有9.6%日本人對中國有好感、5.2%中國人對日本有好感。請參閱 The Genron NPO, *Japan-China Public Opinion Survey 2018* (Tokyo: The Genro NPO, October 2018), p. 5。

7 引自程翔，〈釣魚臺主權不能在擱置下去〉，《亞洲週刊》，第26卷第41期，2012年10月14日，〈https://www.yzzk.com/cfm/content_archive.cfm?id=1363611105453&docissue=2012-41〉。

搶先於該年9月10日向擁有釣魚臺產權的日本家庭購買三個島嶼。日本政府「國有化」釣魚臺行動，引發中國反日示威，中日關係進一步惡化。

（三）中國的策略與中日釣魚臺衝突之發展

1. 中國的策略

中國的策略是不斷派政府公務船、海上民兵漁船，甚至是解放軍海軍軍艦，進入釣魚臺具爭議水域，將這種巡航變成一種「新常態」（new normal），以挑戰日本想改變釣魚臺現狀的企圖，[8]甚至進入釣魚臺12海浬以內水域，不惜升高緊張情勢，以迫使日本讓步，例如2013年1月30日甚至發生中國解放軍海軍一艘護衛艦以火控雷達（fire-control radar）鎖定日本夕立號（Yadachi）驅逐艦，以及稍早中國一艘護衛艦在1月19日鎖定日本自衛隊大波號艦載直升機等危險情勢，[9]雖然兩國均不想發生戰爭，但擦槍走火意外釀成戰爭的可能性不能完全排除，[10]中國透過這種壓力和危機邊緣的危險動作，不斷挑戰日本對釣魚臺的主權主張，迫使日本政府承認存在主權爭端。

2. 中日釣魚臺衝突的發展

中國的策略已經達成初步目標。中國國務委員楊潔篪於2014年11月在北京與日本國家安全保障局局長谷內正太郎會談，達成處理和改善兩國關係四點原則共識，其中第三點文字如下：「雙方認識到圍繞釣魚島（日方稱「尖閣諸島」）等東海海域近年來出現的緊張局勢存在不同主張，同意通過對話磋商防止局勢惡化，建立危機管控機制，避免發生不測事態」。[11]雖然日本外務大臣岸田文雄及官房長官菅義偉均強調，日本對釣魚臺主權立場並沒有改變，[12]但是此一共識被認為日方承認中日間存在釣魚臺主權爭端。

8　James Manicom, *Bridging Troubled Waters: China, Japan and Maritime Order in the East China Sea* (Washington, DC: Georgetown University Press, 2014), p. 166.

9　〈日防衛相稱中國艦船雷達鎖定日本軍艦和直昇機〉，《中國新聞網》，2013年2月6日，〈http://www.chonanews.com/gj/2013/02-06/4551315.shtml〉。

10　Krista E. Wiegand, "China's Strategy in the Senkaku/Diaoyu Islands Dispute: Issue Linkage and Coercive Diplomacy," *Asian Security*, Vol. 5, No. 2, 2009, p. 171.

11　紐約時報，〈中日關係破冰，達成四點原則共識〉，《紐約時報中文網》，2014年11月9日，〈https://cn.nytimes.com/china/20141109/cc09japan/zh-hant〉。

12　James J. Przystup, "A Handshake at the Summit," *Comparative Connections*, Vol. 16, No. 3, January 2014, p. 104.

（四）美國的角色與政策

1. 美國是釣魚臺爭端再起的關鍵國家

　　美國可說是釣魚臺主權爭端再起的始作俑者，因爲尼克森政府於1972年將琉球交給日本時，同時將釣魚臺群島交給日本。[13] 再者，美國是日本同盟國，如果中日發生戰爭，美國有條約義務要協同日本對中國作戰。日本對釣魚臺主權立場相當強硬，有美日安保條約作爲後盾應是相當重要的因素之一，因此日本一位教授稱美國爲釣魚臺紛爭的隱藏行爲者（hidden actor）。[14] 在日本新潟大學任教的中國學者張雲，甚至認爲中國政府的釣魚島策略針對美國多於針對日本。[15]

　　美國之所以深深地陷入中日釣魚臺紛爭，除了日本是美國同盟國之事實外，更重要的是美國與中國的全球爭霸戰已經展開，第一步是從角逐在亞洲的霸主地位開始，而釣魚臺衝突成爲美中爭霸的重要一環。

2. 美國對釣魚臺爭端的立場與政策

　　由美國主導於1951年簽署的舊金山對日和約，授權美國託管琉球群島，而釣魚臺列嶼坐落在美國託管的經緯線水域之內，因此美國從1953年至1971年間一直行政上管理釣魚臺列嶼。美日於1971年6月17日簽署「日本和美國關於琉球群島和大東群島協定」（Agreement between Japan and the United States of America Concerning the Ryukyu Islands and Daito Islands），簡稱「琉球歸還條約」（The Okinawa Reversion Treaty），美國同意歸還所有管理、立法和管轄權，而根據附加於該條約的備忘錄（minute），美國移交的領土包括釣魚臺列嶼。[16]

(1)美國對釣魚臺爭端的立場

　　美國對釣魚臺的立場主要有以下幾大點。首先，美國將管理權和主權切

---

[13] Akira Kato, "The United States: The Hidden Actor in the Senkaku Islands," *Asia Pacific Bulletin* (East-West Center), No. 205, April 2, 2013, p. 1.

[14] Ibid.

[15] Zhang Yun, "The Diaoyu/Senkaku Dispute in the Context of China-U.S.-Japan Trilateral Dynamics," *RSIS Working Paper*, No. 270, March 19, 2014, p. 2.

[16] 轉引自 Mark E. Manyin, "Senkaku (Diaoyu/Diaoyutai) Islands Dispute: U.S. Treaty Obligations," *CRS Report for Congress*, October 14, 2016, p. 4。

割。羅吉斯（William P. Rogers）國務卿在回答參議院「外交關係委員會」
（Senate Foreign Relations Committee）主席問題時，曾表示「琉球歸還條
約」完全不影響這些島嶼（尖閣群島）的法律地位。國務院東亞和太平洋事務
代理助理法律顧問（Acting Assistant Legal Adviser for East Asian and Pacific
Affairs）史達爾（Robert Starr）在1971年10月的一封信中，也表示美國移交
管理權與這些島嶼的主權歸屬無關，「美國從未主張尖閣群島的主權，而認為
對這些島嶼的衝突主張，必須由相關各造來解決」。[17]柯林頓國務卿在2010年
10月30日訪問越南的一項記者會上也表示：「對於尖閣群島美國從未在主權
問題上採取立場。」[18]

其次，美日安保條約適用釣魚臺列嶼，因為「琉球歸還條約」第2條規
定美國和日本間所簽署包括「美日安保條約」（Treaty of Mutual Cooperation
and Security）在內的所有條約、公約和協定適用琉球群島和大東群島。[19]因
此不僅柯林頓國務卿明白表示尖閣群島是美國防衛日本條約義務的一部分，[20]
國防部長黑格爾（Chuck Hagel）指出美日安保條約第5條適用尖閣群島，[21]歐
巴馬總統於2014年4月訪問日本，在4月24日與安倍首相的聯合記者會上，重
申美日安保條約第5條涵蓋日本行政管理下包括尖閣群島在內的所有領土。[22]
美國與日本於2015年4月27日在紐約舉行的「2+2會談」（2+2 meeting），再

[17] Ibid., p. 5.

[18] U.S. Department of State, "Remarks with Vietnamese Foreign Minister Pham Gia Khiem,"
<http://www.state.gov/secretary/20092013clinton/rm/2010/10/150189.htm>.

[19] 有關琉球歸還條約第2條之全文，請至〈http://www.ioc.u-tokyo.ac.jp/~worldjpn/documents/
texts/docs/19710617.TlE.html〉瀏覽該協議之全文。1960年所簽署的美日安保條約第5條規
定：「每一造承認在日本行政權下的領土對任何一造的武力攻擊，將危及每一造之和平
和安全，每一造將依照其憲法條款和程序採取行動因應共同之危險。」

[20] Manyin, "Senkaku (Diaoyu/Diaoyutai) Islands Dispute," p. 5.

[21] U.S. Department of Defense, "Statement by secretary of Defense Chuck Hagel on East China
Sea Air defense Identification Zone," *News Release*, November 23, 2013, <http://www.defense.
gov/releases/release.aspx?releaseid=16392>.

[22] Office of the Press Secretary , The White House, "Joint Press Conference with President Obama
and Prime Minister Abe of Japan," April 24, 2014; "Obama: Senkaku Islands Fall Under
US-Japan Defense Treaty," *Voice of America*, April 24, 2014, <http://www.voanews.com/
articleprintview/1900028.html>.

度「重申尖閣群島是日本行政管理下的領土，因此是在美日安保條約承諾的範圍之內，而且反對損及日本對這些島嶼行政權的任何片面行動。」[23]

第三，美國反對任何意圖改變現狀的片面或強制行動，[24]美國希望爭端當事國，尤其是中國和日本，能夠依據國際法以和平和外交途徑解決爭端，[25]因為美國不想因為釣魚臺爭端而捲入對中國的戰爭。

然而，美國越來越倒向日本這邊，例如美國國防部長黑格爾在2013年4月29日與日本防衛大臣小野寺五典共同舉行的記者會中，表示「美國反對任何尋求破壞日本管理上之控制的單方面或強制行動。」[26]同年11月他又批評中國設定東海「航空識別區」（air defense identification zone, ADIZ）是增加誤解和錯誤估算的片面行動，和改變該區域現狀的不穩定企圖。[27]美國亞太事務助理國務卿羅素也提醒北京要對鄰邦自我克制及在國內外尊重普世價值和國際法。[28]黑格爾的前任國防部長潘內塔（Leon E. Panetta），於2013年2月6日在美國喬治城大學（Georgetown University）演講時，忠告北京「不應當成為一個對其他國家構成威脅、威脅其他國家海域、製造主權糾紛的國家。」[29]這些

---

[23] U.S. Department of State, "Press Availability with Secretary of Defense Ash Carter, Japanese Foreign Minister Fumio Kishida, and Japanese Defense Minister Gen Nakatani," New York, April 27, 2015, <http://www.state.gov/secretary/remarks/2015/04/241162.htm>.

[24] U.S. Department of State, "Joint Press Availability with Japanese Foreign Minister Kishida After Their Meeting," April 14, 2013, <http://www.state.gov/secretary/remarks/2013/04/207483.htm>.

[25] U.S. Department of State, "Maritime Disputes in East Asia," Assistant Secretary Daniel R. Russel's testimony before the House Committee on Foreign Affairs Subcommittee on Asia and the Pacific, February 5, 2014, <http://www.state.gov/p/eap/rls/rm/2014/02/221293.htm>.

[26] "U.S. Warns Against 'Coercive Action' over Senkaku Issue," *The Asahi Shimbun*, April 30, 2013, <http://ajw.asahi.com/article/behind_news/politics/AJ201304300129>.

[27] Quoted in Yuka Hayashi and Jeremy Page, "U.S., Japan Rebuke China in Island Dispute," November 24, 2013, <http://www.wsj.com/articles/SB100014240527052702304465604579217502123899812>.

[28] U.S. Department of State, "The Future of U.S.-China Relations," Assistant Secretary Daniel R. Russel's testimony before the Senate Foreign Relations Committee, June 25, 2014, <http://www.state.gov/p/eap/rls/rm/2014/06/228415.htm>.

[29] 轉引自〈帕內塔敦促中國通過對話解決與日糾紛〉，《BBC News中文》，2013年2月7日，〈http://ww.bbc.co.uk/zhongwen/trad/word/2013/02/130207_panetta_china_japan.shtml〉。

講話均將矛頭指向北京。

　　雖然中國與日本因釣魚臺主權紛爭而出現緊張關係，相當符合美國國家利益，因為日本面對來自中國的威脅，必須倒向美國，然而華府並不願意中日衝突失控而引發戰爭，讓美國捲入對中國的戰爭，所以歐巴馬總統指出，在與安倍首相談話時，他特別強調「和平解決此一問題的重要性－不升高情勢、保持言談低調、不採取挑釁行動，及試圖決定如何使中日能夠一起合作」，而且向安倍指出「如果繼續讓情勢升高，而沒進行對話和採取信心建立措施，將是重大錯誤（profound mistake）」，[30]因為捲入一場對中國的戰爭就不符合美國國家利益，美國在許多國際議題上仍然需要來自中國的合作與支持。

三、支持日本與美國的東亞戰略

　　如上所述，布萊克威爾和鐵利斯所提出「修改美國對中國的大戰略」報告，列舉中國想達成的八項目標之一，乃是弱化美國在亞洲的同盟體系，而他們認為美國的重大生存利益（vital national interests）之一，就是要繼續美國的領導角色和同盟體系，以在歐洲和亞洲維持可以促進和平和穩定的權力平衡，[31]阿特（Robert J. Art）也指出，美國在東亞利益之一是維持美國的東亞同盟體系和安全安排，而其中對日同盟是不能被犧牲的，[32]因為日本是美國在亞太地區最重要盟邦，一向被美國視為其在亞太戰略的基石（cornerstone）。[33]美國在日本使用八十五個軍事基地（其中三十三個在琉

[30] BBC News, "Obama Asia Tour: US-Japan Treaty 'Covers Disputed Islands," BBC News, April 24, 2014, <https://www.bbc.com/news/world-asia-27137272>.

[31] Blackwill and Tellis, "Revising U.S. Grand Strategy Toward China," p. 19.

[32] Robert J. Art, "The United States and the Rise of China: Implications for the Long Haul," *Political Science Quarterly*, Vol. 125, No. 3, 2010, pp. 372-390.

[33] 例如柯林頓總統在其國家安全戰略報告書中指出，美日同盟是「完成共同安全目標和在亞太地區維持一個和平和繁榮環境的基石。」請參閱 Bill Clinton, *A National Security Strategy for a New Century* (Washington, D.C.: The White House, December 1999), p. 34；在美國與日本2013年10月3日之2+2（美國國務卿、國防部長與日本外務大臣、防衛大臣）戰略對話中，美國國務卿凱瑞（John Kerry）表示：「美日同盟毫無疑問一直都是亞太和平和穩定的基石，我們一直稱它為我們在此一地區關係的關鍵（lynchpin）」，凱瑞講話及此次「2+2對話」全文，請參閱 U.S. Department of State, "Remarks with Secretary of Defense Chuck Hagel, Japanese Foreign Minister Fumio Kishida and Japanese Defense Minister

球）、駐軍大約54,000人。[34]日本對美國之所以重要主要有以下幾項原因：1.日本是世界上第三大經濟體；2.日本在科技上相當先進，對美國在先進武器系統的研發和製造相當關鍵；3.日本面對中國大陸的重要戰略地位；4.日本面對中國崛起的威脅是一個相當可靠盟邦。

面對中國崛起，周邊國家無力抗衡中國，但是絕大部分國家又不想屈從中國，因此他們採取避險政策（hedging），希望引進美國力量來制衡中國，但是絕大多數東亞國家並不信任美國，因此在加強與美國安全合作同時，也加強與中國的溝通和交流。當越來越多東亞國家認為中國才是東亞地區最有影響力國家時，[35]如果他們無法信任美國，而且美國無法提供足夠的經濟利益時，在面對美國與中國競爭情勢以及來自北京的強大壓力時，可能為求自保而選擇倒向中國，至少會選擇犧牲美國來與中國妥協，菲律賓總統杜特蒂（Rodrigo Duterte）在2016年10月訪問中國期間，公開宣布在經濟和軍事上要和美國分離（separation），在南海問題上某種程度和中國妥協，其中一個原因應該是他說的：「只有中國能夠幫助菲律賓」。[36]換言之，美國沒有給予菲律賓足夠的支持和協助，讓他失望，而決定倒向中國。近年來，北京已經更有自信用政治、經濟手段來制裁違反中國旨意的國家，南韓、蒙古、新加坡、日本、台灣和菲律賓均曾遭到中國經濟制裁，對台灣和南韓的經濟制裁目前仍在持續中，

Itsunori Onodera," October 3, 2013, <http://www.state.gov/secretary/remarks/2013/10/215073. htm>。

[34] Emma Chanlett-Avery and Bruce Vaughn, "Emerging Trends in the Security Architecture in Asia: Bilateral and Multilateral Ties Among the United States, Japan, Australia, and India," *CRS Report for Congress*, January 7, 2008, p. 6.

[35] Asian barometer Survey, quoted in Yun-han Chu, Liu Kang, and Min-hua Huang, "How East Asian View a Rising China?" paper presented at the conference on "China's Rise: Assessing Views from East Asia and the United States," co-organized by the Brookings Institution's John L. Thornton China Center and Center for Northeast Asian Policy Studies, the Program for East Asia Democratic Studies of National Taiwan University, and the Institute of Arts and Humanities, Shanghai Jiaotung University, in Washington, D.C., March 29, 2013, ps. 5 & 7.

[36] Katie Hunt, Matt Rivers, and Catherine E. Shocichet, "In China, Duterte Announces Split with U.S.: 'America has Lost'," <http://edition.cnn.com/2016/10/20/asia/china-philippines-duterte-visit>; Reuters, "Only China Can Help Philippines: Duterte Turns to Beijing as Rift with US Widens," <https://www.rt.com/news/363103-duterte-china-visit-help>.

如果美國對日本不給予堅強支持，菲律賓將是第一張骨牌，其他國家可能跟進。[37]

　　美國在釣魚臺問題上必須支持日本，釣魚臺爭端再起與美國有很大關係，而且美國有條約義務。除此之外，美國還有四項重要原因必須支持日本。首先，此一爭端測試美國同盟之價值及美國承諾的可信度（credibility）。誠如葛來儀（Bonnie Glaser）所指出，「美國如果在釣魚臺問題未能對日本提供協助，則美國作為一個盟邦，甚至作為亞太地區安全和穩定的提供者（provider）的可信度，將會受到懷疑，這地區國家對美國將會失去信心，而且將可能快速向中國靠攏。」[38]日本退役陸軍將領福山隆指出：釣魚臺「是試煉美國是否出手保衛日本的關鍵，如果沒能守住，日本對日美安保將喪失信心」。[39]在與中國競爭的東亞賽局中，美國優勢在於他與所有東亞國家均沒有領土主權糾紛，美國對東亞國家而言是地理上相當遙遠的一個國家，因此幾乎沒有東亞國家將美國視為敵人或威脅（或許北韓和中國是例外），[40]因此這些東亞國家歡迎美國在東亞安全問題上扮演更大角色、發揮更大影響力，以抗衡來自中國的潛在威脅。如前所述，日本是中國以外的最重要亞洲國家，歷史事實顯示，當美中關係出現敵對或競爭關係時，美國就會轉向日本，強化與日本的安全合作關係，所以美日同盟才會被美國政府形容是美國在亞太地區的基

---

37 北京是因為南韓於2016年7月與美國達成協議，部署終端高空飛彈防禦系統（Terminal High Altitude Area Defence, THAAD）反飛彈系統而對南韓祭出一系列外交和經濟制裁措施。南韓將於2017年底舉行選舉，目前之民調顯示，反對部署THAAD的文在寅居於領先地位，如果文在寅當選總統，可能取消部署THAAD或是不讓THAAD運作及對日本採取相對強硬的政策。Christine Kim and James Pearson, "South Korea Presidential Hopeful: U.S. Missile Defense Should Wait," December 15, 2016, <http://www.reuters.com/article/us-southkorea-politics-idUSkBn1440Qj>.

38 Bonnie Glaser, "US Interests in Japan's Territorial and Maritime Disputes with China and South Korea," paper presented in the 7th Berlin Conference on Asia Security-Territorial Issues in Asia: Drivers, Instruments, Ways Ahead, organized by Stiftung Wissenschaft and Politik and Konrad-Adenauer-Stiftung, on July 1-2, 2013, in Berlin, p. 5.

39 轉引自《自由時報》，2014年11月6日，〈http://news.ltn.com.tw/news/world/paper/827769〉。

40 Pew Research Center, "Pew Research Global Attitudes Project," July 18, 2013, <http://www.pewglobal.org/2013/07/18/chapter-1-attitudes-toward-the-united-states>.

石。[41] 目前美國與中國處於全球競爭尤其是競逐印太地區領導地位的賽局,如果美國連日本都不支持,在日本需要美國時,華府選擇袖手旁觀,不履行同盟條約義務,則美國在東亞國家中的可信度將蕩然無存。

其次,美國需要日本支持來與中國競爭東亞國家的向心力。歐巴馬推出再平衡策略,強調美國雖然必須刪減國防預算,但是絕不會影響對亞太地區的軍力部署和安全承諾,[42] 但事實上伊拉克和阿富汗戰爭已大爲損傷美國國力,美國已經沒有財力來與中國進行全球影響力競賽。在這種困境下,日本可以彌補美國財力之不足,尤其是與中國在東南亞地區競爭,日本可以成爲美國代理人。日本在安倍政府領導下,也確實積極對東南亞國家提供經濟援助,例如日本提供緬甸貸款已經超過1,500億日元、對寮國提供超過100億日元貸款等。[43]

就美國而言,日本與中國因釣魚臺列嶼主權紛爭而關係惡化,符合美國國家利益,因爲美國與日本的同盟關係雖然密切,並非沒有矛盾。事實上,兩國因美國軍事基地從琉球遷移問題,產生一些磨擦,至今尚未完全解決。再者美國對日本市場不夠開放、美國對日本巨額貿易逆差、日本禁止進口美國牛肉等經濟問題也有怨言,[44] 但是這些問題在中日關係自2010年急速惡化之後,均已經成爲小問題,釣魚臺主權衝突升高,已迫使日本政府毫無選擇必須倒向美國懷抱。然而,美國並不想中日衝突失控引發戰爭,因爲美國目前仍陷在阿富汗的戰爭,加上美國面對許多國際問題的挑戰,例如北韓和伊朗核武問題、全球反恐、克服全球金融風暴,甚至解決烏克蘭危機,均須北京的支持或合作,使美國不想捲入一場中日戰爭之中,這是華府一方面一再重申防衛釣魚臺列嶼的條約義務,另一方面一再鼓勵中日雙方要和平解決爭端的原因。

---

[41] 請參閱歐巴馬總統與日本首相野田佳彦於2012年4月30日在華府所發表之「美日聯合聲明:一個將來共享的願景」(U.S.-Japan Joint Statement: A Shared Vision for the Future),〈http://www.whitehouse.gov/the-press-office/2012/4/30/remarks-president-obama-and-prime-minister-noda-japan-joint-press-conference〉。

[42] "Remarks by President Obama to the Australian Parliament," Number 17, 2011, <http://www.whitehouse.gov/the-press-office/2011/11/17/remarks-president-obama-austalian-parliament>.

[43] 〈日本將與緬甸、越南、寮國加強雙邊經濟安全關係〉,《中國新聞網》,2013年12月16日,〈http://www.chinanews.com/gj/2013/12-16/5621850.shtml〉。

[44] 有關中日關係中的一些矛盾問題,請參閱 Mark E. Manyin, William E. Manyin, William H. Cooper and Ian E. Rinehart, "Japan-U.S. Relations: Issues for Congress, *CRS Report for Congress*, August 2, 2013, pp. 15-16, 23-24。

　　第三，如前所述，美國認爲中國想要將美國排擠出亞洲以便掌控亞洲。中國崛起已讓亞洲其他國家對美國繼續存在亞洲和發揮作用的信心逐漸減少，中國所採取策略的第一步是阻止美國軍隊進入中國領海附近水域，不讓美軍在該海域享有自由航行權，進而將美國擠出亞洲。[45]美國總統認爲北京利用其「尺寸和力量」（size and muscle）在欺負鄰邦，[46]而且北京一再在南海和東海主權爭端中，採取強制（coercion）手段或是強勢外交（coercive diplomacy）是在測試美國的可能反應及抗拒中國擴張的決心。如果美國在釣魚臺問題上示弱，會讓北京食髓知味，甚至未來會採取更具侵略性（aggressive）作爲，例如禁止美國船隻進行情蒐行動。[47]

　　第四，誠如阿特所指出，美國在東亞的另一項利益是要維持在東亞之海洋優勢，否則美國無法繼續成爲東亞地區政治和軍事博弈上的重要玩家。美國必須有能力在公海上擊敗中國、維持東亞海上通道自由和保護東亞島嶼國家免於來自中國的政治及軍事強制、攻擊和征服。[48]釣魚臺列嶼構成第一島鏈的一部分，對制約中國海軍進出第一島鏈可發揮相當的功能，而且日本屬於美國必須保護之島嶼國家中最重要的一個，如果美國未能幫助日本保護釣魚臺，導致日本向中國屈服，美國與中國在東亞爭霸的能力將被弱化。

第二節　美國與中國在台海地區的衝突

　　台海地區、南海及朝鮮半島被視爲是東亞的三大衝突引爆點，不少美國學者專家認爲台灣海峽對美國而言是全世界最危險地區，因爲如果台海兩岸發生軍事衝突，而美國決定派兵介入，就意味著要與中國這個準超強兵戎相見。[49]

---

[45] Lieberthal and Wang, "Addressing U.S.-China Strategic Distrust," pp. 22-23.

[46] "Obama Fears China Is Bullying South China Sea Neighbor," *NBC News*, April 10, 2015, <http://www.nbcnews.com/news/world/president-obama-concerned-china-bullies-south-china-sea-neighbors>.

[47] Glaser, "US Interests in Japan's Territorial and Maritime Disputes with China and South Korea," p. 5.

[48] Art, "The United States and the Rise of China," p. 386.

[49] 例如坎貝爾（Kurt Campbell）、米契爾（Derek Mitchell）認爲台灣海峽是世界上可將美國捲入一場大戰的最危險地區，請參閱 Kurt M. Campbell, and Dereck J. Mitchell, "Crisis

布朗（Harold Brown）及普魯赫（Joseph W. Prueher）等人認為台灣仍然是唯一有可能將美國和中國捲入重要武裝衝突事件的國家。[50]

壹、台海衝突的背景與發展

一、台海衝突的背景

　　清朝與日本於1895年所簽署的馬關條約中，將台灣及其附屬島嶼割讓給日本，直至1945年8月日本在第二次世界大戰戰敗、投降，日本放棄對台灣及其附屬島嶼的主權，中國的國民黨政府派人接收台灣。在日本殖民統治台灣的五十年期間，乃是中國變動最激烈時代，歷經孫中山先生革命推翻滿清政府建立共和國、軍閥割據、日本侵略引發「五四運動」、蔣介石北伐和剿匪、對日抗戰，中國大陸高度動亂、戰亂頻仍、民不聊生、政府貪污腐化；同時期台灣人民雖然是日本殖民統治下的二等公民，但是社會穩定、經濟快速成長。日本在1937年積極推動台灣人民的皇民化政策，禁止中文教育及台海兩岸的交流，等到日本統治結束時，台灣人民被形容成既非中國人也非日本人，而台海兩岸人民因沒有共同的歷史記憶，既缺乏相互了解，彼此認同也有待加強。

　　中國國民黨與中國共產黨在日本投降後隨即陷入內戰，美國於1945年12月派馬歇爾將軍（George C. Marshall）到中國調停，希望促使國共兩黨成立聯合政府，但是調停任務失敗，馬歇爾於1947年1月離開中國，國共內戰隨即全面爆發。蔣介石面臨共產黨挑戰，一切以贏得內戰為最高考量，台灣只是提供資源供國民黨軍隊在中國大陸打仗的邊陲海島，派來接收和統治台灣的軍隊和官員素質低落，貪污腐化者居多，他們不信任甚至敵視台灣人民，因為台灣人民在中日戰爭期間不管是被迫還是自願，均協助日軍作戰。

　　台灣人民原本期望回歸中國後，可脫離二等公民待遇，台灣的菁英也期盼可以分享治理台灣的權力，但是這些期盼很快破滅，中國國民黨對台灣進行的

---

in the Taiwan Strait," *Foreign Affairs*, No. 80 (July/August, 2001), pp. 14-25；唐耐心（Nancy Tucker）認為「在台灣海峽之對抗是在世界上對美國唯一最危險的挑戰」，因為如果發生台海衝突，則美國將對上一個具有核武及擁有巨大軍力的強權─中國，請參閱 Nancy Bernkopf Tucker, *Strait Talk: United States-Taiwan Relations and the Crisis with China* (Cambridge, Massachusetts: Harvard University press, 2009), p. 2.

[50] Harold Brown, Joseph W. Prueher, and Adam Segal, *Chinese Military Power* (New York: Council on Foreign Relations, 2003), p. 33.

是另一種殖民統治，更糟的是經濟迅速敗壞，通貨膨脹狂飆，台灣人民不滿情緒擴散，終於在1947年2月28日因不當取締販賣香菸小販引發眾怒，釀成人命，導致全台示威活動，而蔣介石下令軍事鎮壓，屠殺成千上萬台灣人民，其中不少是當時的台灣菁英，激起台灣人民追求獨立的思潮。現今台海衝突根源在於統獨之爭，台灣人民不信任外來政權，想要自己當家作主，而中國認為台灣是中國的一部分，絕不容忍台灣自中國脫離。

二、影響台海衝突的因素

　　台海兩岸關係一直受到三大類因素影響：1.國際體系變革，尤其是美國對台海兩岸政策；2.中國內部政治、經濟和社會情勢發展；3.台灣內部政治、經濟和社會情勢發展。

（一）國際體系因素

　　國際體系權力結構變化、大國互動關係有所改變，或是重大國際突發事件促使強權改變他們的國際戰略，會直接或間接地影響到台海情勢，例如北韓於1950年6月25日進攻南韓之前，杜魯門總統（Harry S. Truman）的政策是不再介入國共內戰、準備放棄台灣、考慮承認中共政權，但是韓戰爆發翻轉杜魯門政府對台灣的政策，他於6月27日下令美國第七艦隊中立化（neutralize）台灣海峽，同時提出「台灣地位未定論」的主張，[51]接替杜魯門的艾森豪（Dwight David Eisenhower）政府進一步於1954年12月2日與台灣簽署共同防禦條約。中國共產黨原本計畫於1951年以武力攻取台灣，但是因為國際情勢變化尤其是美台成為同盟國之後，被迫改變計畫。

　　1960年中蘇關係公開決裂，兩國甚至於1969年3月在珍寶島爆發軍事衝突，而整個1960年代美國逐漸陷入越戰泥淖，美國為了結束越戰及自中南半島光榮撤退，興起打「中國牌」的戰略思維，連帶影響美國對台政策及兩岸關

51　杜魯門於1950年6月27日所發表的聲明，除了下令第七艦隊防止中國對台灣的攻擊、要求台灣停止對中國大陸的所有海空軍行動之外，強調「台灣未來的地位必須等到太平洋的和平安全恢復、與日本達成和平協定，或由聯合國考量來決定」。杜魯門聲明全文，請參閱"June 27, 1950 Statement by the President, Truman on Korea," Wilson Center Digital Archive, <https://digitalarchive.wilsoncenter.org/document/116192.pdf?v=cd0b66b71d6a0412d275a5088a18db5d>。

係。另一件影響美中台三角關係的突發事故是「九一一」恐怖主義攻擊行動。如前所述，在2001年「九一一」事件之前，小布希總統將中國視爲戰略競爭者，想加強與台灣安全合作來圍堵中國，但「九一一」事件發生後，他的國家安全戰略轉向全球反恐，必須尋求中國的支持與合作，台灣反而成爲阻擾美中合作的一塊石頭。

整體上，當美中關係改善時，台灣對美國的戰略重要性下降。可是當美國與中國處於競爭甚至敵對狀態時，台灣對美國的戰略價值上升，這不僅因爲台灣位居第一島鏈的中心環節位置，是東方的直布羅陀（Gibraltar），也是中國進入太平洋的跳板（springboard to the Pacific），因此被麥克阿瑟將軍（Douglas MacArthur）稱爲不沉航空母艦（unthinkable aircraft carrier），[52]而且台灣的經濟實力與科技發展，對中國國力絕對是非常大的助力。

（二）中國的政經社會發展

中國共產黨建立政權之後，推動土地改革及「三反五反」運動，肅清中國大陸可能的反對力量，鞏固統治地位，進而推出第一個五年（1953-1957年）計畫，取得經濟發展成果。然而，毛澤東在1950年後半期思想逐漸左傾，政策倒行逆施，三面紅旗尤其大躍進錯誤政策，導致中國1960年代發生嚴重饑荒，1966年毛澤東發動文化大革命，內部權力鬥爭及紅衛兵運動導致政治和社會情勢不穩定，北京無暇顧及台灣問題。

鄧小平在1978年年底決定採取對內改革、對外開放的新國家建設方針，需要一個和平的國際環境來全力發展經濟，加上與英國談判解決香港主權問題的實際需要，乃提出「一國兩制、和平統一」的對台新策略。鄧小平的經濟改革政策將中國大陸成功轉型爲世界工廠，吸引外國資金前往中國投資，台灣也不例外，中國成爲台灣最大貿易夥伴，也是台灣資金的最大投資地，兩岸經貿逐漸整合、台灣對中國的經貿依賴，以及中國日增的經貿實力，限縮台灣的國際空間及台灣因應中國壓力的策略選擇。

然而，習近平上台之後，中國民主發展不進反退，尤其香港「反送中」抗爭事件，香港特首完全聽命於北京，拒絕順從香港民意，不惜強力鎮壓香港示威群眾，讓台灣人民警惕「一國兩制」的可信度。

---

52 Iskander Rehman, "Why Taiwan Matters," The National Interest, February 28, 2014, <https://nationalinterest.org/commentary/why-taiwan-matters-9971>.

（三）台灣的政經發展

1. 台灣的民主發展

　　1980年代下半期開始，台灣民主化發展成為影響兩岸關係的最重要因素。中華民國政府於1987年7月15日宣布解除戒嚴，為同年11月2日開放國人赴中國大陸探親鋪路；政府進而於1991年4月30日廢除動員戡亂時期臨時條款，有助於對中共政權重新定位，及有利於兩岸建立制度化協商機制。台灣於1996年3月首次舉行直接民選總統、2000年第一次政黨輪替、2008年國民黨重新取回執政權、2016年台灣再度政權輪替，每次政黨輪替均造成兩岸關係劇烈變化。

2. 台灣的國家認同問題

　　從國家認同角度而言，台灣可說是一個分裂社會，因為有一部分人支持台灣獨立，還有一部分人支持台海兩岸統一。根據行政院大陸委員會委託政治大學選舉研究中心於2019年7月下旬所作民意調查顯示，台灣民眾有31.6%選擇維持現狀以後再決定選擇統一或獨立、27.1%支持永遠維持現狀、20.7%選擇維持現狀以後走向獨立、7.9%選擇維持現狀以後走向統一、4.8%支持儘快獨立、1.7%支持儘快統一。[53] 如果將支持永遠維持現狀也視為獨派，則支持台灣獨立的台灣民眾已達52.6%，雖然統派只有9.6%，是極少數，但是他們可以成為政府制定大陸政策的干擾因素，也可以成為附和中國政府的一股力量。

3. 台灣的經濟發展

　　台灣與香港、南韓和新加坡並列為東亞四小龍、新興工業化國家。目前台灣是世界上第二十二大經濟體。台灣的經濟發展面臨相當多挑戰。首先，因為中國的刻意打壓，台灣要與其他國家簽訂FTA或是加入多邊的貿易集團相當困難，除有邦交國家之外，台灣只與新加坡和紐西蘭簽訂FTA，台灣要加入「跨太平洋夥伴全面進步協定」（Comprehensive and Progressive for Trans-Pacific Partnership, CPTPP）或「區域全面經濟夥伴關係協定」（Regional Comprehensive Economic Partnership, RCEP）困難重重。其次，台灣面臨缺工業用地、缺水、缺電、缺工、缺人才的所謂五缺問題，如果無法解決，不僅

---

53 中華民國大陸委員會，〈「民眾對當前兩岸關係之看法」民意調查（2019-07-25～2019-07-29）〉，2019年8月1日，〈https://www.mac.gov.tw/cp.aspx?n=18BFACF827B4CEC9〉。

阻礙自身產業發展，也會影響外商投資台灣的意願。

第三，台灣面臨中國的磁吸效應，中國自鄧小平推動改革開放以來，以龐大和廉價的勞工、低廉土地成本和廣大國內市場，吸引各國企業前往中國投資，台商也深受吸引，他們關閉台灣的工廠或生產線前往中國投資，再從台灣購買半成品在中國工廠組裝後銷到國外，台灣成為所謂紅色供應鏈的一環，導致台灣對中國高度經貿依賴。以2018年台海兩岸貿易為例，台灣對中國輸出總金額967.564億美元、總輸入537.835億美元，雙邊貿易總額1,505.399億美元，台灣享有將近430億美元順差。對中國出口占台灣總出口的28.8%，但是如果把對香港出口占台灣總出口的12.4%也加上去，則對中國及香港出口占台灣總出口41.2%，[54]此一數字相當驚人，顯示台灣出口相當依賴中國市場。此外，根據經濟部投資審議委員會資料，累積至2019年6月，台商在中國投資已達1,844.2億美元，[55]實際投資金額應該更高，因為不少台商到中國投資沒有向台灣政府申請核准，或是由他們海外子公司出面投資。

台灣對中國的高度經貿依賴，增加中國以經貿為手段來施壓台灣。此外，中國要求台灣公司公開表態支持兩岸統一，或是要求這些公司公開反對民進黨政府的大陸政策，或支持國民黨候選人。

貳、中國對台灣的立場與策略

一、北京對台灣的立場

（一）台灣是中國核心利益

北京認為台灣是中國不可分割的一部分，也是中國百年屈辱尚未洗刷的污點。北京以統一台灣為目標，強調台灣是中國內政問題，反對在國際組織、國際會議討論台灣問題，拒絕接受其他國家對台海兩岸的雙重承認。

（二）不放棄對台灣用武的可能性

北京認為使用武力防止一塊領土分離出去，乃是國家主權的體現，因此不僅拒絕放棄對台用武，反而一再強調必要時會武力統一台灣，例如中國國務院台灣辦公室於2000年2月所公布的「一個中國的原則與台灣問題」白皮書，提

---

54 台灣經濟研究院編，《兩岸經濟統計月報》，第316期，2019年8月，頁2-1、2-2。

55 同上註，頁2-10。

出三個如果：「如果出現台灣被以任何名義從中國分割出去的重大變故，如果出現外國侵占台灣，如果台灣當局無限期地拒絕通過談判和平解決兩岸統一問題，中國政府只能被迫採取一切可能的斷然措施，包括使用武力，來維護中國的主權和領土完整。」[56]中國全國人大於2005年3月14日通過「反分裂國家法」，第8條規定：「台獨分裂勢力以任何名義、任何方式造成台灣從中國分裂出去的事實，或者發生將會導致台灣從中國分裂出去的重大事變，或者和平統一的可能性完全喪失，國家得採取非和平方式及其他必要措施，捍衛國家主權和領土完整。」[57]習近平在2019年1月2日發表的演說，也強調「不承諾放棄使用武力，保留採取一切必要措施的選項」。[58]

（三）和平統一、一國兩制

　　雖然北京堅決拒絕放棄使用武力，但是北京強調中國會力求和平統一台灣在「一國兩制」模式下。「一國兩制」是鄧小平的主張，在與英國談判香港主權回歸中國達成協議，雙方於1984年12月7日發表聯合聲明，中國承諾香港的資本主義制度可以與中國的社會主義制度並存，港人治港，五十年不變。然而，北京了解台灣與香港殖民地屬性不同，因此「一國兩制」雖然在香港先試行，但是北京承諾給予台灣更多彈性空間，習近平在上述2019年1月2日的講話，提議台海兩岸探索「兩制台灣方案」，[59]因為他意識到台灣人民絕不會接受香港的「一國兩制」模式。

二、中國對台策略

　　中國對台不變的目標就是統一台灣，因此北京所採取各種策略都是為了達成此一目的，然而北京的策略受到國內外環境及兩岸關係發展影響而做出調

---

[56] 中華人民共和國台灣事務辦公室、國務院新聞辦公室，〈一個中國的原則與台灣問題白皮書〉，2000年2月，〈http://www.people.com.cn/BIG5/channel1/14/20000522/72540.html〉。

[57] 中華人民共和國外交部，「反分裂國家法全文」，〈https://www.mfa.gov.cn/chn//pds/ziliao/tytj/t187116.htm〉。

[58] 習近平，〈為實現民族偉大復興推進祖國和平統一而共同奮鬥〉—在「告台灣同胞書」發表40周年紀念會上講話，2019年1月2日，〈http://www.gwytb.gov.cn/wyly/201901/t20190102_12128140.htm〉。

[59] 同上註。

整。在1950年代至1960年代，毛澤東的策略就是武力解放台灣，雖然因為美國因素導致毛澤東不敢以武力直接攻擊台灣本島，但他仍然在1954年和1958年砲擊金馬外島，引爆兩場台海危機。尼克森總統上台後積極尋求改善美中關係，他於1972年2月下旬訪問中國，並於該月28日與周恩來發表上海公報。美國在上海公報中強調美國主張和平解決台灣問題的立場，加上中華人民共和國已於1971年10月24日（北京時間）取代在台灣的中華民國之聯合國席次，取得在國際社會代表中國的正統地位，更具信心的中共政權決定以和平統一策略代替武力統一。

北京對台策略可以用「威脅利誘、軟硬兼施」八個字來形容，茲分析如下：

（一）軍事和武力威嚇層面

1. 威脅武力統一台灣

如上所述，中國官方文件、全國人大通過的「反分裂國家法」，規定對台用武的時機。中國領導菁英包括習近平、政協主席汪洋、國防部長魏鳳和等人，發表不放棄對台用武的談話。有時透過香港親中媒體刊登恫嚇台灣的消息。

2. 部署攻台的兵力

在江西及福建部署將近1,500枚飛彈瞄準台灣、增強東海艦隊兵力（尤其是登陸艦），以及以東部戰區作為武力進犯台灣的主力。

3. 進行針對台灣的軍事演練

在台海地區進行針對台灣的軍事演習、轟炸機和戰鬥機從事繞台演練，而且解放軍兩架J-11戰鬥機於2019年3月31日越過台海中線，並停留超過11分鐘才折回，意在向台灣示威與警告。[60]

4. 增強A2/AD能力

如果中國想要武力犯台，則必須作最壞打算，即美國會武力介入。雖然美國是否武力介入台海戰爭，美國一直刻意採取戰略模糊（strategic ambiguity）政策，讓台海兩岸難以確定美國的可能動向，但是北京一定要作最壞想定

---

[60] David G. Brown and Kyle Churchman, "China-Taiwan Relations: Troubling Tensions," *Comparative Connections*, Vol. 21, No. 1, May 2019, p. 68.

（worst case scenario）準備。中國學者專家對美國爲何支持台灣有三派看法：(1)美國支持台灣以制約日漸崛起的中國；(2)美國支持台灣以維持其可靠安全夥伴的名聲；(3)美國肯定台灣的民主化成就，並想以台灣例子來激勵中國的政治自由化。持第一派看法的是主流，他們認爲美國要制約中國，就會反對兩岸統一，否則台灣會大爲提升中國國力，所以美國會採取方法來維持兩岸持續分離，[61] 因此美國介入台海戰爭的可能性就不能低估。事實上，中國一直在提升其A2/AD能力，就是要嚇阻美國介入台海軍事衝突，或是一旦美國介入，可以重創美國軍隊。

5. 反對美國對台軍售

早在1978年與美國談判建交時，中國已表示反對美國對台軍售，迫使美國於1982年8月17日簽署「817公報」，承諾對台軍售作質與量的限制。此外，北京持續在此議題上糾纏美國。每次美國宣布對台軍售，均遭北京批判，指責美國違反「817公報」及一個中國原則，強調美國對台軍售只會增強台灣拒絕和平談判的決心，以中斷美中軍事交流或拒絕在國際問題上與美國合作作爲報復，甚至威脅制裁參與對台軍售的美國公司。[62]

（二）弱化台灣主權地位

1. 打壓台灣國際空間

阻止台灣參加國際組織和國際會議、阻擾其他國家與台灣簽訂FTA、阻擾台灣主辦國際運動會和國際組織會議。

---

[61] Andrew Bibgham Kennedy, "China's Perceptions of U.S. Intentions toward Taiwan: How Hostile a Hegemon?" *Asian Survey*, Vol. 47, No. 2, March/April 2007, pp. 268-287.

[62] 例如美國歐巴馬政府於2010年1月29日宣布對台銷售總金額64億美元的武器和裝備，包括113枚愛國者三型飛彈（PAC-3）、60架UH50M黑鷹直升機（Black Hawk）、12枚魚叉II型（Harpoon II）反艦飛彈、2艘鶚級（Osprey-class）獵雷艦和供台灣F-16戰機的通訊裝備。中國宣布終止一些美中軍事交流、取消美中關於安全、軍備管制和核不擴散的副部長級對話，威脅制裁參與這次軍售的美國公司，包括波音（Boeing）、洛克希德馬丁（Lockheed Martin）、雷神（Raytheon）和聯合科技（United Technologies），請參閱 Bonnie Glaser and David Szerlip, "US-China Relations: The Honeymoon Ends," *Comparative Connections: A Quarterly E-Journal on East Asian Bilateral Relations*, Vol. 12, No. 1, April 2010, pp. 24-25。

2. 挖台灣外交牆腳

對台灣的邦交國威脅利誘，要他們與台灣斷交。自蔡英文總統於2016年5月20日上任以來，台灣已經失掉聖多美普林西比、多明尼加、巴拿馬、布吉納法索、薩爾瓦多、索羅門群島和吉里巴斯七個邦交國。

3. 強化他國和外國公司承認台灣屬於中國

在建交公報或聯合聲明中，明確規定對方政府承認台灣是中國不可分割的一部分。要求外國公司（例如外國航空公司）在他們網頁上，將台灣列為中國一部分。

（三）經濟上對台灣威脅利誘

1. 提升台海兩岸經濟整合

北京一方面阻擾台灣與其他國家的經貿往來，反對台灣加入政府間經貿組織，另一方面積極促進台海兩岸經濟整合，例如台海兩岸於2010年簽署經濟合作框架協議（ECFA）。中國國台辦於2018年2月28日公布對台三十一項措施，鼓勵台灣人民、專業人士到中國工作或執業，爭取台灣公司到中國上市，一方面是想吸納台灣人才，另一方面是想增進台海兩岸經濟整合。從北京的思維，台灣越依賴中國經濟，越離不開中國，而經濟是台灣生存的重要命脈，具重要政治影響力的台灣企業界會反對台灣獨立，以免失去優渥的中國經濟利益。

2. 祭出窮台政策

在蔡總統拒絕接受「九二共識」的情況下，減少大陸觀光客和學生來台、抵制台灣的農漁產品。北京宣布自2019年8月1日起全面停止中國四十七個城市民眾到台灣自由行，是想藉打擊台灣的觀光產業，以引起他們對蔡政府的不滿，希望進而影響台灣2020年大選。

（四）從「三中一青」到「一代一線」

在2014年3月台灣爆發太陽花學運之後，中國的對台政策是「三中一青」，亦即加強對台灣中南部、中低收入及中小企業的統戰工作，因為太陽花學運讓北京感到意外，為何台灣年輕世代會像當時民進黨蔡英文主席所言是「天然獨」，因此決定扭轉此一趨勢。在蔡英文上台之後，北京的新政策稱為「一代一線」，一代是指「青年一代」、一線是指「基層一線」。

1. 拉攏台灣青年世代

　　為了拉攏台灣青年世代，中國降低入學門檻吸引台灣學生就讀中國大學、提供機會讓台灣學生到中國大企業實習、組織各種夏令營或活動提供食宿交通費用邀請台灣青年參加，尤其是廣設兩岸青年創業基地，提供種子經費、生活津貼、低利貸款、辦公室來幫助台灣青年到中國創業。此外，中國設立各種兩岸青年比賽，例如各種運動比賽、創意比賽、寫作比賽等，以增進兩岸青年互動往來，希望改變台灣年輕一代對中國觀感，進一步改變台灣年輕一代天然獨的國家認同。這也可說是一種軟實力（soft power）的應用，以辦理各種活動和提供機會吸引台灣青年到中國參觀、交流、就業，最後支持兩岸統一。

2. 拉攏台灣的基層

　　北京認為台灣基層與民眾日常生活息息相關，拉攏台灣基層包括村里長、基層組織，例如寺廟委員會，希望藉此接台灣地氣。

（五）以銳實力干預台灣政治

　　根據瓦爾克（Christopher Walker）和陸德薇（Jessica Ludwig）的定義，「銳實力（sharp power）是指刺穿（pierces）、滲透（penetrates），或穿入（perforates）目標國政治和資訊環境的力量」。[63] 軟實力仰賴吸引力（attraction）、硬實力（sharp power）則是靠強制（coercion），而銳實力靠的是操弄（manipulation）和轉移注意力（distraction）。威權國家利用民主社會自由、開放（openness）的特質來穿透它們的社會，進而從民主社會內部來操弄和影響民主國家的政治，以操弄或毒化民主社會人民所獲得的資訊。他們收買民主國家政客、媒體、資助民間團體、利用社交媒體或紅色媒體發布假消息，來加深民主社會的裂痕、醜化民主國家政府，另一方面威權國家像俄羅斯和中國在民主社會傳播他們兩國的正面消息，完全不提他們破壞人權和控制社會的不好資訊，以誤導民主國家人民。[64]

　　中國一直試圖影響台灣人民，尤其影響台灣大選。過去中國之做法是赤裸

---

[63] Christopher Walker and Jessica Ludwig, "From 'Soft Power' to 'Sharp Power': Rising Authoritarian Influence in the Democratic World,' in National Endowment for Democracy (ed.), *Sharp Power: Rising Authoritarian Influence* (Washington, D.C: National Endowment for Democracy, 2017), p. 13.

[64] Ibid., pp. 8-25.

裸的武力恫嚇，包括以口頭警告台灣人民不得投票給民進黨候選人，或是在台灣大選投票前舉行針對台灣的軍事演習，但是武力威嚇會引起台灣選民反感，投票結果常與北京期望背道而馳，因此北京發現「打台灣不如買台灣」，中國乃改弦更張，提供各種惠台、讓利政策來收買台灣。現在北京發現「買台灣還不如騙台灣」，亦即以銳實力來滲透台灣社會、操弄台灣民意、影響台灣的選舉及政策。

台灣社會的特質提供中國銳實力發揮非常有利環境。首先，台灣是一個年輕的民主國家，民心相當浮躁，人民缺乏耐心，對政府要求多且期望政府立即回應。其次，台灣在國家認同上是一個分裂社會，雖然支持統一的人占台灣總人口只是極少數，但是這些人願意作爲紅色政權喉舌、願意配合中共政權來挑戰自己政府。第三，台海兩岸人民交流密切，台商投資中國或與中國經貿往來，產生千絲萬縷關係，部分台商爲個人私利，樂於討好、配合中共政權而出賣台灣。

（六）推動兩岸談判

北京追求兩岸和平統一的方法是經由談判完成，但因台灣以民進黨爲首的泛綠團體一直反對政治談判，國民黨對政治談判也相當顧慮，因此北京採取「先易後難、先經後政、把握節奏，循序漸進」的步驟，[65]最終當然還是希望能夠展開政治談判以完成兩岸統一。

參、美國對台灣的利益、立場及做法

一、美國對台灣的利益

美國在台灣具有地緣政治、民主政治和經濟上的利益，茲分別說明如下：

（一）台灣戰略地位重要

如上所述，台灣位居西太平洋第一島鏈的中心環節，被形容成不沉的航空母艦。如果中國是美國陣營的一員，台灣的戰略價值會下降，但是如果美中是競爭或甚至是敵對立場，則台灣對美國的戰略價值升高。在韓戰爆發後美中對峙時期，台灣是美國在西太平洋的前進基地（forward bases）之一，是西方陣

---

65 國台辦新聞發布會，2010年1月13日，〈http://www.gwytb.gov.cn/sp/fbh/201101/ t20110124_1727377.htm〉。

營圍堵蘇聯和中國共產主義向外擴張的重要成員。

　　當前國際體系是美中全球爭霸格局，布里辛斯基（Zbigniew Brzezinski）所著《大棋盤》一書，分析中國、俄羅斯、印度、德國和法國五強在歐亞陸塊的競爭，台灣雖然沒資格在歐亞陸塊大棋盤下旗，但台灣被布里辛斯基形容成一樞紐國家（pivot state）。換言之，如果中國可將台灣吃下來，則中國實力將大增，中國贏取歐亞陸塊這盤棋的機會就上升，進而挑戰美國這個世界霸主的衛冕者，因此布里辛斯基提醒美國絕不能眼睜睜看著中國併吞台灣而無所作為。[66]米爾賽默認為華府對付中國的最佳策略是圍堵，基於台灣控制東亞海洋通道之重要性，美國具有「強力的誘因」（powerful incentive）要阻止中國拿下台灣。[67]一位中國學者也指出台灣對美國的重要性，在於「若中國統一台灣，則這個弧形防務鏈（美國遏制中國的第一島鏈）將會被撕開一道缺口」。[68]這是為什麼隨著美中競爭升高，美國對台灣支持增強的原因。

（二）台灣是發展中國家民主轉型成功的典範

　　台灣的民主政治雖然存在不少缺點，但他是發展中國家民主化最成功的典範，業已經歷過三次政黨輪替，民主政治在台灣已經生存下來。根據總部設在紐約的自由之家（Freedom House）所公布「2019年世界自由度」（Freedom in the World 2019）評比報告，台灣的自由度高達93分，在亞洲地區僅次於日本（96分），在印太地區排第五，次於加拿大（99分）、紐西蘭（98分）、澳州（98分）及日本，如果將智利（94分）算進印太地區，則台灣退居第六，但台灣的自由度甚至高於美國（86分），[69]更不用提中國（11分），[70]因此台灣民主發展成就受到美國高度肯定，美國還希望台灣成為中國的典範，例

---

[66] Brzezinski, *The Grand Chessboard.*

[67] Mearsheimer, *The Tragedy of Great Power Politics*, pp. 360-411.

[68] 鄭澤民，《南海問題中的大國因素：美日印俄與南海問題》（北京：世界知識出版社，2010年），頁63。

[69] Freedom House, *Democracy in Retreat: Freedom in the World 2019* (New York: Freedom House, 2019).

[70] 在全世界國家中，只有中非（9分）、烏茲別克（9分）、塔吉克（9分）、利比亞（9分）、沙烏地阿拉伯（7分）、索馬利亞（7分）、蘇丹（7分）、赤道幾內亞（6分）、北韓（3分）、南蘇丹（2分）、土庫曼（2分）、厄利垂亞（2分）及敘利亞（0分）等十三國比中國情況糟糕。同上註。

如美國副總統彭斯（Mike Pence）於2018年10月4日在對哈德森研究所（The Hudson Institute）演講時表示：美國相信「台灣擁抱民主向所有中國人民昭示一條更好的路。」（Taiwan's embrace of democracy shows a better path for all the Chinese people.）[71]

（三）台灣是美國重要經濟夥伴

台灣是美國第十大貿易夥伴，美國是台灣第二大貿易夥伴，而且是美國外國學生第七大來源國，台灣與美國還簽訂總共一百五十三個姊妹市。[72] 根據我國國貿局統計，台灣與美國2018年雙邊貿易總額是744.1億美元，其中台灣出口美國396.9億美元、進口347.2億美元，台灣享有49.8億美元順差。[73] 此外，世界經濟論壇（World Economic Forum, WEF）將台灣列為2018年第十三最有競爭力的經濟體，而且台灣是全球資訊和通訊科技產品和半導體的主要生產國。

二、美國對台灣的立場與作為

（一）美國對台灣的立場

1. 美國對台政策的基本原則

根據美國國務院負責亞太事務的副助理國務卿希爾（David B. Shear）2010年7月10日在卡內基國際和平基金會（Carnegie Endowment for International Peace）的講話，指出美國對台海兩岸的政策是基於以下幾項原則：(1)不支持台灣獨立；(2)堅持台海兩岸歧見應依照兩岸人民意願和平解決；(3)歡迎兩岸積極努力對話降低緊張及增加各種接觸；(4)反對任何一方片面改變現狀的企圖；(5)完全信守台灣關係法（Taiwan Relations Act, TRA）對台灣的承諾，包括提供台灣足以防衛自己的武器裝備。[74]

---

[71] American Institute in Taiwan, "Remarks by Vice President Pence on the Administration's Policy Toward China," October 4, 2018, <https://www.ait.org.tw/remarks-by-vice-president-pence-on-the-administrations-policy-toward-china/>.

[72] 美國在台協會，〈美台關係〉，〈https://www.ait.org.tw/zhtw/our-relationship-zh/policy-history-zh/current-issues-zh〉。

[73] 經濟部國際貿易局經貿資訊網，〈我國貿易統計：我國對美國進出口統計〉，〈https://www.trade.gov.tw/Pages/List.aspx?nodeID=1375〉。

[74] David B. Shear, "Cross-Strait Relations in a New Era of Negotiation," Remark at the Carnegie

2. 雷根總統的六項保證

　　美國第四十任總統雷根對台灣相當友好，他在壓力下同意美國與中國簽署「817公報」，但感到對台灣過意不去，因此他在1982年7月給蔣經國總統的私人信函上，對台灣提出六項保證（Six Assurances）如下：(1)不會在對台軍售上設定終止日期；(2)不會施壓台灣以與中國進入談判；(3)不會在兩岸之間扮演調停者；(4)美國對台灣主權地位問題沒有改變長期以來的立場；(5)不會修改台灣關係法；(6)對台軍售不會事先與北京諮商。[75] 美國國會在2016年5月正式通過法案，重申這六項保證。[76]

（二）美國對台灣的作為

1. 戰略模糊或戰略清晰

　　美國不願見到中國統一台灣，但也希望避免被捲入台海兩岸的軍事衝突。美國一方面要嚇阻中國，另一方面不能讓台灣以美國支持而有恃無恐地挑釁中國。美國對採取戰略模糊（strategic ambiguity）或戰略清晰（strategic clarity）策略，有過爭辯。前者是讓台海兩岸去揣測美國的意向，但兩者均沒把握可確實掌握美國可能的反應和作為，藉以嚇阻台海兩岸不要輕舉妄動。然而，此一策略可能導致台海兩岸誤判而發生戰爭，因此有些學者認為美國應該採取戰略清晰，亦即清楚告訴台海兩岸，在什麼情況下美國會軍事介入台海衝突，才能更有效防止戰爭發生。[77] 過去美國的主流思維是採取戰略模糊，而小布希總統於2001年4月25日接受美國廣播公司（American Broadcasting Company, ABC）的「早安美國」（Good Morning America）節目訪談時，提到美國有義務防衛台灣……而且中國應該知道，在被問到美國是否將使用「美國軍隊的全力」（the full force of the American military）來幫助台灣時，小

Endowment for International Peace event, Washington D.C. on July 7, 2010, <http://www.state.gov/p/eap/rls/rm/2010/07/144363.htm>.

[75] Susan V. Lawrence and Wayne M. Morrison, "Taiwan: Issues for Congress," CRS Report for Congress, October 30, 2017, Appendix A. The Six Assurances, pp. 73-74.

[76] "Taiwan Relations Act, Six Assurances Reaffirmed as US Policy Toward Taiwan," *Taiwan Today*, May 3, 2016, <https://taiwantoday.tw/news.php?unit+2&post=3886>.

[77] 鍾辰芳，〈美高官確認與台政軍對話承諾專家指美對台戰略更清晰〉，《美國之音》，2019年8月7日，〈https://www.voacantonese.com/a/us/-recommit-political-military-dialogue-withtaiwan-strategic-ambiguity-withering-20190807/5032306.html〉。

布希的回答是美國會「盡一切幫助台灣防衛自己」（whatever it took to help Taiwan defend herself），[78]這是美國持戰略清晰策略的極少數例子，而且是由美國最高決策的總統所說出。

2. 對台軍售及在台海展現軍力

(1)對台軍售

臺灣關係法第2條b項第5款規定美國要「提供防禦性武器給台灣」，因此美國一直對台軍售，雖然美國在六項保證中承認對台軍售不會事先與北京諮商，但是美國對台軍售一直受到中國因素影響，兩國還於1982年簽訂「817公報」，然而美國過去對台軍售實踐，例如老布希總統於1992年9月銷售150架F-16戰機、小布希總統於2001年4月銷售總金額170億美元的一批武器、川普總統於2019年8月銷售總金額80億美元的66架F-16V型戰機給台灣，均大為超出「817公報」所規定的質和量門檻，顯示華府已經跳出「817公報」的制約。然而，美國並沒有違反「817公報」規定，因為美國同意限制對台軍售的前提是中國減少對台灣武力恫嚇，但是北京對台灣的武力威嚇並沒有減少反而升高，華府當然就沒有義務履行承諾。

(2)美國軍艦穿越台灣海峽

除了對台軍售之外，美國軍艦更頻繁穿越台灣海峽。固然美國軍艦是在行使自由航行權，彰顯台灣海峽是國際水道之外，美國同時也是向中國展現武力及表達對台灣的支持。

3. 避免台海發生戰爭

華府不能讓中國拿下台灣，但如上所述，也不希望被捲入台海軍事衝突。中國於1996年3月升高對台灣的軍事演習，試圖影響台灣首次民選總統結果，釀成第三次台海危機。柯林頓總統接受國防部長佩里（William Perry）建議，派2艘航空母艦戰鬥群到台灣附近水域，嚇阻中國繼續升高對台灣的軍事威脅。為了避免再度面對這種困境，一些美國學者專家和官員紛紛提出解決兩岸衝突，以及讓美國免於捲入武力對峙危機的方法，包括提出中程協議（interim

---

[78] Quoted in Kelly Waklace, (CNN White House Correspondent), "Bush Pledges Whatever It Takes to Defend Taiwan," CNN, April 25, 2001, <http://edition.cnn/com/2001/ALLPOLITICS/04/24/bush.taiwan.abc/>.

agreement）的建議方案。[79]甚至有極少數美國學者建議美國拋棄台灣（棄台論），這些人認爲台灣已經成爲美國的「戰略負擔」（strategic liability），支持台灣會將美國捲入與崛起之中國的戰爭，所以美國應該放棄台灣或接受台灣「芬蘭化」（Finlandization）。[80]

4. 美國對台灣支持日漸增強

在美國確定圍堵中國的政策主軸之後，「棄台論」可說已經欲振乏力。相反地，美國相當關切台海兩岸是否在戰略上合作，甚至走向統一，以免對美國東亞戰略形成重大衝擊，[81]而且美國對台灣的支持不斷增強，美國國會所通過的「2017年國防授權法案」、「2018年國防授權法案」、「2019年國防授權法案」，均建議美國政府加強與台灣安全合作，甚至建議美國派軍艦訪問台灣。美國國會所通過的「台灣旅行法」（Taiwan Travel Act），經川普總統於2018年3月16日簽署生效，則是取消卡特（Jimmy Carter）總統當年對台灣總統、副總統、行政院長、國防部長、外交部長等高層官員訪問美國的片面限制。美國現在考慮的已非是否放棄台灣，而是如何增強台灣自我防衛能力，以減少美國軍事介入的負擔。

---

[79] 例如一些美國學者和官員提出台海兩岸簽訂中程協議（interim agreement）或暫時性協議（modus vivendi）的建議。他們建議台海兩岸簽訂一中程協議作爲維持台海數十年和平之基礎，在此一時期中國放棄對台用武換取台灣不追求法理上獨立。此一建議最初由李侃如（Kenneth Lieberthal）於1998年2月所提出，李侃如和藍普頓（David Lampton）於2004年4月12日在華盛頓郵報（Washington Post）再度撰文鼓吹此一建議。請參閱 David M. Lampton and Kenneth Lieberthal, "Heading off the Next War," *Washington Post*, April 12, 2004, p. A. 19；美國負責亞太事務之助理國務卿陸士達（Stanly Roth）也呼籲台海兩岸簽訂中程協議，引自 Monique Chu, "Chen Sees Benefit in 'Interim Agreement'", *Taipei Times*, February 16, 2001。

[80] Charles Glaser, "Will China's Rise Lead to War? Why Realism Does not Mean Pessimism," *Foreign Affairs*, Vol. 90, No. 2, March/April 2011, pp. 80-91; Bruce Gilley, "Not so Dire Strait: How the Finlandization of Taiwan Benefits US Security," *Foreign Affairs*, Vol. 89, No. 1, January/February, 2010, pp. 44-60.

[81] 請參閱 Nancy Bernkopf Tucker, "If Taiwan Chooses Unification, Should the United States Care?" *The Washington Quarterly*, Vol. 25, No. 3, Summer 2002, pp. 15-28。

第三節　美國與中國在南海的競爭與衝突

壹、南海的地理環境及重要性

一、南海的地理環境

　　南海北邊鄰接台灣海峽、南接印尼的加里曼丹島（Kalimantan）和蘇門答臘島（Sumatera）、東靠菲律賓群島、西連中南半島和馬來半島，水域總面積約360萬平方公里。這片水域中共有四個島群，分別是東沙群島（Pratas Island）、西沙群島（Paracel Islands）、中沙群島（Macclesfield Bank）和南沙群島（Spratly Islands）。其中東沙群島由中華民國所管轄，行政區劃隸屬於高雄市；西沙群島在1974年中越海戰之後由中國占領；中沙群島是長130公里、最寬處超過70公里的暗礁群，涵蓋的海洋面積超過6,400平方公里，黃岩島（Scarborough Shoal）是漲潮時唯一露出水面的礁嶼。

二、南海的重要性

（一）戰略重要性

1. 南海是世界上最重要海上交通通道之一

　　南海既是隔離各國作為保護國家安全的天然屏障，也是連接各國的海上通道，事實上南海是世界上最忙碌的海上交通要道之一。根據聯合國貿易暨發展會議（The United Nations Conference on Trade and Development, UNCYAD）估計，全球大約80%貿易量（以貨物價值估算70%）經由海運，其中60%海運是經由亞洲，而南海承載全球約三分之一的海運。以2016年而言，全球貿易大約3.37兆美元經過南海，[82] 超過30%的原油海運也是經過南海，[83] 此一戰略

---

[82] 這是美國戰略與國際研究中心（Center for Strategic and International Studies, CSIS）「中國實力計畫」（China Power Project）的估算，過去常用數字是5.3兆美元。CSIS ChinaPower Project, "How Much Trade Transits the South China Sea," <https://chinapower.csis.org/much-trade-transits-south-china-sea/#>.

[83] U.S. Energy Information Administration, "More than 30% of Global Maritime Crude Oil Trade Moves through the South China Sea," August 27, 2018, <https://www.eia.gov/todayinenergy/detyail.php?id=36952>.

水域對中國、日本、南韓和台灣尤其重要。2016年中國64%海上貿易經過南海、日本42%、美國略高於14%，且中國有大約80%進口原油穿過麻六甲海峽和南海運至中國。[84]

2. EEZ自由航行權的爭辯

聯合國於1973年再度召開海洋法會議以制定一公約來規範海洋秩序，經過九年漫長時間終於達成共識，於1982年12月10日提出一份海洋法公約，該公約於1994年11月16日正式生效。談判過程中充滿爭辯，涉及海洋強權與弱國間的矛盾、先進國家與發展中家的衝突，美國因為共和黨拒絕支持此一公約，參議院迄今未通過此一被稱為「海洋憲法」的公約。[85]海洋法公約制定過程中的爭辯之一，就是有關專屬經濟區自由航行的規定，而現今美國與中國在南海的衝突之一，也在於EEZ的自由航行權問題。

(1)中國對EEZ自由航行權的立場

海洋法公約第56條規定沿岸國對海洋科學研究（marine scientific research）具有管轄權、第58條規定其他國家有義務尊重沿岸國的權利和責任及遵從沿岸國的法律和規則、第246條規定在EEZ從事海洋科學研究需取得沿岸國同意。中國依據這些規定，主張中國可拒絕美國軍機和軍艦在其南海專屬經濟區自由航行的權利。[86]

(2)美國對EEZ自由航行權的立場

首先，美國認為海洋法公約建立EEZ機制，並非賦予沿岸國對EEZ的主權權利，只是給予經濟專屬權利，所以其他國家在沿岸國領海12海浬以外的EEZ依舊享有與公海一樣之自由航行權。其次，美國強調美國軍艦在其他國家的EEZ並不從事海洋科學研究，而是在蒐集情資，所以海洋法公約的規範無

84　CSIS China Power Project, "How Much Trade Transits the South China Sea."

85　美國參議院拒絕批准聯合國海洋法公約的原因，在於該公約第十一章有關設立國際海底管理局的規定，此外美國擔心加入此公約，將使美國面對更嚴格的環境標準，不少國家或團體可能會以「無理取鬧的環境官司」糾纏美國。加洛，〈美國為何不簽國際海洋法公約〉，*VOA*，2016年，6月7日，〈https://www.voacantonese.com/a/us-law-of-the-sea-treaty-20160606/3365009.html〉。

86　Bill Hayton, *The South China Sea: The Struggle for Power in Asia* (New Haven, Connecticut: Yale University Press, 2014), p. 212.

關。[87]

(3)其他國家的立場

擔任海洋法公約制定會議最後辯論會主席的新加坡許通美（Tommy Koh）大使表示：海洋法公約「並沒有明文規定第三國可否在沿岸國的EEZ從事軍事活動，但是這是我們談判和制定此一公約的一個普遍理解（general understanding），即軍事活動是許可的。」[88]其他與中國採取同樣立場國家有孟加拉、巴西、緬甸、高棉、維德角共和國（Cape Verde）、埃及、海地、印度、伊朗、肯亞、馬來西亞、馬爾地夫、模里西斯、北韓、巴基斯坦、葡萄牙、沙烏地阿拉伯、索馬利亞、斯里蘭卡、蘇丹、敘利亞、泰國、阿拉伯聯合大公國、烏拉圭、委內瑞拉和越南。但是中國之立場並未受到世界上絕大部分國家尤其是西方國家的認同。[89]

(4)美中爭辯的背後關鍵原因

首先，如果中國的主張獲認可成通則將徹底改變海洋秩序，並將切斷美國軍艦從太平洋經過南海到印度洋的直接通道。從美國西岸和亞洲調動軍艦和軍力到波斯灣（Persian Gulf），需要維持太平洋、南海、麻六甲海峽和印度洋的自由航行權，否則其他的替代海洋通道，不管是穿過印尼內水，或利用印尼和澳洲間的海路或澳洲南部水域，均增加數星期航行時間、數千萬美元的額外油料費用，且存在一些政治和航行上的挑戰。事實上，美國不僅實行海上航行自由挑戰中國對EEZ的過度主張，也挑戰其他沿岸國對EEZ的過度主張。

其次，雖然「控制南中國海的國家將控制東南亞」的說法有點誇大，[90]但是南海戰略重要性是不辯自明的事實。美國認為中國想控制南海，如果允許中國控制南海，不僅衝擊日本、南韓和台灣等東北亞國家的安全，也會影響南海沿岸東南亞國家的安全、經濟發展和外交抉擇，進而衝擊美國在東亞的外交影

---

[87] Ibid.

[88] Ibid.

[89] 請參閱 Congressional Research Service, "China's Actions in South and East China Seas: Implications for U.S. Interests—Background and Issues for Congress," CRS Report for Congress, January 31, 2019, pp. 8-9。

[90] 轉引自鄭澤民，《南海問題中的大國因素：美日印俄與南海問題》（北京：世界知識出版社，2010年），頁14。

響力和強權地位。一位中國學者指出，美國「對南海地區政策的著眼點之一即是在於搶占東亞大陸邊緣地帶，進而影響亞洲大陸事務。」[91]換言之，美國與中國在南海的衝突，導因於控制南海是影響兩國競爭霸權地位相當關鍵的一項因素。

（二）南海蘊藏石油和天然氣

　　南海蘊藏石油和天然氣已是事實，只是各方對蘊藏量多寡缺乏共識。美國能源資訊署（Energy Information Agency, EIA）2013年的評估，南海僅蘊藏110億桶石油和190兆立方尺天然氣；[92]中國海洋石油總公司則估計南海蘊藏1,250億桶石油和500兆立方尺天然氣。[93]不管蘊藏量多寡，對於周邊國家尤其是中國均相當重要，因為中國在1993年之後就已成為石油淨輸入國，而且隨著經濟快速發展，中國對進口石油依賴程度不斷升高，在2013年已經成為世界上最大石油進口國。根據美國EIA估算，從2016年到2040年間，中國石油消費平均每年增加2.6%，中國到2034年會超越美國成為世界上最大石油消費國。[94]雖然中國積極在陸上探勘新油源，但成效不佳，因此轉向海洋發展，南海是中國的希望之一。

（三）南海漁業資源

　　根據一項調查指出，整個南海地區的漁獲量是3,000萬公噸，是世界漁獲量最豐富的漁場之一。[95]中國是一個人口眾多但糧食生產不足的國家，海洋是中國獲取食物的重要來源。其他南海周邊國家像印尼、菲律賓和越南也都是人口大國，南海漁場對他們當然重要。根據聯合國糧農組織（United Nations

---

[91] 同上註，頁13。

[92] U.S. Energy Information Administration, "Contested Areas of South China Sea Likely Have Few Conventional Oil and Gas Resources," April 3, 2013, <https://eia.gov/todayinenergy/detail.php?id=10651>.

[93] 轉引自 Frank Unbach, "The South China Disputes: The Energy Dimensions," *RSIS Commentary*, No. 85, May 4, 2017, p. 1。

[94] U.S. Energy Information Administration, "International Energy Data and Analysis: China," May 14, 2015, <https://www.eia.gov/beta/international /analysis.php?iso=CHN>.

[95] Bob Catley and Makmur Keliat, *Spratlys: The Dispute in the South China Sea* (Singapore: Sydney Ashgate, 1997), p. 47.

Food and Agricultural Organization, FAO）資料，中國2012年的漁船數目（將近70萬艘，全世界共470萬艘）在全世界排名第一，中國在南海地區捕魚的漁船數目也遠超過其他國家，[96]有些專家甚至認為南海漁資源比石油資源更珍貴，然而值得警惕的是南海漁藏量比起1950年已經減少超過七成，[97]如果不採取保育措施，南海漁資源會日漸枯絕。

三、南海主權爭端

（一）西沙和中沙群島主權爭端

台海兩岸與越南主張擁有西沙群島主權；台海兩岸與菲律賓競爭中沙群島的黃岩島主權。

（二）南沙群島主權爭端

主權爭端最複雜的是南沙群島，該群島由二百三十多個島、礁、沙灘所組成，總共有六個國家主張全部島礁或部分島礁主權，其中台海兩岸和越南主張擁有整個南沙群島主權、馬來西亞實際控制座落於其專屬經濟區內的五個島礁、菲律賓基於無主地先占和專屬經濟區的理由對八個島礁主張主權、汶萊對座落在其專屬經濟區內的一個島礁主張主權。目前控制最多島礁的是越南，共控制二十九個島礁；台灣控制最大島之太平島及中洲礁，中國控制七個島礁。[98]

（三）南海主權爭端越演越烈原因

1. 聯合國海洋海公約的模糊規定

如上所述，經過多年協商通過，並於1994年開始生效的聯合國海洋法公

---

[96] Trefor Moss, "5 Things About Fishing in the South China Sea," *The Wall Street Journal*, July 19, 2016, <https://blogs.wsj.com/briefly/2016/07/19/5-things-about-fishing-in-the-south-china-sea>.

[97] "Fish, not Oil, at the Heart of the South China Sea Conflict," *Fridtjof Nansen Institute Article*, October 24, 2017, <https://www.fni.np/news/fish-not-oil-at-thesouth-china-sea-conflict-article1556-330.html>.

[98] 中國現在在南海據點包括整個西沙群島、中沙群島的黃岩島，及南沙群島的七個島礁：赤瓜礁（Johnson South Reef）、西門礁（McKennan Reef）、華陽礁（Cuarteron Reef）、永暑礁（Fiery Cross Reef）、南薰礁（Gaven Reef）、渚碧礁（Subi Reef）及美濟礁（Mischief Reef）。

約，除了將領海從3海浬擴大為12海浬之外，最重要的是建構200海浬專屬經濟區（EEZ），導致不少沿海國的EEZ相重疊，南海地區尤其嚴重。首先，馬來西亞、菲律賓和汶萊主張擁有南沙部分島礁主權的重要論點之一，乃是這些島礁座落在他們的EEZ之內。其次，台海兩岸和越南主張擁有南海所有島礁的主權，尤其是台海兩岸主張11段線（中國現在主張9段線）以內水域屬於中國的專屬經濟區，而中國所主張水域占整個南海水域的80%，導致與其他沿海國EEZ有相當大重疊。第三，聯合國海洋法公約的規定仍有許多模糊地區，例如沒有清楚界定島嶼，也沒清楚規定在EEZ內如何行使無害通行權（或自由航行權）等。

2. 帝國主義的遺害

(1)日本占領和放棄南海島礁

日本在第二次世界大戰期間曾占領南海島礁，但日本在1951年舊金山和會所達成的對日和約中，僅載明日本放棄南海島礁主權，並未敘明由何國接收，因此菲律賓以南沙島礁是無主地，由菲律賓公民於1956年「發現」，並捐給菲律賓政府為由，主張對卡拉揚群島（Kalayaan Islands）的主權。

(2)法國占領南沙部分島礁

法國在殖民統治越南期間，曾於1930年代占領南沙部分島礁，並發布政府公報宣布占領南沙，併入越南版圖，這成為越南主張擁有南海島礁主權的原因之一。

3. 區域外強權的關切與介入

由於南海是世界上最重要的海洋通道，如果讓中國主宰南海，將影響亞太安全體系，也會影響到日本、台灣、南韓、澳洲和美國等國的安全和經濟利益，因此區域外強權諸如日本、印度、澳洲、俄羅斯、法國尤其是美國紛紛介入，使南海爭端複雜化。

貳、中國對南海主權主張與作為

一、南海對中國的重要性

（一）戰略重要性

1. 南海是中國國土安全的軟腹

　　南海可能成為中國領土安全的軟腹（soft underbelly）。[99] 日本曾在第二次世界大戰時在南沙建潛艇基地，作為軍事攻擊東南亞的基地。歷史的經驗讓中國體認到不能由任何國家控制南海，否則可能威脅中國南方港口及重要城市，以及危及中國的海洋運輸交通線。中國發展海權的第一階段就是要確保能夠控制第一島鏈以內水域，南海是其中非常重要的一部分。此外，一位中國學者指出，「經略南海……是中國推進二十一世紀海上絲路的現實需要」。[100]換言之，南海是中國海上絲路戰略的一環，關係中國此一戰略的成敗。

2. 領土主權是核心利益

　　中國深信南海是中國的內海，北京承接中華民國11段線（或稱U型線）理論與主張，後來因與越南達成協議解決北部灣劃界問題，而拿掉2段，成為9段線，主張9段線以內水域屬於中國專屬經濟區。中國一再強調南海諸島是中國固有領土，北京已經將南海主權問題的重要性提升為中國之「核心利益」，[101]中共一向堅持領土主權神聖不可侵犯的原則，如果中共政權在南海主權問題上退卻，必然遭到中國人民批評，會傷及中共政權的統治正當性，而且中國如果在南海主權問題上妥協，可能鼓勵其國內分離運動。此外，日本密切注意中國處理南海主權的態度，如果中國鬆動立場，對釣魚臺主權爭端會產

[99] Bob Catley and Makmur Keliat, *Spratlys: The Dispute in the South China Sea* (Singapore: Sydney Ashgate, 1997), p. 73.

[100] 朱峰，〈特朗普政府的南海政策及中美海上安全挑戰〉，《中國外交》，第1期，2019年，頁72。

[101] 據報導，中國國務委員戴秉國和外長楊潔篪於2010年3月在與美國副國務卿史坦柏格（James B. Steiberg）和國安會負責亞州安全事務主任貝德（Jeffrey A. Bader）會談時，首次表示「南海是關係到中國領土完整的核心利益。」轉引自〈中國嗆美：南海是領土核心利益〉，《自由時報》，2010年7月5日，〈https://news.ltn.com.tw/news/world/paper/408591〉。

生不良示範效果。[102]

3. 南海資源

　　中國是世界上人口最多國家，海洋礦物和漁業資源對中國相當重要。首先，中國經濟發展有賴於礦物資源，尤其是石油和天然氣的穩定供應。其次，中國以占世界7%的可耕地來維繫占世界人口21%的人民，而且農業資源因為水土流失、都市擴張等原因，每年喪失30萬畝，但人口卻不斷增加，為了解決人口所帶來的糧食問題，中國的糜振玉上將已指出：中國「必須向海洋進軍」，必須為保護300萬平方公里的海洋領土而戰，絕不可放棄任何一寸土地。[103]

（二）中國對南海的主張與立場

1. 南海是中國固有領土

　　如上所述，北京強調南海是中國固有領土，中國是最早發現、命名和開發利用南海諸島和相關海域的國家，中國最早、持續、有效地對南海諸島和相關海域行使主權和管轄，因此「中國對南海諸島，包括東沙群島、西沙群島、中沙群島和南沙群島擁有主權。」[104] 此外，北京宣稱「中國南海諸島擁有內水、領海和毗連區；中國南海諸島擁有專屬經濟區和大陸架；中國在南海擁有歷史性權利」。[105]

2. 透過雙邊談判解決爭端

　　中國反對將南海問題國際化、反對在多邊機制討論和解決南海爭端、反對舉行多邊談判、反對在多邊安全機制來討論南海問題。中國外長楊潔篪2010年7月23日在東協區域論壇（ASEAN Regional Forum, ARF）外長年會上駁斥美國柯林頓（Hillary Clinton）國務卿，也強調將南海問題國際化、多邊化

---

[102] 鄭澤民，《南海問題中的大國因素》，頁128-130。

[103] Quoted in John Zeng, "Focus China's South China Sea," *Asia-Pacific Defence Reporter*, July-August 1995, pp. 10-13.

[104] 中華人民共和國國務院新聞辦公室，〈中國堅持通過談判解決中菲在南海爭議白皮書〉，2016年7月，〈http://www.scio.gov.cn/37236/38180/Document/1626701/1626701.htm〉。

[105] 中華人民共和國外交部，〈中華人民共和國政府關於在南海的領土主權和海洋權益的聲明〉，2016年7月12日，〈https://www.mfa.gov.cn/nanhai/chn/snhwtlcwj/t1380021.htm〉。

「只能使事情更糟，解決難度更大。」[106]

　　北京主張主權爭端國進行雙邊談判來尋求共同協議。例如中國外長錢其琛於1993年7月24日在新加坡向「外國特派員協會」（Foreign Correspondent's Association）表示，領土爭端、邊界爭端和國家間的其他爭端，應該依相關的國際公約經由談判和平解決而不應訴諸武力。[107]

3. 擱置爭議、共同開發

　　錢其琛於1996年7月在ARF第三次年會上講話，就表示中國「主張以和平談判的方式解決與有關國家在主權和海洋權益方面存在的爭議」，「在問題解決之前，擱置爭議、共同開發」。[108]

4. 不接受訴諸第三方的解決方式

　　北京強調不接受強加於中國的爭端解決，不接受任何訴諸第三方的爭端解決方式，因此北京對菲律賓政府於2013年1月向常設仲裁法院（Permanent Court of Arbitration, PCA）提出針對中國的仲裁案，主張PCA沒有管轄權，採取不接受、不參與的立場。[109] 等到PCA於2016年7月12日作出不利中國的裁決，北京主張「該裁決是無效的，沒有拘束力，中國不接受、不承認。」[110]

5. 反對「域外」國家介入

　　中國強調「域內國家有意願、有信心、有能力妥處分歧」，堅決反對域外國家（尤指美國）介入，強調域外強權「強化前沿軍事存在，推進地區軍事

---

[106] 中國日報，〈頭條：南海歪論／楊潔篪7大問駁希拉蕊〉，《中國日報》，2010年7月26日，〈http://dailynews.sina.com/bg/chn/chnoverseamedia/chinesedaily/20100726/05151684614.html〉。

[107] Quoted in Esmond D. Smith, "China's Aspirations in the Spratly Islands," *Contemporary Southeast Asia*, Vol. 16, No. 3, December 1994, p. 284.

[108] 新華社雅加達1996年7月23日。

[109] 中華人民共和國外交部，〈外交部受權發表中國政府關於菲律賓所提南海仲裁案管轄權問題的立場文件〉，2014年12月4日，〈https://www.mfa.gov.cn/nanhai/chn/snhwtlcwj/t1368892.htm〉。

[110] 中華人民共和國外交部，〈中華人民國外交部關於應菲律賓共和國請求建立的南海仲裁案仲裁庭所作裁決的聲明〉，2016年7月12日，〈https://www.mfa.gov.cn/nanhai/chn/snhwtlcwj/t1379490.htm〉。

化」，不利於地區和平穩定，[111]而且中國還促成上海合作組織發表聲明，表示堅決反對域外國家介入南海問題，反對南海問題國際化。[112]

6. 反對軍艦、軍機在專屬經濟區的航行自由

北京反對外國軍艦和軍機在專屬經濟區享有自由航行的權利，強調除非獲得中國許可，外國軍艦和軍機不得通過中國在南海的專屬經濟區。

（三）中國在南海地區的策略與作為

1. 中國的策略

西方學者專家將中國對南海的策略稱為「切義大利臘腸策略」（salami-slicing strategy），或介於和平和戰爭間的「灰色地帶行動策略」（strategy of gray zone operations），或「漸進併吞策略」（strategy of creeping annexation），或「漸進入侵策略」（strategy of creeping invasion）。[113] 史托雷（Ian James Storey）則稱中國採取一種「漸進強勢」（creeping assertiveness）策略。[114]

2. 行政、軍事、外交三管齊下

中國的做法是行政、軍事、外交三管齊下。馬來西亞學者認為中國所採取的是南海西藏化（Tibetization）策略，中國在其他主權爭端國中先挑出對象，伺機加以攻擊，在遭遇抵抗時，主動展開對話，但決不讓步，等風頭一過，再捲土重來，這也是菲律賓國防部長莫卡多（Orlando Mercado）所稱的「又談又拿」（talk and take）策略。[115]在應用外交手段方面，中國一再聲明南海主權不容談判，但準備擱置主權，基於國際法尋求和平解決爭端，和與其他聲索國共同開發。另一方面，中國同時進行雙邊協商，但對涉及討論南海

---

[111] 中華人民共和國國防部，〈國防部：反對域外國家花樣翻新強化軍事存在〉，《國防部網》，2019年4月25日，〈http://www.mod.gov.cn/big5/info/2019-04/25/content_4840336.htm〉。

[112] 沙達提，〈堅決反對域外國家介入南海問題〉，《中國社會科學網》，2016年5月25日，〈http://www.cssn.cn/ddzg/ddzg_ldjs/wj/201605/t20160525_3022273.shtml〉。

[113] Congressional Research Service, "China's Actions in South and East China Seas," p. 14.

[114] Ian James Storey, "Creeping Assertiveness: China, the Philippines and the South China Sea Dispute," *Contemporary Southeast Asia*, Vol. 21, No. 1, April 1999, pp. 95-118.

[115] Quoted in *Asian Wall Street Journal*, February 12-13, 1999.

議題的多邊會議，包括印尼所主辦之解決南海潛在衝突研討會（Workshop on Managing Potential Conflicts in the South China Sea），也不缺席以為中國的立場辯護。

(1)行政上作為

首先，中國政府一再發表聲明宣示對南海島礁的主權。早在1951年8月中國外交部長周恩來已發表「關於美英對日和約草案及舊金山會議的聲明」，指出「西沙群島和南威島正如整個群島及中沙群島、東沙群島一樣，向為中國領土」；中國於1958年9月發布「中華人民共和國政府關於領海的聲明」，重申中國對西沙、南沙、中沙和西沙群島的主權。

其次，中國採取行使管轄權的行政措施，例如中國政府於1950年將南海諸島劃歸廣東省的海南行政區管轄；中國政府於1959年3月在永興島設立西沙群島、南沙群島、中沙群島辦事處；中國全國人大於1984年5月設立海南行政區，管轄範圍包括西沙群島、南沙群島、中沙群島的島礁及海域；1988年公布南海地區一百八十九個地名，並在永署礁建立的一個海洋觀測站；中國國務院於2012年6月設立三沙市，管轄西沙群島、南沙群島、中沙群島的島礁及海域。

第三，中國透過立法強化對南海主權主張。中國在1958年9月4日發表領海宣言時，也明確地將西沙及南沙包括在中國領土之內。1992年2月25日，中國全國人大常務委員會通過「中華人民共和國領海及毗連區法」，第2條規定：「中華人民共和國領海為鄰接中華人民共和國陸地領土和內水的一帶水域。中華人民共和國的陸地領土包括中華人民共和國大陸及其沿海島嶼、台灣及其包括釣魚臺在內的附屬各島、澎湖群島、東沙群島、西沙群島、中沙群島、南沙群島以及其他一切屬於中華人民共和國的島嶼。」[116] 1996年5月15日，中國全國人大常務委員會批准「聯合國海洋法公約」，正式宣示200海浬專屬經濟區，並公布一些領海基線。

第四，中國悄悄放置界碑、主權碑，如果可能的話奪取沒人占領的島礁並建造結構體。中國自1988年以來占領南沙的一些島礁，並在這些礁上豎立界碑及主權碑。

---

[116] 有關中共「中華人民共和國領海及毗連區法」全文，請見中共外交部網站，〈http://www.fmprc.gov.cn/fwxm/dqygjwt/dqygjw_tyfg_01_07.htm〉。

第五，中國對主張擁有主權的水域從事執法行動，包括驅離其他國家漁船或其他船隻，例如從2014年1月1日開始執行2004年通過的漁業法，要求所有船隻進入海南省管轄的水域（涵蓋9段線以內水域），須獲得中國的許可。

第六，中國在南海地區進行石油和天然氣探勘，例如中國海洋石油總公司的「海洋石油981」平台探勘船，在6艘軍艦和40艘海警船隻的護送下，於2014年5月進入西沙群島南邊越南主張主權水域，進行石油鑽探作業，而越南也派出海巡船隻攔截，雙方對峙長達一個月，其中一艘越南漁船遭中國船隻撞沉，引發越南人民怒火及反華示威，台灣在越南投資的廠商也遭池魚之殃。[117]

(2)軍事層面

首先，中國以軍力占領南海島礁，包括1974年擊敗南越取得西沙群島、1988年擊敗越南取得一些南沙島礁、1995年取得美濟礁、2012占領黃岩島。中國認為南海主權屬於中國，也絕不容談判，目前這些領土被幾個國家竊據，因此一有良好機會就以軍事行動來「收復」失土，尤其是以越南為下手的對象。

其次，中國整建所占領的島礁，並加以軍事化。在建造結構體上又可分成四階段，第一階段先建立小的高腳屋，第二階段將高腳屋提升為八角形的碉堡，第三階段則建造成一可容納超過50人的磚造要塞，第四階段是2013-2016年間的填海造陸。在軍事化南海島礁方面，如前所述，中國建飛機跑道、機庫、儲油槽及軍營，部署對空飛彈、反艦巡弋飛彈及雷達。

第三，中國在軍事上採取所謂「甘藍菜策略」（cabbage strategy），亦即對有爭議區域或島礁作層層防護措施，阻止對手進入。[118]此一策略是以解放軍海軍作為後盾，支撐中國海上民兵漁船隊伍及漁政單位和海警，來騷擾或阻

---

[117] Agus Rustandi, "The South China Sea Dispute: Opportunities for ASEAN to Enhance Its Policies in Order to Achieve Resolution," *Indo-Pacific Strategic Papers* (The Centre for Defence and Strategic Studies, Australia Defence College), April 2016, p. 5.

[118] Federico D. Pascual, Jr., "China's Swarming: 'Cabbage Strategy'," The Philippine Star, April 11, 2019, <https://www.philstar.com/opinion/2019/04/11/1909011/chinas-swarming-cabbage-strategy>; Shravan Nune, "China's Cabbage Strategy in South China Sea & Implications for India," *Jagran Josh*, January 16, 2018, <https://www.jagranjosh.com/current-affairs/da-chinas-cabbage-strategy-in-south-china-sea-implications-for-india-1516026682-1>.

止對手國船隻或人員進入爭議水域或島礁。

第四，中國軍艦、軍機、海警和海上民兵船隻騷擾美國軍艦和軍機。由於美國和中國對海上航行自由看法不同，中國會派軍機或軍艦監視、騷擾美國的軍艦和飛機，有時過激的騷擾行動會釀成意外。中國這種軍事騷擾行動並不限於南海地區，早在1994年10月美國派小鷹號航母（USS Kitty Hawk）在黃海中國領海之外航行，遭遇並跟蹤中國一艘漢級核攻擊潛艦，中國派出2架J-8戰機、2架蘇愷27戰機（Su-27）支援其潛艦，與美國升空的F-14戰機對峙，中方一架Su-27戰機突然採取危險飛行動作，幾乎碰撞美國一架F-14戰機，迫使小鷹號艦隊離開，此例子可能鼓勵J-8II戰機飛行員於2001年4月1日在南海上空採取危險飛行動作，致釀成軍機擦撞事件。

美國無武裝監測船，像無瑕號（Impeccable）、勝利級（Victorious）、鮑迪奇號（Bowditch）海洋監測船，更易遭中國船隻和軍機騷擾。[119]例如無瑕號監測船於2009年3月8日航行南海距海南島120公里水域，遭到中國5艘船隻騷擾；同年6月11日一艘中國潛艦在菲律賓蘇比克灣（Subic Bay）附近水域，撞到美國約翰麥肯恩驅逐艦（USS John McCain）拖行的聲納探測儀。根據媒體於2018年11月3日報導，自2016年以來，美國海軍在太平洋與中國軍隊已經有18次、空軍1次「不安全或不專業遭遇」（unsafe or unprofessional encounters），[120]表9-1所列的是廣為報導或美國國防部公布的事件。

第五，在南海地區舉行軍事演習及軍艦巡航。例如中國海軍2艘驅逐艦和1艘兩棲登陸艦於2014年1月底巡航接近曾母暗沙，中國官兵舉行宣誓捍衛主權儀式；習近平於2018年4月12日在南海舉行大規模海上閱兵，超過1萬名海軍官兵、48艘軍艦和76架戰機接受檢閱；[121]中國於2019年6月29日至7月3日在南海進行反艦彈道飛彈測試。[122]

---

[119] 〈觀點：中國藏在南海底下的潛艇與鬥爭〉，《BBC News 中文》，2016年7月11日，〈https://www.bbc.com/zhongwen/trad/china/2016/07/160711_viewpoint_south_china_sea_submarines.〉。

[120] 轉引自 Congressional Research Service, "China's Actions in South and East China Seas," p. 12。

[121] 〈中國最大規模南海軍演透露什麼訊息？〉《BBC News 中文》，2018年4月13日，〈https://www.bbc.com/zhongwen/trad/chinese-news-43748624〉。

[122] 中央社，〈中國南海軍演試射飛彈越南籲遵循國際法〉，《中央社》，2019年7月5日，〈https://www.cna.com.tw/news/aopl/201907050037.aspx〉。

■ 表9-1

美中海洋與空中的危險互動，2001-2018年

時間	地點	美國軍艦、軍機	中國作為
2001年3月24日	黃海	鮑迪奇號監測船	一艘護衛艦要求美國停止作業並離開中國EEZ
2001年4月1日	南海	EP-3情報蒐集機	一架J-8II戰機攔截美國EP-3發生碰撞，J-8II墜海、飛行員喪生
2002年9月	黃海	鮑迪奇號監測船	中國軍艦要求美國監測船離開中國EEZ
2003年5月	黃海	鮑迪奇號監測船	中國以漁船衝撞美國監測船
2009年3月4-5日	黃海	勝利號監測船	一艘中國漁政船攔截並以強力探照燈照射勝利號、一架運-12海洋監視機在120公尺高度低空飛過勝利號
2009年3月5日	南海	無瑕號監測船	一艘海軍護衛艦，攔截無瑕號，兩度近距離從無瑕號前方橫越
2009年3月8日	南海	無瑕號監測船	一艘巡邏船、一艘監測船、一艘海洋研究船、二艘海軍拖船逼近無瑕號，在無瑕號前方拋擲木頭，阻無瑕號離開
2009年5月	黃海	勝利號監測船	中國派出漁船與勝利號對峙
2009年6月11日	蘇比克灣附近	約翰麥肯恩驅逐艦	一艘中國潛艦撞到約翰麥肯恩驅逐艦拖行的聲納探測儀
2013年12月5日	南海	考本斯（Cowpens）巡洋艦	考本斯跟隨遼寧號，一艘中國兩棲登陸艦擋住航路迫使考本斯號避讓

■ 表9-1

美中海洋與空中的危險互動，2001-2018年（續）

時間	地點	美國軍艦、軍機	中國作爲
2014年8月19日	南海上空	一架P-8A海神（Poseidon）巡邏機	一架中國戰機攔截、非常迫近美國巡邏機
2016年5月17日	南海上空	EP-3情報蒐集機	中國軍機迫近EP-3不到50英呎
2016年12月	南海	鮑迪奇號監測船	鮑迪奇號一具無人水下潛航器遭中國海軍打撈救生船劫走
2018年9月30日	南海	迪凱特號（Decatur）驅逐艦	一艘中國驅逐艦逼近美艦船頭僅隔45碼，迫使美艦採技術動作以防碰撞

資料來源：Congressional Research Service, "China's Actions in South and East China Sea," pp. 9-12;《BBC News 中文》，「美中軍艦南海零距離逼近擦槍走火危險徒增」，2018年10月2日，〈https://www.bbc.com/zhongwen/trad/world-45720351〉；GlobalSecurity.org, "2001-2009 South China Sea Developments," <https://www.globalsecurity.org/military/world/war/south-china-sea-2009.htm>.

(3) 外交層面

因爲中國的國際戰略仍在於創造一個和平國際環境，以全力發展經濟，因此必須設法消弭因中國對南海主權採取強硬立場及軍事行動所造成的中國威脅論，否則會導致中國周邊國家倒向美國，因此中國希望以外交途徑，包括於2003年10月8日加入「東南亞友好合作條約」（Treaty of Amity and Cooperation in Southeast Asia），來化解周邊國家尤其是東南亞國家的疑慮。北京也擔心在南海的強勢行動或軍事作爲，會促使東南亞聲索國團結合作或是引進域外強權，因此希望以外交工作來化解東南亞國家的中國威脅論。

首先，對於中國持續與東南亞國協進行對話。[123]中國自1991年起成爲東

---

[123] 東協成立於1967年，創始會員國是印尼、馬來西亞、菲律賓、泰國及新加坡五國。1984年汶萊入會、1995年越南成爲會員、1997年緬甸與寮國獲准入會、1999年柬埔寨加入，使東協擴大包含東南亞十國之目標終於達成。

協的「磋商夥伴」，開始與東協進行對話。1996年6月24日，東協宣布將中國升格為東協的「全面正式對話夥伴國」。中國與東協除了利用每年的東協擴大外長會議進行對話之外，還建立多條不同層級、不同功能的對話管道。[124]然而，中國並不贊同利用這些管道來談南海問題，其中東協—中國資深官員政治協商一直到第三次對話於1997年4月在黃山召開時，才開始納入南海議題。[125]

　　經由雙邊協商，中國與東協於2002年11月4日在柬埔寨首都金邊簽署「南海各方行為宣言」（Declaration on the Conduct of Parties in the South China Sea），第5點宣示：「各方承諾保持克制，不採取使爭議複雜化、擴大化和影響和平與穩定的行動，包括不在現無人居住的島、礁、灘、沙或其他自然構造上採取居住的行動。」因為此一宣言沒有拘束力，無法有效維持南海地區的和平穩定，促使雙方繼續協商，並於2011年7月20日在印尼巴厘島簽署「落實南海各方行為宣言指導方針」（The Guidelines for the Implementation of the Declaration on the Conduct of Parties in the South China Sea），然而此一指導方針仍然不具拘束力，因此雙方於2013年9月同意開始協商建立行為準則（code of conduct），並於2017年8月5日達成「南海行為準則框架協議」，最終希望能夠簽署一項「南海行為準則」。透過這一系列協商，中國希望塑造和平形象，及化解東協國家的疑慮。

　　第二，中國對東南亞國協採取分而治之策略。東協十國中只有越南、菲律濱、馬來西亞和汶萊是南海主權的聲索國，其他六個非聲索國與中國對南海主權爭端沒有直接衝突，而且東協國家與中國關係親疏不一，本就不易採取一致立場對抗中國壓力，其中高棉和寮國與中國關係尤其密切，高棉成為東協的中國利益代言人。因為東協決策採取共識決，高棉和寮國在南海問題上採取明顯親中國立場，導致東協一遇到南海問題就分裂，東協2012年外長會議因此無法發表聯合聲明。

---

[124] 東協—中國資深官員政治協商（ASEAN-China Senior Officials Political Consultations）、東協—中國經濟暨貿易合作聯合委員會（ASEAN-China Joint Committee on Economic and Trade Cooperation）、東協—中國科技聯合委員會（ASEAN-China Joint Science and Technology Committee）、東協在北京委員會（ASEAN Committee in Beijing）、東協—中國聯合合作委員會（ASEAN-China Cooperation Committee）。

[125] Carlyle A. Thayer, "Some Progress, along with Disagreements and Disarry," Pacific Forum CSIS Comparative Connections, <http://webu6102.ntx.net/pacfor/cc/992Qchina_asean.html>.

第三，中國與個別國家進行雙邊談判，例如中國與越南於1993年10月舉行副外長層級會談，簽訂「關於解決邊界領土問題的基本原則協議」，規定雙方集中解決陸地邊界和劃分北部灣問題，並繼續就海上問題進行談判，以便爭取基本和長久的解決辦法，在解決問題前，雙方均不採取使爭端複雜化的行動，不訴諸武力或以武力相威脅。[126]

中國與菲律賓於1999年3月22日首次舉行「在南海信心建立措施的中菲專家小組會議」（Sino-Philippines Expert Group Meeting on Confidence Building Measures in the South China Sea），雙方同意自我克制。然而，中菲談判進行並不順利，尤其後來發生黃岩島對峙、中國占領黃岩島事件，以及菲律賓於2013年將南海問題提交PCA仲裁，導致雙方關係進一步惡化，直至杜特蒂（Rodrigo Duterte）於2016年6月30日就任菲律賓總統，採取「親中遠美」政策，決定擱置PCA對南海問題的仲裁結果，雙方關係才大為改善。

中國對南海主權聲索國，採取打擊越南、菲律賓，拉攏馬來西亞和汶萊策略，北京也提議台海兩岸在南海問題上合作。馬來西亞總理馬哈蒂（Mahathir Mohamad）於1999年8月18-20日訪問中國，以慶祝兩國建交25週年，在與中國總理朱鎔基會談時，雙方同意「南海問題只能由有關國家來解決，反對任何外在力量的捲入和干涉。」[127]

第四，對東協國家威脅利誘，菲律賓可說是中國威脅利誘最典型的成功例子。菲律賓在艾奎諾三世（Benigno Aquino III）擔任總統期間，可說是東南亞國家中挑戰中國最激烈的國家，在菲律賓向PCA提出仲裁案後，中國對菲律賓進行經濟制裁，包括禁止進口菲律賓香蕉、禁止中國觀光客到菲律賓旅遊，但是在杜特蒂上台並採取對中國的綏靖政策（appeasement）之後，[128]中國立即給予菲律賓鉅額經濟援助，包括2016年6月承諾240億美元的援助和投資、2018年4月再給菲律賓7,300萬美元經濟和基礎設施援助及投資98億美元用於菲

---

[126] 中華人民共和國外交部外交史編輯室，《中國外交概覽1994》（北京：世界知識出版社，1994年），頁46。

[127] Quoted in Carlyle A. Thayer, "Beijing Plans for a Long-term Partnership and Benefits from Anti-Western Sentiment," *Comparative Connections*, <http://webu6102.ntx.net/pacfor/cc/993Qchina_asean.html>.

[128] Gilang Kembara, "Partnership for Peace in the South China Sea," *CSIS Working Paper Series* (Center for Strategic and International Studies, Jakarta), February 2018, p. 1.

律賓商業開發。[129] 事實上，北京將東南亞納入其BRI計畫中，而且中國幾乎是所有東南亞國家的最大貿易夥伴。雖然中國對東南亞國家投資仍遠少於日本、美國和歐盟，但中國的投資不斷成長。[130] 此外，中國幾乎對每一個東南亞國家提供經濟援助。所以所有東南亞國家均從中國獲得經濟好處。經濟好處使東南亞國家對與美國合作制約中國有顧慮。

第五，推動與其他聲索國聯合開採南海資源計畫。中國、越南和菲律賓曾在2005年3月14日簽署效期三年的「在南中國海協議區三方聯合海洋地震帶工作協議」，計畫在禮樂灘（Reed Bank）盆地14.3萬平方公里協議區進行聯合油氣資源探勘，[131] 此一協議期滿未再續約。習近平於2018年11月下旬訪問菲律賓時，也向杜特蒂總統提議共同開發禮樂灘附近的油氣資源，成果以中國四成、菲律賓六成分帳。[132]

第六，中國推動與東南亞國家的經濟整合。中國在2001年東協+1的對話上，提議建立中國和東協的自由貿易區，雙方在2002年簽署「中國與東盟全面經濟合作框架協議」，2003年簽署「面向和平與繁榮的戰略夥伴關係」聯合聲明，2004年啟動「早期收穫」（early harvest）計畫並於同年11月簽署「貨物貿易協議」，2009年4月中國設立總金額100億美元的「中國—東盟投資合作基金」來支持東南亞地區的基礎設施建設。北京藉增加東南亞國家對中國的貿易依賴，防止東南亞國家在美中競爭過程中倒向美國。

參、美國對南海的利益、基本立場與作為

在歐巴馬總統上台之前，美國雖然了解南海地緣戰略上的重要性，然而政策上並不積極。歐巴馬上台之後，美國對南海開始給予更多關注，主要原因在

---

[129] 詹寧斯，〈菲律賓從中國在或投資款〉，《美國之音》，2018年4月13日，〈https://www.voacantonese.com/a/voanews-20180413-china-philippines/4346667.html〉。

[130] 中國在2007年至2016年間投資東南亞總金額524億美元，同時期日本投資1,167億美元、美國1,190億美元、歐盟1,948億美元。請參閱 Ralph A. Cossa and Brad Glosserman, "Regional Overview: Free and Open, but not Multilateral," Comparative Connections, Vol. 21, No. 1, May 2019, pp. 4-5。

[131] 羅聖榮、黃國華，〈南海爭端視域下的中越海洋合作〉，《和平與發展雙月刊》，第2期，2017年，頁48。

[132] 季晶晶編譯，〈中菲聯合開採南海油氣 杜特蒂：不違憲〉，《聯合晚報》，2018年11月20日，〈https://udn.com/news/story/11314/3490982〉。

於中國崛起，而且有可能主宰南海，進而影響到美國的海洋自由。美國被任命為印太司令部司令的戴維森海軍上將（Admiral Philip S. Davidson）在國會聽證會上表示：「除了與美國戰爭之外，中國現在有能力在任何情境下控制南海」，他的說法在美國引起很大震撼。[133]

一、美國對南海的利益

美國並不是南海主權爭端國，雖然美國石油公司與主權聲索國合作探勘南海石油和天然氣，且美國石油公司如果遭到其他聲索國攻擊，可能將美國捲入衝突之中，但是這並非美國政府主要關切所在，美國所關切的是南海之戰略重要性，如果讓中國控制南海，會深深威脅美國的安全利益。

（一）中國主宰南海對美國的威脅

美國認為中國主宰南海，至少會在以下三個面向威脅美國的利益：

1. 增強中國對美國A2/AD能力

中國在南海的基地及基地上的軍事部署，會強化中國A2/AD能力，幫助中國將美國軍力排除在第一島鏈之外。

2. 提升中國在西太平洋地區的政治影響力

中國主宰南海及其在南海的軍事基地，可用來威嚇、施壓南海周邊國家；可增加中國封鎖台灣能力；可讓中國控制南海地區的捕魚、探勘和開採南海的石油和天然氣；可幫助中國實現成為歐亞地區霸主的地位，進而削弱美國在東亞地區的政治影響力。

3. 弱化美國的行動自由和能力

中國在南海的基地和主宰中國的近海地區，會影響美國從事以下工作的能力：(1)軍事介入台海軍事衝突；(2)履行美國基於共同防衛條約對日本、南韓和菲律賓的義務；(3)應用美國軍力來維持地區穩定、從事交往和夥伴關係建立、因應危機、執行戰爭計畫；(4)防止中國崛起成為區域霸權。[134]

---

[133] Hannah Beech, "China's Sea Control Is a Done Deal, 'Short of War with the U.S.," *The New York Times*, September 20, 2018, <https://www.nytimes.com/2018/09/20/world/asia/south-china-sea-navy.html?_ga=2.8346290.1834693156.1566528013-1520767250.1566528013>.

[134] Congressional Research Service, "China's Actions in South and East China Seas," p. 3.

（二）美國在南海的國家利益

1. 維持海上航行自由

維持海上航行自由，乃是美國自建國以來的基本外交原則之一，南海是世界上最重要航線之一，美國不能接受南海被任何國家所控制。美國柯林頓國務卿於2010年7月23日在越南主辦的東協區域論壇年會上發言，指出「美國對南海地區的航行自由、公開進入亞洲的海洋共有水域和尊重國際法具有國家利益」。[135] 美國國務卿凱利（John Kerry）於2015年8月在吉隆坡參加「東亞高峰會」（East Asia Summit）外長會議時表示：「美國絕不接受對南海航行和飛越自由及其他合法使用海洋的任何限制」。[136]

2. 維持南海和平及穩定

南海被列為東亞地區的三大衝突引爆點之一，美國有盟邦（菲律賓）、夥伴國家（台灣和越南）是主權聲索國，域外國家包括日本、南韓和澳洲的經濟均相當依賴南海航道，如果南海發生衝突，不僅會影響到這些國家經濟發展，也會將美國捲入衝突之中。

3. 美國的威望及可信度

所有東南亞國家均無力單獨對抗中國，這些國家希望在安全上借助美國力量，來抗衡來自中國的壓力和威脅。美國國內有一股聲音要求政府在南海問題上採取更積極政策，因為如果美國對東南亞國家的期望置之不理，美國將失去可信度。目前美國對東南亞國家不管在經濟上或政治和戰略影響力均遠遜於中國。東協研究中心2019年對東協十國共1,008位菁英的問卷調查顯示，以經濟影響力而言，中國被73.3%菁英認為是在東南亞最有經濟影響力的國家，遠遠領先美國的7.9%；以政治和戰略影響力而言，中國也是以45.2%領先美國的30.5%（請參見表9-2），而且東南亞國家對美國信任度不高，同樣的問卷調查顯示東南亞的菁英只有23.%對美國有信心、3.5%非常有信心美國會做正確

---

[135] Quoted in Mark Landler, "Offering to Aid Talks, U.S. Challenges China on Disputed Islands," *The New York Times*, July 23, 2010, <https://www.nytimes.com/2010/07/24/world/asia/24diplo.html>.

[136] Quoted in ABC News, "South China Sea Dispute John Kerry Says US Will not Accept Restrictions on Movement in the Sea," *ABC News*, August 7, 2015, <http://www.abc.net.au/news/2015-08-06/kerry-says-us-will-not-accept-restrictions-in-south-china-sea/6679060>.

的事來貢獻全球和平,但是他們對中國同樣沒有信心,甚至對中國比對美國更加沒有信心。[137] 如果美國在南海繼續沒有積極作為,東南亞國家在美中兩國間會更加倒向北京,對美國維護霸主地位也會產生不利的影響。

■ 表9-2

東協國家菁英對哪一國或組織在東南亞最有影響力的看法

國家	議題**	中國	美國	東協	歐盟	日本	印度	俄羅斯
汶萊	問題A	53.4%	11.1%	33.3%	0.0%	2.2%	0.0%	0.0%
	問題B	80.0%	2.2%	6.7%	0.0%	11.1%	0.0%	0.0%
高棉	問題A	50.0%	29.2%	20.8%	0.0%	0.0%	0.0%	0.0%
	問題B	83.4%	0.0%	8.3%	8.3%	0.0%	0.0%	0.0%
印尼	問題A	40.9%	33.0%	26.1%	0.0%	0.0%	0.0%	0.0%
	問題B	81.7%	3.5%	10.4%	0.0%	4.4%	0.0%	0.0%
寮國	問題A	41.4%	20.7%	27.6%	0.0%	3.4%	0.0%	6.9%
	問題B	82.8%	0.0%	13.8%	3.4%	0.0%	0.0%	0.0%
馬來西亞	問題A	43.7%	29.9%	23.6%	0.0%	2.8%	0.0%	0.0%
	問題B	78.4%	5.6%	10.4%	0.0%	5.6%	0.0%	0.0%
緬甸	問題A	47.7%	22.3%	20.6%	2.3%	5.3%	0.6%	1.2%
	問題B	78.4%	7.0%	8.8%	1.7%	9.4%	0.0%	0.0%
菲律賓	問題A	40.9%	36.4%	20.9%	0.0%	1.8%	0.0%	0.0%
	問題B	61.3%	11.7%	14.4%	4.5%	6.3%	0.9%	0.9%
新加坡	問題A	41.1%	41.1%	17.0%	0.8%	0.0%	0.0%	0.0%
	問題B	69.8%	15.1%	9.5%	3.2%	2.4%	0.0%	0.0%

---

[137] ASEAN Studies Centre, The State of Southeast Asia: 2019 Survey Report, pp. 26-30.

表9-2

東協國家菁英對哪一國或組織在東南亞最有影響力的看法（續）

國家	議題**	中國	美國	東協	歐盟	日本	印度	俄羅斯
泰國	問題A	46.0%	33.6%	15.9%	1.8%	1.8%	0.0%	0.9%
	問題B	72.6%	2.6%	16.8%	0.9%	7.1%	0.0%	0.0%
越南	問題A	52.1%	30.6%	14.9%	0.0%	1.6%	0.0%	0.8%
	問題B	68.0%	15.6%	7.4%	0.8%	8.2%	0.0%	0.0%
總平均	問題A	45.2%	30.5%	20.8%	0.7%	2.1%	0.1%	0.6%
	問題B	73.3%	7.9%	10.7%	1.7%	6.2%	0.1%	0.1%

**問卷題目有兩個：A：哪一個國家或組織在東南亞最有政治和戰略影響力？
　　　　　　　　　　B：哪一個國家或組織在東南亞最有經濟影響力？

資料來源：ASEAN Studies Centre, The State of Southeast Asia 2019 Survey Report, pp. 21-22.

（三）美國對南海問題的立場

美國國務院發言人於1995年曾提出美國五點南海政策的基本立場。[138] 以這五點立場為基礎，美國對南海問題的立場可歸納如下：

1. 反對威嚇或以武力來解決爭端

美國表示反對「任何聲索國以威脅或使用武力來增進其主張，或干擾合法的經濟活動」，[139] 呼籲所有聲索國克制和避免導致不穩定的行動。美國川普政府印太戰略的重要主張之一，就是要使印太國家免於他國的威嚇。

2. 維持南海和平及穩定

如上所述，維持南海的和平與穩定乃是美國國家利益之一。美國不希望見到緊張情勢升高和任何威脅和平和穩定的情事。[140]

---

[138] U.S. Department of State, "Daily Press Briefing," May 10, 1995, <http://dosfan.lib.uic.edu/ERC/briefing/daily_briefings/1995/9505/950510db.html>.

[139] Hillary Rodham Clinton, "The South China Sea," Press Statement, U.S. Department of State, July 22, 2011, <http://www.state.gov/secretary/rm/2011/07/168989.htm>.

[140] Kurt Campbell interview with *Yomiuri Shimbun* Newspaper's Kyoko Yamguchi, Bali, Indonesia, July 21, 2011, <http://www.state.gov/p/eap/rls/rm/2011/07/168940.htm>.

3. 維持海上航行自由

如上所述，海上航行自由是美國立國以來的基本原則之一，美國認為所有船隻和航空器在南海地區不受阻擾的航行，是維持包括美國在內的整個亞太地區和平和繁榮之基本要素，而且美國認為軍艦和軍機在專屬經濟區享有航行自由，不須事先獲得沿海國許可。美國強調不管哪一個國家擁有南海島礁主權，均不得影響南海航行自由，而且合法的商業亦不被妨礙（unimpeded lawful commerce）。

4. 各國主張必須符合國際法

美國強調所有聲索國應依據包括1982年聯合國海洋法公約在內的公認國際法原則，來追求和澄清他們的領土主張，在南海海域的正當性主張必須源自於陸地地貌之合理性主張。美國認為中國主張的9段線不符合國際法規定，也認為中國填海造陸的島礁是人工島嶼，而根據UNCLOS第60條規定，人工島嶼只能在周邊建立500公尺的安全區，不能建立專屬經濟區，甚至不能建立領海。[141]

5. 對南海島礁主權屬誰採中立態度

對南海地區各種島嶼、礁嶼、環礁、沙洲的主權究竟屬於哪一國，美國採取中立立場，也沒有領土野心，認為應該由主權聲索國根據國際法和平解決。

6. 美國願意協助爭端國和平解決爭端

美國支持透過外交合作程序（collaborative diplomatic process）解決爭端。美國支持2002年東協和中國的「南海各方行為宣言」（ASEAN-China Declaration on the Conduct of Parties in the South China Sea），願意促進與2002年南海各方行為宣言一致的信心建立措施，也鼓勵中國與東協加速協商簽署有關南海的全面行為準則（a full code of Conduct）。

7. 聲索國應自我克制

美國支持東協對於南海的六點原則，[142]主張聲索國應自我克制，不採取

---

[141] M. Taylor Fravel, "The United States in the South China Sea Disputes," paper prepared for the 6th Berlin Conference on Asian Security, Jointly organized by Stiftung Wisesenschaft und Politik and Konrad-Adenauer-Stiftung, in Berlin, June 18-19, 2012, pp. 4-5.

[142] 東協外長於2012年7月20日發表聯合聲明，提出六項原則如下：落實2002年之南海各方行為宣言、2011年落實南海各方行為宣言之行動指針、儘早制定南海之區域行為準則、完

會使爭端複雜化、升高爭端或影響和平和穩定的活動，例如不對目前無人居住的島礁建造工事或住人，也不占領更多無人島礁。[143]

8. 反對中國在南海地區建立航空識別區（ADIZ）

9. 強調中國9段線主張不合國際法，[144]而且菲律賓艾奎諾（Benigno Aquino Ⅲ）政府於2013年向常設仲裁法院提出針對中國的南海仲裁案，應該是美國在幕後下指導棋。

二、美國的作為

（一）美國作為針對中國

　　雖然美國強調對南海主權爭端持中立立場，但美國已越來越偏向東南亞的聲索國。事實上，美國對南海爭端的許多言論和作為是直接或間接針對中國而來，例如美國國務院代理副發言人（Acting Deputy Spokesperson）范特瑞爾（Patrick Ventrell）在2012年8月3日的新聞聲明表示，中國在三沙市提升行政級別和在該地設立涵蓋南海爭端海區的新警備區，都與化解爭議的合作式外交努力背道而馳。[145]再如上述，柯林頓國務卿強調「在南海海域之正當性主張必須源自於陸地地貌的合理性主張」，應是對中國將所劃9段線內水域當成中國歷史性水域的主張不以為然。

（二）美國的具體作為

1. 從事海上航行自由演練

　　美國在南海地區從事海上航行自由演練（Freedom of Navigation

全尊重包括1982年聯合國海洋法公約在內之普遍公認的國際法原則、各方繼續自我克制和不使用武力、按照包括1982年聯合國海洋法公約在內之普遍公認的國際法原則和平解決爭端。

[143] Michael Fuchs, "Remarks at the Fourth Annual South China Sea Conference," CSIS, Washington, D.C., July 11, 2014, <http://www.state.gov/p/eap/rls/rm/2014/07/229129.htm>.

[144] Daniel R. Russel, "Maritime Disputes in East Asia," Testimony before the House Committee on Foreign Affairs Subcommittee on Asia and the Pacific on February 5, 2014, <http://www.state.gov/p/eap/rls/rm/2014/02/221293.htm>.

[145] 美國國務院發言人辦公室，〈美國國務院關於南中國海的聲明〉，2012年8月3日，〈http://www.state.gov/r/pa/prs/ps/2012/08/196022.htm〉。

operations, FONOPs），以挑戰中國對南海領土主權和專屬經濟區的擴大主張，而擴大主張包括低潮高地（low-tide elevation）主張領海、人工島嶼建立領海。如上所述，美國主張軍艦和軍機在各國EEZ享有自由航行權，不須事先知會沿海國。除了從事海上航行自由演練之外，美國軍艦也不定時巡航南海，例如美國史坦尼斯號（John C. Stennis）航空母艦在莫比灣號（Mobile Bay）及安提斯坦號（Antietam）巡洋艦、史托克代爾號（Stockdale）和鍾雲號（Chung-Hoon）驅逐艦護衛下，於2013年3月3日進入南海，3月9日結束南海巡弋；根據美國太平洋司令部提出聲明表示，2015年美軍在南海巡航總天數加起來達七百天。[146] 2019年8月6日，美國雷根號航母戰鬥群進入南海。[147]表9-3是美國自2015年10月至2019年5月在南海地區的FONOPs。

■ 表9-3

美國軍艦軍機在南海地區進行FONOPs，2015年10月至2019年5月		
時間	地點	美國軍艦、軍機名稱
2015年10月27日	褚碧礁	拉森號驅逐艦、P-8海洋巡邏機
2015年11月8-9日	仁愛礁、美濟礁12海浬內	2架B-52轟炸機
2015年12月10日	華洋礁2海浬處	1架B-52轟炸機
2016年1月29日	中建島12海浬內	維爾伯號（Curtis Wilbur）驅逐艦
2016年5月10日	永暑礁	勞倫斯號（William P. Lawrence）驅逐艦
2016年10月21日	西沙群島	迪卡特號（Decatur）驅逐艦
2017年5月25日	美濟礁6海浬	杜威號（Dewey）驅逐艦

---

[146] 〈美媒：美核動力航母戰鬥群駛入南海〉，《BBC News 中文》，2016年3月4日，〈https:www.bbc.com/zhongwen/trad/world/2016/03/160304_south_china_sea_us_carrier_group〉。

[147] 〈美軍核動力航母通過南海 雷根號指揮官：美國的存在有助安全穩定與對話〉，《風傳媒》，2019年8月7日，〈https://www.storm.mg/article/156817〉。

▌表9-3

美國軍艦軍機在南海地區進行FONOPs，2015年10月至2019年5月（續）

時間	地點	美國軍艦、軍機名稱
2017年7月2日	中建島12海浬內	史塔森號（Stethem）驅逐艦
2017年8月10日	美濟礁	麥肯號驅逐艦
2017年10月10日	西沙群島	查菲號（Chaffee）驅逐艦
2018年1月17日	黃岩島12海浬內	霍柏號（Hopper）驅逐艦
2018年3月23日	美濟礁	馬斯汀號（Mustin）驅逐艦
2018年5月27日	中建島、趙述島、東島、永興島12海浬內	安提坦號（Antietam）、希金斯號（Higgins）驅逐艦
2018年9月30日	南薰礁、赤瓜礁	迪卡特號驅逐艦
2018年11月26日	西沙群島	查斯勒維爾號（Chancellorsville）驅逐艦
2019年1月7日	趙述島、東島、永興島12海浬內	麥康貝爾號（McCampbell）驅逐艦
2019年5月6日	南薰礁、赤瓜礁12海浬內	普瑞伯爾號（Preble）、鍾琿號（Chung-Hoon）驅逐艦

資料來源：「路透社：美遣2軍艦進入南海島礁航行」，《中央通訊社》，2019年5月6日，〈https://www.cna.com.tw/news/firstnews/201905060105.aspx〉；Eleanor Freund, Freedom of Navigation in the South China Sea: A Practical Guide (Cambridge, Massachusetts: Belfer Center for Science and International Affairs, Harvard Kennedy School, June 2017), pp. 27-42；Congressional Research Service, "China's Actions in South and East China Seas," pp. 43-45.

2. 在南海地區舉行軍事演習

美國不定期在南海地區舉行軍事演習，展示兵力以威嚇中國，例如美國於2019年4月5日與菲律賓在南海黃岩島附近舉行「2019肩並肩」（Balikatan 2019）聯合軍演。然而，面對國力日益強大的中國，而美國軍艦數目只有雷根時期的一半，[148] 美國希望更多歐亞海軍強國加入南海巡航活動，或是與美國舉行聯合軍事演習，來共同維持南海和平穩定，例如2017年6月8-9日，美國、日本、澳州、加拿大海軍在南海舉行聯合軍事演習；2019年5月9日，美國、日本、印度、菲律賓海軍在南海舉行聯合軍事演習；美國尼米茲號（Nimitz）航母、雷根號航母與日本準航母出雲號護衛艦，於2019年6月10-12日在南海舉行聯合軍事演習。

3. 增強東南亞國家海軍力量

美國制衡中國海洋擴張的具體作為之一，乃是提升受中國威脅或影響國家的海洋治理能力。美國國會所通過的2016年國防授權法案（National Defense Authorization Act for Fiscal Year 2016），建立五年期的「海洋安全倡議」（Maritime Security Initiative, MSI），2019年的國防授權法案已經將此一倡議延長到2025年12月，而且擴大涵蓋南亞。海洋安全倡議的內容包括對一些印太國家，尤其是東南亞國家，提供訓練、裝備，甚至武器來提升這些國家海洋安全和海洋疆域意識（maritime domain awareness, MDA）的能力，包括提供高續航力快艇、建立情報分享系統以提升他們指揮管制能力。[149]

美國提升印太國家海洋治理能力最明顯的例子是越南。越南在南海爭端中，面對中國擴張和威脅首當其衝，因此美國已將越南列為志同道合的夥伴國家，美國文森號（Varl Vinson）航母於2018年訪問金蘭灣，且早在歐巴馬總統訪問越南時，就已在2016年5月23日對越南軍售全面解禁。美國國務卿凱利於2013年12月16-18日訪問越南和菲律賓時，承諾提供越南1,800萬美元海洋援助及給予菲律賓4,000萬美元軍事援助。[150] 川普總統於2019年2月底到越南準備與金正恩舉行第二次高峰會前，在與越南總理阮春福會談時，鼓勵越南向美國

---

[148] 在雷根總統主政時期，美國的艦隊高達600艘軍艦，目前美國只有284艘軍艦。Patrick M. Cronin and Robert D. Kaplan, "Cooperation from Strength: U.S. Strategy and the South China Sea," in Patrick M. Cronin (ed.), *Cooperation from Strength: The United States, China and the South China Sea* (Washington, D.C.: Center for a New American Security, 2012), p. 6.

[149] The Department of Defense, *Indo-Pacific Strategy Report* (Arlington County, Virginia: The Department of Defense, June 1, 2019), p. 49.

[150] Gregory B. Poling, "Recent Trends in the South China Sea and U.S. Policy," *CSIS Report*, July 2014, p. 10.

採購武器，美國在2017年提供越南6艘巡邏艇和1艘高續航力快艇；[151] 美國於2019年5月31日宣布銷售共34架掃描鷹（ScanEagle）無人機給馬來西亞（12架）、印尼（8架）、菲律賓（8架）和越南（6架），以增強這四個國家對南海偵測能力。[152]

第四節　美國與中國在兩洋的競爭

壹、美國與中國在太平洋的競爭

太平洋是世界上最大洋，北臨白令海峽（Bering Strait）接北冰洋（Arctic Ocean），南至南極洲（Antarctica），東連南北美洲、西邊是亞洲及澳洲，水域總面積超過1.8億平方公里，以赤道分割為北太平洋和南太平洋。

一、北太平洋整體形勢

（一）世界經濟重鎮所在

赤道以北的太平洋，兩岸的國家都是世界上重要的經濟體，其中美國是世界上最大經濟體、中國第二、日本第三、加拿大第十、俄羅斯第十一、南韓第十二、印尼第十五、墨西哥第十六、台灣第二十二。

（二）世界軍事重心所在

以國防預算評比，世界上軍事強國不少座落在北太平洋地區，其中美國穩居第一（2018年國防預算高達6,487.98億美元）、中國第二（2,499.97億美元）、俄羅斯第六（613.88億美元）、日本第九（466.18億美元）、南韓第十（430.70億美元）、加拿大第十四（216.21億美元）、新加坡第二十三

[151] James Pearson and Jeff Mason, "Trump Pitches U.S. Arms Exports in Meeting with Vietnam, *Reuters*, February 27, 2019, <https://www.reuters.com/article/us-northkorea-usa-vietnam/trump-pitches-u-s-arms-exports-in-meeting-idUSKCN1QG1HU>.

[152] Reuters, "China Says Seriously Concerned about $2.73 billion US Arms Sales to Taiwan," *The Strait Times*, June 6, 2019, <https://www.straittimes.com/asia/east-asia/china-says-seriously-concerned-about-273-billion-us-arms-sales-to-taiwan>.

（108.41億美元）、台灣第二十四（107.14億美元）。[153] 以預算總金額來評比，太平洋地區絕對是世界軍事重心所在。

（三）三條島鏈

太平洋的島鏈（island chains）是地緣戰略上的概念，美國在冷戰時期為了圍堵蘇聯和中國共產主義擴張，將太平島嶼群劃分成三道防線，一般稱為三個島鏈。除了第一島鏈地理上有明確的界定之外，其他兩條島鏈並未經官方認定，因此第二和第三島鏈究竟應涵蓋哪些島嶼，學者的說法不完全一致。[154]

1. 第一島鏈

第一島鏈（first island chain）是美國國務卿杜勒斯（John Foster Dulles）所認定，指北起千島群島（Kuril Islands），往南經由日本群島、琉球群島、台灣、菲律賓至印尼大巽他群島（Greater Sunda Islands）所組成的弧形島鏈（請參閱圖9-2）。

2. 第二島鏈

所謂第二島鏈（second island chain），大多數學者認為是指北起日本的小笠原群島（Ogasawara Islands），南經硫磺列島（Volcano Islands）、馬里亞納群島（Mariana Islands）、關島、帛琉（Palau），一直到澳洲和紐西蘭所組成的防線。以關島為該島鏈的中心（請參閱圖9-2）。

3. 第三島鏈

大多數學者認為第三島鏈（third island chain）是指北起阿留申群島（Aleutian Islands），經過夏威夷，一直到大洋洲小島國所組成的防線，而美國印太司令部所在的夏威夷理所當然是該島鏈的中心所在。

---

[153] Stockholm International Peace Research Institute, "Data for All Countries from 1988-2018 in Constant (2017) USD," <https://www.sipri.org/sites/default/files/Data%20for%20all%20countries%20from%201988%E2%80%932018%20in%20constant%20%282017%29%20USD%20%28pdf%29.pdf>.

[154] Wilson Vorndick, "China's Reach Has Grown; So Should the Island Chains," *Asia Maritime Transparency Initiative*, October 22, 2018, <https:amti.csis.org/chinas-reach-is;and-chains/>.

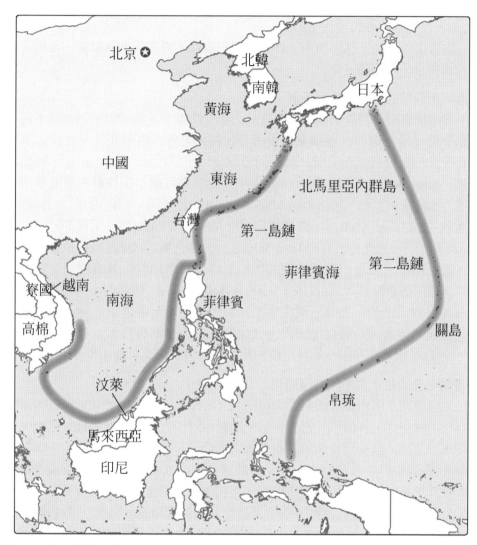

圖9-2　太平洋島鏈地圖

資料來源：Office of the Secretary of Defense, Annual Report to Congress: Military and Security Developments Involving the People's Republic of China 2012 (Arlington, Virginia: Office of the Secretary of Defense, 2012), p. 40.

（四）中國在北太平洋的作為

中國座落在北太平洋西岸，如果中國想取代美國成為世界霸權，當然要取代美國在太平洋的霸主地位。

1. 北太平洋整體情勢對中國不利

從地緣戰略的角度來檢視美中在北太平洋的競爭，整體情勢對中國不利，因為除第一島鏈還有一些國家供中國發展關係之外，整個北太平洋廣大水域沒有可供中國發展基地之處。因為除了帛琉、吉里巴斯（Kiribati）、馬紹爾群島（Marshall Islands）之外，北太平洋的島礁可說全部控制在美國手中，包括北馬利安納群島（Northern Mariana Islands是美國一個自由邦）、關島、中途島（Midway Atoll）、強斯頓環礁（Johnston Atoll）、萊恩群島（Line Islands）、[155]豪蘭島（Howland Island）、貝克島（Baker Island）及夏威夷，而且帛琉、吉里巴斯共和國和馬紹爾群島目前均與台灣維持邦交關係，而密克羅尼西亞聯邦（Federated States of Micronesia）雖然與中國建交，但是他與美國關係密切。此外，東北太平洋的大國，除了俄羅斯之外，日本和南韓是美國同盟國，台灣與美國安全合作關係密切，其中日本本身也是海洋強國，[156]日本和台灣在第一島鏈可監控和阻擾中國軍艦進入北太平洋。

2. 避免與美國在北太平洋直接衝突

北京深切了解中國目前無力與美國在北太平洋競爭，因此北京希望美國能夠容忍中國在太平洋發展。為了化解美國對中國向太平洋發展海權的阻力，習近平上台之後，對美國推動所謂新型大國關係，一再強調「寬廣的太平洋有足夠的空間容納中美兩個大國」，[157]希望目前主宰太平洋的美國可以接受中國在太平洋地區與美國和平共處。然而，這些主張並不全然被美國接受。

首先，美國一些學者對所謂中美新型大國關係持保留態度，例如顧石盟（Brad Glosserman）就指出，北京將增強互信的責任課加於美國，要求美國

---

[155] 萊恩群島由十一個組環礁組成，其中八個屬於吉里巴斯共和國，三個屬於美國。

[156] 關於日本的海權發展，請參閱 Naoko Sajima and Kyochi Tachikawa, Japanese Sea Power: A Maritime Nation's Struggle for Identity (Canberra, Australia: Sea Power Centre, 2009)。

[157] 中華人民共和國外交部，〈習近平同美國總統奧巴馬開始舉行中美元首會晤〉，2013年6月8日，〈http://www.fmprc.gov.cn/mfa/ziliao_611306/zt_611380/dnzt_611382/xjpdwfw_644623/zxxx_644625/t〉。

在亞洲給予中國一張「空白支票」（blank check），而這是不可能的。[158] 卜睿哲（Richard Bush）也表示，習近平所提出的新型大國關係只是口號，缺乏實質內涵，有待未來實踐過程來給予真正的意義。[159] 饒義（Denny Roy）同樣點出信任的因素，認為美中缺乏相互信任，而如果增加互信之代價是美國在亞洲停止所有中國不喜歡的作為（例如繼續對台軍售、介入南海爭端、與南韓在黃海聯合軍事演習、加強與日本同盟關係、不讓達賴喇嘛訪美等），等同要求美國放棄區域強權地位，這是美國不可能接受的代價。[160]

其次，美國是主宰太平洋的海上霸權，北京的建議是要美國在太平洋騰出空間讓中國進來一起發展，美國不可能拱手讓利。

3. 短期目標在於控制第一島鏈以內水域

雖然中國軍艦已經跨越第一島鏈，經常到北太平洋演練，其軍艦甚至接近美國所屬的阿拉斯加州附近海域，但是北京深知目前中國無力在北太平洋挑戰美國霸主地位，因此短期目標乃是希望能夠主宰第一島鏈以內水域，這引發美中兩國近年來在黃海、東海、台海及南海的激烈競爭。

二、南太平洋整體形勢

與北太平洋相北較，中國在南太平洋有相對比較大的發展空間。因為除了美國的盟邦澳州、紐西蘭，以及法國屬地瓦利斯和富突納（Wallis and Futuna）、馬克薩斯群島（Iles Marquesas）、新喀里多尼亞（New Caledonia）、法屬玻利尼西亞包括大溪地（Tahiti）、圖阿莫圖群島（Arxchipel des Tuamotu），還有英國占領的皮特凱恩群島（Pitcairn Islands）、美國占領的賈維斯島（Jarvis Island）和美屬薩摩亞（American Samoa）、智利占領的復活島（Easter Island）、與紐西蘭具特殊關係的庫克群島（Cook Islands）和紐埃島（Niue），及紐西蘭所屬的克馬德克群島（Kermadec Islands）和托克勞群島（Tokelau Islands）之外，還有十幾個獨立國家，這些國家經濟發展程度屬中下水準，有利中國以金錢外交來拓展關係。

---

[158] Brad Glosserman, "A 'New Type of Great Power Relations'? Hardly," *PacNet*, No. 40, June 10, 2013, pp. 1-2.

[159] Richard Bush, "US-China New Pattern of Great Power Relations," *PacNet*, No. 40A, June 12, 2013, p. 1.

[160] Denny Roy, "U.S.-China Relations: Stop Striving for 'Trust'," *The Diplomat*, June 7, 2013, pp. 1-3.

（一）南太平洋的地理環境

除了澳洲和印尼之外，所謂太平洋島國或南太島嶼分屬三個島群：密克羅尼西亞、美拉尼西亞（Melanesia）、波利尼西亞。這三個島群加上澳洲在地理上被稱為大洋洲（Oceania）（請參閱圖9-3）。

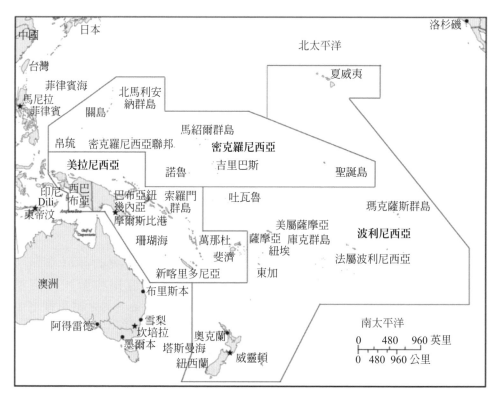

圖9-3　太平洋島國地圖

資料來源：Thomas Lum and Bruce Vaughn, "The Southwest Pacific: U.S. Interests and China's Growing Influence," CRS Report for Congress, June 6, 2007, p. 27.

1. 密克羅尼西亞群島

密克羅尼西亞島群一部分島嶼位於赤道以北，除關島和北馬利安納群島屬於美國之外，帛琉、吉里巴斯、馬紹爾群島、密克羅尼西亞聯邦和諾魯（Nauru）是獨立國家（請參閱圖9-3），而這四個國家除了密克羅尼西亞聯邦和吉里巴斯之外，其他二個目前均是中華民國的邦交國。

2. 美拉尼西亞群島

這個島群包括巴布亞紐幾內亞（Papua New Guinea）、索羅門群島（Solomon Islands）、萬那杜（Vanuatu）、斐濟（Fiji）等四個獨立國家，以及法屬新喀里多尼亞（請參閱圖9-3）。這四個國家均已經與中國建交。

3. 波利尼西亞群島

波利尼西亞群島涵蓋區域最廣，橫跨赤道，北至夏威夷、南至紐西蘭、東至智利的復活島。這個群島除了紐西蘭及其所屬島嶼、法屬波利尼西亞相關島嶼、英屬皮特凱恩群島、智利占領的復活島、屬於吉里巴斯的一些島嶼，以及美國的夏威夷、賈維斯島、強斯頓環礁、萊恩群島、豪蘭島、貝克島、美屬薩摩亞之外，有吐瓦魯（Tuvalu）、薩摩亞（Samoa）和東加王國（Tonga）三個獨立國家，加上庫克群島與紐埃兩個地位特殊的「國家」（請參閱圖9-3）。

（二）太平洋島國的面積、人口和經濟情況

1. 太平洋島國的土地面積和人口

（1）土地面積

太平洋十四個島國的總土地面積加起來不到55萬平方公里，其中最大的是巴布亞紐幾內亞，土地面積462,840平方公里；第二是索羅門群島，土地面積28,896平方公里；第三是斐濟，18,274平方公里；第四是萬那杜12,189平方公里；第五是薩摩亞2,831平方公里，其他九個島國土地面積無一超過900平方公里，其中吐瓦魯26平方公里、諾魯只有21平方公里。雖然這些島國土地面積不大，但他們卻控制相當大片水域，他們所擁有專屬經濟區高達770萬平方英里，因此2013年至2017年擔任美國助理國務卿的羅素就表示：「我們不要把他們看成小島國，他們是海洋大國。」[161]

（2）人口

這些島國的人口不多，人口最多的巴布亞紐幾內亞也只有700萬人口，其他十三個島國的人口均未超過100萬，其中諾魯不到1萬人，而人口最少的紐埃只有1,618人（請參閱表9-4）。

---

[161] Ethan Meick, Michelle Ker, and Han May Chan, "China's Engagement in the Pacific Islands: Implications for the United States," U.S.-China Economic and Security Review Commission Staff Tesearch Report, June 14, 2018, p. 2.

■ 表9-4

太平洋島國的面積、人口和經濟情況

國名	平方公里土地面積	人口	GDP（億美元）	人均GDP（PPP美元）	與中國邦交關係
帛琉	459	21,516	2.92	14,700	無
吉里巴斯	811	109,367	1.97	2,000	有
馬紹爾群島	181	75,684	1.96	3,600	無
密克羅尼西亞聯邦	702	103,643	3.28	3,400	有
諾魯	21	9,692	1.14	12,300	無
巴布亞紐幾內亞	462,840	7,027,332	198.2	3,700	有
索羅門群島	28,896	660,121	12.98	2,200	有
萬那杜	12,189	288,037	8.70	2,700	有
斐濟	18,274	926,276	48.91	9,800	有
吐瓦魯	26	11,147	0.40	3,800	無
薩摩亞	2,831	201,316	8.41	5,700	有
東加	747	106,398	4.55	5,900	有
庫克群島	236	9,038	2.999	16,700	有
紐埃	260	1,618	0.1001	5,800	有

資料來源：Central Intelligence Agency, "The World Factbook," <https://www.cia.gov/library/publications/the-world-factbook>；中華人民共和國外交部，〈中華人民共和國與各國見交關係日期簡表〉（截至2019年9月），〈https://www.fmprc.gov.cn/web/ziliao_674904/2193_674977/〉。

2. 太平洋島國的經濟情況

　　這些島國的GDP均相當小，最大的巴布亞紐幾內亞，GDP不到200億美元，最小的紐埃只有1,000萬美元。以購買力平價來估算的人均GDP，這些島國都是中低收入國家（請參閱表9-4），因此這些島國非常依賴外來援助。這此島國大都天然資源貧乏，而且飽受氣候變遷、海水上漲及暴風威脅，有些國家未來可能遭海水淹沒而滅國。然而，這些國家均擁有不小的專屬經濟區，而且西南太平洋是世界上鮪魚最豐富海域，因此這些國家享有豐富漁業資源。巴布亞紐幾內亞則得天獨厚擁有豐富天然氣、黃金、鎳和木材，索羅門群島的木材資源也相當豐富。

（三）太平洋島國的政治穩定性

1. 大都實行民主政治

這十四個島國因受西方殖民帝國統治影響，大都實行民主政治，而且自由民主的成績相當亮麗，根據自由之家2019世界自由度報告，吉里巴斯、馬紹爾群島、吐瓦魯、密克羅尼西亞、帛琉屬於世界上最民主自由國家的類別，自由度得分均在92分以上。最差的斐濟和巴布亞紐幾內亞也是部分自由國家，自由度得分分別是61分和64分。[162]

2. 部分國家的社會穩定潛藏危機

這些島國中只有巴布亞紐幾內亞、斐濟和東加王國擁有軍隊，其他國家均仰賴美國、澳洲和紐西蘭保護，其中馬紹爾群島、帛琉和密克羅尼西亞聯邦與美國訂有「自由聯合協定」（Compacts of Free Association），美國提供這三個國家經濟援助（以2015會計年度為例將近2億美元），美國負有防衛這三個國家義務，但享有否決這些國家採取與美國防衛這些國家不相符政策的權力，稱為「防衛否決權」（defense veto），也享有拒絕第三國戰略上和軍事上使用這三國土地的權利，稱為「戰略拒絕權利」（right of strategic denial）。此外，美國與馬紹爾群島簽署「軍事使用和運作權利協定」（Military Use and Operating Rights Agreement），由美國每年支付馬紹爾群島1,800萬美元，以取得在瓜賈林環礁試射飛彈（Kwajalein Missile Range）的權利。[163]至於庫克群島和紐埃則與紐西蘭具有「自由聯合」（free association）關係，這兩個國家人民享有紐西蘭公民權，可以自由進出紐西蘭。

這些島國中最大的巴布亞紐幾內亞遭受分離主義威脅，第二次世界大戰

---

[162] Freedom House, *Freedom in the World 2019: Democracy in Retreat* (New York: Freedom House, 2019).

[163] Thomas Lum and Bruce Vaughn, "The Pacific Islands: Policy Issues," CRS Report for Congress, February 2, 2017, pp. 8-9.

後併入巴布亞紐幾內亞的布甘維爾島（Bougainville），在地理和生態上屬於索羅門群島，一直尋求獨立而與巴布亞紐幾內亞陷入內戰，經紐西蘭調停於2001年簽署和平協議，原本訂於2019年6月15日舉行公投，由該島人民決定是否獨立，現在公投日期已經展延至10月，但是巴布亞紐幾內亞總理歐尼爾（Peter O'Neil）公開表示公投不具拘束力，最後結果取決於國會。如果布甘維爾島人民公投支持獨立，卻遭巴布亞紐幾內亞國會否決，可能引發新的內戰。[164] 除此之外，斐濟政局不穩，曾發生軍事政變，其他國家則面臨人口快速增加、快速都市化、年輕世代缺乏就業機會、醫療設施不足等可能造成未來社會不穩定的因素。[165]

三、中國之目的與作為

中國應「太平洋島國論壇」（Pacific Islands Forum, PIF）之邀，[166] 自1990年開始每年參加PIF對話。雖然中國過去基於打擊西方帝國主義考量，曾於1950-1960年代支持南太平洋殖民地獨立，但是這些島國距離中國相當遙遠，中國視他們為世界邊緣，過去並不重視此一地區。中國開始重視南太平洋乃是近十年事情。

（一）中國對南太平洋的利益

根據廣州中山大學大洋洲研究中心的喻長森、[167] 美中經濟暨安全審查委

---

[164] Grant Wyeth, "Delayed But Looming: The Question of Bougainville Independence," March 15, 2019, <https://republicofmining.com/2019/03/15/delayed-but-looming-the-question-of-bougainville- independence-by-grant-wyeth-the-diplomat-march-14-2019/>.

[165] Stewart Firth, "Instability in the Pacific Islands: A Status Report," Lowy Institute, June 2018, pp. 2-16.

[166] PIF成立於1971年8月5日，目的在於促進成員國在貿易、經濟發展、航空、海運、電訊、能源、旅遊、教育等領域的合作和協調，目前共有十八個會員國，即澳洲、紐西蘭、十四個島國、法屬波利尼西亞及法屬新克里尼西亞（原本是副會員，於2016年9月成為正式會員）及十一個觀察員，秘書處設於斐濟首都蘇瓦（Suva）。因為斐濟軍事政變，PIF於2009年5月宣布取消斐濟會籍，但大會於2014年10月24日決議恢復其會籍。

[167] Yu Chang Sen, "The Pacific Islands in Chinese Geo-Strategic Thinking," paper presented to the Conference on China and the Pacific: The View from Oceania, organized by National University of Samoa in Apia, Samoa, on February 25-27, 2015.

員會（U.S.-China Economic and Security Review Commission）和美國國會研究處（Congressional Research Service）的研究顯示，南太島國對中國具有經濟、外交、政治和戰略利益。

1. 經濟利益

(1)取得天然資源

如上所述，南太平洋漁業資源豐富。中國擁有最龐大的遠洋漁船隊伍，根據「中西太平洋漁業委員會」（The Western and Central Pacific Fisheries Commission）資料，中國在2016年共有418艘船在中、西太平洋捕鮪魚，比2010年的244艘增加174艘，成長速度驚人。[168]而巴布亞紐幾內亞礦產和木材資源豐富，中國對南太平洋島國最大投資案，乃是對該國鎳和鈷礦的投資案，投資金額高達14億美元。[169]

(2)確保貿易航線安全

中國已是世界上數一數二的貿易大國，中國商船隊伍龐大，而中國到南美洲及到澳洲和紐西蘭的貿易航線經過南太平洋。過去中國依賴美國來維護海上貿易航線安全，現在美國視中國為競爭對手，中國必須靠自己來確保貿易航線自由。

2. 外交利益

(1)擠壓台灣的外交空間

雖然南太平洋十四個島國中的巴布亞紐幾內亞、密克羅尼西亞聯邦、斐濟、萬那杜、東加王國、薩摩亞、庫克群島、紐埃、索羅門群島、吉里巴斯等十國已與中國建交，但是還有馬紹爾群島、帛琉、吐瓦魯和諾魯等四國和台灣維持邦交關係，南太平洋可說是台灣目前的外交重鎮，台海兩岸長期以來在南太地區展開激烈的外交戰。因為觀光是帛琉重要收入來源，而來自中國觀光客為數不少，北京於2017年11月禁止中國觀光客到帛琉旅遊，希望迫使帛琉與台灣斷交。雖然帛琉的案子沒有成功，但是北京成功地引誘索羅門群島於2019年9月16日與台灣斷交，同月20日吉里巴斯與中國建交。此外，北京促成巴布亞紐幾內亞於2018年2月降低與台灣的關係，將中華民國（台灣）駐巴布

---

[168] Meick, Ker, and Chan, "China's Engagement in the Pacific Islands," p. 9.

[169] Ibid., p. 7.

亞紐幾內亞商務貿易代表處改名為台北駐巴布亞紐幾內亞經濟文化辦公室，北京也成功地促使斐濟關閉台灣駐斐濟的代表處。

(2)爭取這些島國在國際上支持中國

雖然這些島國是小國寡民，但是其中十二個是聯合國會員國，與大國在聯合國大會投票權相同，而這些島國在特定議題上，諸如氣候變遷，有相當大影響力，因此中國想爭取這些島國的支持。

3. 政治戰略利益

(1)突破美國封鎖

中國要成為海洋強國，第一步是掌控第一島鏈以內水域，第二步是走出第一島鏈邁向遠洋，最終是要突破第二島鏈甚至第三島鏈與美國爭鋒。如上所述，北太平洋中國可以著力之處有限。南太平洋則不一樣，這裡的澳洲至多是中等強權，紐西蘭等而下之，其他十四個島國均是小國，而且經濟情況不佳，有些國家還負債累累。毛澤東曾說過「天下大亂、情勢大好」，南太島國的經濟困境、亟需外援，正好給予中國混水摸魚的機會，例如斐濟2006年發生軍事政變，導致澳洲、紐西蘭、美國和歐盟對斐濟祭出不同程度的制裁，迫使斐濟政府採取「北望」（Look North）政策，讓中國有機可趁來深化與斐濟關係，中國乃能於2012年在斐濟設立孔子學院。

(2)實現建立海洋強國夢想

北京希望從南太平洋突破美國第二島鏈的封鎖，喻長森表示「如果中國讓第二島鏈完封不動，則中國建立海洋強國的夢想難以實現」，[170]而南太平洋尤其是南太島國顯然是第二島鏈的軟腹。

(3)取得蒐集軍事情報的據點

關島是美國在太平洋的重要軍事基地，美國軍艦、潛艦常在這片水域活動，而且美國在馬紹爾群島設有飛彈試射基地，中國一方面需要取得南太平洋地區水文資料，以利其軍艦、潛艦進出這片水域，提升中國投射軍力能力，另一方希望偵測美國在此地區的軍事活動，例如中國科學家於2017年在馬里亞納海溝（Mariana Trench）靠近關島和雅浦島（Yap）處放置聲音感應器

---

[170] Yu, "The Pacific Islands in Chinese Geo-strategic Thinking," p. 16.

（Acoustic sensors），專家認為可用來偵測美國潛艦的活動。[171]

(4)為中國軍艦、船隻取得中途補給站

中國軍艦遠航頻率大增，中國科學研究船赴南極洲從事研究，需要補給、休憩的中途站，這些目的使中國想要在南太平洋建立基地。澳洲報紙曾報導中國與萬那杜協商在萬那杜設立軍事基地的消息，[172] 雖然中國與萬那杜政府均否認此消息，但這種可能性不能排除。事實上，中國投入5,400萬美元經費整建萬那杜的陸甘維爾碼頭（Luganville Wharf）已經於2017年完工，中國對萬那杜的援助還包括興建該國總理的辦公大樓、其他政府建築、體育館和會議中心及機場更新。換言之，北京對萬那杜下足功夫，不難誘使該國改變心意。

（二）中國的作為

中國擁有相當多的籌碼來擴大其在南太平洋地區的影響力。首先，中國在2017年已經超越南韓，成為南太十四個島國的最大貿易夥伴，雙邊貿易總額共82億美元，遠超過澳洲的50億美元及美國的16億美元。[173] 其次，中國人數眾多的觀光客，對依賴觀光收入的南太島國有很大吸引力，而且北京也毫不掩飾地以觀光客作為外交手段。第三，中國捨得花大錢，縱然當冤大頭也在所不惜。

1. 提供經濟援助

中國在2006年至2014年間提供南太島國各項援助總計17億美元，雖然遠少於澳洲的69億美元，但已經躍居第二名。中國援助大多採取優惠貸款方式，而且集中在基礎設施的整建項目。中國援助不會像西方國家會要求受贈國符合人權、民主、財務透明化條件，但中國會要求承包者是中國公司，而且至少一半以上材料必須來自中國。中國會選擇有利時機對特定國家重點援助，例如當斐濟受到西方國家制裁時，中國對斐濟援助大為增加，當斐濟於2016年遭熱帶暴風溫斯頓（Winston）重創時，中國提供該國730萬美元災難救濟。[174]

---

[171] Meick, Ker, and Chan, "China's Engagement in the Pacific Islands," p. 5.

[172] Ibid., p. 6.

[173] Ibid., pp. 7-8.

[174] Ibid., pp. 12-13.

2. 增加對南太國家投資

中國於2006年倡議成立「中國─太平洋島國經濟發展合作論壇」，簽署「中國─太平洋島國經濟發展合作行動綱領」，論壇於2013年11月在廣州召開第二次會議。北京已經公開宣布將「海上絲路」延伸涵蓋南太平洋，除了上述對巴布亞紐幾內亞鈷鎳投資案之外，中國近幾年來對南太投資大為增加。中國於2010年成立「中國─太平洋論壇合作基金」，以促進投資和經貿合作，中國投資項目包括魚產品加工、林業資源開發、礦產、家具生產等。[175]

此外，來自香港的博華太平洋國際控股公司已獲得北馬利安納群島政府二十五年許可，在塞班島（Saipan）蓋綜合娛樂度假村（包括賭場和酒店），賭場吸引不少中國觀光客，造就北馬利安納群島過去幾年大幅經濟成長。中國還計畫在該群島中的蒂尼安島（Tinian）蓋兩處大規模度假村，而渡假村所在地卻鄰近美國想將在琉球4,100名陸戰隊員移防該島的土地，未來勢必影響美國的軍事演練。中國的廣東絲路方舟投資有限公司也在斐濟興建總價5億美元的度假村。[176]

3. 藉參加南太區域組織以擴大影響力

除了參加PIF後論壇部長級對話（Pacific Islands Forum Post Forum Dialogue）之外，中國於2013年以觀察員身分參加太平洋島國發展論壇（Pacific Islands Development Forum）。對這兩個組織的運作，中國均提供經費支持，例如中國於2016年和2017年各捐助100萬美元以上給PIF秘書處。中國還是南太平洋觀光組織（South Pacific Tourism Organization）的唯一域外會員國。此外，中國援建美拉尼西亞先鋒集團（Melanesian Spearhead Group）秘書處設於萬那杜維拉港（Port Vila）的辦公大樓、支付會議所需經費及職員薪水。

4. 提供軍事援助

如上所述，南太島國中只有巴布亞紐幾內亞、斐濟、東加王國擁有軍隊。中國與這三國的軍事交流日漸升溫，中國不僅幫忙訓練這三國的軍官、邀請島國與加勒比海地區國家資深軍官與中國軍官進行雙年會交流，中國還於2016

---

[175] 人民網，「中國與太平洋島國合作回顧與展望」，《半島網》，2019年2月26日，〈http://news.bandao.cn/a/192503.html〉。

[176] Meick, Ker, and Chan, "China's Engagement in the Pacific Islands," pp. 10-11.

年贈送44輛軍車給巴布亞紐幾內亞，2017年又贈送62輛軍車（含10輛裝甲車）總額550萬美元給該國。其他的交流包括和平方舟軍事醫療船於2014年訪問巴布亞紐幾內亞、斐濟、東加和萬那杜，並提供義診；中國海軍軍艦編隊於2016年12月訪問斐濟、2017年6月訪問萬那杜。

5. 高層訪問

　　習近平掌權以來已經兩次訪問南太平洋島國。第一次是2014年，這也是中國最高領導人首次訪問南太島國。在那一次訪問中，中國將與八個島國的關係均提升爲戰略夥伴關係（strategic partnership），承諾經由海上絲路倡議來深化經濟合作、取消中國自低發展島國輸入的97%產品之關稅、增加高層雙邊交流、五年內提供2,000名獎學金及5,000個到中國訓練的機會。習近平於2018年底到巴布亞紐幾內亞參加APEC高峰會時，再度與八個有邦交島國領袖舉行會談，而島國元首訪問中國更是絡繹於途。

四、美國的反制措施

　　中國在南太平洋擴張影響力似乎一帆風順，但並非毫無風險。首先不少南太國家財政狀況相當差，還債能力低。根據國際貨幣基金會資料，薩摩亞和東加王國是外債壓力的高風險國家，其中薩摩亞的外債已經高達該國GDP的52%、東加王國42%，其他島國情況也不見得好到哪裡。然而，這些國家的債務困境對中國也不見得不利，因爲中國可利用與這些島國重新談判債務，來迫使這些國家對中國作出政治讓步，包括在聯合國支持中國，甚至要求這些國家疏遠美國、澳洲和紐西蘭。其次，這些島國因爲民主價值和歷史關係而親近美國、澳洲等西方國家，對這十年來蜂擁而來的中國移民產生排斥感，索羅門群島、巴布亞紐幾內亞和東加王國過去均發生過反華暴動。第三，也是最嚴重的中國在南太平洋攻城掠地已經驚動美國、澳洲、紐西蘭，甚至日本和印度。如果這些民主大國聯手制約中國，將大爲增加中國在南太擴張勢力的難度。

（一）美國過去忽視此地區

　　雖然南太平洋對美國戰略地位相當重要，但美國過去並未給予此地區應有的重視，例如十個與中國有邦交島國，美國沒有設立任何大使館，原因在於過去並沒有明顯外患，而且該區域的大國澳洲和紐西蘭是美國盟邦。從美國觀點，南太平洋是澳洲和紐西蘭責任區，美國雖然提供這些島國援助，但大都集中在與美國簽署自由聯合的三個島國。

（二）美國已經開始有危機感

面對中國在此地區影響力大增的挑戰，美國開始擔心馬紹爾群島、帛琉和密克羅尼西亞聯邦會在中國引誘下，與美國終止自由聯合關係，或是任何一個島國允許中國在他們國內設立軍事基地，因此美國自歐巴馬政府時代開始對南太平洋島國給予更多關注，例如柯林頓國務卿於2012年親自出席太平洋島國論壇年會，這是美國國務卿首次參加此一會議；接任的國務卿凱利於2013年在聯合國與島國領袖會談，承諾與這些島國合作來因應氣候變遷問題；凱利還於2014年訪問索羅門群島，關切該國遭受洪災破壞；歐巴馬總統則於2015年參加巴黎氣候變遷會議時，與吉里巴斯、馬紹爾群島和巴布亞紐幾內亞領袖會談。

（三）依賴其他盟國

雖然美國對中國擴大影響力開始有危機感，但是美國仍然高度仰賴澳洲、紐西蘭甚至日本這些盟國，來制約中國在此一地區的發展。

1. 澳洲的作為

澳洲是南太平洋最富有和強大國家，他一向把南太平洋當成其勢力範圍，澳洲總理莫里森（Scott Morrison）已公開表示南太平洋是澳洲的管轄區（This is our patch）。[177]而且將維持南太平洋的和平穩定當成其職責所在，因為澳洲五條貿易航線中的三條經過太平洋，而且如果南太島國發生動亂，造成難民潮可能湧向澳洲。長期以來澳洲對南太島國行使的是父權政策，他對南太島國的政經體系及社會和文化發展有其構想和計畫，因此坎培拉過去對台海兩岸在南太地區從事支票簿外交（checkbook diplomacy）競爭頗有微詞，但是近年來澳洲已不再反對台灣的援助作為，因為中國在南太之目的已經不光是要擠壓台灣外交空間，甚至有意取代澳洲在南太平洋的老大地位，所以台灣反而成為澳洲制約中國擴張的夥伴。

(1)增加對南太平洋島國的援助

澳洲原本就是南太平洋島國的最大援助國，目前對此地區島國援助金額仍

---

[177] Julia Hollingsworth, Jason Kwok and Natslie Leung, "Why China Is Challenging Australis for Influence over the Pacific Islands," *CNN*, July 22, 2019, <https://edition.cnn.com/2019/07/22/asia/china-australia-pacific-investment-intl-hnk/index.html>.

然遙遙領先中國，而且澳洲決定增加援助金額，並調整援助的方向。過去澳洲的援助偏向教育、衛生、治理方面，很少投到基礎建設。莫里森於2018年11月宣布提供15億美元基礎建設基金，來幫助南太島國。

(2)防阻中國在南太設立軍事基地

根據羅伊研究所的民意調查顯示，55%澳洲人民認為中國如果在南太平洋設立軍事基地，將是對澳洲生存利益（vital interest）的極度威脅。澳洲總理對傳聞中國要在萬那杜設軍事基地，已經公開警告中國，澳洲絕不能接受的堅決立場。此外，美國、澳洲、巴布亞紐幾內亞於2018年宣布，三國將合作在馬努斯島（Manus Island）開發一個軍港。[178]

(3)加強與美國、紐西蘭和法國合作

澳洲、美國、紐西蘭和法國成立四方防衛協調團體（Quadrilateral Defense Coordination Group），以提升在南太平洋海洋安全的協調合作。法國在2019年與澳洲簽約銷售12艘新潛艦給澳洲。[179]

2. 紐西蘭的作為

紐西蘭因為血緣、歷史及地緣戰略考量，非常關心南太平洋島國及整個區域的和平穩定，因此紐西蘭也是對南太島國的重要捐助國。事實上，紐西蘭60%對外援助是用在西南太平洋地區島國。紐西蘭於2018年宣布採取「太平洋再開始」（Pacific Reset）政策，加強對南太島國交流和援助，以達到三年援助10億美元目標。[180]

3. 法國

法國自稱是一個太平洋國家，原因在於他在波利尼西亞島群的一些領土和屬地。法國過去因在南太平洋作核測試而與南太國家關係不佳，但在1996年停止核試爆之後，法國與太平洋島國關係逐漸改善，法國在此地區還駐紮兵力2,800名及7艘軍艦，而且如上所述，法國是四方防衛協調團體成員之一，也是對南太島國的重要捐助國。

---

[178] Ibid.

[179] Thomas Lum and Bruce Vaughn, "The Pacific Islands: Policy Issues," *CRS Report for Congress*, February 2, 2017, p. 17.

[180] Ibid.

4. 其他國家

日本、印度、印尼和俄羅斯等國對南太平洋的重視也逐漸增加。日本也是對南太國家重要捐助國之一；印尼則採取「東望政策」（look east policy），因爲南太島國本就是印尼的鄰邦，而這些鄰邦一直批評印尼的人權問題，印尼有需要改善印尼在南太國家心中的形象。印度則將其「東進政策」（Act East）從東南亞延伸到南太地區，據報導，印度想在斐濟設衛星追蹤站。台灣對南太地區的關切不辯自明，因爲這是其外交重鎭所在，而台灣也是南太島國重要捐助國之一。這些國家均是美國制約中國在南太平洋擴展勢力的合作夥伴。2018年11月18日，美國、澳洲、日本、紐西蘭、巴布亞紐幾內亞公布一項合作計畫，在2030年要爲巴布亞紐幾內亞70%人口提供電力，顯然是要制約中國對該國日增的影響力。據報導俄羅斯已經運送武器及派軍事顧問至斐濟，以幫助斐濟訓練軍隊，[181] 俄羅斯也想插腳南太則對美國不見得是好事。

貳、美國與中國在印度洋的競爭

相較於太平洋，美中在印度洋的競爭更爲激烈，只是美國在印度洋比不上太平洋所擁有優勢。美國目前在印度洋的吉布地、英屬迪戈加西亞島（Diego Garcia）和巴林（Bahrain）有軍事基地，其中巴林是美國第五艦隊（United States Fifth Fleet）司令部所在，巡防範圍包括波斯灣（Persian Gulf）、紅海（Red Sea）、阿拉伯海（Arabian Sea），及部分印度洋水域。

一、美國在印度洋的利益

美國在印度洋地區具有經濟、政治和安全戰略利益，而經濟利益則會連帶影響政治和安全利益。

（一）經濟利益

1. 中東石油

美國是世界上最大石油消耗國，過去曾是世界上最大石油進口國，因此美國過去將中東石油視爲美國的生存利益之一。美國卡特總統（Jimmy Carter）在他1980年國情咨文（State of the Union Address）中，曾表示「任何外力試

---

[181] Ibid.

圖控制波斯灣地區將被視爲對美國生存利益的攻擊」，[182]此一聲明被稱爲卡特主義（Carter Doctrine）；老布希總統促成聯合國部隊於1991年1月17日發動波斯灣戰爭，迫使伊拉克自科威特撤軍，重要原因之一就是石油；小布希總統與英國、西班牙等國組成聯軍，於2003年3月20日發動對伊拉克戰爭，石油依舊是一項重要考量。

雖然美國拜油頁岩開採技術之助，石油產量大增，於2013年已經超越沙烏地阿拉伯和俄羅斯，成爲世界上最大產油國，對進口石油的依賴已經大減，從2005年的60%，降到2016年的25%，但美國從現在至2050年，每天仍需要進口650萬至800萬桶石油，[183]中東石油對美國的戰略重要性仍然相當高。

2. 海洋航線安全

印度洋是世界上最重要海運航路，世界上三分之二的石油運輸、三分之一的貨物運輸均運經印度洋，中國80%、日本90%、南韓90%的原油輸入經過印度洋，[184]雖然美國對進口原油依賴下降，其進口原油不少仍須經過印度洋，所以維護美國取得能源供應、促進美國與印度洋沿岸國家貿易、維持印度洋海上航行自由、打擊海盜以確保海洋航線安全，是美國對印度洋地區的利益。

（二）政治利益

美國希望維持基於規範的印度洋秩序，以維護該區域穩定，也希望與志同道合的國家合作，來促進包括法治、人權、民主和宗教自由在內的共同價值。[185]

（三）安全和戰略利益

美國是海權國家，奉行馬漢海權論和史比克曼邊緣地帶理論。美國在冷戰期間採取圍堵政策阻止蘇聯向外擴張，但是蘇聯對美國的全球霸權不構成威脅，雖然蘇聯也加強發展海軍，但蘇聯不具備發展海權的其他配合條件（地理、貿易、財力等），無法逃脫陸權國家的宿命。今日的中國則完全不同，經

---

[182] Congressional Research Service, "China-India Great Power Competition in the Indian Ocean Region: Issues for Congress," CRS Report for Congress, April 20, 2018, p. 8.

[183] Ibid.

[184] Ibid., p. 2.

[185] Ibid.

濟能量緊追在美國之後，而且已經成為數一數二的世界貿易大國，國防預算年年增加，軍力尤其是海軍力量大幅提升，地理條件雖然不完美，但比蘇聯好很多，最重要的是中共政權將建設海洋強權當成積極追求目標，中國所推動的「一帶一路」策略將陸權與海權結合，如果推行成功中國將成為主宰歐亞陸塊霸主，而且中國將在海洋與美國爭霸，除了南海地區在內的第一島鏈以內水域，印度洋將是美中海洋爭霸最激烈地區。美國作為傳統海權國家，自第一次世界大戰以來就主宰海洋，很難接受另一海權崛起來挑戰甚至想要取代美國的海洋霸權，所以美國認為中國是美國所面臨的空前挑戰。

1. 防止中國主宰印度洋地區

美國的政策是防止印度洋地區被任何強權或強權聯盟所主宰，目前最有實力主宰印度洋來挑戰美國的是中國。

2. 打擊海盜和國際恐怖主義

印度洋尤其是麻六甲海峽和亞丁灣附近是海盜最猖獗地區，中東和南亞是恐怖主義攻擊的高風險地區，也是恐怖主義團體運作所在，美國要防止恐怖主義團體在印度洋地區建立運作基地，威脅美國國土安全和人民生命財產，美國也積極打擊海盜（包括在亞丁灣護航），以維護海運安全。

3. 防止核武擴散和印巴戰爭

印度洋沿岸已有印度和巴基斯坦兩個核武國家（以色列有核武但不是印度洋國家），伊朗正在積極發展核武，美國希望阻止伊朗發展核武。印度和巴基斯坦是世仇，兩國在1998年試爆核武後同時成為擁核國家。冷戰期間，因為印度倒向美國，所以美國支持巴基斯坦，但在蘇聯瓦解之後，雖然印度仍然維持與俄羅斯的良好關係，但是已經大幅修正其外交政策，加強與美國的安全合作，而美國與巴基斯坦關係卻漸行漸遠，尤其是美國在2011年5月派特種部隊進入巴基斯坦獵殺賓拉登（Osama bin Laden）成功，但是事先未知會巴基斯坦政府，顯示美國對巴基斯坦政府高度不信任，而且也侵犯巴國主權，這造成美巴兩國關係中的裂痕，巴基斯坦越來越靠向中國。

印度和巴基斯坦這兩個南亞最大國家，因為歷史恩怨及克什米爾領土主權爭端，武裝衝突自1947年爆發第一次印巴戰爭以來幾乎從未中斷，例如2019年2月26日印度空軍空襲巴基斯坦，以報復該月14日印度後備警察部隊車隊在查幕斯林納加高速公路（Jammu Srinagar National Highway）行駛，遭到在巴基斯坦活動之伊斯蘭武裝組織攻擊的死傷慘重事件。因為印、巴兩國長期衝突不斷，而且兩國均擁有核武，因此布里辛斯基所指從南亞到中東的危機弧形地帶（arc of crisis），印巴衝突可能是其中最危險的一環。[186] 美國希望避免印巴再度爆發大規模戰爭，因為戰爭會導致區域不穩定，且會衝擊美國對南亞及印度洋的戰略布局。

（四）美國在印度洋的作為

美國為維護其在印度洋利益所採取的措施，包括將太平洋司令部責任範圍擴大涵蓋印度洋、增加在澳洲北部駐紮海軍陸戰隊數目、增加與南亞國家的安全合作，但是美國印度洋策略之核心是強化與印度的戰略合作關係。

1. 強化美、印戰略合作關係

印度號稱是世界上最大民主國家（以人口計），與美國同屬民主陣營，而且印度因為陸地邊境領土主權爭端、中國與印度世仇巴基斯坦的鐵桿戰略夥伴關係、中國在聯合國維護反印度的恐怖主義團體、中國對西藏打壓及1962年印中戰爭挫敗的羞辱記憶而對中國深具敵意。一位中國學者指出，印度對中國還有一種「不服氣、心理不平衡」的情結，[187] 想與中國競爭。更重要的是，印度自認是南亞區域霸權，甚至自認繼承英國而視印度洋為其勢力範圍，因此當中國積極拉攏斯里蘭卡、孟加拉、尼泊爾、馬爾地夫等南亞國家，以及中國海軍力量進入印度洋，被印度視為是在挑戰他在南亞和印度洋傳統領導地位。印度是南亞最重要和最大國家，他和中國的矛盾使他成為美國在印度洋制約中國之最好合作對象。川普總統在他第一本國家安全戰略報告書指出，美國在南亞最優先行動乃是「深化美國與印度的戰略夥伴關係，和支持他在印度洋安全及整個更大區域的領導地位。」[188]

美國在2016年6月將印度定位為主要防衛夥伴（major defense partner），其地位等同美國最密切的盟邦和夥伴國家，兩國自2018年9月起開始舉行「美印2+2部長級對話」（U.S.-India 2+2 Ministerial Dialogue），以增加彼此的

---

[186] Iskander Rehman, "Arc of Crisis 2.0?" *The National Interest*, March 7, 2013; and Ben Farmer, "Kashmir Crisis: Will Nuclear-armed Pakistan Go to War with India Again?" *The Telegraph*, August 8, 2019.

[187] 衛靈，《冷戰後中印關係研究》（北京：中國政法大學出版社，2008年），頁216。

[188] Trump, "National Security Strategy of the United States of America," p. 50.

了解及共同維護自由開放印太地區的基本原則。美印兩國還於2018年9月6日簽署「溝通協調暨安全協議」（Communications, Compatibility and Security Agreement），以促進兩國軍事交流、情報分享。兩國在海洋安全及MDA、反恐及打擊海盜，及其他跨國議題上合作程度日增。兩國海軍自1992年開始舉行的馬拉巴（Malabar）海上聯合軍事演習，進行海上救援及聯合反恐演練，日本已經於2015年加入成爲該演習的固定成員，而且演習地點也由印度洋擴大到西太平洋輪流舉行。此外，如上所述，印度與美國均是QUAD的成員國。

美國國防部於2012年推出防衛科技和貿易倡議（Defense Technology and Trade Initiative, DTTI），以克服困難來增進友好國家的防衛科技、國防工業，美國已經將印度納入此倡議，美國增加與印度在防衛科技、工業對工業的連結，及尋求在防衛系統上共同發展和共同生產的機會。美國於2018年賦予印度在美國戰略貿易授權法案（Strategic Trade Authorization）第一級地位（tier 1 status），亦即印度可以自由採購由美國商務部（Department of Commerce）所規範的所有武器和軍民兩用科技。[189]美國對印度軍售自2008年開始已經累計達160億美元。[190]

然而，美國與印度要深化戰略夥伴合作關係存在一些問題。首先，如上所述，印度在冷戰期間倒向蘇聯，與美國關係並不密切，印度對美國有相當程度的不信任感。其次，印度迄今仍與俄羅斯維持相當友好關係，印度雖然自美國採購武器，但是印度還繼續自俄羅斯引進先進武器，例如印度於2018年10月與俄羅斯簽約購買俄製S-400先進地對空飛彈，引起美國反彈。第三，印度雖然討厭中國，但相當畏懼中國，新德里不想被當成美中全球爭霸中的一個棋子。第四，印度在冷戰期間推動不結盟運動（non-alignment movement），因此印度強調戰略自主性，使印度對QUAD的方向和目標與其他三國不見得相同，例如莫迪應邀在2018年香格里拉對話會發表基調演說，他表示「印度不把印太地區當成戰略，或少數成員的俱樂部，不是一個尋求主宰的集團，也不是要針對任何一個國家……而是包含所有國家共同追求進步和繁榮的地區」，[191]顯然對美國要圍堵中國的戰略有所保留。一位中國學者指出：印度

---

[189] U.S. Department of State, "U.S. Security Cooperation with India," June 4, 2019, <https://www.state.gov/u-s-security-cooperation-with-india/>.

[190] He Department of Defense, the United States, "Indo-Pacific Strategy Report," p. 34.

[191] Ministry of External Affairs, Government of India, "Prime Minister's Keynote Address at

「強烈的大國意識、獨立的對外政策、多元化的國內政治以及長期不信任美國的歷史糾葛決定了印度不會盲目依附美國」，「在亞洲不會甘心充當美國戰略布局中的小夥伴」。[192] 然而。美國與印度面對中國崛起的共同威脅，確實不斷加強安全合作，只是印度無疑是四方安全對話機制中的一個不確定成員。

2. 加強與南亞其他國家合作

(1)斯里蘭卡

斯里蘭卡戰略位置相當重要，他成為中國在印度洋首先攻陷的國家，因為該國已經將漢班托特港租給中國九十九年。中國在斯里蘭卡的動作引起美國和印度等國的關切。美國與斯里蘭卡在2016年建立夥伴對話會，美國國防部自2015年開始加強與斯里蘭卡的軍事交流，美國尼米茲號航空母艦戰鬥群於2017年訪問斯里蘭卡，這是美國航母三十年來首次訪問該國，美國其他軍艦訪問斯里蘭卡的次數大為增加。美國自2011年開始與斯里蘭卡舉行雙邊卡拉特（CARAT）軍事演習，美國還邀請斯里蘭卡於2018年8月參加環太平洋海軍演習。此外，美國國務卿龐佩歐於2018年8月宣布提供斯里蘭卡海洋援助經費。

(2)孟加拉和馬爾地夫

孟加拉和馬爾地夫均是中國在印度洋極力爭取的國家，其中馬爾地夫是中國債務陷阱外交的受害國，但是因為印度出面提供金援14億美元，讓馬爾地夫可以償還中國的債務，扭轉馬爾地夫不得不親中的困境。美國也在2018會計年度外國軍隊融資（Foreign Military Financing）計畫下，提供馬爾地夫700萬美元，來提升該國海洋安全的能力。至於孟加拉，美國印太司令部與孟加拉軍隊每年有定期雙邊對話，美國也將孟加拉納入海洋安全倡議計畫。

3. 與其他強權合作

除了印度之外，美國希望澳洲、日本，甚至法國可以為維護印度洋穩定、遏制中國在此地區的擴張盡一些力量。日本相當積極配合美國政策，例如日本

Shangri La Dialogue (June 01, 2018)," June 1, 2018, <https://www.mea.gov.in/Speeches-Statements.htm?dtl/29943/Prime+Ministers+Keynote+Address+at+Shangri-La+Dialogue+June+01+2018>.

[192] 慕永鵬，《中美印三邊關係—形成中的動態平衡體系》（北京：世界知識出版社，2010年），頁206。

加賀號護衛艦於2018年9月底至10月初訪問斯里蘭卡，兩國海軍還舉行聯合軍事演習。美國、日本、澳洲和法國則在2019年5月在孟加拉灣舉行名為拉彼魯茲（La Perouse）的聯合軍事演習。

　　日本與印度合作關係尤其亮眼，兩國於2000年建立「日本和印度全球夥伴關係」（Global Partnership between Japan and India），2006年提升為「全球和戰略夥伴關係」（Global and Strategic Partnership），安倍表示「一個強大印度是日本最佳利益，一個強大日本是印度最佳利益」，所以他於2012年復出擔任首相之後，決定積極提升日本安全合作關係，例如日本同意出售US-2I兩棲搜救飛機給印度，這是日本戰後首次銷售武器給其他國家，日本也同意幫助印度提升國防工業。[193]印度總理莫迪於2014年9月到日本進行國是訪問，與安倍首相高峰會時同意進一步提升兩國關係為「特殊戰略與全球夥伴關係」（Special Strategic and Global Partnership）。在安全領域，印度總理辛格（Manmohan Singh）於2008年10月訪問日本時，與日本首相麻生太郎發表「日本和印度安全合作聯合聲明」（Joint Declaration on Security Cooperation between Japan and India），後續發展包括建立2+2對話機制（2+2 Dialogue）、防衛政策對話（Defense Policy Dialogue）、軍隊對軍隊會談（Military-to-Military Talks）、岸防部隊對岸防部隊合作（Coast Guard-to-Coast Guard Cooperation）。

　　在經濟關係方面，安倍首相於2014年9月訪問印度，兩國設定至2019年加倍日本對印度投資目標，而且印度成為日本對外發展援助（Official Development Assistance）計畫下的最大受援助國。[194]日本自2014年以來每年平均投資印度50億美元，2015年12月日本擊敗中國取得印度高速鐵路建造權，兩國於2017年7月簽署協議在和平使用核能上共同合作。從印度角度，日本是可以幫助印度擺脫對中國經濟依賴的夥伴。[195]

　　日本與印度的合作還延伸到其他國家。首先，日本參與印度對伊朗查巴哈港口（Charbahar）計畫，此計畫包括查巴哈港口的建設和設施運作、建立經

---

[193] Thomas F. Lynch, "The Growing Entente between India and Japan," *The National Interest*, February 14, 2019,

[194] Ministry of Foreign Affairs of Japan, "Japan-India Relations (Basic Data)," August 5, 2019, <https://www.mofa.go.jp/asia-paci/india/data/html>.

[195] Lynch, "The Growing Entente between India and Japan."

濟特區連結伊朗、阿富汗和中亞的鐵公路，這是對中國推動的中國—巴基斯坦經濟走廊的競爭計畫。其次，印度支持日本在緬甸的投資，日本一直把緬甸當成東南亞和印度洋的重要戰略國家，因此加強對該國投資、提供經濟援助、改善基礎設施，日本政府於2016年宣布提出77億美元經費幫助緬甸未來十年發展。[196]

　　日本與印度成為合作夥伴相當自然，兩國不管在經濟和戰略上均具有共同利益和互補關係，印度期望日本轉移科技幫助印度發展造船工業、太空計畫、國防工業，日本視中國的強勢外交和擴張政策為對日本的戰略威脅，日本願意幫助印度提升軍事力量，以在南亞牽制中國，印度對中國的擴張同樣深感不安，而日本在東亞同樣可以減輕中國在南亞對印度的壓力。印度需要日本的資金和技術，而印度快速成長的經濟和眾多人口的市場潛力吸引日本的投資，尤其中國投資環境日漸惡化加上反日情結，日本需要尋找替代投資地方，印度可彌補此缺口。雖然日本無法取代美國在印度洋的角色和地位，但是日本和印度合作，將可輔助美國在印度洋維持區域穩定的承諾與目標。[197]

參、中國的作為

　　雖然中國過去已經認知到美國是在圍堵中國，但是認為中美兩國存在許多共同利益，因此仍大有合作可能性。習近平於2015年9月在西雅圖（Seattle）發表演說時，強調沒有「修昔底德陷阱」的存在，[198]他於2017年4月6日在川普總統位於佛羅里達州（Florida）的海湖莊園（Mar-a-Lago）舉行兩國高峰會時，強調「中美兩國關係好，不僅對兩國和兩國人民有利，對世界也有利。我

---

[196] Ibid.

[197] Ibid.

[198] 修昔底德是雅典（Athens）的歷史家和將領，他所撰寫的《奔羅波尼西亞戰爭史》（*History of the Peloponnesian*），記載和分析雅典和斯巴達（Sparta）在公元前五世紀初的戰爭，指出兩國間會發生戰爭，是因為雅典國力增強，造成斯巴達的害怕。這是權力轉移理論的重要根據，因此修昔底德被認為「現實主義」（realism）之父。美國「哈佛大學甘迺迪學院」（The Kennedy School of Government, Harvard University）創院院長艾利森（Graham Allison）是首位將「修昔底德陷阱」現象適用到美中關係的學者。請參閱 Graham Allison, "The Thucydides Trap: Are the U.S. and China Headed for War?" *The Atlantic*, September 24, 2015, <http://www.theatlantic.com/international/archive/2015/09/united-states-china-war-thucydides-trap>。

們有一千條理由把中美關係搞好，沒有一條理由把中美關係搞壞」。[199]過去中國學者形容中美關係的口頭禪是「好不會好到哪裡，壞也不會壞到哪裡」，現在則充滿悲觀，認為中美關係好依舊不會好到哪裡，但是壞則不知道會壞到哪裡。一位中國學者指出「競爭和博奕將成為中美關係的新常態，這種競爭是全方位、多領域、經常性的」。[200]不少學者已經開始用新冷戰（new cold war）字眼來形容當前的美中關係，他們認為美中兩國正逐漸走入此一陷阱。阿特已經預測，美國與中國「在未來幾十年將不能避免特定層次上的衝突關係和政治摩擦（conflictual relations and political friction）。」[201]艾利森更悲觀地認為美國與中國發生戰爭可能性比認知的更高。[202]

美國視中國為競爭對手，是對美國的最大威脅，因此採取圍堵（中國學者用遏制字眼）中國策略，而且美國不僅自身全力打壓中國，包括發動貿易戰、增加國防預算、增加印太地區軍力部署，而且還拉幫結夥來對付中國，強化在印太地區同盟體系、加強與志同道合國家安全合作、鼓勵法國和英國等國家重返亞太，來共同圍堵中國。

一、中國的目的

（一）突破美國封鎖

既然中國已經深刻體會美國的目標是圍堵中國，包括發動對中國的貿易戰，目在都是要打垮中國，中國已經無法避戰，因此就如中國國防部長魏鳳和在新加坡香格里拉對話會演講時所強調，中國的立場是「要談，大門敞開；要打，奉陪到底」。[203]雖然中國擺出應戰的強硬姿態，事實上中國並不想如此早與美國攤牌，因此如何突破美國圍堵乃是中國在短、中程未來的當務之急，北邊與蘇聯打好關係、西邊努力經營中亞各陸鎖國關係，以及在印度洋尋求突

[199] 謝鵬、俞懋峰，〈世界為何矚目中美海湖莊園會晤〉，《中國軍網》，2017年4月9日，〈http://www.81.cn/big5/jmywyl/2017-04/09/content_7556042.htm〉。

[200] 陶文釗，〈美國對華政策的深度調整〉，《和平與發展雙月刊》，第2期，2018年，頁10。

[201] Art, "The United States and the Rise of China," p. 360.

[202] Allison, "The Thucydides Trap."

[203] 中國評論通訊社，〈魏鳳和香會演講全文為和平合作而來〉，新加坡，2019年6月2日，〈http://hk.crntt.com/crn-webapp/touch/detail.jsp?coluid=1&kindid=0&docid=105444748〉。

破，[204]乃是中國的策略考量。

（二）維護海上生命線安全

在所有海洋通道中對中國最重要也最脆弱的是麻六甲海峽，因此中國力求克服「麻六甲困境」。如上所述，中國約80%的進口石油之海洋運輸取道麻六甲海峽，中國輸往歐洲、非洲、中東日增的產品也是要通過該海峽，而該海峽是狹窄擁擠的水道，如果發生船隻意外可能癱瘓海峽之航運，如果中國與美國發生敵對衝突，美國很輕易就可在該地區拿捕運往中國之油輪，而且麻六甲海峽附近是世界上海盜出沒最頻繁水域，影響海運安全，中國還要擔心國際恐怖主義可能攻擊，中國高度依賴麻六甲海峽所形成的脆弱處境，據說被胡錦濤稱為「麻六甲困境」。[205]

（三）實現兩個百年目標

突破美國封鎖和維持海上生命線安全，是為了生存和發展，最終目標則是實現習近平所提出的「中華民族的偉大復興」，近期目標是在2020年將中國「全面建成小康社會」，中期目標是在2035年「基本實現社會主義現代化」，遠程目標是在2050年把中國建成「富強民主文明和諧美麗的社會主義現代化強國。」[206]

二、中國做法

（一）淡化中國威脅論

中國的外交努力，目的之一在於淡化中國威脅論。如上所述，中國近幾年來刻意改善對周邊國家關係。習近平頻頻出訪，在他的第一任期內共出訪28次，訪問五十六個國家和主要國際組織，和七十多個國家和國際組織提升關

---

[204] Oriana Skylar Mastro, "Ideas, Perceptions, and Power: An Examination of China's Military Strategy," in Ashley J. Tellis, Alison Szalwinski, and Michael Willis (eds.), *Power, Ideas, and Military Strategy in the Asia-Pacific* (Washington, D.C.: The National Bureau of Asian Research, 2017), p. 41.

[205] Chen Shaofend, "China's Self-Extrication from the 'Malacca Dilemma' and Implications," *International Journal of China Studies*, Vol. 1, No. 1, January 2010, p. 2.

[206] 請參閱習近平對中共十九大報告全文。

係，建立夥伴關係的國家數目增加到一百個左右。[207]

（二）化解麻六甲困境

為了克服「麻六甲困境」，中國採取以下幾種非軍事對策：1.提高能源效率以減少能源之消耗、推動低能源消耗之產業、開發綠色能源等；2.分散石油的進口來源，例如增加對俄羅斯及中亞國家之進口，建造與俄羅斯和哈薩克之石油管線；3.避開麻六甲海峽，考慮的措施包括建造由巴基斯坦的瓜達港（Gwadar）連接到新疆、上海之石油管線、在泰國之克爾海峽（Kur Strait）建運河直通印度洋、從伊朗建石油管線經過巴基斯坦和印度到中國、從緬甸建石油和天然氣管線到中國之昆明，其中緬甸和中國已經於2009年3月27日就建造連接兩國之石油和天然氣管線簽約，於2013年完成。縱然採取這些對策，而且全部可以付諸實施，依舊難以解決中國對麻六甲海峽之依賴；4.增加對中國陸地和海洋石油和天然氣的探勘。

（三）推動一帶一路策略

如前所述，中國推出一帶一路策略的目的之一在於突破美國的威脅，其他目的包括確保取得戰略資源、為中國產品開拓新市場、為中國生產過剩的建築材料找出路，以及為中國海權發展鋪路。BRI增加沿線國家對中國的經貿依賴，鼓勵他們在美中爭霸過程中倒向中國，海上絲路尤其經過印度洋的路線則與中國的海上生命線相呼應（請參閱圖9-4）。

---

[207] 李忠發、劉華，〈中美元首會晤，攜手共答中美關係未來之問〉，中華人民共和國國防部，2017年11月8日，〈http://www.mod.gov.cn/big5/shouye/2017-11/08/content_4796922_4.htm〉。

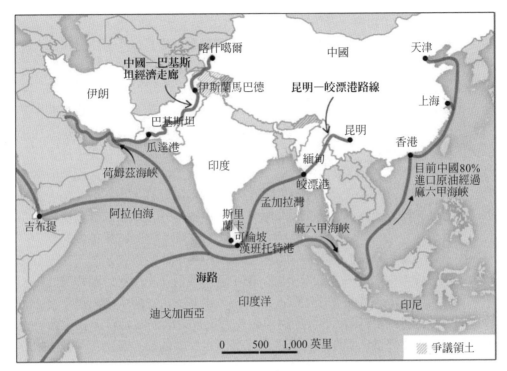

圖9-4　中國海上絲路路線圖

資料來源：Specialist in Asian Affairs, "China-India Great Power Competition in the Indian Ocean Region: Issues for Congress," CRS Report, April 20, 2018, p. 19.

（四）鼓吹民族主義及加強社會控制

　　兩強相爭一向是兩敗俱傷，必須先穩定內部才能立於不敗之地。對美國的貿易戰，雖然依舊是兩敗俱傷格局，但根據各國智庫和學者專家評估，美中貿易戰對中國傷害遠大於美國。例如日本瑞穗金控評估，如果貿易戰導致美中貿易量下降20%，中國GDP成長會向下修正3.0%、美國則下修0.9%。[208]而彭博新聞社（Bloomberg News）對16位分析家的調查顯示，如果川普總統針對中國2,000億美元產品加徵關稅，而中國報復性地對美國600億美元產品加徵關

---

[208]轉引自工商時報主筆室，〈工商社論：美中兩強博弈，誰會是最終贏家？〉，《工商時報》，2018年8月11日，〈https://www.chinatimes.com/newspapers/20180811000232-260202〉。

稅，則中國今年GDP會下降0.2%，隔年下跌0.3%。[209]事實上，川普對中國貿易戰已經全面展開，而且根據庫德洛說法，貿易戰可能長達十年之久，因此對中國經濟衝擊必然更大。

不論衝擊程度大小如何，貿易戰對中國經濟造成負面影響業已顯現。首先，中國經濟成長趨緩、股票下跌，一些中國大陸的企業經不起虧損倒閉。其次，中國以美國農產品（例如大豆）、石油、天然氣作為報復產品，以人民幣貶值作為因應措施之一，導致中國通貨膨脹情形嚴重。第三，在美中爆發貿易戰之前，中國因為工資不斷上漲、工人抗爭意識抬頭而經常罷工、土地成本上升、習近平祭出嚴格環保政策等因素影響，投資環境已經大不如前，美中貿易戰開打之後，輸往美國產品面臨高關稅，不僅導致外資投資中國大陸怯步，而且迫使外資（包括台商）從中國大陸撤退，影響中國大陸的就業市場。

中共在蘇聯和東歐政權瓦解之後，是靠維持經濟高成長來鞏固人民支持其政權，過去幾年中國經濟成長率下降，美中貿易戰進一步傷害中國經濟成長，中共只能訴諸民族主義來團結人民一致對外。中共一再提醒中國人民不要忘記百年屈辱，[210]強調中國追求民族復興是要恢復過去的光榮地位。在中國將實現民族復興目標之前，美國聯合其他國家想阻止中國崛起，美國正在經濟霸凌（economic bullying）中國、播放反美影片和文件（例如中央電視台於2019年5月27日所做以長征精神擊敗美國的圍堵評論節目），[211]希望中國人民能夠團結在中國共產黨領導下，一致對抗美國和其他國家對中國的進逼。

在鼓吹民族主義同時，中共政權升高對社會的控制，因為中共一向相信「星星之火可以燎原」。中國政府增強對網路和媒體管制，提醒媒體姓黨、取締家庭教會、將維吾爾族人關進再教育營、派職業學生監視教師上課言論等，避免不利中共言論擴散。

---

[209]轉引自美國之音，〈經濟學家：若美徵稅加碼中國GDP增長將下滑〉，《美國之音中文網》，2018年8月22日，〈https://www.voachinese.com/a/news-china-gdp-to-suffer-if-trump-fires-new-tariffs-20180822/4539643.html〉。

[210]Zheng Wang, *Never Forget National Humiliation: Historical Memory in Chinese Politics and Foreign Relations* (New York: Columbia University Press, 2012).

[211]Shi Jiangtao, "China Must Be Careful in Riding a Nationalist Towards a Trade deal with the US, Analysts Say," *South China Morning Post*, June 6, 2019, <https://www.scmp.com/news/china/diplomacy/article/3013292/china-must-be-careful-riding-nationalist-tide-towards-trade>.

第十章　結　論

壹、中國發展海權條件利弊參半

　　整體上，中國決策者採取廣義的海權觀，但是以海軍力量發展為主軸。從中國的地理條件和所處周遭環境而言，中國享有發展海權的有利條件，但是也存在一些發展海權的負面因素。陸上鄰國眾多，而且不乏強權，導致中國必須分出很大比率的國防資源，來防範來自陸上的可能威脅。中國半封鎖型的海岸線，尤其往南受困於麻六甲海峽，導致中國進出海洋受限制，也不完全有利於海權發展。

　　另一方面，中國擁有非常長的海岸線，海岸線大多座落於溫帶和亞熱帶，而且天然港口眾多。然而，中國人民並不是親海民族，安土重遷習性不鼓勵人民朝海洋冒險，但是中國人口眾多，因為生計需要，在近幾百年還是有不少人移居海外，連南太平洋島國都有8萬華僑在那裡落葉生根，以海外華僑分布圖觀之，中國可稱為現代的日不落國，海外華僑可以是中國發展海權的助力。

貳、中國當前已是海權國家

　　中國目前已經是一個強大的海權國家，如前所述，他已經是一個數一數二的貿易大國。中國的海上交通線在進入二十一世紀時已經連接每一個洲，到達超過一百五十個國家之六百個以上的港口，[1] 世界十大港口中，七個在中國，其中上海世界第一、香港第三、深圳第四、寧波第五、廣州第七、青島第八、天津第九。此外，中國的造船噸位、漁船隊伍、海軍軍艦數量均排名世界第一，中國的海洋產業成長快速。從1949年的海洋弱國變成當今海洋強權，中國發展海權之成就是值得稱許的。

---

[1] Andrew Erickson and Gabriel Collins, "China's Maritime Evolution: Military and Commercial Factors," *Pacific Focus*, Vol. 22, No. 2, 2007, p. 51.

參、中國發展海權過程崎嶇

一、毛澤東時期中國海權力量微不足道

毛澤東在開國初期，對草創海軍、建立兵種、教育體系，以及建立海洋治理和發展海洋的一些政府單位，顯然作出貢獻，但是毛澤東後期對中國海權發展則是過大於功。

（一）人為錯誤嚴重

中國過去七十年發展海權的過程相當崎嶇，在前三十年海權草創期，中國決策者犯了嚴重的人為錯誤，尤其是文革期間倒行逆施，不僅浪費中國發展海權的時間，而且對既有海權發展成果造成破壞作用。

（二）主客觀條件不允許走向海洋

當然中國的主客觀條件在那一時期也對發展海權產生制約效用，中共在建政初期民窮財盡，無法編列經費發展海權，而且也沒有足夠人才來發展海權。再者，在此一時期美國和台灣在東部和南部威脅中國，禁止中國走向海洋，蘇聯則自1960年開始在北部和西部威脅中國，印度則自1962年開始從中國西南方威脅中國，這些陸地上威脅阻礙中國向海洋發展。

二、鄧小平、江澤民為中國發展海權奠基

中國在鄧小平時期依舊是一個海權弱國，鄧小平本身對海權著墨不多，他的海軍策略仍然是防守為主，但是中國在這時期開始厚植國力，開始重視對外貿易和科技發展、海軍開始走出國門，尤其在南海地區取得進一步擴張的據點。然而，天安門事件斷絕中國自西方國家取得武器裝備的路，事實上中國也沒有多餘的經費投注到國防現代化。在鄧小平所奠定的基礎上，江澤民得以朝發展海權的道路前進。在江澤民卸任中央軍委主席時，中國已經是對外貿易的大國之一、中國海洋產業產值成長超過三倍、國防預算年年大幅增加、海軍逐漸茁壯、海軍跨出國門相當頻繁。這時的國際環境對中國發展海權也相當有利，蘇聯瓦解不僅減輕中國來自陸上的壓力，也開啟俄羅斯銷售武器給中國的大門。西方國家還沒有把中國當成需要防範的對手，正如北京所說的，這是中國國家安全之戰略機遇期。

三、中國海權發展的突飛猛進時期

　　胡錦濤不是雄才大略的領導人，但是他掌政時期卻是中國海權快速發展時期，中國已崛起成為第二大經濟體，中國海軍不僅武器裝備大幅提升、經常跨出國門、與其他國家海軍交流和舉行聯合演習，而且常駐亞丁灣。在胡錦濤卸任前，中國第一艘航空母艦加入海軍服役，雖然這一艘航母對中國整體海軍力量提升有限，但是它代表中國走向遠洋海軍的企圖心，在胡錦濤卸任時中國海軍已經有遠洋海軍的影子，所以中共十八大的政治報告才正式宣告要建設中國成為海洋強權的目標，由習近平來加以落實。

　　習近平掌權之下，中國海權發展突飛猛進，中國已經取得第一個海外基地，而且未來有可能取得更多基地，海軍造艦速度遠超過世界上任何一個國家，更多航母即將加入海軍。中國海洋產業也取得相當豐碩成果，根據中國國家海洋局海洋發展戰略研究所所發布之「中國海洋經濟發展報告（2013）」，中國2012年之海洋生產總額達5兆人民幣，較2011年成長7.9%，占中國GDP之9.6%，預計2020年將占GDP之12.44%，2030年將增至15.49%。中國沿海地區每10人中將有1人從事與海洋相關行業，[2] 雖然這個目標難以達成，因為中國海洋產業總產值自習近平執政以來從未占中國GDP之10%以上，但是還是年年成長。然而，中國在發展海洋產業發展潛藏危機，包括在人才培養、技術、法規、組織和執行上仍然存在許多的問題，例如海洋污染、濫捕導致漁資源枯竭、遠洋漁船進入他國EEZ盜漁引發衝突等。

肆、中國發展海權的挑戰

　　中國過去發展海權所遭遇挑戰是內在的多於外在，前三十年缺乏穩定國內環境、國力不足支撐海軍發展，後來國內環境趨於穩定，但是尖端科技的掌握仍有待突破，才能使海軍武器裝備能夠自給自足。

　　未來中國海權發展所面臨的挑戰則是來自外在的居多。如前所述，中國目前已經是一個強大的海權國家，但是距離與美國平起平坐仍有相當遠的距離。例如以海軍實力做比較，美國現役核動力航空母艦就有11艘，其中10艘尼米

2　轉引自中國新聞網，〈報告預計2030年中國海洋經濟占GDP比重將超15%〉，2013年5月20日，〈http://finance.chinanews.com/cj/2013/05-20/4837295.shtml〉。

茲號、1艘福特號，[3]中國則只有1艘遼寧號，目前還無法完全發揮戰力，雖然正在建造的至少有3艘，但是仍很難與美國抗衡。雖然在第一島鏈水域，中國擁有「主場」（home court），中國的空軍和海軍航空兵的戰機和轟炸機可以支援，所以連美國都認為中國已有能力主宰南海，但是中國海軍跨出國門之後仍然相當脆弱。

　　所謂遠洋海軍或藍水海軍（blue-water navy）是指擁有可以遠離國土獨立作戰的艦隊，以中國情況而言，艦隊必須能夠獨立從事保護海上生命線、遠海防衛、投射武力、從事遠洋外交，以及有能力執行防空、反潛、打擊、兩棲作戰和核威嚇的作戰任務。[4]習近平上台之後加強海軍建軍的結果，中國海軍無疑已經有遠洋海軍的輪廓，但仍非真正藍水海軍，在中國國防預算成長趨緩情況下，面對其他軍種的競爭，未來能否持續發展成為真正遠洋海軍還需克服許多困難。[5]目前中國面對具有各種條件優勢的美國海軍仍遠非敵手，對於保護海上生命線仍然力有不逮。

　　根據美國國防部公開資料，美國在海外基地超過七百個，[6]美國海軍基地遍布全球，包括在太平洋之關島、琉球、日本橫須賀、厚木和左世保、南韓鎮海海軍基地、夏威夷，以及印度洋之迪亞哥加西亞和中東的一些基地，而且美國已經在澳洲北部駐紮海軍陸戰隊，也可以利用新加坡的樟宜海軍基地作為海軍官方休憩和補給站。更重要或是對中國構成重大威脅的是，美國控制許多戰略重要性海峽，或是有能力封鎖這些關鍵的水道，其中對中國最關鍵的麻六甲海峽，因為中國進口石油的五分之四通過該海峽，[7]麻六甲海峽依舊是中國的困境。

　　對中國更大的挑戰在於中國不單單是要因應美國而已，中國捲入的是與以

3　<http://www.navy.mil/navydata/ships/carriers/cv-list.asp>.

4　Ian Burns McCaslin and Andrew S. Erickson, "The Impact of Xi-Era Reforms on the Chinese Navy," in Philip C. Saunders, Arthur S. Ding, Andrew Scobell, Andrew N.D. Yang, and Joel Wuthnow (eds.) Chairman Xi Remakes the PLA—Addressing Chinese Military Reforms (Washington, D.C.: National Defense University Press, 2019), pp. 129-130.

5　Ibid., pp. 152-154.

6　Jules Dufour, "The Worldwide Network of US Military Bases," July 1, 2007, <http://www.globalresearch.ca/the-worldwide-network-of-us-military-bases>.

7　季國興，《中國的海洋安全和海域管轄》（上海：上海人民出版社，2009年），頁93-94。

美國爲首之海權聯盟的對抗。除了美國之外，日本、法國、英國、澳洲、印度和加拿大均加入美國的海權聯盟。但是中國出了南海就難以維持其海洋航線的安全。美國認爲全球應該要能夠控制之海洋要道，其中位於西太平洋的有麻六甲海峽、巽他海峽（Strait of Sunda）、龍目海峽（Strait of Lombok）、呂宋海峽（Luzon Strait）、新加坡海峽（Singapore Strait），及望加錫海峽（Makassar Striat），而這些海峽對中國均相當重要，[8] 但中國有多少能力掌控這些海洋通道令人懷疑，而且光是處理「麻六甲困境」仍不足以確保印度洋那一航段的安全。中國雖然對環印度洋一些國家提供援助，協助緬甸、巴基斯坦、孟加拉、斯里蘭卡、模里西斯、塞席爾等國興建深水港，或改善港口設施，以取得使用這些港口的權利，[9] 因爲印度也是中國潛在敵對國家，印度也可能在印度洋攔截運往中國的油輪，[10] 光是印度在印度洋就可以讓中國頭痛。雖然中國不斷提升A2/AD能力，但是日本的經濟實力、先進科技、實力不弱的海軍，及與美國密切的同盟合作關係，對美國在西太平洋軍事行動提供珍貴的輔助功能，[11] 如果台灣加入美國對抗中國，則中國在西太平洋抗衡美國的「主場優勢」就大爲削弱。

伍、美中海洋爭霸是長期競賽

　　雖然美國與中國有一些共同利益，[12] 但是兩國因爲不同的意識形態、文

---

[8] Sam J. Tangredi, *Globalization and Maritime Power* (Washington, D.C.: National Defense University, 2003), p. 145.

[9] Y. J. Sithara and N. Fernando, "China's Maritime Relations with South Asia: From Confrontation to Cooperation (part one)," *Strategic Analysis Paper* (November 24, 2010), p. 3; and Ranjit B. Rai, "China's String of Pearls vs. India's Iron Curtain," *Indian Defense Review*, Vol. 24, No. 4, October/December 2009, pp. 42-43.

[10] Ibid., p. 55.

[11] 日本海上自衛隊擁有45,350兵力、49艘主力水面艦（包括6艘神盾艦、4艘艦載直升機驅逐艦、20艘潛艦，及275架海軍航空飛機。更重要的是，美國與日本的密切同盟關係讓美國可以利用日本的軍事基地。請參閱 Emma Chanlett-Avery, Caitlin Campbell, and Joshua A. Williams, "The U.S.-Japan Alliance," CRS Report, June 13, 2019, pp. 1-49。

[12] 美國助理國務卿羅素（Daniel R. Russel）表示，在經濟繁榮、朝鮮半島非核化、和平解決伊朗核武問題，及降低溫室氣體排放等議題上，美國與中國有利益重疊。"U.S. Policy Towards East Asia and the Pacific," Assistant Secretary Daniel R. Russel's remarks at the

化、歷史、政治體系、價值觀等因素，原本已經很難成為真正的友邦，兩國對人權、中國民主化發展、西藏問題、香港問題、台灣問題、北京支持流氓國家、中國銷售飛彈或轉移飛彈技術到潛在衝突地區、網路安全（cyber security）等議題已經有矛盾和衝突。在衝突利益多於共同利益情況下，美中要合作並不容易。在美中權力差距縮小，而美國認知中國有挑戰美國霸權地位意圖之後，將國家安全重心轉移到因應大國競爭，要防範中國進一步崛起，國際體系已經進入美中競爭的格局。美中競爭並非僅侷限在亞太地區，在非洲、拉丁美洲等地也都可以看到兩國競爭影響力的現象，[13] 但是兩國在印太地區的競爭更加激烈，全世界所有國家均會受到美中競爭的影響，只是印太國家所受到的衝擊更立即、更直接、更大。

中國要達成建立海洋強權目標，如果將此一目標界定為至少能夠與美國平起平坐，那麼中國必須經過美國這一關、克服美國的阻力，這是一個長期競賽，而且需要其他因素配合，美國國力是否繼續衰退？中國經濟成長能否再造奇蹟？中國社會能否維持穩定？中國科技是否能夠獨立自足並取得突破？這些因素會影響美中爭霸的結果。

雖然中國在歷史上曾經是世界上最強大的海權國家，但那已經是遙遠的過去，而且那時代的科技落後，以人力和物資就可雄霸海洋，現在建立海權必須更多因素配合。過去的歷史證明，傳統陸權國家轉型為海權國家成功的並不多，元朝征服日本失敗、清朝發展海軍無法抗衡日本、德國兩次大戰均被英美海權同盟擊敗，關鍵的因素之一是海權文化，過去的英國和現在的美國發展成首屈一指之海權國家，都是經過長時間慢慢累積出來的成果。中國發展海權的時間還非常短，還沒有形成深厚的海權文化，海軍也沒有經過戰爭洗禮，有待克服的困難還非常多。

縱然中國能夠取代美國成為全球超強，也不代表中國可以領導世界。皮優研究中心的問卷調查顯示，各國人民較容易接受中共是世界領先經濟超強，但大多數國家人民對中國沒有好感。一方面大多數國家已經習慣美國領導世界的日子，另一方面中國形象不佳、人權紀錄惡劣、依舊堅持共產主義、採取國家

Baltimore Council on Foreign Affairs, Washington, DC, May 29, 2014, <http://www.state.gov/p/eap/rls/rm/2014/05/226887.htm>.

[13] 例如 Katie Simmons, "U.S. China Compete to Woo Africa," Pew Research Center, August 4, 2014, <http://www.pewresearch.org/fact-tank/2014/08/04/u-s-china-compete-to-woo-africa>。

資本主義、對其他國家實施掠奪經濟，以及內部日漸激化的民族主義讓許多國家難以接受，而且大家不再期待中國在短期內會有所改變，相反地，民主發展在習近平領導下的中國變得更加遙遠。

　　台灣是最難以逃脫美中糾葛的國家，台灣是麥克阿瑟將軍眼中不沉的航空母艦，美國海軍專家柯爾說日本、台灣和菲律賓構成美國制約中國的海上長城（the great wall at sea），軍事專家嚴文德（Wendell Minnick）表示如果台灣被中國統一將是美國的惡夢，因為併吞台灣後的中國不再受到第一島鏈阻礙，台灣的蘇澳港可以成為潛艦基地、花蓮佳山空軍基地可大為加長中國戰機的作戰半徑，美國則會失去台灣作為偵測中國軍事活動的基地及一個潛在同盟國。[14] 北京已經一再強調一定要統一台灣，而且也表明這涉及中國的發展前途，因此美中在印太爭霸關係到兩國的世界霸主地位，但台灣卻面臨生存保衛戰，台灣不僅要密切注意美中爭霸的情勢發展，還要保持高度警覺及準備以因應可能的突發變故。

---

[14] Wendell Minnick, "Post-Invasion Nightmare: Taiwan Becomes America's Enemy," *The National Interest*, January 21, 2019, <https://nationalinterest.org/feature/post%E2%80%93invasion-nightmare-taiwan-becomes-america%E2%80%99s-enemy-41957>.

參考書目

一、中文部分

（一）專書

中共中央文獻研究室，1983。《關於建國以來黨的若干歷史問題的決議註釋本》。北京：人民出版社。

中共中央宣傳部，2016。《習近平總書記系列重要講話讀本》。北京：人民出版社。

中共中央黨校中共黨史教研部編，1992。《中共黨史文獻選編：社會主義革命和建設時期》。北京：中共中央黨校出版社。

中國科學院國情分析研究小組，2001。《中國大陸兩種資源、兩種市場－建構中國資源安全保障體系研究》。台北：大屯出版社。

中華人民共和國外交史編輯室主編，1990。《中國外交概覽1990》。北京：世界知識出版社。

中華人民共和國外交史編輯室主編，1991。《中國外交概覽1991》。北京：世界知識出版社。

日本防衛省防衛研究所編，2011。《中國安全戰略報告2011》。東京：日本防衛省防衛研究。

日本防衛省防衛研究所編，2014。《中國安全戰略報告2013》。東京：日本防衛研究所。

日本防衛省防衛研究所編，2019。《中國安全戰略報告2019》。東京：防衛研究所。

王丹，2012。《中華人民共和國史十五講》。台北：聯經出版事業股份有限公司。

王成斌主編，1993。《鄧小平現代軍事理論與實踐》。南昌：江西人民出版社。

王瑞璞、孫啓泰主編，1993。《中華人民共和國國史通鑑：第三卷（1966-1976）》。北京：紅旗出版社。

田弘茂、朱雲漢編，2000。《江澤民的歷史考卷：從十五大走向二十一世紀》。台北：新新聞文化事業股份有限公司。

田增佩主編，1993。《改革開放以來的中國外交》。北京：世界知識出版社。

石家鑄，2008。《海權與中國》。上海：上海三聯書店。

吳冷西，1999。《十年論戰－1956-1966中蘇關係回憶錄》。北京：中央文獻出版社。

吳殿卿、袁永安、趙小平，2013。《毛澤東與海軍將領》。北京：解放軍文藝出版社。

宋曉明，1996。《中共黨建史（1976-1994）》。北京：黨建讀物出版社。

李洪林，2010。《中國思想運動史（1949-1989）》。香港：天地圖書。

李巍，2017。《制度之戰：戰略競爭時代的中美關係》。北京：社會科學文獻出版社。

周文重，2011。《出使美國2005-2010》。北京：世界知識出版社。

周鴻主編，1993。《中華人民共和國國史通鑑：第一卷（1949-1956）》。北京：紅旗出版社。

季國興，2009。《中國的海洋安全和海域管轄》。上海：上海人民出版社。

房功利、楊學軍、相偉，2009。《中國人民解放軍60年（1949-2009）》。青島：青島出版社。

邵永靈，2010。《海洋戰國策》。北京：石油工業出版社。

金羽主編，1992。《鄧小平國際戰略思想研究》。瀋陽：遼寧人民出版社。

姚延進、劉繼賢主編，1998。《江澤民軍事論述研究》。濟南：黃河出版社。

姜志達，2019。《中美規範競合與國際秩序演變》。北京：世界知識出版社。

胡學慶、孫國，1998。《蕭勁光大將》。北京：解放軍文藝出版社。

孫健，1992。《中華人民共和國經濟史》，北京：中國人民大學出版社。

海軍史編輯委員會，1989。《海軍史》。北京：解放軍出版社。

秦天、霍小勇，2013。《悠悠深藍中華海權史》。北京：新華出版社。

馬立誠、凌志軍，1998。《交鋒：當代中國三次思想解放實錄》。北京：今日中國出版社。

高連升、郭竟炎主編，1997。《鄧小平新時期軍隊建設思想發展史》。北京：解放軍出版社。

張世平，2009。《中國海權》。北京：人民日報出版社。

張啓華主編，1995。《輝煌的四十五年：中華人民共和國國史研究論文集》，北京：當代中國出版社。

張馭濤編，1998。《新中國軍事大事紀要》。北京：軍事科學出版社。

張煒主編，2008。《國家海上安全》。北京：海朝出版社。

張萬年主編，1999。《當代世界軍事與中國國防》。北京：軍事科學出版社。

曹雄源，2014。《戰略視角：透析中共海權戰略與現代化發展》。台北：五南出版社。

習近平，2017。《習近平談治國理政：第二卷》。北京：外文出版社。

許志龍主編，1994。《鄧小平軍隊質量建設思想研究》。北京：解放軍出版社。

陳雪薇，1998。《十一屆三中全會以來重大事件和決策調查》。北京：中共中央黨校出版社。

陸建華，2002。《中國社會問題報告》。北京：石油工業出版社。

楊貴華、陳傳剛，1999。《共和國軍隊回眸—重大事件決策和經過寫實》。北京：軍事科學出版社。

楊毅主編，2009。《中國國家安全戰略構想》。北京：時事出版社。

當代中國海軍編輯委員會，1986。《當代中國海軍》。北京：當代中國海軍編輯委員會。

解力夫，1999。《國門紅地毯，下卷》。北京：世界知識出版社。

趙全勝，1999。《解讀中國外交政策》。台北：新自然主義出版社。

劉中民，2009。《世界海洋政治與中國海洋發展戰略》。北京：時事出版社。

劉華清，2004。《劉華清回憶錄》。北京：解放軍出版社。

劉賽力、周林，2009。《中國對外經濟關係（修訂版）》。北京：中國人民大學出版社。

慕永鵬，2010。《中美印三邊關係—形成中的動態平衡體系》。北京：世界知識出版社。

樊天順、李永豐、祁建民主編，1993。《中華人民共和國國史通鑑：第二卷（1956-1966）》。北京：紅旗出版社。

鄧小平，1993。《鄧小平文選》：第三卷。北京：人民出版社。

鄧小平，1994。《鄧小平文選》：第二卷。北京：人民出版社。

鄭宇碩，2004。《胡錦濤的新時代》。台北：遠景基金會。

鄭澤民，2010。《南海問題中的大國因素：美日印俄與南海問題》。北京：世界知識出版社。

閻孫健，1992。《中華人民共和國經濟史》。北京：中國人民大學出版社。

閻學通等著，1998。《中國崛起—國際環境評估》。天津：天津人民出版社。

遲浩田主編，1999。《當代世界軍事與中國國防》。北京：軍事科學出版社。

魏艾等著，2003。《中國大陸經濟發展與市場轉型》。台北：揚智文化。

衛靈，2008。《冷戰後中印關係研究》。北京：中國政法大學出版社。

蕭勁光，1988。《蕭勁光回憶錄（續集）》。北京：解放軍出版社。

韓秦華，1998。《中國共產黨—從一大到十五大》，下冊。北京：北京出版社。

（二）專書論文

日本《世界周報》，〈中國國防工業概況〉，1980。黃達之編，《中共軍事戰略文獻彙編》。香港：波文書局。頁523-531。

日本外務省調查步分析課報告，〈中蘇邊境的軍事形勢〉，1980。黃達之編，《中共軍事戰略文獻彙編》，香港：波文書局。頁509-522。

（三）期刊論文

王竟超，2018。〈日澳海洋安全合作探析：歷史演進、動因與前景〉，《國際政治》，第12期，頁87-97。

王歷榮，2012。〈論鄧小平的海權思想及其實踐〉，《中共浙江省委黨校學報》，第1期，頁44。

朱峰，2019。〈特朗普政府的南海政策及中美海上安全挑戰〉，《中國外交》，第1期，頁61-72。

朱浩民主持，2015/12。〈中國大陸「一帶一路」政策與亞洲基礎設施投資銀行對臺灣銀行業之商機與挑戰〉報告，中華民國銀行商業同業公會全國聯合會補助。

吳心伯，2017/6。〈論亞大變局〉《世界經濟與政治》，第442期，頁32-59。

林文程，2011。〈中國全球佈局中的海洋戰略〉，《全球政治評論》，第36期，頁19-42。

金燦榮、張昆鵬，2018。〈「新時代」背景下未來十年世界趨勢分析與中國的戰略選擇〉，《中國外交》，第4期，頁1-14。

胡鞍鋼、高宇寧、鄭雲峰、王洪川，2017。〈大國興衰與中國機遇：國家綜合國力評估〉，《經濟導刊》，第3期。

孫海泳，2017。〈中國參與印度洋港口項目的形勢與風險分析〉，《現代國際關係》，第7期，頁52-58。

徐棄郁，2003。〈海權的誤區與反思〉，《戰略與管理》，第5期，頁15-25。

張文木，2003。〈經濟全球化與中國海權〉，《戰略與管理》，第1期，頁86-91。

張文木，2003。〈論中國海權〉，《世界經濟與政治》，第10期，頁8-14。

楊桂山等人，2010。〈中國湖泊現狀及面臨的重大問題和保護策略〉，《湖泊科學》，第22卷第6期，頁799-810。

葉志偉、張育誠，2019/2。〈美國自由航行權對中共「21世紀海上絲綢之路」發展之衝擊〉，《海軍學術雙月刊》，第53卷第1期，頁46-61。

臺灣經濟研究院編，2019/8。《兩岸經濟統計月報》，第316期，頁2-1、2-2。

蕭洋，2017。〈冰上絲綢之路的戰略支點〉，《和平與發展雙月刊》，第6期，頁108-123。

羅聖榮、黃國華，2017。〈南海爭端視域下的中越海洋合作〉，《和平與發展雙月刊》，第2期，頁41-56。

（四）網路資料

〈上海合作組織成員國元首阿斯塔納宣言〉，〈http://chn.sectsco.org/documents〉。

〈上海合作組織成員國元首關於共同打擊國際恐怖主義的聲名〉，〈http://fmprc.gov.cn/web/ziliao_674904/1179_674909/t1469144.shtml〉。

〈中俄海軍將舉行海上聯演或定於海軍節閱兵後〉，《中國青年網》，〈http://news.youth.cn/JS/201903/T20190328_11909662.htm〉。

〈反分裂國家法全文〉，《中華人民共和國外交部》，〈https://www.mfa.gov.cn/chn//pds/ziliao/tytj/t187116.htm〉。

〈西安輕工系統數萬工人被剝奪下崗補貼政府不管〉，《中國信息中心》，〈http://www.guancha.org/info/artshow.asp?ID=30682〉。

〈我國貿易統計：我國對美國進出口統計〉，《經濟部國際貿易局經貿資訊網》，〈https://www.trade.gov.tw/Pages/List.aspx?nodeID=1375〉。

〈美台關係〉，《美國在台協會》，〈https://www.ait.org.tw/zhtw/our-relationship-zh/policy-history-zh/current-issues-zh〉。

〈海域資訊專區：釣魚臺列嶼簡介〉，《中華民國內政部》，〈http://maritimeinfo.moi.gov.tw/marineweb/Layout_C10.aspx〉。

〈鼓足幹勁，力爭上游，多快好省地建設設會主義〉，《中國共產黨新聞》，〈http://cpc.people.com.cn/BIG5/64162/64170/4467346.html〉。

〈閱軍情〉，《新華軍網》，〈http://www.xinhuanet.com/mil/yuejunqing.htm〉。

1998/5。〈中國海洋事業的發展白皮書〉，《中華人民共和國國務院新聞辦公室》，〈http://big5.www.gov.cn/gate/big5/www.gov.cn/zhengce/2005-05/26/content_2615749.htm〉。

1998/7。〈中國的國防白皮書〉，《中華人民共和國國防部》，〈http://www.mod.gov.cn/affair/2011-01/07/content_4249944.htm〉。

2000/12/5。〈軍方批江澤民對台太過軟弱，江澤民：統戰絕不能丟掉〉，《中國瞭望》，〈http://news.creaders.net/china/2000/12/05/537666.html〉。

2000/5。〈2000年中國的國防白皮書〉，《中華人民共和國國防部》，〈http://www.mod. gov.cn/affair/2011-01/07/content_4249945.htm〉。

2002/12。〈2002年中國的國防白皮書〉，《中華人民共和國國防部》，〈http://www. mod.gov.cn/affair/2011-01/06/content_4249946.htm〉。

2002/2。〈一個中國的原則與臺灣問題白皮書〉，《中華人民共和國臺灣 事務辦公室、國務院新聞辦公室》，〈http://www.people.com.cn/BIG5/ channel1/14/20000522/72540.html〉。

2002/9/27。〈分析：新疆分離主義的定性〉，《BBC News中文》，〈http://news.bbc. co.uk/chinese/trad/hi/newsid_2210000/newsid_2218200/2218251.stm〉。

2003/11。〈2003年中國海洋經濟統計公報〉，《中國國家海洋局》，〈http://www.soa. gov.cn/zwgk/hygb/zghyjjtjgb/2003nzghyjjtjgb/201212/t20121217_22994.html〉。

2003/5/9。〈國務院關於印發全國海洋經濟發展規畫綱要的通知〉，《中國政府網》， 〈http://www.gov.cn/gongbao/content/2003/content_62156.htm〉。

2004/12。〈2004年中國的國防白皮書〉，《中華人民共和國國防部》，〈http://www. mod.gov.cn/affair/2011-01/06/content_4249947.htm〉。

2004/4/15。〈聯合國人權委員今天表決 中國人權迫害再度成為世界焦點〉，《法輪大 法亞太訊息中心》，〈http://www.falunasia.info/infocenter/article/2004/4/16/31126. html〉。

2004/7/11。〈全面建設小康社會新階段下的三農問題〉，《搜狐理財》，〈http:// business.sohu.com/20040711/n220949730.shtml〉。

2004/8/11。〈中國大陸三分之二城市供水不足〉，《大紀元》，〈http://www.epochtimes. com/b5/4/8/11/n623876.htm〉。

2004/8/24。〈中國新生兒男女比例失衡超過警戒線〉，《BBC News中文》，〈http:// news.bbc.co.uk/chinese/trad/hi/newsid_3590000/newsid_3595000/3595054.stm〉。

2004/9/13。〈中國失業率遭質疑失真〉，《大紀元》，〈http://www.epochtimes.com/ b5/4/9/13/n659004.htm〉。

2005/11/23。〈駐烏茲別克美軍撤離 美國中亞戰略遭重挫〉，《新京報》，〈http://news. sina.com.cn/w/2005-11-13/02367510943s.shtml〉。

2005/7/18。〈鎖住的大門：中國愛滋病患者的人權〉，《人權觀察》，〈http://hrw.org/ chinese/2003/2003090332.html〉。

2005/7/5。〈人權觀察報告：中國的強制搬遷情況及居民權利運動〉，《人權觀察》，
〈http://hrw.org/chinese/2004/2004032341.html〉。

2005/9/16。〈胡錦濤在聯合國首腦會議上發表重要講話〉，《中華人民共和國外交
部》，〈https://www.fmprc.gov.cn/123/wjdt/zyjh/t212359.htm〉。

2006/1/9。〈論新世紀新階段我軍的歷史任務〉，《解放軍報》，〈http://military.people.
com.cn/BIG5/1078/4011071.html〉。

2006/10/24。〈中國稱三年查處貪腐67505人〉，《BBC News中文》，〈http://news.bbc.
co.uk/chinese/trad/hi/newsid_6080000/newsid_6080100/6080128.stm〉。

2006/12。〈2006年中國的國防白皮書〉，《中華人民共和國新聞辦公室》，〈http://
www.mod.gov.cn/affair/2011-01/06/content_4249948.htm〉。

2006/6/22。〈農村失業率20%：中國第3次就業高峰來臨？〉，《多維新聞網》。

2006/9/19。〈本世紀中葉的中國：2個勞動力人口供養1個老人〉，《人民網》，〈http://
finance.people.com.cn/BIG5/8215/73193/4969986.html〉。

2006/9/24。〈網易調查「下輩子還願做不做中國人」〉，《大紀元》，2006年9月24日，
〈http://www.epochtimes.com/b5/6/9/24/n1464463.htm〉。

2007/10/25。〈胡錦濤在中國共產黨十七次全國代表大會上的報告（全文）〉，《人民
網》，〈http://cpc.people.com.cn/GB/64093/67507/6429855.html〉。

2009/12/14。〈解放軍海軍北海艦隊361潛艇海難事故眞相〉，《亞洲週刊》，〈http://
blog.ifeng.com/article/3743447.html〉。

2009/12/24。〈社科院黃皮書成中國綜合國力世界排名第七〉，《鳳凰衛視》，〈http://
dailynews.sina.com/bg/chn/chnpolitics/phoenixtv/20091224/1208990322.html〉。

2010/1/13。〈2010年1月13日國台辦新聞發布會〉，《中共中央台辦、國務院台辦》，
〈http://www.gwytb.gov.cn/sp/fbh/201101/t20110124_1727377.htm〉。

2010/1/25。〈貪腐高居中國民怨榜首〉，《蘋果日報》，〈http://www.appledaily.com.tw/
appledaily/article/international/20100125/3225697/〉。

2010/11/12。〈中國稀土仍禁輸日〉，《自由時報》，2010年11月12日，〈http://news.ltn.
com.tw/news/world/paper/44304〉。

2010/7/18。〈解放軍少將稱美國已對中國形成「滿月形包圍」〉，《廣州日報》，
〈http://news.sohu.com/20100718/n273578676.shtml〉。

2010/7/26。〈頭條：南海歪論／楊潔篪7大問駁希拉蕊〉，《中國日報》，〈http://
dailynews.sina.com/bg/chn/chnoverseamedia/chinesedaily/20100726/05151684614.

html〉。

2010/7/5。〈中國嗆美：南海是領土核心利益〉，《自由時報》，2010年7月5日，〈https://news.ltn.com.tw/news/world/paper/408591〉。

2011/1/6。〈2008年中國的國防〉，《中華人民共和國國防部》，〈http://www.mod.gov.cn/big5/regulatory/2011-01-06/content_4617809.htm〉。

2011/2/15。〈拒絕帶軍入城屠殺學生，徐勤先將軍22年後首次公開露面〉，《蘋果日報》，〈http://www.tiananmenmother.org/forum/forum110219001.htm〉。

2011/3。〈2010年中國的國防白皮書〉，《中華人民共和國國防部》，〈http://www.mod.gov.cn/big5/regulatory/2011-03/31/content_4617810.htm〉。

2011/3/16。〈中華人民共和國經濟和社會發展第十二個五年計畫綱要〉，〈https://www.cmab.gov.hk/doc/12th_5yrsplan_outline_full_text.pdf〉。

2011/7/7。〈分析：江澤民到底還有多大影響力？〉，《BBC News中文》，〈https://www.bbc.com/zhongwen/trad/indept/2011/07/110707_ana_jiang_influence〉。

2012/11/15。〈習近平同志簡歷〉，《新華網》，〈http://www.xinhuanet.com//politics/2012-11/15/c_113700271.htm〉。

2012/11/20。〈胡錦濤18大報告（全文）〉，《中國網》，〈http://news.china.cn/politics/2012-11-20/content_27165856.htm〉。

2012/5/18。〈中國旅遊制裁菲律賓影響有多大？〉，《大紀元》，〈http://www.epochtimes.com/gb/12/5/17/n3591168.htm〉。

2012/9/10。〈中華人民共和國外交部聲明〉，《中華人民共和國駐日本國大使館》，〈http://jp.china-embassy.org/chn/zrgx/zywj/t967887.htm〉。

2013/10/25。〈習近平在周邊外交工作座談會上發表重要講話〉，《人民網》，〈http://politics.people.cn/n/2013/1025/c1024-23331525.html〉。

2013/12/16。〈日本將與緬甸、越南、寮國加強雙邊經濟安全關係〉，《中國新聞網》，〈http://www.chinanews.com/gj/2013/12-16/5621850.shtml〉。

2013/2/12。〈中國成為全球最大貿易國〉，《星島日報》，2013年2月12日，〈http://www.sintao.com/yesterday/loc/0212ao05.html〉。

2013/2/6。〈日防衛相稱中國艦船雷達鎖定日本軍艦和直昇機〉，《中國新聞網》，〈http://www.chonanews.com/gj/2013/02-06/4551315.shtml〉。

2013/2/7。〈帕內塔敦促中國通過對話解決與日糾紛〉，《BBC中文網》，〈http://ww.bbc.co.uk/zhongwen/trad/word/2013/02/130207_panetta_china_japan.shtml〉。

2013/3/17。〈習近平：實現中國夢必須走中國道路〉，《中國共產黨新聞網》，〈http://cpc.people.com.cn/BIG5/n/2013/0317/c64094-20816162.html〉。

2013/3/17。〈習近平在全國人大閉幕會上講話談中國夢〉，《人民網》，〈http://bj.people.com.cn/n/2013/0317/c349760-18308059.html〉。

2013/4。〈國防白皮書：中國武裝力量的多樣化運用〉，《中國人民共和國國務院新聞辦公室》，〈http://www.mod.gov.cn/affair/2013-04/16/content_4442839.htm〉。

2013/4/7。〈共同創造亞洲和世界的美好未來：習近平在博鰲亞洲論壇2013年的主旨演講〉，《人民網》，〈http://cpc.people.com.cn/n/2013/0408/c64094-21048139.html〉。

2013/5/13。〈習近平新政：七不講後又有十六條〉，《BBC News中文》，〈http://www.bbc.co.uk/zhongwen/trad/china/2013/05/130528_china_thought_control_youth.shtml〉。

2013/5/20。〈報告預計2030年中國海洋經濟占GDP比重將超15%〉，《中國新聞網》。〈http://finance.chinanews.com/cj/2013/05-20/4837295.shtml〉。

2013/6/8。〈習近平同美國總統奧巴馬開始舉行中美元首會晤〉，《中華人民共和國外交部》，〈http://www.fmprc.gov.cn/mfa/ziliao_611306/zt_611380/dnzt_611382/xjpdwfw_644623/zxxx_644625/t〉。

2013/8/1。〈習近平：加強維護海權〉，《文匯報》，〈http://paper.wenweipo.com/2013/08/01/CH1308010001.htm〉。

2013/8/26。〈銀河號事件20周年：孤懸22天 美軍登船屈辱證清白〉，《鳳凰網》，〈http://news.ifeng.com/mil/history/detail_2013_08/26/29022824_3.shtml〉。

2014/10/10。〈財政部表態「中國GDP超美國」〉，《文匯網》，〈http://news.wenweip.com/2014/10/10/IN1410100045.htm〉。

2014/11/9。〈中日關係破冰，達成四點原則共識〉，《紐約時報中文網》，〈https://cn.nytimes.com/china/20141109/cc09japan/zh-hant〉。

2014/12/16。〈分析：中國經濟超越美國的意義與影響〉，《BBC News中文》，〈http://www.bbc.com/zhongwen/trad/business/2014/12/141216_business_china_economy〉。

2014/12/25。〈美媒稱中國剛購買野牛氣墊船就後悔最終走出災難〉，《人民網》，〈http://military.people.com.cn/BIG5/n/2014/1225/c1011-2627543.html〉。

2014/12/4。〈外交部受權發表中國政府關於菲律賓所提南海仲裁案管轄權問題的立場文件〉，《中華人民共和國外交部》，〈https://www.mfa.gov.cn/nanhai/chn/snhwtlcwj/t1368892.htm〉。

2014/6/4。〈美關閉駐吉爾吉斯空軍基地 被中俄聯手擠出中亞〉，《新浪網》，〈http://dailynews.sina/bg/chn/chnmilitary/sinacn/20140604/23145782963.html〉。

2015/3/5。〈中國軍費再增10%總額全球第2高〉，《自由時報》，〈http://news.ltn.com.tw/news/focus/paper/860131〉。

2015/5/10。〈吉布提：中國談判在非洲之角建軍事基地〉，《BBC News中文》，〈https://www.bbc.com/zhongwen/trad/china/2015/05/150510_djibuti_china_military_base〉。

2015/5/26。〈中國的軍事戰略〉，《中華人民共和國國防部》，〈http://www.mod.gov.cn/big5/regulatory/2015-05/26/content_4617812.htm〉。

2015/6//6。〈新聞資料：中國嚴重沉船事故歷史〉，《BBC News中文》，〈https://www.bbc.com/zhongwen/china/2015/06/150606_file_china_ship_disaster〉。

2016/10/17。〈北韓警告：不排除先對美發動核武攻擊〉，《大紀元時報》，〈http://www.epochtimes.com/b5/16/10/17/n8403535.htm〉。

2016/10/7。〈美澳將分攤達爾文基地開之擴大美軍事存在〉，《BBC News中文》，〈https://www.bbc.com/zhongwen/trad/world/2016/10/161007_us-australia_-marines_darwin〉。

2016/2/16。〈1979-2015年中國歷年GDP及增長率一覽〉，《鑫樂書館》，〈http://www.360doc.com/content/16/0216/11/13421702_534972146.shtml〉。

2016/3/4。〈美媒：美核動力航母戰鬥群駛入南海〉，《BBC News中文》，〈http://www.bbc.com/zhongwen/trad/world/2016/03/160304_south_china_sea_us_carrier_group〉。

2016/4/23。〈中國海軍成立67年：曾經服役和現役的驅逐艦共有41艘〉，《中華網軍事》，〈http://wap.eastday.com/node2/node3/n403/ulai596116_t71.html〉。

2016/4/23。〈中國海軍成立67：曾經服役和現役的驅逐艦共有41艘〉，《中華網軍事》，〈http://wap.eastday.com/node2/node3/n403/ulai596116_t71.html〉。

2016/4/8。〈希臘決定將比雷埃夫斯港售予中國遠洋集團〉，《BBC News中文》，〈https://www.bbc.com/zhongwen/trad/china/2016/04/160408_greece_china_port〉。

2016/7。〈中國堅持通過談判解決中菲在南海爭議白皮書〉，《中華人民共和國國務院新聞辦公室》，〈http://www.scio.gov.cn/37236/38180/Document/1626701/1626701.htm〉。

2016/7/11。〈觀點：中國藏在南海底下的潛艇與鬥爭〉，《BBC News中文》，〈https://

www.bbc.com/zhongwen/trad/china/2016/07/160711_viewpoint_south_china_sea_submarines〉。

2016/7/12。〈中華人民共和國政府關於在南海的領土主權和海洋權益的聲明〉，《中華人民共和國外交部》，〈https://www.mfa.gov.cn/nanhai/chn/snhwtlcwj/t1380021.htm〉。

2016/7/12。〈中華人民國外交部關於應菲律賓共和國請求建立的南海仲裁案仲裁庭所作裁決的聲明〉，《中華人民共和國外交部》，〈https://www.mfa.gov.cn/nanhai/chn/snhwtlcwj/t1379490.htm〉。

2016/7/15。〈調查：中國罷工事件同比攀升18.6%〉，《自由亞洲電台》，〈https://www.rfa.org/mandarin/yataibaodao/renquanfazhi/xl1-07152016104826.html〉。

2017/1/17。〈川普「交易外交」的走向〉，《日經中文網》，〈http://zh.cn.nikkei.com/politicsaeconomy/politicsasociety/23313-2017-01-17-01-13-14.htm〉。

2017/1/18。〈川普批評歐盟、北約和歐洲領導人不安〉，《美國之音》，〈https://www.voachinese.com/a/news-trump-europe-nato-20170117/3679826.html〉。

2017/1/19。〈誰不改革誰下台 鄧南巡講話25年突遇冷〉，《多維新聞》，〈http://news.dwnews.com/china/big5/news/2017-01-19/59795204.html〉。

2017/1/4。〈鷹派將任美貿易代表 陸盼妥處經貿問題〉，《中央社即時新聞》，〈http://www.cna.tw/news/acn/201701040331-1-aspx〉。

2017/10/18。〈習近平十九大報告全文（實錄）〉，《新華網》，〈http://finance.sina.cn/china/gncj/2017-10-18/doc-ifymvuyt4098830.shtml〉。

2017/10/18。〈習近平強調堅持走中國特色強軍之路，全面推進國防和軍隊現代化〉，《新華社》，〈http://www.gov.cn/zhuanti/2017-10-18/content_5232658.htm〉。

2017/10/18。〈新聞辭典：之江新軍〉，《中央廣播電台》，〈https://www.rti.org.tw/news/view/id/374763〉。

2017/11/11。〈習近平會見俄羅斯總統普京〉，〈http://www.fmprc.gov.cn/web/wjdt_674879/gjldrhd_674881/t1509672.shtml〉。

2017/11/13。〈習近平同老人民革命黨中央委員會總書記、國家主席本揚舉行會談〉，〈http:www.fmprc.gov.cn/web/wjdt_674879/gildrhd_674881/t1510122.shtml〉。

2017/11/14。〈李克強在第20次中國—東盟領導人會議上講話（全文）〉，《中華人民共和國外交部》，〈http://www.fmprc.gov.cn/web/wjdt_674879/gildrhd_674881/t1510228.shtml〉。

2017/11/18。〈求是：中國才是當今世界最大的民主國家〉，《新浪網》，〈http://news.
　　sina.com.cn/c/nd/2017-11-18/doc-ifynwnty4741795.shtml〉。

2017/12/17。〈中企承建的內羅華內陸集裝箱港正式啓動〉，《中國一帶一路網》，
　　〈https://www.yidaiyilu.gov.cn/xwzx/hwxw/39903.htm〉。

2017/4/5。〈胡鞍鋼：2020年，中國綜合國力就可超美了〉，《四月網》，〈http://www.
　　m4.cn/opinion/2017-04/1325280.shtml〉。

2017/5/11。〈外交部副部長李保東就一帶一陸國家合作高峰論壇接受中央電視台專
　　訪〉，《中華人民共和國外交部》，2017年5月11日，〈https://www.fmprc.gov.cn/
　　web/zi;iao_674904/zt_674979/dnzt_674981/qtzt/ydyl_675049/zyxw_675051/t1460710.
　　shtml〉。

2017/5/14。〈一帶一路效應 中國貸印尼45億美元建高鐵〉，《多維新聞》，〈http://
　　news.dwnews.com/china/news/2017-05-14/59815006.html〉。

2017/6/14。〈中企2億歐元收購西班牙Noatum港口51%股權〉，《中國一帶一路網》，
　　〈https://www.yidaiyilu.gov.cn/xwzx/hwxw/16142.htm〉。

2017/7/18。〈中國年花6千億買外國港口〉，《自由時報》，2017年7月18日，〈https://
　　ec.ltn.com.tw/article/paper/1119590〉。

2017/7/5。〈中華人民共和國和俄羅斯聯邦關於進一步深化全面戰略協作夥伴關係的
　　聯合聲明〉，〈http://www.fmprc.gov.cn/web/ziliao_674904/1179_674909/t1475443.
　　shtml〉。

2017/7/7。〈印媒：印度緊盯中國海軍在印度洋活動足跡〉，《環球時報》，〈http://
　　oversea.huaqiu.com/article/2017-07/10946867.html〉。

2017/8/10。〈李克強談「中國製造2025」：從製造大國邁向製造強國〉，《中國
　　政府網》，〈http://big5.www.gov.cn/gate/big5/www.gov.cn/premier/2017-08/10/
　　content_5216727.htm〉。

2017/9/20。〈中國第7艘東調級偵查船下水：頻繁現身熱點地區〉，《中國新聞網》，
　　〈http://www.chinanews.com.mil/2017/09-20/8335450.shtml〉。

2018/1/27。〈中國的「鐵達尼號」事件，大舜號：304名成員中死亡282人〉，《每日頭
　　條》，2018年1月27日，〈https://kknews.cc/zh-tw/other/y24nozg.html〉。

2018/10/18。〈中國經濟現十年最緩增速 恐持續放緩〉，《BBC News中文》，〈https://
　　www.bbc.com/zhongwen/trad/chinese-news-45915821〉。

2018/10/2。〈美中軍艦南海零距離逼近擦槍走火危險徒增〉，《BBC News中文》，

〈https://www.bbc.com/zhongwen/trad/world-45720351〉。

2018/12/10。〈中遠海運港口宣布阿布扎比碼頭正式開港並啓用中東地區最大的集裝箱貨運站〉，《中遠海運港口有限公司新聞稿》，〈https://docirasia.com/listco/hk/coscoship/press/cp181210.pdf〉。

2018/12/13。〈中國企業介入經營 這個中東港口世界排名大幅提升〉，《中國貿易新聞網》，〈http://www.chinatradenews.com.cn/content/201812/13/c49089.html〉。

2018/12/16。〈中企將接手經營海法港 傳以色列國安內閣圖翻盤〉，《中央通訊社》，〈https://www.cna.com.tw/news/aopl/201812160163.aspx〉。

2018/12/8。〈中國前駐巴基斯坦大使講述：瓜達爾港從夢想變爲事實〉，《尋夢新聞》，〈https://ek21.com/news/2/111306/〉。

2018/12/9。〈中國海軍第三十一批護航編隊啓航〉，《中國新聞網》，〈http://www.chinanews.com/mil/2018/12-09/8696417.shtml〉。

2018/2/23。〈中企中標馬來西亞塡海綜合開發項目合同總工期48個月〉，《中國一帶一路網》，〈https://www.yidaiyilu.gov.cn/xwzx/hwxw/48494.htm〉。

2018/3/11。〈中國人大投票通過憲法修正案國家主席可無限期連任〉，《BBC News中文》，〈https://www.bbc.com/zhongwen/trad/chinese-news-43361817〉。

2018/4/10。〈解放軍滲入南太平洋 萬那杜否認中國將設軍事基地〉，《上報》，〈https://www.upmedia.mg/news_info.php?SerialNo=38546〉。

2018/4/13。〈中國最大規模南海軍演透露什麼訊息？〉，《BBC News中文》，〈https://www.bbc.com/zhongwen/trad/chinese-news-43748624〉。

2018/4/24。〈亞丁灣十年：中國海軍的深藍航跡〉，《人民網》，〈http://military.people.com.cn/n1/2018/0424/c1011-29945605-5.html〉。

2018/5/25。〈六四回眸：七上降反隊鎮壓兩元帥力挺戒嚴〉，《多維新聞》，〈http://culture.dwnews/history/big5/news/2018-05-25/60060412.html〉。

2018/6/22。〈中企收購澳大利亞東岸最大港口 海外港口布局實現六大洲全覆蓋〉，《中國一帶一路網》，〈https://www.yidaiyilu.gov.cn/xwzx/hwxw/58452.htm〉。

2018/7/19。〈美印太戰略 薛瑞福：臺灣是重要夥伴〉，《中央社》，〈https://www.nownews.com/news/20180719/273859〉。

2018/7/30。〈國務卿邁克‧蓬佩奧談「美國對印度─太平洋地區的經濟願景」〉，《美國在臺協會》，〈https://www.ait.org.tw/zhtw/secretary-pompeos-remarks-at-the-indo-pacific-business-forum-zh〉。

2018/8/13。〈習近平談建設海洋強權〉,《人民網》,〈http://politics.people.com.cn/BIG5/n1/2018/08123/c1001-30225727.html〉。

2018/8/24。〈王毅談一帶一路:非馬歇爾計畫〉,《香港經濟日報》,〈https://china.hket.com/article/2145623/王毅談一帶一路:非馬歇爾計畫〉。

2018/8/7。〈我國海軍第30批護航編隊啓程赴亞丁灣〉,《環球網》,〈http://mil.huanqiu.com/gt/2018-08/2902667.html〉。

2018/9/29。〈我國對外投資存量規模升至全球第二〉,《新華網》,〈http://www.xinhuanet.com/fortune/2018-09/29/c_1123500377.htm〉。

2019/1/21。〈中國經濟繼續放緩2018年GDP增速創28年新低〉,《BBC News中文》,〈https://222.bbc.com/zhongwen/trad/chinese-news-46942422〉。

2019/1/24。〈2018年中國海外投資概覽〉,〈http://www.sohu.com/a/291259018_825950〉。

2019/1/26。〈2018年中國海外投資概覽〉,《搜狐網》,〈http://www.sohu.com/a/291259018_825950〉。

2019/2/8。〈中國海軍998艦艇編隊抵達巴基斯坦將參加多國聯合軍演〉,《中國新聞網》,〈https://kknews.cc/zh-tw/military/ngxgga8.html〉。

2019/3/1。〈2018年美國經濟成長2.9%未達川普保3目標〉,《中央通訊社》,〈https://www.cna.com.tw/news/aopl/20190310018.aspx〉。

2019/3/28。〈中企幾內亞金波港口建設項目正式啓動〉,《中國一帶一路網》,2019年3月25日,〈https://www.yidaiyilu.gov.cn/xwzx/hwxw/83823.htm〉。

2019/3/5。〈兩會開幕:中國軍費增速下降,但仍高於GDP增幅〉,《BBC News中文》,〈https://www.bbc.com/zhongwen/trad/chinese-news-47451881〉。

2019/4/29。〈新起點新願景新征程—王毅談第二屆「一帶一路」國際合作高峰論壇成果,《中華人民共和國外交部》,〈https://www.fmprc.gov.cn/web/ziliao_674904/zt_674979/dnzt_674981/qtzt/ydyl_675049/zyxw_675051/t1659215.shtml〉。

2019/4/5。〈中國海軍第32批護航編隊起航赴亞丁灣〉,《人民網》,〈http://military.people.com.cn/BIG5/n1/2019/0405/c1011-31015124.html〉。

2019/5/14。〈當中國遇上中東(二)〉,《明報》,〈http://indepth.mingpao.com/php/passage.php?=&=1557771265126〉。

2019/5/6。〈路透社:美遣2軍艦進入南海島礁航行〉,《中央通訊社》,〈https://www.cna.com.tw/news/firstnews/201905060105.aspx〉。

2019/7/5。〈中國南海軍演試射飛彈越南籲遵循國際法〉,《中央社》,〈https://www.

cna.com.tw/news/aopl/201907050037.aspx〉。

2019/8/1。〈「民眾對當前兩岸關係之看法」民意調查（2019-07-25 2019-07-29）〉，《中華民國大陸委員會》，〈https://www.mac.gov.tw/cp.aspx?n=18BFACF827B4CEC9〉。

2019/8/7。〈美軍核動力航母通過南海 雷根號指揮官：美國的存在有助安全穩定與對話〉，《風傳媒》，〈https://www.storm.mg/article/156817〉。

2019/9。〈中華人民共和國與各國見交關係日期簡表〉，《中華人民共和國外交部》，〈https://www.fmprc.gov.cn/web/ziliao_674904/2193_674977/〉。

BBC中文網，「分析：中國經濟超越美國的意義與影響」，2014年12月16日，《BBC News中文》，〈http://www.bbc.com/zhongwen/trad/business/2014/12/141216_business_china_economy〉。

BBC中文網，「帕內塔敦促中國通過對話解決與日糾紛」，《BBC News中文》，2013年2月7日，〈http://ww.bbc.co.uk/zhongwen/trad/word/2013/02/130207_panetta_china_japan.shtml〉。

丁力，2017/2/22。〈美國國務卿和中國國務委員通電話〉，《美國之音》，〈http://www.voachinese.com/a/tillerson-chinese-20170221/3734669.html〉。

人民網，2019/2/26。〈中國與太平洋島國合作回顧與展望〉，《半島網》，〈http://news.bandao.cn/a/192503.html〉。

中國軍網，2012/7/10。〈專家：美國加大推行重返亞太戰略包圍中國〉，《中國軍網》，〈http://chn.chinamil.com.cn/gjjq/2012-07/10/content_4943413.htm〉。

中國國家海洋局，2004-201（每年公布一份）。《中國海洋經濟統計公報》，〈http://www.soa.gov.cn/zwgk/hygb/zghyjjtjgb〉。

中國新聞網，2013/12/16。〈日本將與緬甸、越南、寮國加強雙邊經濟安全關係〉，《中國新聞網》，〈http://www.chinanews.com/gj/2013/12-16/5621850.shtml〉。

中國新聞網，2013/2/6。〈日防衛相稱中國艦船雷達鎖定日本軍艦和直昇機〉，《中國新聞網》，〈http://www.chonanews.com/gj/2013/02-06/4551315.shtml〉。

中華人民共和國國防部，2019/4/25。〈國防部：反對域外國家花樣翻新強化軍事存在〉，《國防部網》，〈http://www.mod.gov.cn/big5/info/2019-04/25/content_4840336.htm〉。

中華人民共和國國務院新聞辦公室，2011/12/7。〈中國的對外貿易〉，〈http://big5.gov.cn/gate/big5/www.gov.cn/zhengce/2011-12/07/content_2615786.htm〉。

中華人民共和國國務院新聞辦公室，2000/9/10。〈中國海洋事業的發展〉，《國務院新聞辦公室網站》，〈http://www.china.com.cn/ch-book/haiyang/haiyang1.htm〉。

中華民國內政部，〈海域資訊專區：釣魚臺列嶼簡介〉，〈http://maritimeinfo.moi.gov.tw/marineweb/Layout_C10.aspx〉。

方曉，2015/6/9。〈陳雲長女支持習近平反腐 分析：江遭重創〉，《大紀元時報》，〈http://www.epochtimes.com/b5/15/6/9/n4453582.htm〉。

王波、涂一帆，2018/11/30。〈中國電建簽下沙特30億美元港口建設大單〉，《中國一帶一路網》，〈https://www.yidaiyilu.gov.cn/xwzx/hwxw/73109.htm〉。

王秋燕，2018/2/13。〈馬爾地夫難還590億鉅債最快2019年便中國領土〉，《上報》，〈https://www.upmedia.mg/news_info.php?SeriaNo=35330〉。

王經國、田野，2014/4/21。〈背景：中國與外國海軍歷次聯合演習〉，《新華網》，〈http://youth.chinamil.com.cn/qnht/2014-04/21/content_5873984.htm〉。

加洛，2016/6/7。〈美國為何不簽國際海洋法公約〉，《美國之音中文網》，〈https://www.voacantonese.com/a/us-law-of-the-sea-treaty-20160606/3365009.html〉。

任毓駿，2001/11/2。〈人民特稿：歷盡艱險「瓦雅格號」駛向歸國路〉，《人民網》，〈http://www.peopledaily.com.cn/GB/guoji/22/84/20011102/596473.html〉。

自由時報，2014/11/6。〈釣魚台海域若爆衝突／日退役將領：一週殲滅中國艦隊〉，〈http://news.ltn.com.tw/news/world/paper/827769〉。

何宜玲，2018/6/14。〈更新型號在即！陸054A護衛艦30艘成功達標〉，《中國時報》，2018年6月14日，〈https://www.chinatimes.com/realtimenews/20180614004730-260417〉。

何宜玲，2018/6/3。〈075型兩棲艦開建！共軍陸戰隊規模2020年再擴張直盯南海〉，《中國時報》，〈https://www.chinatimes.com/realtimenews/20180603001998-260417〉。

何清漣，2012/9/25。〈點評中國：中國財政兩大漏斗－維穩與軍費〉，《BBC News 中文》，〈http://www.bbc.co.uk/zhongwen/trad/focus_on_china/2012/09/120924_cr-financial.shtml〉。

李月霞，2017/5/31。〈中國推一帶一陸資金流向東南亞〉，《聯合早報》，〈http://www.zaobao.com.sg/realtime/wpr;d/story20170531-76668〉。

李志偉，2017/5/26。〈多哈雷多功能港口開港 吉布提有望成紅海口「新迪拜」〉，《中國一帶一路網》，〈https://www.yidaiyilu.gov.cn/xwzx/14620.htm〉。

汪建新，2017/2/24。〈驚濤拍岸千堆雪《沁園春‧雪》發表的前前後後〉，《學習時報》，〈http://dangshi.people.com.cn/n1/2017/0224/c85037-29105510.html〉。

沙達提，2016/5/25。〈堅決反對域外國家介入南海問題〉，《中國社會科學網》，

〈http://www.cssn.cn/ddzg/ddzg_ldjs/wj/201605/t20160525_3022273.shtml〉。

辛菲綜，2005/10/3。〈經合組織指貪腐猖獗動搖中共政權〉，《大紀元》，〈http://news.epochtimes.com.tw/5/10/3/12401.htm〉。

季晶晶編譯，2018/11/20。〈中菲聯合開採南海油氣 杜特蒂：不違憲〉，《聯合晚報》，〈https://udn.com/news/story/11314/3490982〉。

林則宏，2018/2/28。〈大陸吉尼係數2017年攀升至0.468貧富差距惡化〉，《經濟日報》，〈https://money.udn.com/money/story/11740/3003903〉。

林翠儀，2014/11/6。〈釣魚台海域若爆衝突／日退役將領：一週殲滅中國艦隊〉，《自由時報》，〈http://news.ltn.com.tw/news/world/paper/827769〉。

邱鑫，2006/6/16。〈中國貧富懸殊問題引發內部爭議〉，《亞洲時報》。

金鐘，2012/10/7。〈金鐘：最新版文革死亡人數〉，《大紀元》，2012年10月7日，〈http://www.epochtimes.com/b5/12/10/7/n3700500.htm〉。

姜仁仙，2017/1/4。〈特朗普親信：韓美FTA將重啓協商〉，《朝鮮日報網》，〈http://cnnews.chosun.com/client/news/print.asp?cate+C01&mcate+M1003&nNewsNumb=20170146985&nidx=46986〉。

美國國務院發言人辦公室，2012/8/3。〈美國國務院關於南中國海的聲明〉，〈http://www.state.gov/r/pa/prs/ps/2012/08/196022.htm〉。

胡錦濤，2007/10/25。〈高舉中國特色社會主義偉大旗幟爲奪取全面建設小康社會新勝利而奮鬥〉，《人民網》，〈http://cpc.people.com.cn/GB/64093?67507/6429840.html〉。

孫文廣，2007/11/6。〈胡錦濤對黨的軍隊建設思想的創新與發展〉，《中國共產黨新聞網》，〈http://cpc.people.com.cn/BIG5/68742/84762/84763/6489003.html〉。

孫琦驍，2014/8/22。〈胡錦濤10年前引用鄧小平的話習近平沒提〉，《大紀元》，〈http://www.epochtimes.com/b5/14/8/22/n4230919.htm〉。

高瑜，2013/1/25。〈男兒習近平〉，《縱覽中國》，〈http://www.chinaperspective.com/ArtShow.aspx?AID=1948〉。

張煒，2013/10/21。〈點評中國；習近平的政治色彩日漸鮮明〉，《BBC News中文》，〈http://www.bbc.com/zhongwen/trad/focus_on_china/131021_cr_xijinping:messages_.clear_vague〉。

習近平，2017/1/17。〈共擔時代責任共促全球發展〉，《達沃斯世界經濟論壇》。

習近平，2019/1/2。〈爲實現民族偉大復興推進祖國和平統一而共同奮鬥—在「告臺灣同胞書」發表40周年紀念會上講話〉，《中共中央台辦、國務院台辦》，〈http://www.gwytb.gov.cn/wyly/201901/t20190102_12128140.htm〉。

莫雨，2016/12/21。〈中國稱蒙古「服軟」經濟大棒再次奏效？〉，《美國之音》，〈http://www.voachinese.com/a/mogolia-dalai-lama-china-20161221/3644691.html〉。

許依晨，2017/11/14。〈習近平訪寮國送大禮 簽署共建中寮經濟走廊〉，《聯合報》，2017年11月14日，〈https://udn.com/news/story/7331/2817121〉。

郭媛丹，2016/3/25。〈揭密解放軍海外行動處強化境外快反職能〉，《環球時報》，〈http://mil.huanqiu.com/china/2016-03/8768818.html〉。

陸楊，2013/4/25。〈中國要造更多航母去遠航？專家評說效果〉，《美國之音》，〈http://www.voafanti.com/gate/big5/m.voachinese.com/a/1648901.html〉。

傑安迪、儲百亮，2014/6/3。〈六四前夕38軍軍長徐勤先抗命內情〉，《紐約時報中文網》，〈https://cn.nytimes.com/china/20140603/c03tiananmen/dual/〉。

斯洋，2018/11/26。〈中國製造2025其實會引發很多麻煩〉，《美國之音》，〈https://www.voacantonese.com/a/4673845.html〉。

程翔，2012/10/14。〈釣魚臺主權不能在擱置下去〉，《亞洲週刊》，第26卷第41期，〈https://www.yzzk.com/cfm/content_archive.cfm?id=1363611105453&docissue=2012-41〉。

童倩，2013/10/26。〈日媒關注中國稀土能源外交或失敗〉，《BBC News中文》，〈http://www.bbc.com/zhongwen/trad/world/2013/10/131026_japan_china_rare-earth〉。

黃安偉、Mia Li，2015/10/20。〈中國沿海濕地銳減，威脅生態環境〉，《紐約時報中文網》，〈https://cn.nytimes.com/china/20151020/c20china/zh-hant〉。

黃淑玲，2019/9/8。〈白宮示警 貿易戰恐要打好幾年〉，《經濟日報》，〈https://udn.com/news/story/12639/4035188〉。

黃菁菁、陳文和，2017/2/4。〈釣魚台適用美日安保條約〉，《中國時報》，〈http://www.chinatimes.com/newspapers/20170204000357-260119〉。

黃菁菁，2017/2/3。〈安倍訪美端經濟合作大禮〉，《中國時報》，〈http://www.chinatimes.com/newspapers/20170203000311-260119〉。

楊幼蘭，2017/3/17。〈不再忍耐美不排除先發制人對北韓動武〉，《中國時報》，〈http://www.chinatimes.com/realtimenews/20170317005707-260417〉。

詹寧斯，2018/4/13。〈菲律賓從中國在或投資款〉，《美國之音》，〈https://www.

voacantonese.com/a/voanews-20180413-china-philippines/4346667.html〉。

賈遠琨，2016/8/30。〈中遠海運加快碼頭業務全球化佈局〉，《中國一帶一路網》，2016年8月30日，〈https://www.yidaiyilu.gov.cn/qyfc/zqzx/417.htm〉。

趙儀俊，2017/2/2。〈特朗普：中日德通過操縱匯率壓榨美國〉，《朝鮮日報網》，〈https://cnnews.chosun.com/client/news/viw.asp?cate=c01&nNewsNumb=20170247020&nidx=47021〉。

鄧聿文，2018/8/6。〈觀點：「胡鞍鋼現象」和「倒胡」運動〉，《BBC News中文》，〈https://www.bbc.com/zhongwen/trad/indepth-45080087〉。

澳洲日報，2009/12/25。〈中國社科院報告：論綜合國力中國只是世界「老七」〉，《sina全球新聞》，〈http://dailynews.sina.com/bg/chn/chnnews/ausdaily/20091225/1349993142.html〉。

戴維‧皮林，2012/11/16。〈胡錦濤執政十年的功與過〉，《FT中文網》，〈http://www.ftchinese.com/story/001047545?full=y〉。

環球網，2014/8/14。〈美專家：奧巴馬一直在說謊 美就在包圍或遏制中國〉，《環球網》，〈http://military.china.com/news/568/20140814/18708178.html〉。

鍾辰芳，2019/8/7。〈美高官確認與台政軍對話承諾專家指美對台戰略更清晰〉，《美國之音》，〈https://www.voacantonese.com/a/us/-recommit-political-military-dialogue-withtaiwan-strategic-ambiguity-withering-20190807/5032306.html〉。

韓鋒，2006/5/16。〈中國「睦鄰、安鄰和富鄰政策解讀」〉，《中國評論新聞網》，〈http://hk.crntt.com/crn-webapp/doc/docDetailCreate.jsp?coluid=0&docid=0&docid=100142235〉。

羅印沖，2018/11/26。〈新華社首次確認中國第3艘航母建造中〉，《聯合報》，〈https://udn.com/news/story/7331/3502250〉。

羅伯特‧佐利克，2017/1/19。〈特朗普的反覆無常與固定套路〉，《FT中文網》，〈http://www.ftchinese.com/001071050?full=y〉。

蘇亞華，2017/1/20。〈中國統計局：2016年基尼係數為0.465較2015年有所上升〉，《聯合早報》，〈http://www.zaobao.com.sg/realtime/china/story/20170120-715936〉。

釋清仁，2012/4/6。〈利益衝突成中國威脅論深層原因〉，《文匯網》，〈http://news.wenweipo.com/2012/04/06/IN1204060025.htm〉。

鐘志恆，2019/1/23。〈中東／黎巴嫩港的大金主〉，《工商時報》，〈https://ctee.com.tw/world-news/28653.html〉。

二、英文部分

（一）專書

Alford, Johnathan, ed., 1980. *Sea Power and Influence: Old Issues and New Challenges*. Montclair, New Jersey: Gower.

ASEAN Studies Centre, 2019. T*he State of Southeast Asia: 2019 Survey Report*. Singapore: ISEAS Yusof Ishak Institute.

Baer, George W., 1994. *One Hundred Years of Sea Power: The U.S. Navy, 1890-1990*. Stanford, California: Stanford University Press.

Bajwa, JS, 2002. *Modernization of the PLA: Gauging Its Latent Future Potential*. New Delhi: Lancer Publishers & Distributors.

Beach, Edward L., 1986. *The United States Navy: A 200-Year History*. Boston: Houghton Mifflin Company.

Blackwill, Robert D. & Ashley J. Tellis, 2015. *Revising U.S. Grand Strategy Toward China*. New York: Council on Foreign Relations.

Blackwill, Robert D & Kurt M. Campbell, 2016. *Xi Jinping on the Global Stage*. New York: Council on Foreign Relations.

Britt III, Albert Sidney, 2003. *The Wars of Napoleon*. Garden City Park, New York: Square One Publishers.

Brown, Harold Joseph W. Prueher, and Adam Segal, 2003. *Chinese Military Power*. New York: Council on Foreign Relations.

Brzezinski, Zbigniew, 1997. *The Grand Chessboard: American Primacy and Its Geostrategic Imperatives*. New York: Basic Books.

Catley, Bob, & Makmur Keliat, 1997. *Spratlys: The Dispute in the South China Sea*. Singapore: Sydney Ashgate.

Chase, Michael S., et al., 2015. *China's Incomplete Military Transformation: Assessing the Weaknesses of the People's Liberation Army (PLA)*. Santa Monica: RAND Corporation.

Cline, Ray S., 1975. *World Power Assessment: A Calculus of Strategic Drift*. Boulder, Colorado: Westview Press.

Clinton, Bill, 1999. *A National Security Strategy for a New Century*. Washington, D.C.: The White House.

Ralph N. Clough (eds.), 1986. *Modernizing China: Post-Mao Reform and Development.* Boulder, Colorado: Westview Press.

Cole, Bernard D., 2001. *The Great Wall at Sea: China's Navy Enters the Twenty-First Century.* Annapolis, Maryland: Naval Institute Press.

Cooper III, Cortez A., 2018. *PLA Military Modernization: Drivers, Force Restructuring, and Implications.* Santa Monica, California: RAND Corporation.

Cordesman, Anthony H., Steven Colley, and Michael Wang, 2015. *Chinese Strategy and Military Modernization in 2015: A Comparative Analysis.* Washington, D.C.: Center for Strategic & International Studies.

Crane, Keith, Roger Cliff, Evan Medeiros, James Mulvernon, and William Overholt, 2005. *Modernizing China's Military: Opportunities and Constrains.* Santa Monica, California: RAND Corporation.

Cronin, Patrick M. (ed.), 2012. *Cooperation from Strength: The United States, China and the South China Sea.* Washington, D.C.: Center for a New American Security.

CSIS Asia Economic Strategy Commission, 2017. *Reinvigorating U.S. Economic Strategy in the Asia Pacific: Recommendations for the Incoming Administration.* New York: Rowman & Littlefield.

Duchatel, Mathieu & Alexandre Sheldon Duplaix, 2018. *Blue China: Navigating the Maritime Silk Road to Europe.* London: European Council on Foreign Relations.

Erickson, Andrew S., Lyle J. Goldstein, and Nan Li, 2010. *China, the United States and 21st Century Sea Power: Defining a Maritime Security Partnership.* Annapolis, Maryland: Naval Institute Press.

Feng, Huiyun & Kai He, 2018. *US-China Competition and the South China Sea Disputes.* New York: Routledge.

Freund, Eleanor, 2017. *Freedom of Navigation in the South China Sea: A Practical Guide.* Cambridge, Massachusetts: Belfer Center for Science and International Affairs, Harvard Kennedy School.

Gobel, Christian, & Lynette H. Ong, 2012. *Social Unrest in China.* London: Europe China Research and Advice Network.

Gompert, David C., 2013. *Sea Power and American Interests in the Western Pacific.* Santa Monica, California: RAND Corporation.

Gompert, David C., Astrid Stuth Cevallos, and Cristina L. Garafola, 2016. *War with China: Think Through the Unthinkable*. Santa Monica, California: RAND Corporation.

Goodman, Matthew P. & David A. Parker, 2015. *Navigating Choppy Waters: China's Economic Decisionmaking at a Time of Transition*. New York: Rowman & Littlefield.

Goldstein, Lyle J., 2010. *Five Dragons Stirring Up the Sea: Challenge and Opportunities in China's Improving Maritime Enforcement Capabilities*. Newport, Rhode Island: China Maritime Studies Institute, Naval War College.

Gray, Colin S., 1994. *The Navy in the Post-Cold War World: The Uses and Value of Strategic Sea Power*. University Park, Pennsylvania: The Pennsylvania State University Press.

Groves, Eric J. ed., 1988. *Classics of Sea Power*. Annapolis, Maryland: The United States Naval Institute Press.

Halper, Stephan, 2010. *The Beijing Consensus: How China's Authoritarian Model Will Dominate the Twenty-first Century*. New York: Basic Books.

Harding, Harry, 1987. *China's Second Revolution: Reform After Mao*.Washington, D.C.: Brookings Institution Press.

Hayton, Bill, 2014. *The South China Sea: The Struggle for Power in Asia*. New Haven, Connecticut: Yale University Press.

Horrell, Steven L., 2008. *China's Maritime Strategy: Peaceful Rise?*. Carlisle Barracks, Pennsylvania: U.S. Army War College.

House, Freedom. 2019. *Democracy in Retreat: Freedom in the World 2019*. New York: Freedom House.

Howarth, Peter, 2006. *China's Rising Sea Power: The PLA Navy's Submarine Challenge*. New York: Routledge.

Howwarth, Peter, 2006. *China's Rising Sea Power: The PLA Navy's Submarine Challenge*. London: Routledge.

International Energy Agency, 2015. *Key World Energy Statistics 2015*. Paris: International Energy Agency.

Kane, T. M., 2002. *Chinese Grand Strategy and Maritime*. London: Frank Cass.

Kennedy, Paul, 1987. *The Rise and Fall of the Great Powers: Economic Change and Military Conflict from 1500 to 2000*. New York: Random House.

Kamphausen, Roy, David Lai, and Travis Tanner (eds.), 2014. *Assessing the People's Liberation

Army in the Hu Jintao Era. Carlisle, PA: Strategic Studies Institute and U.S. Army War College Press.

Kirchberger, Sarah, 2015. *Assessing China's Naval Power: Technological Innovation, Economic Constraints, and Strategic Implications*. Heibelberg, Germany: Springer.

Kondapalli, Srikanth, 2001. *China's Naval Power*. New Delhi: The Institute for Defence Studies and Analysis.

Lai, David, 2011.*The United States and China in Power Transition*. Carlisle Barracks, PA: Strategic Studies Institute, U.S. Army War College.

Lampton, David M., 2014. *Following the Leader: Ruling China, from Deng Xiaoping to Xi Jinping*. Berkeley, California: University of California Press.

Lau, Lawrence J, 2019. *The China-US Trade War and Future Economic Relations*. Hong Kong: The Chinese University Press.

Levathes, Louise, 1994. *When China Ruled the Seas: The Treasure Fleet of the Dragon Throne, 1405-1433*. Oxford: Oxford University Press.

Lewis, John Wilson & Xue-Litai, 1994. *China's Strategic Seapower: The Politics of Force Modernization in the Nuclear Age*. Stanford, California: Stanford University Press.

Li, Rex, 2009. *A Rising China and Security in East Asia: Identity Construction and Security Discourse*. London: Routledge.

Lowy Institute, 2019. *Asia Power Index 2019*. Sydney: Lowy Institute.

Luttwak, Edward 1974. *The Political Uses of Sea Power*. Baltimore, Maryland: The Johns Hopkins Press.

Mahan, A. T., 1987. *The Influence of Sea Power upon History, 1660-1783*. New York: Dover Publications, Inc.

Manicom, James, 2014. *Bridging Troubled Waters: China, Japan and Maritime Order in the East China Sea*. Washington, D.C.: Georgetown University Press.

McDevitt, Michael, 2016. *Becoming a Great "Maritime Power": A Chinese Dream*. Arlington, Virginia: CAN Analysis Solutions.

Mead, Walter Russell, 2009. *Special Providence: American Foreign Policy and How It Changed the World*. New York: Routledge.

Mearsheimer, John J., 2014. *The Tragedy of Great Power Politics*, updated edition. New York: W.W. Norton & Company.

Merk, Frederick, 1966. *The Monroe Doctrine and American Expansionism, 1843-1849*. New York: Alfred A. Knopf.

Miles, James, 1997. *The Legacy of Tiananmen: China in Disarray*. Ann Arbor, Michigan: The University of Michigan University Press.

Mingjiong, Li & Kalyon M. Kemburi (eds.), 2015. *New Dynamics in US-China Relations: Contending for the Asia-Pacific*. London: Routledge.

Morgenthau, Hans J., 1963. *Politics among Nations*, 3rd edition. New York: Alfred A. Knopf Publisher.

Muller, David G., 1983. *China as a Maritime Power*. Boulder, Colorado: Westview Press.

Office of Naval Intelligence, 2009. *The People's Liberation Army Navy: A Modern Navy with Chinese Characteristics*. Suitland, Maryland: The Office of Naval Intelligence.

Office of Navy Intelligence, 2015. *The PLA Navy: New Capabilities and Missions for the 21st Century*. Washington, D.C.: Office of Navy Intelligence.

Office of the Secretary of Defense, 2012. *Annual Report to Congress: Military and Security Developments Involving the People's Republic of China 2012*. Arlington, Virginia: Office of the Secretary of Defense.

Office of the Secretary of Defense, 2016. *Annual Report to Congress: Military and Security Developments Involving the People's Republic of China 2016*.

Organski, A. F. K., 1958. *World Politics*. New York: Alfred A. Knopf.

Paine, Lincoln, 2013. *The Sea Civilization: A Maritime History of the World*. New York: Alfred A. Knopf.

Ramo, Joshua Cooper, 2004. *The Beijing Consensus*. London: The Foreign Policy Centre.

Richard B. Morris, 1953. *Encyclopedia of American History*. New York: Harper & Brothers Publishers.

Sajima, Naoko & Kyochi Tachikawa, 2009. *Japanese Sea Power: A Maritime Nation's Struggle for Identity*. Canberra, Australia: Sea Power Centre.

Scobell, Andrew, 2000. *Chinese Army Building in the Era of Jiang Zemin*. Carlisle, Pennsylvania: The Strategic Studies Institute, U.S. Army War College.

Sharman, Christopher H., 2015. *China Moves Out: Stepping Stones Toward a New Maritime Strategy*. Washington, D.C.: National Defense University Press.

Szechenyi, Nicholas (ed.), 2018. *China's Maritime Silk Road: Strategic and Economic*

Implications for the Indo-Pacific Region. Washington, D.C.: Center for Strategic and International Studies.

Tangredi, Sam J., 2003. *Globalization and Maritime Power* (Washington, D.C.: National Defense University.

Tellis, Ashley J., et al., 2000. *Measuring National Power in the Postindustrial Age: Analyst's Handbook.* Santa Monica, California: RAND Corporation.

Till, Geoffrey, 2009. *Seapower: A Guide for the Twenty-first Century*, 2nd edition. New York: Routledge.

Trump, Donald J., & Bill Zanker, 2008. *Think Big: Make It Happen in Business and Life.* New York: HarperCollins Publishers.

Trump, Donald J., 2006. *Trump 101: The Way to Success* (Hoboken, New Jersey: John Wiley & Sons, Inc.

Trump, Donald J., 2011. *Time to Get Tough: Making America #1 Again.* Washington, D.C.: Regnery Publishing, Inc.

Trump, Donald J., 2013. *Think Like a Champion: An Informal Education in Business and Life.* Philadelphia: Da Capo Press.

Trump, Donald J., 2015. *Crippled America: How to Make America Great Again.* New York: Simon & Schuster.

Trump, Donald J., 2015. *Great Again: How to Fix Our Crippled America.* New York: Threshold Editions.

Tucker, Nancy Bernkopf, 2009. *Strait Talk: United States-Taiwan Relations and the Crisis with China.* Cambridge, Massachusetts: Harvard University Press.

Vogel, Ezra F., 2013. *Deng Xiaoping and the Transformation of China.* Cambridge, Massachusetts: Belknap Press.

Waltz, Kenneth N., 1959. *Man, the State and War: A Theoretical Analysis.* New York: Columbia University Press.

Willis, Michael (ed.), 2015. *Foundations of National Power in the Asia-Pacific.* Washington, D.C.: The National Bureau of Asian Research.

Willmott, H. P., 2009. *The Last Century of Sea Power*, vol. 1, *From Port Arthur to Chanak, 1894-1922.* Bloomington, Indiana: Indiana University Press.

World Intellectual Property Organization, 2018. *World Intellectual Property Indicators 2018.*

Geneva: World Intellectual Property Organization.

World Trade Organization, 2017. *World Trade Statistical Review 2017*. Geneva: World Trade Organization.

Wuthnow, Joel, & Phillip C. Saunders, 2017.*Chinese Military Reforms in the Age of Xi Jinping: Drivers, Challenges, and Implications*. Washington, D.C.: National Defense University Press.

（二）專書論文

Burns, Ian, McCaslin and Andrew S. Erickson, "The Impact of Xi-Era Reforms on the Chinese Navy," in Philip C. Saunders, Arthur S. Ding, Andrew Scobell, Andrew N.D. Yang, and Joel Wuthnow (eds.), Chairman Xi Remakes the PLA—Addressing Chinese Military Reforms. Washington, D.C.: National Defense University Press, 2019, pp. 125-170.

Dittmer, Lowell, 2004. "Leadership Change and Chinese Political Development," in Yun-han Chu, Chih-cheng Lo and Ramon H. Myers (eds.), *The New Leadership: Challenges and opportunities after the 16th Party Congress*. New York: Cambridge University Press. pp. 10-29.

Hartnett, Daniel M, 2014. "The 'New Historic Missions': Reflections on Hu Jintao's Military Legacy," in Roy Kamphausen, David Lai, and Travis Tanner (eds.), *Assessing the People's Liberation Army in the Hu Jintao Era*. Carlisle, PA: Strategic Studies Institute and U.S. Army War College Press. pp. 31-80.

Nacht, Michael, Sarah Laderman, and Julie Beeston, 2018. "Strategic Competition in China-US Relations," *Livermore Papers on Global Security*. Center for Global Security Research, Lawrence Livermore National Laboratory. pp. 1-118.

Singer, J. David, 1961. "The Level-of-Analysis Problem in International Relations," in Klaus Knorr and Sidney Verba (eds.), *The International System; Theoretical Essays*. Princeton, New Jersey: Princeton University Press. pp. 77-92.

Walker, Christopher & Jessica Ludwig, 2017. "From 'Soft Power' to 'Sharp Power': Rising Authoritarian Influence in the Democratic World," in National Endowment for Democracy (ed.), *Sharp Power: Rising Authoritarian Influence*. Washington, D.C.: National Endowment for Democracy. pp. 8-25.

（三）專書譯著

Khrushchev, Nikita S. 1974. *Khrushchev Remembers: The Last Testament* (Хрущев вспоминает: последний завет), trans., Strobe Talbott. Boston: Little, Brown and Company.

（四）期刊文章

Art, Robert J., 2010. "The United States and the Rise of China: Implications for the Long Haul," *Political Science Quarterly*, Vol. 125, No. 3, pp. 359-391.

Bedford, Christian, 2009/Winter. "The View from the West: String of Pearls: China's Maritime Strategy in India's Backyard," *Canadian Naval Review*, Vol. 4, No. 4, pp. 37-38.

Broomfield, Emma V., 2003. "Perceptions of Danger: The China Threat," *Journal of Contemporary China*, Vol. 12, No. 35, pp. 264-284.

Brown, David G. & Kyle Churchman, 2019/5. "China-Taiwan Relations: Troubling Tensions," *Comparative Connections*, Vol. 21, No. 1, pp. 65-74.

Campbell, Kurt M. & Dereck J. Mitchell, 2001/7-8. "Crisis in the Taiwan Strait," *Foreign Affairs*, No. 80, pp.14-25.

Cheng, Dean, 2011/7. "Sea Power and the Chinese State: China's Maritime Ambitions," *Backgrounder*, No. 2576, pp. 1-12.

Cossa, Ralph A. & Brad Glosserman, 2019/5. "Regional Overview: Free and Open, but not Multilateral," *Comparative Connections*, Vol. 21, No. 1, pp. 1-14.

Dittmer, Lowell, 1981/7. "The Strategic Triangle: An Elementary Game—Theoretical Analysis," *World Politics*, Vol. 33, No. 4, pp. 485-515.

Economy, Elizabeth, 2014/11-12. "China's Imperial President: Xi Jinping Tightens His Grip," *Foreign Affairs*, Vol. 93, No. 6, pp. 80-91.

Erickson, Andrew S. & Gabriel Collins, 2007/Fall. "China's Maritime Evolution: Military and Commercial Factors," *Pacific Focus*, Vol. XXII, No. 2, pp. 49-51.

Friedberg, Aaron L., 2015/6-7. "The Debate over U.S. China Strategy," *Survival*, Vol. 57, No. 3, pp. 89-101.

Gallagher, Joseph P., 1987/9. "China's Military Industrial Complex: Its Approach to the Acquisition of Modern Military Technology," *Asian Survey*, Vol. 27, No. 9, pp. 991-1002.

Bruce Gilley, 2010/1-2. "Not so Dire Strait Strait: How the Finlandization of Taiwan Benefits

US Security," *Foreign Affairs*, Vol. 89, No. 1, pp. 44-60.

Giok, Khoo Kok, 2015. "Sea Power as a Strategic Domain," *POINTER* (*Journal of the Singapore Armed Forces*), Vol. 41, No. 3, pp. 1-14.

Glaser, Bonnie & David Szerlip, 2010/4. "US-China Relations: The Honeymoon Ends," *Comparative Connections: A Quarterly E-Journal on East Asian Bilateral Relations*, Vol. 12, No. 1, pp. 24-38.

Glaser, Charles, 2011/3-4. "Will China's Rise Lead to War? Why Realism Does not Mean Pessimism," *Foreign Affairs*, Vol. 90, No 2, pp. 80-91.

Godwin, Paul H. B., 1987/12. "Changing Concepts of Doctrine, Strategy and Operations in the Chinese People's Liberation Army 1978-87," *The China Quarterly*, No. 112, pp. 578-581.

Goldgeier, James & Jeremi Suri, 2016/Winter. "Revitalizing the U.S. National Security Strategy," *The Washington Quarterly*, Vol. 38, No. 4, pp. 35-55.

Goldstein, Lyle & William Murray, 2004/Spring. "Undersea Dragons: China's Maturing Submarine Force," *International Security*, Vol. 28, No. 4, pp. 161-196.

Hafeznia, Mohammad Reza, Seyed Hadi Zarghani, Zahra Ahmadipor and Abdelreza Roknoddin Eftekhari, 2008. "Presentation a New Model to Measure National Countries," *Journal of Applied Sciences*, Vol. 8, No. 2, pp. 230-240.

Harding, Harry, 2015/Fall. "Has U.S. China Policy Failed?" *The Washington Quarterly*, Vol. 38, No. 3, pp. 95-122.

Hattendorf, John B., 2013/10. "What is a Maritime Strategy?" *Soundings* (Sea Power Centre, the Royal Australian Navy), No. 1, pp. 1-10.

Holmes, James R., 2013/10. "A 'Fortress Fleet' for China," *The Whitehead Journal of Diplomacy and International Relations,* Vol. 11, No. 2, pp. 115-128.

Homles, James R., 2007. "Sea Power with Asian Characteristics: China, India, and the Proliferation Security Initiative," *Southeast Review of Asian Studies*, Vol. 27, pp. 104-118.

Ikenberry, G. John, 2004/9. "American Hegemony and East Asian Order," *Australian Journal of International Affairs*, Vol. 58, No. 3, pp. 353-367.

Ikenberry, G. John, 2015. "Between the Eagle and the Dragon: America, China, and Middle State Strategies in East Asia," *Political Science Quarterly*, Vol. 131, No. 1, pp. 9-43.

Iliopoulos, Ilias, 2009. "Strategy and Geopolitics of Sea Power throughout History," *Baltic Security & Defence Review,"* Vol. 11, No. 2, pp. 5-20.

Jaishankar, Dhruva, 2017/6. "India and the United States in the Trump Era: Re-evaluating Bilateral and Global Relations," *Foreign Paper* (The Brookings Institution), No. 37, pp. 4-7.

Ji, You, 2018/5. "Xi Jinping and PLA Transformation Through Reforms," *RSIS Working Paper*, No. 313, pp. 1-14.

Joffe, Ellis, 1987/12. "People's War under Modern Conditions: A Doctrine for Modern War," *The China Quarterly*, No. 112, pp. 555-562.

Kato, Akira, 2013/4. "The United States: The Hidden Actor in the Senkaku Islands," *Asia Pacific Bulletin* (East-West Center), No. 205, pp. 1-2.

Kennedy, Andrew Bibgham, 2007/3-4. "China's Perceptions of U.S. Intentions toward Taiwan: How Hostile a Hegemon?" *Asian Survey*, Vol. 47, No. 2, pp. 268-287.

Kim, Shee Poon, 2011/Spring. "An Anatomy of China's 'String of Pearls' Strategy," *The Hikone Ronso*, No. 387, p. 22-37.

Lam, Willy, 2014/7. " 'The No. 1 Is Key': Xi Jinping Holds Forth on the Art of Leadership," *China Brief*, Vol. 14, No. 15, pp. 3-5.

Liao, Hua, Weihua Dong, Huiping Liu and Yuejing Ge, 2015/9. "Towards Measuring and Visualizing Sustainable National Power—A Case Study of China and Neighboring Countries," *International Journal of Geo-Information*, No. 4, pp. 1672-1692.

Mulvenon, James, 2003/Fall. "The Crucible of Tragedy: SARS, the Ming 361 Accident, and Chinese Party-Army Relations," *China Leadership Monitor*, No. 8, pp. 1-12.

Osti, Donatello, 2013/6. "The Historical Background to the Territorial Dispute over the Senkaku/Diaoyu Islands," *ISPI Analysis*, No. 183, pp. 1-9.

Przystup, James J., 2015/1. "A Handshake at the Summit," *Comparative Connections*, Vol. 16, No. 3, pp. 104-116.

Pugh, Michael, 1996. "Is Mahan Still Alive? State Naval Power in the International System," *The Journal of Conflict Studies*, Vol. 16, No. 2, pp. 1-17.

Ra, Sungsup & Zhigang Li, 2018/6. " Closing the Financing Gap in Asian Infrastructure," *ADB South Asia Working Paper Series*, No. 57, pp. 1-35.

Rai, Ranjit B., 2009/10-12. "China's String of Pearls vs. India's Iron Curtain," *Indian Defense Review*, Vol. 24, No. 4, pp. 42-43.

Yoon, Sukjoon 2013/6. "'A New Type of Great-Power Relations' and the Implications for South

Korea," *PacNet*, No. 40, p. 1-2.

Shambaugh, David, 2018/Spring. " U.S.-China Rivalry in Southeast Asia: Power Shift or Competitive Coexistence," Vol. 42, No. 4, pp. 85-127.

Shaofend, Chen, 2010/1. "China's Self-Extrication from the 'Malacca Dilemma' and Implications," *International Journal of China Studies*, Vol. 1, No. 1, pp. 1-24.

Sismanidis, Roxane D. V., 1994/Spring. "China and the Post-Soviet Security Structure," *Asian Affairs: An American Review*, Vol. 21, No. 1, pp. 39-58.

Sithara, Y. J. & N. Fernando, 2010/11. "China's Maritime Relations with South Asia: From Confrontation to Cooperation (part one)," *Future Directions International*, pp. 1-7.

Smith, Esmond D., 1994/12. "China's Aspirations in the Spratly Islands," *Contemporary Southeast Asia*, Vol. 16, No. 3, pp. 274-294.

Storey, Ian James, 1999/4. "Creeping Assertiveness: China, the Philippines and the South China Sea Dispute," *Contemporary Southeast Asia*, Vol. 21, No. 1, pp. 95-118.

Sun, Tom (Guorui) & Alex Payette, 2017/5. "China's Two Ocean Strategy: Controlling Waterways and the New Silk Road," *Asia Focus*, No. 31, pp. 1-23.

Tammen, Ronald L., Jacek Kugler, and Douglas Lemke, 2011/12. "Power Transition Theory," *TransResearch Consortium Work Paper*, No. 1, pp. 1-59.

Thayer, Carlyle A., 1999/7. "Some Progress, along with Disagreements and Disarray," *Comparative Connections*, Vol. 1, No. 1, pp. 37-41.

Tucker, Nancy Bernkopf, 2002/Summer. "If Taiwan Chooses Unification, Should the United States Care?" *The Washington Quarterly*, Vol. 25, No. 3, pp. 15-28.

Unbach, Frank, 2017/5. "The South China Disputes: The Energy Dimensions," *RSIS Commentary*, No. 85, p. 1-4.

Wiegand, Krista E., 2009. "China's Strategy in the Senkaku/Diaoyu Islands Dispute: Issue Linkage and Coercive Diplomacy," *Asian Security*, Vol. 5, No. 2, pp. 170-193.

Yoon, Sukjoon, 2015/Summer. "Implications of Xi Jinping's 'True Maritime Power'", *Naval War College Review*, Vol. 68, No. 3, pp. 40-63.

You, Wang & Cheng Dingding, 2018/Summer. "Rising Sino-U.S. Competition in Artificial Intelligence," *China Quarterly of International Strategic Studies*, Vol. 4, No. 2, pp. 241-258.

Yun, Zhang, 2014/3. "The Diaoyu/Senkaku Dispute in the Context of China-U.S.-Japan

Trilateral Dynamics," *RSIS Working Paper*, No. 270, pp. 1-9.

Zhan, Jun, 1994. "China Goes to the Blue Waters: The Navy, Seapower Mentality and the South China Sea," *The Journal of Strategic*, Vol. 14, No. 3, pp. 180-208.

（五）官方文件

1. 官方書面報告

Clinton, Bill, 1994/12. *A National Security Strategy for a New Century*. Washington, D.C.: The White House.

Congressional Research Service, 2000/10/10. Shirley A. Kan, Christopher Bolkcom, and Ronald O'Rourke, "China's Foreign Conventional Arms Acquistions: Background and Analysis," *CRS Report for Congress*, RL30700, pp. 44-50 & 59-61.

Congressional Research Service, 2005/11/18. Ronald O'Rourke, "China Naval Modernization: Implications for U.S. Navy Capabilities—Background and Issues for Congress," *CRS Report for Congress*, pp. 16-22.

Congressional Research Service, 2006/5. "Social Unrest in China," *CRS Report for Congress*, RL33416, pp. 1-16.

Congressional Research Service, 2008/1/7. "Emerging Trends in the Security Architecture in Asia: Bilateral and Multilateral Ties Among the United States, Japan, Australia, and India," *CRS Report for Congress*, RL34312, pp. 1-20.

Congressional Research Service, 2012/12/10. Ronald O'Rourke, "China Naval Modernization: Implications for U.S. Navy Capabilities—Background and Issues for Congress," *CRS Report for Congress*, RL33153, pp. 1-95.

Congressional Research Service, 2013/8/1. Susan V. Lawrence, "U.S.-China Relations: An Overview of Policy Issues," *CRS Report for Congress*, R41108, pp. 1-61.

Congressional Research Service, 2013/8/2. Mark E. Manyin, William E. Manyin, William H. Cooper and Ian E. Rinehart, "Japan-U.S. Relations: Issues for Congress," *CRS Report for Congress*, RL33436, pp. 1-39.

Congressional Research Service, 2013/8/21. Ian F. Fergusson, William H. Cooper, Remy Jurenas, and Brock R. Williams, "The Trans-Pacific Partnership Negotiations and Issues for Congress," *CRS Report for Congress*, R42694, pp. 1-56.

Congressional Research Service, 2016/10/4. Mark E. Manyin, "Senkaku (Diaoyu/Diaoyutai)

Islands Dispute: U.S. Treaty Obligations," *CRS Report for Congress*, R42761, pp. 1-10.

Congressional Research Service, 2016/5/31. Ronald O'Rourke, "China Naval Modernization: Implications for U.S. Navy Capabilities—Background and Issues for Congress," *CRS Report for Congress*, RL33153, pp. 1-104.

Congressional Research Service, 2017/10/30. Susan V, Lawrence and Wayne M/ Morrison, "Taiwan: Issues for Congress," *CRS Report for Congress*, R44996, pp. 1-87.

Congressional Research Service, 2017/2/2. Thomas Lum & Bruce Vaughn, "The Pacific Islands: Policy Issues," *CRS Report for Congress,* R44753, pp. 1-22.

Congressional Research Service, 2018/4/20. "China-India Great Power Competition in the Indian Ocean Region: Issues for Congress," *CRS Report for Congress,* R45194, pp. 1-28.

Congressional Research Service, 2018/5/21. Ronald O'Rourke, "China Naval Modernization: Implications for U.S. Navy Capabilities—Background and Issues for Congress," *CRS Report for Congress*, RL33153, pp. 1-111.

Congressional Research Service, 2019/8/23. "U.S.-China Strategic Competition in South and East Seas: Background and Issues for Congress," *CRS Report for Congress*, R42784, pp.1-88.

Obama, Barack, 2010/5. *National Security Strategy of the United States of America.* Washington, D.C.: The White House.

Trump, Donald, 2017. *National Security Strategy of the United States of America.* Washington, D.C.: The White House.

U. S. Defense Intelligence Agency, 2019. "China Military Power," pp. 1-140, <http://www.dia.mil/Military-Power-Publications>.

U. S. Department of Defense, 2005. *Annual Report to Congress: The Military Power of the People's Republic of China 2005.* Washington, D.C.: Department of Defense.

U. S. Department of Defense, 2012. *Annual Report to Congress: Military and Security Developments Involving the People's Republic of China 2012.* Washington, D.C.: Department of Defense.

U. S. Department of Defense, 2017. *Annual Report to Congress: Military and Security Developments Involving the People's Republic of China 2017.* Washington, D.C.: Department of Defense.

U. S. Department of Defense, 2018. "Summary of the 2018 National Defense Strategy of the

United States of America," 2018.

U. S. Department of Defense, 2018. *Annual Report to Congress: Military and Security Developments Involving the People's Republic of China 2018*. Washington, D.C.: Department of Defense.

U. S. National Intelligence Council, 2012. *Global Trends 2030: Alternative World*. Washington, D.C.: National Intelligence Council.

2. 政府網站文件

American Institute in Taiwan, 2018/10/4. "Remarks by Vice President Pence on the Administration's Policy Toward China," <https://www.ait.org.tw/remarks-by-vice-president-pence-on-the-administrations-policy-toward-china/>.

Bureau of Asian and Pacific Affairs, 2006/4. U.S. "Background Note: China," <http://www.state.gov/r/pa/ei/bgn/18902.htm>.

Central Intelligence Agency, "The World Factbook: China," <https://www.cia.gov/library/publications/resources/the-world-factbook/goes/ch.html>.

Central Intelligence Agency, "The World Factbook: Hong Kong," <https://www.cia.gov/library/publications/resources/the-world-factbook/goes/hk.html>.

Central Intelligence Agency, "The World Factbook: United States," <https://www.cia.gov/library/publications/resources/the-world-factbook/goes/us.html>.

Central Intelligence Agency, 2019/9/10. "The World Factbook: China," <https://www.cia.gov/library/publications/the-world-factbook/geos/ch.html>.

Consulate-General of the People's Republic of China in Chicago, "Summary on China's Foreign Trade," <http://www.chinaconsulatechicago.org/eng/jm/t31991.htm>.

Embassy of the People's Republic of China in the United States of America, 1997/10/29. "China-US Joint Statement (October 29, 1997)," <http://www.china-embassy.org/eng/zmgx/zywj/t36259.htm>.

Medeiros, Evans S., & Wayne R. Hugar, "Linking Defense Conversion and Military Modernization in China: A Case Study of China's Shipbuilding Industry," paper prepared for the Conference on the PLA Navy: Past, Present and Future Prospects," sponsored by the CAN Corporation and the Chinese Council of Advanced Policy Studies, in Washington, D.C., on April 6-7, 2000, pp. 1-17.

History and Public Policy Program Digital Archive, Public Papers of the Presidents, Harry S.

Truman, 1945-1953, 1950/7/27. "June 27, 1950 Statement by the President, Truman on Korea," <https://digitalarchive.wilsoncenter.org/document/116192.pdf?v=cd0b66b71d6a0 412d275a5088a18db5d>.

Ministry of External Affairs, Government of India, 2018/6/1. "Prime Minister's Keynote Address at Shangri La Dialogue (June 01, 2018)," <https://www.mea.gov.in/Speeches-Statements.htm?dtl/29943/Prime+Ministers+Keynote+Address+at+Shangri+La+Dialogue +June+01+2018>.

Ministry of Foreign Affairs of Japan, 2019/8/5. "Japan-India Relations (Basic Data)," <https:// www.mofa.go.jp/asia-paci/india/data/html>.

Ministry of Foreign Affairs of the People's Republic of China in The Republic of Croatia, 2013/6/9. "Yang Jiechi's Remarks on the Presidential Meeting between Xi Jinping and Obama at the Annenberg Estate," Embassy of the People's Republic of China in the Republic of Croatia," <http://hr.china-embassy.org/eng/zxxx/t1049263.htm>.

Ministry of Foreign Affairs of the People's Republic of China, 1997/10/29. "China-US Joint Statement (October 29, 1997)," <http://www.china-embassy.org/eng/zmgx/zywj/t36259. htm>.

The Navy League of the United States, 2012. "America's Maritime Industry: The Foundation of American Seapower," pp. 1-22. <http://www.bevhillsnavyleague.org/Sea-Power/americas-maritime-industry.pdf>.

The White House, 2017/11/10. "Remarks by President Trump at APEC CEO Summit/Da Nang, Vietnam," <https://www.whitehouse.gov/briefings-statements/remarks-president-trump-apec-ceo-summit-da-nang-vietnam>.

The White House, 2017/11/17. "Remarks by President Obama to the Australian Parliament," Number 17, 2011, <http://www.whitehouse.gov/the-press-office/2011/11/17/remarks-president-obama-austalian-parliament>.

The White House, 2017/2/28. "2017 Joint Address: President Trump Delivered His First Address to a Joint Session of Congress on February 28th, 2017," <https://www.whitehouse.gov/ joint-address>.

The White House, Office of the Press Secretary, 2014/4/24."Joint Press Conference with President Obama and Prime Minister Abe of Japan," <https://obamawhitehouse.archives. gov/the-press-office/2014/04/24/joint-press-conference-president-obama-and-prime-

minister-abe-japan>.

The White House, Office of the Press Secretary, 2011/11/17. "Remarks by President Obama to the Australian Parliament," <https://obamawhitehouse.archives.gov/the-press-office/2011/11/remarks-president-obama-australian-parliament>.

The White House, Office of the Vice President, 2017/4/19. "Remarks by the Vice President Aboard USS Ronald Reagan," in Yokosuka Naval Base in Yokosuka City, Japan, <https://www.whitehouse.gov/the-press-office/2017/04/19/remarks-vice-president-aboard-uss-ronald-reagan>.

U.S. Department of Commerce, "Testimony of Honorable William A. Reinsch, Under Secretary for Export Administration" before the Joint Economic Committee, On April 28, 2998 on U.S./China Technology Transfer, <http://www.bis.doc.gov/News/Archive98/PRCtech.html>.

U. S. Department of State, 2014/5/29. "U.S. Policy Towards East Asia and the Pacific," Assistant Secretary Daniel R. Russel's remarks at the Baltimore Council on Foreign Affairs, Washington, DC, <http://www.state.gov/p/eap/rls/rm/2014/05/226887.htm>.

U.S. Department of Defense, 2013/11/23. "Statement by secretary of Defense Chuck Hagel on East China Sea Air defense Identification Zone," *News Release*, <http://www.defense.gov/releases/release.aspx?releaseid=16392>.

U.S. Department of Defense, 2019/6. *Indo-Pacific Strategy Report: Preparedness, Partnerships, and Promoting a Networked Region.* Washington, D.C.: The Department of Defense.

U.S. Department of Defense, 2019/6/1. *Indo-Pacific Strategy Report.* Arlington County, Virginia: The Department of Defense.

U.S. Department of State, 2010/10/30. "Remarks with Vietnamese Foreign Minister Pham Gia Khiem," <https://2009-2017.state.gov/secretary/20092013clinton/rm/2010/10/150189.htm>.

U.S. Department of State, 2011/7/21. "Kurt Campbell interview with Yomiuri Shimbun Newspaper's Kyoko Yamguchi, Bali, Indonesia," <http://www.state.gov/p/eap/rls/rm/2011/07/168940.htm>.

U.S. Department of State, 2013/10/3. "Remarks with Secretary of Defense Chuck Hagel, Japanese Foreign Minister Fumio Kishida and Japanese Defense Minister Itsunori Onodera," <http://www.state.gov/secretary/remarks/2013/10/215073.htm>.

U.S. Department of State, 2013/12/13. "Economic Aspects of the Asia Rebalance," Principle Deputy Assistant's statement before the Senate Foreign Relations Subcommittee on East Asian and Pacific Affairs, <http://www.state.gov/p/eap/rls/rm/2013/12/218291>.

U.S. Department of State, 2013/4/14. "Joint Press Availability with Japanese Foreign Minister Kishida After Their Meeting," <http://www.state.gov/secretary/remarks/2013/04/207483. htm>.

U.S. Department of State, 2014/2/5. "Maritime Disputes in East Asia," Assistant Secretary Daniel R. Russel's testimony before the House Committee on Foreign Affairs Subcommittee on Asia and the Pacific, <http://www.state.gov/p/eap/rls/ rm/2014/02/221293.htm>.

U.S. Department of State, 2014/2/5. Daniel R. Russel, "Maritime Disputes in East Asia," Testimony before the House Committee on Foreign Affairs Subcommittee on Asia and the Pacific," <http://www.state.gov/p/eap/rls/rm/2014/02/221293.htm>.

U.S. Department of State, 2014/5/29. "U.S. Policy Towards East Asia and the Pacific," Assistant Secretary Daniel R. Russel's remarks at the Baltimore Council on Foreign Affairs, Washington, D.C., <http://www.state.gov/p/eap/rls/rm/2014/05/226887.htm>.

U.S. Department of State, 2014/6/25. "The Future of U.S.-China Relations," Assistant Secretary Daniel R. Russel's testimony before the Senate Foreign Relations Committee, <http:// www.state.gov/p/eap/rls/rm/2014/06/228415.htm>.

U.S. Department of State, 2017/1/11. "Statement of Rex Tillerson, Nominee for Secretary of State," Statement before the Senate Foreign Relations Committee, <http://www.state.gov/ secretary/remarks/2017/01/267394.htm>.

U.S. Department of State, 2018/4/2. "Briefing on the Indo-Pacific Strategy," <http://www.state. gov/r/pa/prs/ps/2018/04/280134.htm>.

U.S. Department of State, 2019/6/4. "U.S. Security Cooperation with India," <https://www. state.gov/u-s-security-cooperation-with-india/>.

U.S. Energy Information Administration, 2012/9/5. "Today in Energy," <https://www.eia.gov/ todayinenergy/detail.php?id=7830>.

U.S. Energy Information Administration, 2013/4/3. "Contested Areas of South China Sea Likely Have Few Conventional Oil and Gas Resources," <https://eia.gov/todayinenergy/detail. php?id=10651>.

U.S. Energy Information Administration, 2015/5/22. "China," <http://www.eia.gov/beta/international/analysis.php?iso=CH>.

U.S. Energy Information Administration, 2018/12/31. "China Surpassed the United States as the World's Largest Crude Oil Importer in 2017," <http://www.eia.gov/todayinenergy/detail.php?id=37821>.

U.S. Energy Information Administration, 2018/2/23. "China Becomes World's Second Largest LNG Importer Behind Japan," <https://www.eia.gov/todayinenergy/detail.php?id=35072>.

U.S. Energy Information Administration, 2018/8/27. "More than 30% of Global Maritime Crude Oil Trade Moves through the South China Sea," <https://www.eia.gov/todayinenergy/detyail.php?id=36952>.

U.S. Energy Information Administration, 2015/5/14. "International Energy Data and Analysis: China," <https://www.eia.gov/beta/international/analysis.php?iso=CHN>.

U.S. Senate Committee on Armed Services, 2017/1/12. "Stenographic Transcript before the Committee on Armed Services," United States Senate, to conduct a confirmation hearing on the expected nomination of Mr. James N. Mattis to be Secretary of Defense, <https://www.armed-services.senate.gov/download/17-03_01-12-17>.

（六）網際網路資料

"China GDP Annual Growth Rate," *Trading Economics*, <https://tradingeconomics.com/china/gdp-growth-annual>.

"How Does China's First Aircraft Carrier Stack Up?" *CSIS ChinaPower Project*, <https://chinapower.csis.org/aircraft-carrier/>.

"How Is China Modernizing Its Navy?" *CSIS ChinaPower Project,* <https://chinapower.csis.org/china-naval-modernization/>.

"How Much Trade Transits the South China Sea," *CSIS ChinaPower Project*, <https://chinapower.csis.org/much-trade-transits-south-china-sea/#>.

"How Will the Belt and Road Initiative Advance China's Interests?" *CSIS ChinaPower Project,* <https://chinapower.csis.org/china-belt-and-road-initiative/>.

"What Do We Know (So Far) about China's Second Aircraft Carrier?" *CSIS ChinaPower Project*, <https://chinapower.csis.org/china-aircraft-carrier-type-001a/>.

2005/1/17. "China Builds up Strategic Sea Lanes," *The Washington Times*, <http://www.

washingtontimes.com/news/2005/jan/17/20050117-115550-1929r/>.

2012/6/2. "Leon Panetta: US to Deploy 60% of Navy Fleet to Pacific," *BBC News*, <https://www.bbc.com/news/world-us-canada-18305750>.

2012/9/18. "U.S. Public, Experts Differ on China Policies," *Pew Research Center*, <http://www.pewglobal.org.2012/09/18/chapter-1-how-americans-view-china>.

2013/4/30. "U.S. Warns Against 'Coercive Action' over Senkaku Issue," *The Asahi Shimbun*, <http://ajw.asahi.com/article/behind_news/politics/AJ201304300129>.

2013/7/18. "Pew Research Global Attitudes Project," *Pew Research Center*, <http://www.pewglobal.org/2013/07/18/chapter-1-attitudes-toward-the-united-states>.

2014/4/24. "Obama: Senkaku Islands Fall Under US-Japan Defense Treaty," *Voice of America*, April 24, 2014, <http://www.voanews.com/articleprintview/1900028.html>.

2014/7/14. "Greece, China Explore Maritime Ties," *ekathimerini-com*, <http://www.ekathimerini.com/161539/article/ekathimerini/news/greece-china-explore-maritime-ties>.

2014/8. "Chinese Maritime R&D—in Ship Building, Ship Equipment and Offshore Engineering," *Innovation Centre Denmark*, p. 3, <http://webcache.googleusercontent.com/search?q=cache:506fchMIlOsJ:kina.um.dk/~/media/icdk/Documents/Shanghai/Report/Chinese%2520Maritime%2520R%2520and%2520D.pdf%3Fla%3Den+&cd=1&hl=zh-TW&ct=clnk&gl=tw>.

2015/4/10. "Obama Fears China Is Bullying South China Sea Neighbor," *NBC News*, <http://www.nbcnews.com/news/world/president-obama-concerned-china-bullies-south-china-sea-neighbors>.

2015/8/7. "South China Sea Dispute John Kerry Says US Will not Accept Restrictions on Movement in the Sea," *ABC News*, <http://www.abc.net.au/news/2015-08-06/kerry-says-us-will-not-accept-restrictions-in-south-china-sea/6679060>.

2016/10/18. "Only China Can Help Philippines: Duterte Turns to Beijing as Rift with US Widens," *Reuters*, <https://www.rt.com/news/363103-duterte-china-visit-help>.

2016/3/26. "Transcript: Donald Trump Expounds on His Foreign Policy Views," *The New York Times*, <https://www.nytimes.com/2016/03/27/us/politics/donald-trump-transcript.html?_r=0>.

2016/3/27. "Transcript: Donald Trump Expounds on His Foreign Policy Views," *The New York Times*, <https://www.nytimes.com/2016/03/27/us/politics/donald-trump-transcript.html>.

2016/5/3. "Taiwan Relations Act, Six Assurances Reaffirmed as US Policy Toward Taiwan," *Taiwan Today*, May 3, 2016, <https://taiwantoday.tw/news.php?unit+2&post=3886>.

2016/6/29. "China and the Global Balance of Power," *Pew Research Center*, <http://www.pewglobal.org/2016/06/29/3-china-and-the-global-balance-of-power>.

2016/7/21. "Transcript: Donald Trump on NATO, Turkey's Coup Attempt and the World," *The New York Times*, <https://www.nytimes.com/2016/07/22/us/politics/donald-trump-foreign-policy-interview.html?_r=0>.

2016/9/26. "First 2016 Presidential Debate at Hofstra University," <http://www.ontheissues.org/2016/Donald_Trump_Foreign_Policy.htm>.

2017. "Data for All Countries from 1988-2018 in Constant (2017) USD," *Stockholm International Peace Research Institute*, <https://www.sipri.org/sites/default/files/Data%20for%20all%20countries%20from%201988%E2%80%932018%20in%20constant%20%282017%29%20USD%20%28pdf%29.pdf>.

2017/1/20. "China's Economy Grows 6.7% in 2016," *BBC News*, <http://www.bbc.com/news/business-38686568>.

2017/10/24. "Fish, not Oil, at the Heart of the South China Sea Conflict," *Fridtjof Nansen Institute Article*, <https://www.fni.np/news/fish-not-oil-at-thesouth-china-sea-conflict-article1556-330.html>.

2017/3/14. "North Korea Threatens US with "Merciless" Attacks, *Fox News*, <http://video.foxnews.com/v/53593721/7001/#sp=show-clips>.

2017/3/16. "'Merciless attacks' to 'more misery': 5 times North Korea threatened US," *hindustantimes*, <https://www.hindustantimes.com/world-news/merciless-attacks-to-more-misery-5-times-north-korea-threatened-to-attack-us/story-PFtYIYrKlyWgVYey8Ezj0M.html>.

2017/3/17. "Trump says N. Korea 'behaving badly,' China not helping," *RT America*, <http://www.rt.com/usa/381137-trump-china-north-korea>.

2018/1/10. "Donald Trump and Malcolm Turnbull's Phone Call: The Full Transcript," *ABC News*, <https://www.abc.net.au/news/2017-08-04/donald-trump-malcolm-turnbull-refugee-phone-call-transcript/8773422>.

2018/10. "Japan-China Public Opinion Survey 2018," *The Genron NPO*, p. 5, <http://www.genron-npo.net/en/archives/181011.pdf>.

2018/11/1. "The US Secretary of State Says China Biggest National Security Challenge Facing America," *PRESSTV*, <https://www.presstv.com/Detail/2018/11/01/578700/US-Secretary-of-State-Mike-Pompeo-China-national-security -challenge>.

2018/11/26. "Trump on Climate Change Report: I Don't Believe It," *BBC News*, <https://www.bbc.com/news/world-us-canada-46351940>.

2018/12/18. "Bagamoya: The Largest Construction Project in Tanzania," *Risk Magazine*, <https://riskmagazine.nl/article/2018-12-28-bagamoya-the-largest-construction-project-in-tanzania>.

2018/9/9. "China Engages in Australia's Largest Maritime Drill for First Time," *Reuters*, <https://www.cnbc.com/2018/09/09/china-engages-in-australia-largest-maritime-drill-exercisekakadu.html>.

2019/6/6. "China Says Seriously Concerned about $2.73 billion US Arms Sales to Taiwan," *The Strait Times*, <https://www.straittimes.com/asia/east-asia/china-says-seriously-concerned-about-273-billion-us-arms-sales-to-taiwan>.

Abi-Habib, Maria, 2018/6/25. "How China Got Sri Lanka to Cough Up a Port?" *The New York Times*, <https://www.nytimes.com/2018/06/25/world/asia/china-sri-lanka-port.html>.

Allison, Graham, 2015/9/24. "The Thucydides Trap: Are the U.S. and China Headed for War?" *The Atlantic*, <http://www.theatlantic.com/international/archive/2015/09/united-states-china-war-thucydides-trap>.

Asian Infrastructure Development Bank, "Members and Prospective Members of the Bank," <https://www.aiib.org/en/about-aiib/governance/members-of-bank/index.html>.

Beech, Hannah, 2018/9/20. "China's Sea Control Is a Done Deal, 'Short of War with the U.S.'," *The New York Times*, <https://www.nytimes.com/2018/09/20/world/asia/south-china-sea-navy.html?_ga=2.8346290.1834693156.1566528013-1520767250.1566528013>.

Bhattacharyay, B., 2010. "Estimating Demand for Infrastructure in Energy, Transport, Telecommunications, Water and Sanitation in Asian and the Pacific:2010-2020," *ADBI Working Paper Series*, <https://www.adb.org/sites/default/files/publication/156103/adbi-wp248.pdf>.

Bitzinger, Richard A., 2018/5/10."Why Beijing Is Militarizing the South China Sea," *Asia Times*, <http://www.atimes.com/why-beijing-is-militarizing-the-south-china-sea/>.

Bremmer, Ian, 2015/5/28. "There Are the 5 Reasons Why the United States Remains the World's

Only Superpower," *Time*, <http://time.com/3899972/us-superpower-status-military>.

Browne, Ryan, 2017/9/27. "Top US General: China Will be 'Greatest Threat' to US by 2025," *CNN*, <https://edition.cnn.com/2017/09/26/politics/dunford-us-china-greatest-threat/index.html>.

Buniller, Elisabeth, 2012/11/10. "Words and Deeds Show Focus of the American Military on Asia," *The New York Times*, <https://www.nytimes.com/2012/11/11/world/asia/us-militarys-new-focus-onasia-becomes-clearer.html>.

Bush, Richard C., 2013/6/10. "Obama and Xi at Sunnylands: A Good Start," *Brookings*, <https://www.brookings.edu/blog/up-front/2013/06/10/obama-and-xt-at-sunnylands-a-good-start>.

Chase-Dunn, Christopher, et al, 2002/7/10. "The Trajectory of the United States in the World-System: A Quantitative Reflection," paper presented at the XV ISA World Congress of Sociology in Brisbane, Australia, <https://irows.ucr.edu/papers/irows8/irows8.htm>.

Clinton, Hillary, 2011/11. "America's Pacific Century," *Foreign Policy*, <http://www.foreignpolicy.com/articles/2011/10/11/americas_pacific_century>.

Clinton, Hillary, 2011/7/22. "The South China Sea," *Press Statement, U.S. Department of State*, <http://www.state.gov/secretary/rm/2011/07/168989.htm>.

Connolly, Kate, 2017/1/15. "Merkel Made Catastrophic Mistake over Open Door to Refugees, Says Trump," *The Guardian*, <https://www.theguardian.com/world/2017/jan/15/angela-merkel-refugees-policy-donald-trump>.

Cordesman, Anthony H., Steven Colley, Michael Wang, 2015/12. "Chinese Strategy and Military Modernization in 2015," *CSIS*, p. 279, <https://csis-prod.s3.amazonaws.com/s3fs-public/legacy_files/files/publication/151215_Cordesman_ChineseStrategyMilitaryMod_Web.pdf>.

Davidson, Paul, 2017/4/17. "Why China Is Beating the U.S. at Innovation," *USA Today*, <https://www.usatoday.com/story/money/2017/04/17/why-china-beating-us-innovation/100016138>.

Davis, Sara & Mickey Spiegel, 2005/2/18. "Take Tough Action to End China's Mining Tragedies," *The Wall Street Journal*, <https://www.hrw.org/news/2005/02/18/take-tough-action-end-chinas-mining-tragedies>.

Drake, Bruce, 2013/10/7. "Obama Bows out of Asian Summit Amid Mixed Views of U.S., China in Region," *Pew Research Center*, <http://www.pewresearch.org/fact-

tank/2013/10/07/obama-bows-out-of-asian-summit-amid-mixed-views-of-u-s-china-in-region>.

Dufour, Jules, 2007/7/1. "The Worldwide Network of US Military Bases," *Global Research*, <http://www.globalresearch.ca/the-worldwide-network-of-us-military-bases>.

Economics, Trading, "United States GDP Growth Rate," *Trading Economics*, <https://tradingeconomics.com/united-states/gdp-growth>.

Farmer, Ben, 2019/8/8. "Kashmir Crisis: Will Nuclear-armed Pakistan Go to War with India Again?" *The Telegraph*, <https://www.telegraph.co.uk/news/2019/08/08/kashmir-crisis-will-nuclear-armed-pakistan-go-war-india/>.

Feron, Henri, 2019/3/29. "Why North Korea Won't Succumb to 'Maximum Pressure'," *The National Interest*, <https://nationalinterest.org/blog/korea-watch/why-north-korea-wont-succumb-maximum-pressure-49387>.

Firth, Stewart, 2018/6. "Instability in the Pacific Islands: A Status Report," *Lowy Institute*, <https://www.lowyinstitute.org/publications/instability-pacific-islands-status-report>.

Fortune Staff, 2016/6/29. "Read the Full Transcript of Donald Trump's Jobs Speech," *Fortune*, <http://fortune.com/2016/06/28/transcript-donald-trump-speech-jobs>.

Freiner, Nicole L., 2018/5/26. "What China's RIMPAC Exclusion Means for US Allies," *The Diplomat*, <https://thediplomat.com/2018/05/what-chinas-rimpac-exclusion-means-for-us-allies>.

Fravel, M. Taylor, "The United States in the South China Sea Disputes," paper prepared for the 6th Berlin Conference on Asian Security, Jointly organized by Stiftung Wisesenschaft und Politik and Konrad-Adenauer-Stiftung, in Berlin, June 18-19, 2012, pp. 4-5.

Fuchs, Michael, 2014/7/11. "Remarks at the Fourth Annual South China Sea Conference," *CSIS, Washington, D.C.*, <http://www.state.gov/p/eap/rls/rm/2014/07/229129.htm>.

Gady, Franz-Stefan, 2016/7/20. "China and US Conduct Joint Submarine Drill," *The Diplomat*, <https://thediplomat.com/2016/07/china-and-us-conduct-joint-submarine-rescue-drill/>.

Georgiopoulos, George, 2018/10/19. "Piraeus Port Urges Greece to Speed up Investment Plan Approval," *Reuters*, <https://www.reuters.com/article/greece-port-investment/piraeus-port-urges-greece-to-speed-up-investment-plan-approval-idUSL8N1WZ433>.

Gramlich, John, 2017/10/31. "How Countries Around the World View Democracy, Military Rule and Other Political Systems," *Pew Research Center*, <http://www.pewresearch.org/

fact-tank/2017/10/30/global-views-political -systems>.

Hall, Ian & Michael Heazle, 2017. "The Rule-based Order in the Indo-Pacific: Opportunities and Challenges for Australia, India and Japan," *Regional Outlook Paper No. 50, (Griffith Asia Institute, Griffith University)*, p. 2, <https://www.griffith.edu.au/_data/assets/pdf_file/0023/108716/Regional-Outlook-Paper-50-Hall-Heazle-web.pdf>.

Harada, Issaku, 2019/1/21. "China's GDP Growth Slows to 28-year Low in 2018," *Nikkei Asian Review*, <https://asia.nikkei..com/Economy/China-s-GDP-growth-slows-to-28-year-low-in-2018>.

Hayashi, Yuka & Jeremy Page, 2013/11/24. "U.S., Japan Rebuke China in Island Dispute," *The Wall street Journal*, <http://www.wsj.com/articles/SB1000142405270527023044656045792175021238998122>.

He, Hongmei Jiao Nie and Yao Wang, 2018/6/26. "China's Assistance for Chittagong Port Development, not a Military Conspiracy," *The Daily Star*, <https://www.thedailystar.net/opinion/perspective/chinas-assistance-chittagong-port-development-not-military-conspiracy-1595092>.

Headley, Tyler & Cole Tanigawa-Lau, 2016/3/10. "Measuring Chinese Discontent: What Local Level Unrest Tells Us," *Foreign Affairs*, <https://www.foreignaffairs.com/articles/china/2016-03-10/measuring-chinese-discontent>.

Hollingsworth, Julia, Jason Kwok and Natslie Leung, 2019/7/22. "Why China Is Challenging Australis for Influence over the Pacific Islands," *CNN*, <https://edition.cnn.com/2019/07/22/asia/china-australia-pacific-investment-intl-hnk/index.html>.

House, Freedom, 2018. "Freedom in the World 2018: Democracy in Crisis," <https://freedomhouse.org/report/freedom-world/freedom-world-2018>.

House, Freedom, 2019. "Freedom in the World 2019 Map," <https://freedomhouse.org/report/freedom-world/freedom-world-2019/map>.

Hunt, Katie Matt Rivers, and Catherine E. Shocichet, 2016/10/20. "In China, Duterte Announces Split with U.S.: 'America has Lost'," *CNN,* <http://edition.cnn.com/2016/10/20/asia/china-philippines-duterte-visit>.

Johnson, Christopher K., 2014. *Decoding China's Emerging "Great Power" Strategy in Asia.* Washington, D.C.: Center for Strategic and International studies. <http://csis.org/files/publication/140603_Johnson_DecodingChinasEmerging_WEB.pdf>.

Johnson, Keith, 2018/2/2. "Why Is China Buying up Europe's Ports?" *Foreign Policy*, <https://foreignpolicy.com/2018/02/02/why-is-china-buying-up-europes-ports/>.

Kakissis, Joanna, 2018/10/9. "Chinese Firms Now Hold Stakes in over a Dozen European Ports," *NPR*, <https://www.npr.org/2018/10/09/642587456/chinese-firms-now-hold-stakes-in-over-a-dozen-european-ports>.

Kembara, Gilang, 2018/2. "Partnership for Peace in the South China Sea," *CSIS Working Paper Series* (Center for Strategic and International Studies, Jakarta), p. 1.

Kim, Christine & James Pearson, 2016/12/15. "South Korea Presidential Hopeful: U.S. Missile Defense Should Wait," *Reuters*, <http://www.reuters.com/article/us-southkorea-politics-idUSkBn1440Qj>.

Klare, Michael T., 2001/4/12. "'Congagement' with China?" *The Nation*, <https://www.thenation.com/article/congagement-china>.

Lal, Neeta, 2018/9/26. "Sino-India Rivalry Heats up in Mauritius," *AsiaSentinel*, <https://www.asiasentinel.com/econ-business/sino-india-rivalry-mauritius>.

Lam, Willy, 2014/8/1. "Xi Jinping Wants to Be Mao But Will not Learn from the Latter's Mistakes," *AsiaNews*, <http://www.asianews.it/news-en/Xi-Jinping-wants-to-be-Mao-but-will-not-learn-from-the-latter's-mistakes.htm>.

Lam, Willy, 2015/6. "Xi Jinping: A 21st-century Mao?" *Prospect*, <https://www.prospectmagazine.co.uk/magazine/xi-jinping-a-21st-century-mao>.

Lampton, David M. & Kenneth Lieberthal, 2004/4. "Heading off the Next War," *Washington Post*, <https://www.washingtonpost.com/archive/opinions/2004/04/12/heading-off-the-next-war/329c37bf-7ff9-4088-9ace-aa22423413e8/>.

Landler, Mark, 2010/7/23. "Offering to Aid Talks, U.S. Challenges China on Disputed Islands," *The New York Times*, <https://www.nytimes.com/2010/07/24/world/asia/24diplo.html>.

Leigh, Karen, 2019/5/20. "Trump Vows China's Economy Won't Surpass US on His Watch," *Bloomberg*, <https://www.bloomberg.com/news/articles/2019-05-20/trump-vows-china-s-economy-won-t-surpass-u-s-on-his-watch>.

Lieberthal, Kenneth & Wang Jisi, 2012/3. "Addressing U.S.-China Strategic Distrust," *John L. Thornton Center Monograph Series*, No. 4, pp. 20-23, <https://www.brookings.edu/wp-content/uploads/2016/06/0330_china_lieberthal.pdf>.

Lin, Benjamin Kang & Philip Wen, 2017/3/4. "China's Anti-corruption Overhaul Paves Way for

Xi to Retain Key Ally," *Reuters*, <http://www.reuters.com/article/us-china-politics-wang-idUSKBN16B04J>.

Loong, Lee Hsien Prime, Minister of Singapore, 2019/5/31."Keynote Address to the IISS Shangri-La Dialogue 2019," <https://www.iiss.org/events/shangri-la-dialogue/shangri-la-dialogue-2019>.

Lynch, Thomas F., 2019/2/14. "The Growing Entente between India and Japan," *The National Interest*, <https://nationalinterest.org/feature/growing-entente-between-india-and-japan-44567>.

Manevich, Dorothy, 2017/2/10. "Americas Have Grown More Negative Toward China over the Past Decade," *Pew Research Center*, <http://www.pewresearch.org/fact-tank/2017/02/10/americans-have-grown-more-negative-toward-china-over-past-decade>.

Mann, Jim, 1995/4/16. "U.S. Starting to View China as Potential Enemy," *Los Angeles Times*, <https://www.latimes.com/archives/la-xpm-1995-04-16-mn-55355-story.html>.

McBride, James & Andrew Chatzky, 2019/5/13. "Is 'Made in China 2015' a Threat to Global Trade?" *Council on Foreign Relations Backgrounder*, <https://ww.cfr.org/backgrounder/made-china-2025-threat-global-trade>.

Moss, Trefor, 2016/7/19. "5 Things About Fishing in the South China Sea," *The Wall Street Journal*, <https://blogs.wsj.com/briefly/2016/07/19/5-things-about-fishing-in-the-south-china-sea>.

Nok-yong, Jung, 2017/1/31. "Trump Vows 'Ironclad' Commitment to Defending S. Korea," <http://english.chosun.com/site/data/html_dir/2017/01/31/2017013100717.html>.

Nune, Shravan, 2018/1/16. "China's Cabbage Strategy in South China Sea & Implications for India," *Jagran Josh*, <https://www.jagranjosh.com/current-affairs/da-chinas-cabbage-strategy-in-south-china-sea-implications-for-india-1516026682-1>.

Nye, jr., Joseph S., 2013/1/25. "Work with China, Don't Contain It," *The New York Times*, <https://www.nytimes.com/2013/01/26/opinion/work-with-china-dont-contain-it.html>.

Pandit, Pajat, 2011/10/11. "China's Stepped up Moves in Maldives Worries India," *The Times of India*, <https://timesofindia.indiatimes.com/india/Chinas-stepped-up-moves-in-Maldives-worry-India/articleshow/10294868.coms?referral=PM>.

Parameswaran, Prashanth, 2018/5/1. "Exercise Komodo 2018 Puts Indonesia Navy in the Spotlight," *The Diplomat*, <https://thediplomat.com/2018/05/exercise-komodo-2018-puts-

indonesia-navy-in-the-spotlight>.

Pascual, Jr., Federico D., 2019/4/11. "China's Swarming: 'Cabbage Strategy'," *The Philippine Star*, <https://www.philstar.com/opinion/2019/04/11/1909011/chinas-swarming-cabbage-strategy>.

Pearson, James & Jeff Mason, 2019/2/27. "Trump Pitches U.S. Arms Exports in Meeting with Vietnam, *Reuters*, <https://www.reuters.com/article/us-northkorea-usa-vietnam/trump-pitches-u-s-arms-exports-in-meeting-idUSKCN1QG1HU>.

Pehrson, Christopher J., 2006/7. "String of Pearls: Meeting the Challenges of China's Rising Power Across the Asian Littoral," *Strategic Studies Institute, the U.S. Army War College*, pp. 1-30. <https://ssi.armywarcollege.edu/pdffiles/PUB721.pdf>.

Pengelly, Martin, 2019/8/18. "Trump Confirms He Is Considering Attempt to Buy Greenland," *The Guardian*, <https://www.theguardian.com/world/2019/aug/18/trump-considering-buying-greenland>.

Perlez, Jane, 2014/7/8. "Chinese Leader's One-Man Show Complicates Diplomacy: President Xi Jinping's Solo Decision-Making Presents Challenges," *The New York Times*, <http://www.nytimes.com/2014/07/09/world/asia/china-us-xi-jinping-washington-kerry-lew.htm>.

Pilkington, Ed, 2019/8/15. "Donald Trump Reportedly Wants to Purchase Greenland from Denmark," *The Guardian*, <https://www.theguardian.com/us-news/2019/aug/15/donald-trump-greenland-purchase-denmark>.

Poling, Gregory B., 2014/7. "Recent Trends in the South China Sea and U.S. Policy," *CSIS Report*, p. 10.

Rehman, Iskander, 2013/3/7. "Arc of Crisis 2.0?" *The National Interest*, <https://nationalinterest.org/commentary/arc-crisis-20-8194?page=1%2C1>.

Rehman, Iskander, 2014/2/28. "Why Taiwan Matters," *The National Interest*, <https://nationalinterest.org/commentary/why-taiwan-matters-9971>.

Retana, Gustavo Arias, 2018/12/6. "Latin America Allows China to Take over Ports," *Dialogo Digital Military Magazine*, <https://dialogo-americas.com/en/articles/latin-america-allows-china-take-over-ports>.

Roy, Denny, 2013/6/7. "U.S.-China Relations: Stop Striving for 'Trust'," *The Diplomat*, pp. 1-2, <https://thediplomat.com/2013/06/u-s-china-relations-stop-striving-for-trust/2/>.

Rubin, Alissa J., 2017/3/10. "Allies Fear Trump Is Eroding America's Moral Authority," *The New York Times*, <https://www.nytimes.com/2017/03/10/world/europe/in-trumps-america-a-toned-down-voice-for-human-rights.html?_r=0>.

Rustandi, Agus, 2016/4. "The South China Sea Dispute: Opportunities for ASEAN to Enhance Its Policies in Order to Achieve Resolution," *Indo-Pacific Strategic Papers* (The Centre for Defence and Strategic Studies, Australia Defence College), p. 5.

Schwartz, Ian, 2018/12/10. "Pompeo: China Is the Greatest Threat U.S. Faces," *RealClear*, <https://www.realclearpolitics.com/video/2018/12/10/pompeo_china_is_the_greatest_threat_us_faces.htm>.

Sekiyama, Takashi, 2016/11/24. "Economic Drivers of Social Instability in China," *The Tokyo Foundation for Policy Research*, <http://www.tokyofoundation.org/en/articles/2016/social-instability-in-china>.

Shear, David B., 2010/7/7. "Cross-Strait Relations in a New Era of Negotiation," *Remark at the Carnegie Endowment for International Peace event*, <http://www.state.gov/p/eap/rls/rm/2010/07/144363.htm>.

Simmons, Katie, 2014/8/4. "U.S. China Compete to Woo Africa," *Pew Research Center*, <http://www.pewresearch.org/fact-tank/2014/08/04/u-s-china-compete-to-woo-africa>.

Simpson, Peter & Dean Nelson, 2011/12/13. "China Considers Seychelles Military Base Plan," *The Telegraph*, <https://www.telegraph.co.uk/news/worldnews/africaandindianocean/seychelles/8953319/China-considers-Seychelles-military-base-plan.html>.

Stokes, Bruce, 2016/2/3. "Will Europe and the United States Gang Up on China," *Pew Research Center*, <http://foreignpolicy.com/2016/02/03/will-europe-and-the-united-states-gang-up-on-china-trade-poll/>.

Stokes, Bruce, 2016/5/12. "U.S. Voters Are Suspicious of China," *Pew Research Center*, <http://www.pewglobal.org/2016/05/12/u-s-voters-are-suspicious-of-china>.

Thayer, Carlyle A., 1999/9. "Beijing Plans for a Long-term Partnership and Benefits from Anti-Western Sentiment," *Comparative Connections*, <http://webu6102.ntx.net/pacfor/cc/993Qchina_asean.html>.

Tiezzi, Shannon, 2016/2/18. "Confirmed: China Deploys Missiles to Disputed South China Sea Island," *The Diplomat*, <https://thediplomat.com/2016/02/confirmed-china-deploys-missiles-to-disputed-south-china-sea-island>.

Tony Saich, 2014/12. "Reflections on a Survey of Global Perceptions of International Leaders and World Powers," *ASH Center for Democratic Governance and Innovation, John F. Kennedy School of Government, Harvard University*, pp. 5-7, <https://ash.harvard.edu/files/survey-global-perceptions-international-leaders-world-powers.pdf>.

Transparency International, 2016. *Corruption Perception Index 2016*, <https://www.transparency.org/news/feature/corruption_perceptions_index_2016>.

Transparency International, 2017. *Corruption Perception Index 2017,* <https://www.transparency.org/news/feature/corruption_perceptions_index_2017>.

Transparency International, 2018. *Corruption Perception Index 2018*, <https://www.transparency.org/cpi2018>.

Vorndick, Wilson, 2018/10/22. "China's Reacg Has Grown; So Should the Island Chains," *Asia Maritime Transparency Initiative*, <https:amti.csis.org/chinas-reach-is;and-chains/>.

Waklace, Kelly, 2001/4/25. (CNN White House Correspondent), "Bush Pledges Whatever It Takes to Defend Taiwan," *CNN,* <http://edition.cnn.com/2001/ALLPOLITICS/04/24/bush.taiwan.abc/>.

Wike, Richard & Bruce Stokes, 2016/10/5. "Chinese Public Sees More Powerful Role in World, Names U.S. as Top Threat," *Pew Research Center*, p. 3, <https://www.pewresearch.org/global/2016/10/05/chinese-public-sees-more-powerful-role-in-world-names-u-s-as-top-threat/>.

Wike, Richard & Bruce Stokes, 2016/10/5. "Chinese Views on the Economy and Domestic Challenges," *Pew Research Center*, <http://www.pewglobal.org/2016/10/05/1-chinese-views-on-the-economy-and-domestic-challenges/>.

Wike, Richard Jacob Poushter, Laura Silver and Caldwell Bishop, 2017/7/13. "Globally, More Name U.S. Than China as World's Leading Economic Power: But Balance Shifts in Eyes of Some Key U.S. trading Partners and Allies," *Pew Research Center*, pp. 19-27, <https://www.pewresearch.org/global/2017/07/13/more-name-u-s-than-china-as-worlds-leading-economic-power/>.

Wike, Richard, 2016/10/5. "China and the World," *Pew Research Center*, <http://www.pewglobal.org/2016/10/05/2-china-and-the-world>.

World Trade Organization, 2015. *International Trade Statistics 2015*, p. 44, <www.wto.org/statistics>.

Wright, Robin, 2017/2/17. "Trump's Flailing Foreign Policy Bewilders the World," *The New Yorker*, <http://www.newyorker.com/news-desk/trumps-flailing-foreign-policy-bewilders-the-world>.

Wyeth, Grant, 2019/3/15. "Delayed But Looming: *The Question of Bougainville Independence*," <https://republicofmining.com/2019/03/15/delayed-but-looming-the-question-of-bougainville- independence-by-grant-wyeth-the-diplomat-march-14-2019/>.

Zeng, John, 1995/7-8. "Focus China's South China Sea," *Asia-Pacific Defence Reporter*, pp. 10-13.

Glaser, Bonnie, "US Interests in Japan's Territorial and Maritime Disputes with China and South Korea," paper presented in the 7th Berlin Conference on Asia Security-Territorial Issues in Asia: Drivers, Instruments, Ways Ahead, organized by Stiftung Wissenschaft and Politik and Konrad-Adenauer-Stiftung, on July 1-2, 2013, in Berlin.

Yu, Chang Sen, "The Pacific Islands in Chinese Geo-Strategic Thinking," paper presented to the Conference on China and the Pacific: The View from Oceania, organized by National University of Samoa in Apia, Samoa, on February 25-27, 2015.

國家圖書館出版品預行編目資料

中國海權崛起與美中印太爭霸／林文程著. --
初版. -- 臺北市：五南, 2019.11
　　面；　公分
　　ISBN 978-957-763-734-5（平裝）

1.海權　2.戰略　3.國際關係　4.中國

592.42　　　　　　　　　　108017608

1PUF

中國海權崛起與美中印太爭霸

作　　　者 ― 林文程（118.6）

發 行 人 ― 楊榮川

總 經 理 ― 楊士清

總 編 輯 ― 楊秀麗

副總編輯 ― 劉靜芬

責任編輯 ― 林佳瑩、呂伊真

封面設計 ― 王麗娟

出 版 者 ― 五南圖書出版股份有限公司

地　　　址：106台北市大安區和平東路二段339號4樓

電　　　話：(02)2705-5066　　傳　　真：(02)2706-6100

網　　　址：http://www.wunan.com.tw

電子郵件：wunan@wunan.com.tw

劃撥帳號：01068953

戶　　　名：五南圖書出版股份有限公司

法律顧問　林勝安律師事務所　林勝安律師

出版日期　2019年11月初版一刷
　　　　　2020年 9 月初版二刷

定　　　價　新臺幣520元

經典永恆·名著常在

五十週年的獻禮——經典名著文庫

五南，五十年了，半個世紀，人生旅程的一大半，走過來了。

思索著，邁向百年的未來歷程，能為知識界、文化學術界作些什麼？

在速食文化的生態下，有什麼值得讓人雋永品味的？

歷代經典·當今名著，經過時間的洗禮，千錘百鍊，流傳至今，光芒耀人；

不僅使我們能領悟前人的智慧，同時也增深加廣我們思考的深度與視野。

我們決心投入巨資，有計畫的系統梳選，成立「經典名著文庫」，

希望收入古今中外思想性的、充滿睿智與獨見的經典、名著。

這是一項理想性的、永續性的巨大出版工程。

不在意讀者的眾寡，只考慮它的學術價值，力求完整展現先哲思想的軌跡；

為知識界開啟一片智慧之窗，營造一座百花綻放的世界文明公園，

任君遨遊、取菁吸蜜、嘉惠學子！